JavaScript 自学视频教程

软件开发技术联盟　编著

U0301099

清华大学出版社

北　京

内 容 简 介

《JavaScript 自学视频教程》以初学者为主要对象，全面介绍了使用 JavaScript 语言进行程序开发的各种相关技术。在内容排列上由浅入深，让读者循序渐进地掌握 JavaScript 程序开发技术；在内容讲解上结合丰富的图解和形象的比喻，帮助读者理解晦涩难懂的技术；在内容形式上附有大量的注意、说明、技巧等栏目，夯实读者理论技术，丰富管理与开发经验。

《JavaScript 自学视频教程》分 3 篇，共 20 章。其中，第 1 篇为入门篇，主要包括 JavaScript 入门、JavaScript 基础、流程控制语句、函数、字符串与数值处理对象、正则表达式、数组、程序调试与错误处理等内容；第 2 篇为提高篇，主要包括 Document 对象、Window 对象、JavaScript 事件处理、表单的应用、JavaScript 操作 XML 和 DOM、Cookie 应用、图像处理、文件处理和页面打印、嵌入式插件、AJAX 技术、JQuery 脚本库等内容；第 3 篇为实战篇，主要包括 JavaScript+AJAX+JQuery 开发企业门户网站这一实战项目。另外本书光盘含：

12 小时视频讲解/1411 个编程实例/15 个经典模块分析/17 个项目开发案例/587 个编程实践任务/596 个能力测试题目（基础能力测试、数学及逻辑思维能力测试、面试能力测试、编程英语能力测试）/23 个 IT 励志故事。

本书适用于 JavaScript 程序开发的爱好者、初学者和中级开发人员，也可以作为大中专院校和培训机构的教材。

图书在版编目（CIP）数据

JavaScript 自学视频教程/软件开发技术联盟编著—北京：清华大学出版社，2014（2017.3 重印）
软件开发自学视频教程
ISBN 978-7-302-37097-0

I．①J…　II．①软…　III．①Java 语言-程序设计-教材　IV．①TP312

中国版本图书馆 CIP 数据核字（2014）第 145985 号

责任编辑：赵洛育
封面设计：李志伟
版式设计：文森时代
责任校对：张国申
责任印制：刘海龙

出版发行：清华大学出版社
　　　　网　　　址：http：//www.tup.com.cn，http：//www.wqbook.com
　　　　地　　　址：北京清华大学学研大厦 A 座　　　　邮　　　编：100084
　　　　社 总 机：010-62770175　　　　邮　　　购：010-62786544
　　　　投稿与读者服务：010-62776969，c-service@tup.tsinghua.edu.cn
　　　　质 量 反 馈：010-62772015，zhiliang@tup.tsinghua.edu.cn
印 装 者：清华大学印刷厂
经　　　销：全国新华书店
开　　　本：203mm×260mm　　　印　　　张：32.5　　　字　　　数：848 千字
　　　　　（附 DVD1 张）
版　　　次：2014 年 12 月第 1 版　　　印　　　次：2017 年 3 月第 2 次印刷
印　　　数：4001～5000
定　　　价：69.80 元

产品编号：051619-01

前　言

Preface

本书编写背景

　　为什么一方面很多毕业生不太容易找到工作，另一方面很多企业却招不到合适的人才？为什么很多学生学习很刻苦，临毕业了却感到自己似乎什么都不会？为什么很多学生到企业之后，发现很多所学的知识用不上？……高校课程设置与企业应用严重脱节，高校所学知识得不到很好的实践，本来是为了实际应用而学习却变成了应付考试，是造成上述现象的主要原因。

　　为了能满足社会需要，有些人不得不花费巨额费用和半年到一年时间到社会再培训，浪费了巨大的人力物力。有没有一种办法让学生在校就能学到企业应用的内容呢？——本书就是为此目的而来。本书从没有编程基础或稍有编程基础的读者层次开始，通过适合自学的方式，从基础知识到小型实例到综合实例到项目案例，让学生在学校就能学到企业应用的内容，从而实现从学校所学到企业应用的重大跨越，架起从学校通向社会的桥梁。

本书特点

1．从基础到项目实战，快速铺就就业之路

　　全书体例为：基础知识+小型实例+综合实例+项目实战，既符合循序渐进的学习规律，也力求贴近项目实战等实际应用。基础知识是必备内容；小型实例是通过实例巩固基础知识；综合实例则是在进一步综合应用基础知识的前提下，通过模块的形式让内容更加贴近实际应用；项目实战更是展现项目开发的全过程，让读者对基本的项目开发有一个全面的认识。

2．全程配套视频讲解，让老师手把手教您

　　本书配书光盘含配套视频讲解，基本覆盖全书内容，学习之前，先看、听视频讲解，然后对照书中内容模仿练习，相信会快速提高学习效率。

3．配套资源极为丰富，各类实例一应俱全

　　（1）实例资源库：包括上千个编程实例，各种类型一应俱全，无论学习这本书的哪一章节，都可以从中找到相关的多种实例加以实践，相信对深入学习极有帮助。

　　（2）模块资源库：包括最常用的十多个经典模块分析，它们既可作为综合应用实例学习，又可移植到相关应用中，进而避免重复劳动，提高工作效率。

　　（3）项目（案例）资源库：包括十多个项目开发案例，从需求分析、系统设计、模块分析到代码实现，几乎全程展现了项目开发的整个过程。

　　（4）任务（训练）资源库：共计千余个实践任务，读者可以自行实践练习，还可以到对应的网站上寻找答案。

　　（5）能力测试资源库：列举了几百个能力测试题目，包括编程基础能力测试、数学及逻辑思维能力测试、面试能力测试、编程英语能力测试，便于读者自我测试。

　　（6）编程人生：精选了二十多个 IT 励志故事，希望读者朋友从这些 IT 成功人士的经历中汲取精神力量，让这些经历成为您不断进取、勇攀高峰的强大精神动力。

Note

如何高效使用本书

建议首先看相关实例视频，然后对照图书的实例，动手操作或者运行程序，反复体会，之后再打开本书光盘的"自主学习系统"，找一些对应的实例练习。当然，还可以参考"自主学习系统"的其他资源，加以补充和拓展。

本书常见问题

1．编程软件的获取

按照本书上的实例进行操作练习，需要事先在电脑上安装相关的语言或工具的开发环境（编程软件）。本书光盘只提供了教学视频、自主学习系统等辅助资料，并未提供编程软件，读者朋友需要在网上搜索下载，或者到当地电脑城、软件经销商处购买。

2．关于本书的技术问题或有关本书信息的发布

（1）读者朋友遇到有关本书的技术问题，建议先登录 www.rjkflm.com，搜索到本书后，查看该书的留言是否已经对您的相关问题进行了回复，以避免浪费您更多的时间。

（2）如果留言没有相关问题，可加入 QQ：4006751066 咨询有关本书的技术问题。

（3）本书经过多次审校，仍然可能有极少数错误，欢迎读者朋友批评指正，请给我们留言，我们也将对提出问题和建议的读者予以奖励。另外，有关本书的勘误，我们会在 www.rjkflm.com 网站上公布。

3．关于本书光盘的使用

本书光盘只能在电脑光驱（DVD 格式）中使用，双击光盘中的视频文件即可自行播放。极个别光盘视频文件如果不能打开，请暂时关闭一下杀毒软件再打开；若仍然无法打开，建议换台电脑后将光盘内容复制过来后打开（极个别光驱与光盘不兼容导致无法读取的现象是有的）。另外，盘面若有污痕建议先行擦拭干净。

关于作者

本书由软件开发技术联盟组织编写，该联盟由一家有十多年集软件开发、数字教育、图书出版为一体的高科技公司——明日科技和一些中青年骨干教师组成。

本书主要由王小科、王国辉执笔编写，其他参与本书编写的人员有张鑫、杨丽、高润岭、陈英、高春艳、刘莉莉、赛奎春、刘佳、辛洪郁、崔佳音、郭铁、张金辉、王敬杰、高茹、任媛、孙桂杰、李贺、陈威、高飞、刘志铭、宋晶、宋禹蒙、于国槐、王雨竹、张彦国、张领、郭锐、王喜平、张磊、刘丽艳、邹淑芳、刘红艳、张世辉、郭鑫、李根福、王占龙等。

寄语读者

亲爱的读者朋友，千里有缘一线牵，感谢您在茫茫书海中找到了本书，希望她架起你我之间学习、友谊的桥梁，希望她带您轻松步入妙趣横生的编程世界，希望她成为您成长道路上的铺路石。

软件开发技术联盟

目 录
Contents

第 2 篇 提 高 篇

Note

第 3 篇　实　战　篇

本书光盘"自主学习系统"（各类学习资源库）

内容索引

说明：

亲爱的读者朋友，熟练掌握一门编程工具，一本书是远远不够的。为了方便您深入学习、拓展视野，我们开发整理了海量的学习资源库，即配书光盘中的"自主学习系统"，内容有 6 大部分：

1. **实例资源库**：包括 **401** 个 **JavaScript** 编程实例，**1010** 个 **Java Web** 编程实例，各种类型一应俱全，无论学习这本书的哪一章节，都可以从中找到相关的多种实例加以实践，相信对深入学习极有帮助。

2. **模块资源库**：包括了最常用的 **15** 个 **Java Web** 经典模块分析，它们既可作为综合应用实例学习，又可移植到相关应用中，进而避免重复劳动，提高工作效率。

3. **项目（案例）资源库**：包括 **17** 个 **Java Web** 项目开发案例，从需求分析、系统设计、模块分解到代码实现，几乎全程展现了项目开发的整个过程。

4. **任务（训练）资源库**：共计 **587** 个 **Java Web** 编程实践任务，读者可以自行实践练习，还可以到对应的网站上寻找答案。

5. **能力测试资源库**：列举了 **596** 道 **Java Web** 能力测试题目，包括编程基础能力测试、数学及逻辑思维能力测试、面试能力测试、编程英语能力测试，便于读者自我测试。

6. **编程人生**：精选了 **23** 个 **IT** 励志故事，希望读者朋友从这些 IT 成功人士的经历中汲取精神力量，让这些经历成为您不断进取、勇攀高峰的强大精神动力。

第 1 部分 实例资源库
（1411 个完整实例分析）

JavaScript 部分

窗口框架与导航条设计
- 打开新窗口显示广告信息
- 定时打开窗口
- 通过按钮创建窗口
- 自动关闭的广告窗口
- 控制弹出窗口居中显示
- 弹出的窗口之 Cookie 控制
- 为弹出的窗口加入关闭按钮
- 关闭弹出窗口时刷新父窗口
- 关闭 IE 主窗口时，不弹出
  询问对话框
- 弹出网页模式对话框
- 弹出全屏显示的网页模式

对话框
- 网页拾色器
- 日期选择器
- 页面自动滚动
- 打开窗口特殊效果
- 动态显示窗口
- 慢慢放大的窗口
- 下降式浏览器
- 旋转的窗口
- 移动的窗口
- 震动的窗口
- 弹出广告窗口
- 窗口始终在最上面

- 窗口的最小化、最大化
- 频道方式窗口
- 全屏显示
- 设置窗口大小和位置
- 刷新当前页
- 自动最大化
- 自定义导航控制面板
- 根据用户分辨率自动调整窗口
- 打开窗口时显示对话框
- 使窗口背景透明
- 立体窗口
- 动态标题栏
- 固定大小的窗口

Note

Note

Note

Note

Note

第 2 部分　JavaWeb 模块资源库
（15 个经典模块分析）

第 3 部分　JavaWeb 项目资源库
（17 个项目开发案例）

第 4 部分 JavaWeb 任务资源库
（587 个编程实践任务）

Note

Note

第 5 部分　JavaWeb 能力测试资源库
（596 道能力测试题目）

JavaWeb 编程基础能力测试
- 搭建开发环境
- Jsp 中的 java 程序
- HTML 语言与 CSS 样式
- JavaScript 脚本语言
- 掌握 JSP 语法
- 使用 JSP 内置对象
- JavaBean 技术
- Servlet 技术
- EL 表达式
- JSTL 核心标签库

- 使用 Ajax 技术
- Struts2 基础
- 深入 Struts2
- Hibernate 框架基础
- Hibernate 高级应用
- Spring 框架
- Spring 的 Web MVC 框架
- Jsp 操作 XML
- 文件上传与下载
- 动态图表
- JavaMail 组件

数学及逻辑思维能力测试
- 基本测试
- 进阶测试
- 高级测试

编程英语能力测试
- 英语基础能力测试
- 英语进阶能力测试

第 6 部分　编程人生
（23 个 IT 励志故事）

励志故事
- "盖茨第二" ——马克·扎克伯格
- 微型博客 Twitter——埃文·威廉姆斯
- 缔造华人的硅谷传奇——杨致远
- 玩出传奇——世界第一人称射击游戏之父——约翰·卡马克
- 因特网的点火人—马克·安德森
- 不可思议的传奇人生——"杀毒王"王江民
- 暴雪公司的领航者——迈克·莫汉

- IT "大王"——王志东
- 中国第一程序员——求伯君
- IT 风云人物——鲍岳桥
- 征途巨人——史玉柱
- 创造互联网搜索时代——拉里·佩奇和谢尔盖·布林
- 不断挑战自己的成功——徐少春
- 专注是通往成功的桥梁——陈天桥
- BEA 创始人——庄思浩
- 初中站长的创业故事——李兴平
- 软件业的华人教父——王嘉廉

- 点燃 JAVA 技术之火——詹姆斯·戈士林
- 使计算机成为生活的必需品——比尔·盖茨
- 中国通信设备行业的领跑者——任正非
- 知识改变命运、科技改变生活——李彦宏
- 为编程事业而奋斗终生——安德斯
- 让下载迅雷不及掩耳——邹胜龙

第1篇

入门篇

第1章

JavaScript 入门

（ 🎥 视频讲解：20 分钟 ）

在学习 JavaScript 前，应该了解什么是 JavaScript、JavaScriptr 的特点及其编写工具和在 HTML 中的使用等，通过了解这些内容来增强对 JavaScript 语言的理解以方便以后更好地学习。

本章能够完成的主要范例（已掌握的在方框中打勾）

☐ 应用 Dreamweaver 工具在 HTML 中直接嵌入 JavaScript 代码

☐ 在 index.html 文件中调用外部 JavaScript 文件 function.js

☐ 使用 JavaScript 脚本输出一个"你好 JavaScript"字符串

1.1   JavaScript 概述

JavaScript 是 Web 页面中的一种脚本编程语言，也是一种通用的、跨平台的、基于对象和事件驱动并具有安全性的脚本语言。它不需要进行编译，而是直接嵌入在 HTML 页面中，把静态页面转变成可以和用户交互并响应相应事件的动态页面。

1.1.1   JavaScript 的发展历程

JavaScript 语言的前身是 LiveScript 语言，由美国 Netscape（网景）公司的布瑞登·艾克（Brendan Eich）为即将在 1995 年发布的 Navigator 2.0 浏览器的应用而开发的脚本语言。在与 Sun（升阳）公司联手及时完成了 LiveScript 语言的开发后，就在 Navigator 2.0 即将正式发布前，Netscape 公司将其改名为 JavaScript，也就是最初的 JavaScript 1.0 版本。虽然当时 JavaScript 1.0 版本还有很多缺陷，但拥有 JavaScript 1.0 版本的 Navigator 2.0 浏览器几乎主宰着整个浏览器市场。

因为 JavaScript 1.0 如此成功，Netscape 公司在 Navigator 3.0 中发布了 JavaScript 1.1 版本。同时，微软开始进军浏览器市场，发布了 Internet Explorer 3.0 并搭载了一个 JavaScript 的类似版本，其注册名称为 JScript，这成为 JavaScript 语言发展过程中的重要一步。

在微软进入浏览器市场后，此时有 3 种不同的 JavaScript 版本同时存在：Navigator 中的 JavaScript、IE 中的 JScript 及 CEnvi 中的 ScriptEase。与其他编程语言不同的是，JavaScript 并没有一个标准来统一其语法或特性，而这 3 种不同的版本恰恰突出了这个问题。1997 年，JavaScript 1.1 版本作为一个草案提交给欧洲计算机制造商协会（ECMA），最终由来自 Netscape、Sun、微软、Borland 和其他一些对脚本编程感兴趣的公司程序员组成了 TC39 委员会，该委员会被委派来标准化一个通用、跨平台、中立于厂商的脚本语言的语法和语义。TC39 委员会制定了"ECMAScript 程序语言的规范书"（又称为"ECMA-262 标准"），该标准由国际标准化组织（ISO）采纳通过，作为各种浏览器生产开发所使用的脚本程序的统一标准。

1.1.2   JavaScript 的主要特点

JavaScript 脚本语言主要有以下几个特点：

☑   解释性

JavaScript 不同于一些编译性的程序语言，例如 C、C++等，它是一种解释性的程序语言，它的源代码不需要经过编译，而是直接在浏览器中运行时被解释。

☑   基于对象

JavaScript 是一种基于对象的语言。这说明它能运用已经创建的对象。因此，许多功能可以来自于脚本环境中对象的方法与脚本的相互作用。

☑   事件驱动

JavaScript 可以直接对用户或用户输入做出响应，无须经过 Web 服务程序。它对用户的响应是以事件驱动的方式进行的。所谓事件驱动，就是指在主页中执行了某种操作所产生的动作，此动作称为"事件"。比如按鼠标、移动窗口、选择菜单等都可以视为事件。事件发生后，可能会引起相应的事件响应。

☑ 跨平台

JavaScript 依赖浏览器本身，与操作环境无关，只要有支持 JavaScript 浏览器的计算机就可以正确执行。

☑ 安全性

JavaScript 是一种安全的语言，它不允许访问本地的硬盘，并不能将数据存入到服务器上，不允许对网络文档进行修改和删除，只能通过浏览器实现信息浏览或动态交互，这可有效地防止数据丢失。

1.1.3　JavaScript 的典型应用

使用 JavaScript 脚本实现的动态页面在 Web 上随处可见。下面将介绍几种 JavaScript 常见的应用。

☑ 验证用户输入的内容

使用 JavaScript 脚本语言可以在客户端对用户输入的数据进行验证。例如，在制作用户注册信息页面时，要求用户输入确认密码，以验证两次输入的密码是否一致。如果用户在"确认密码"文本框中输入的信息与"密码"文本框中输入的信息不同，将弹出相应的提示信息，如图 1.1 所示。

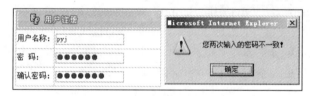

图 1.1　验证两次输入的密码是否一致

☑ 文字特效

使用 JavaScript 脚本语言可以使文字实现多种特效，如图 1.2 所示。

图 1.2　文字特效

☑ 动画效果

在浏览网页时，经常会看到一些动画效果，使页面显得更加生动。使用 JavaScript 脚本语言也可以实现这样的动画效果，例如，在页面中实现下雪的效果，如图 1.3 所示。

☑ 窗口的应用

在打开网页时经常会看到一些浮动的广告窗口，这些广告窗口是网站最大的盈利手段。这些窗口也可以通过 JavaScript 脚本语言来实现，如图 1.4 所示。

图 1.3　动画效果

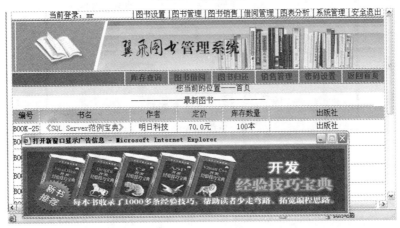

图 1.4　窗口的应用

☑　京东网上商城应用的 JQuery 效果

访问京东网上商城的首页时，在页面右侧有一个为手机和游戏充值的栏目，这里应用了 JQuery 实现了标签页的效果：将鼠标指针移动到"手机充值"栏目上时，标签页中将显示为手机充值的相关内容；将鼠标指针移动到"游戏充值"栏目上时，将显示为游戏充值的相关内容，如图 1.5 所示。

图 1.5　京东网上商城应用的 JQuery 效果

Note

☑ 应用 AJAX 技术实现百度搜索提示

在百度首页的搜索文本框中输入要搜索的关键字时，下方就会自动给出相关提示。如果给出的提示中有符合要求的内容，可以直接进行选择。例如，输入"明日科"后，在下面将显示如图 1.6 所示的提示信息。

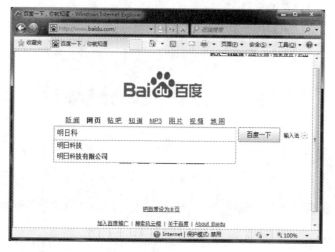

图 1.6　百度搜索提示页面

1.2　JavaScript 运行环境

JavaScript 本身是一种脚本语言，不是一种工具，实际运行 JavaScript 代码的软件是环境中的解释引擎——Netscape Navigator 或 Microsoft Internet Explorer 浏览器。JavaScript 依赖浏览器的支持而工作。

1.2.1　硬件要求

在使用 JavaScript 进行程序开发时，要求使用的硬件开发环境如下：
☑ 首先必须具备运行 Windows 98、Windows XP、Windows Vista、Windows 7、Windows 2000 等及其 Service Pack 2 或更高版本的基本硬件配置环境。
☑ 至少有 512MB 以上的内存。
☑ 640*480 分辨率以上的显示器，建议使用 1024*768。
☑ 至少 1G 以上的可用硬盘空间。

注意：
　　一般情况下，有些计算机的配置往往不能满足复杂的 JavaScript 程序的处理需要，如果增大内存的容量，可以明显地提高程序在浏览器中运行的速度。

Note

1.2.2 软件要求

本书介绍的 JavaScript 基本功能适用于大部分浏览器。为了能够更好地运行本书程序，建议读者的软件安装配置如下：

- ☑ Windows XP、Windows 7 操作系统。
- ☑ Netscape Navigator 3.0 或 Internet Explorer 6.0 以上版本。

1.2.3 浏览器对 JavaScript 脚本的支持

由于各浏览器对 JavaScript 脚本支持的不一致，因此，在进行 JavaScript 脚本编程时，首先应确定用户使用的浏览器类型，然后根据浏览器类型编写 JavaScript 脚本。下面将介绍 Netscape 的 Navigator 浏览器和 Microsoft 的 Internet Explorer 浏览器。

1. Netscape Navigator（网景浏览器）

Netscape Navigator 是最早，也是最有影响力的网页浏览器之一。由于 IE 浏览器和微软的 Windows 操作系统捆绑在一起，因此对网景浏览器的市场发展造成了巨大影响，使它逐渐淡出主流浏览器的行列。

下面介绍 Netscape Navigator 的版本及其支持的 JavaScript 版本，如表 1.1 所示。

表 1.1 Netscape Navigator 版本及所支持的 JavaScript 版本

浏览器版本	JavaScript 版本
Navigator 2.0	JavaScript 1.0
Navigator 3.0	JavaScript 1.1
Navigator 4.0	JavaScript 1.2
Navigator 4.5	JavaScript 1.3
Navigator 6.0	JavaScript 1.5
Navigator 7.0	JavaScript 1.5

2. Microsoft Internet Explorer（微软浏览器）

Internet Explorer（IE）是微软公司推出的一款网页浏览器。IE 浏览器不是最早的浏览器，自推出之日起它就是免费的。从一定程度上说，是微软提供免费的 IE 浏览器后带动了整个互联网的发展。

下面介绍 Internet Explorer 浏览器版本的变化及其所支持的 JavaScript 版本，如表 1.2 所示。

表 1.2 IE 浏览器版本及所支持的 JavaScript 版本

浏览器版本	JavaScript 版本
Internet Explorer 3	JavaScript 1.1
Internet Explorer 4	JavaScript 1.3

续表

浏览器版本	JavaScript 版本
Internet Explorer 5	JavaScript 1.4
Internet Explorer 5.5	JavaScript 1.5
Internet Explorer 6	JavaScript 1.5
Internet Explorer 7	JavaScript 1.5
Internet Explorer 8	JavaScript 1.5
Internet Explorer 9	JavaScript 1.8

1.3 JavaScript 的开发工具

编辑 JavaScript 脚本可以使用任何一种文本编辑器，如 Windows 中的记事本、写字板等应用软件。由于 JavaScript 程序可以嵌入到 HTML 文件中，因此读者可以使用任何一种编辑 HTML 文件的工具软件，如 Macromedia Dreamweaver 和 Microsoft FrontPage 等。

1.3.1 Macromedia Dreamweaver

Dreamweaver 是当今流行的网页编辑工具之一，它采用了多种先进技术，提供图形化程序设计窗口，能够快速高效地创建网页，并生成与之相关的程序代码，使网页创作过程简单化，生成的网页也极具表现力。从 Dreamweaver MX 开始，Dreamweaver 开始支持可视化开发，这对于初学者来说确实是一个比较好的选择，因为它是所见即所得的，其特征包括语法加亮、函数补全、参数提示等。值得一提的是，Dreamweaver 在提供强大的网页编辑功能的同时，还提供了完善的站点管理机制，极大地方便了程序员对网站的管理工作。

Dreamweaver 工具的开发环境如图 1.7 所示。

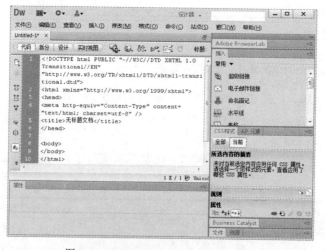

图 1.7 Dreamweaver 工具的开发环境

Dreamweaver 工具的开发环境有 3 种视图形式，分别为"代码"视图、"拆分"视图和"设计"视图。在"代码"视图中可编辑代码；在"拆分"视图中可以同时编辑"代码"视图和"设计"视图中的内容；在"设计"视图中可以在页面中插入 HTML 元素，进行页面布局和设计。

 说明：
本书使用的编写工具为 Macromedia Dreamweaver CS6。

1.3.2 Microsoft FrontPage

FrontPage 是微软公司开发的一款强大的 Web 制作工具和网络管理向导，包括 HTML 处理程序、网络管理工具、动画图形创建和编辑工具，以及 Web 服务器程序。通过 FrontPage 创建的网站不仅内容丰富，而且专业。最值得一提的是，它的操作界面与 Word 的操作界面极为相似，非常容易学习和使用。

FrontPage 工具的开发环境如图 1.8 所示。

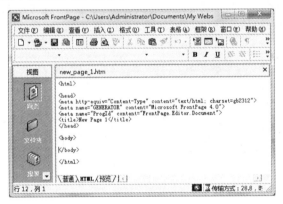

图 1.8　FrontPage 工具的开发环境

1.4　在 HTML 中使用 JavaScript

通常情况下，在 HTML 中使用 JavaScript 有以下两种方法：一种是在页面中直接嵌入 JavaScript 代码，另一种是在页面中链接外部 JavaScript 文件。下面分别对这两种方法进行介绍。

1.4.1　在页面中直接嵌入 JavaScript 脚本

在 HTML 文档中可以使用<script>…</script>标记对将 JavaScript 脚本嵌入到其中；在 HTML 文档中可以使用多个<script>标记，每个<script>标记中可以包含多个 JavaScript 的代码集合。<script>标记常用的属性及说明如表 1.3 所示。

表 1.3　\<script\>标记常用的属性及说明

属　　性	说　　明
language	设置所使用的脚本语言及版本
src	指定外部脚本文件的路径位置
type	设置所使用脚本语言的类型，此属性已代替 language 属性
defer	此属性表示当 HTML 文档加载完毕后再执行脚本语言

【例 1.1】　应用 Dreamweaver 工具在 HTML 中直接嵌入 JavaScript 代码，如图 1.9 所示。

　实例位置：光盘\MR\Instance\01\1.1

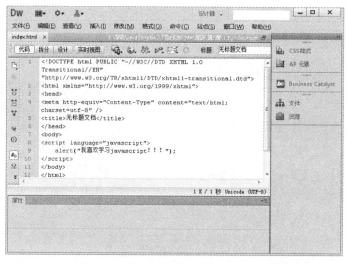

图 1.9　在 HTML 中直接嵌入 JavaScript 代码

注意：
\<script\>标记可以放在 Web 页面的\<head\>\</head\>标记中，也可以放在\<body\>\</body\>标记中。

1.4.2　链接外部 JavaScript 文件

在 HTML 中引入 JavaScript 的另一种方法是采用链接外部 JavaScript 文件的形式。如果脚本代码比较复杂或是同一段代码可以被多个页面所使用，则可以将这些脚本代码放置在一个单独的文件中，并设置该文件的扩展名为.js，然后在需要使用该代码的 Web 页面中链接该文件即可。

在 Web 页面中链接外部 JavaScript 文件的语法格式如下：

```
<script language="javascript" src="javascript.js"></script>
```

【例 1.2】　在 index.html 文件中调用外部 JavaScript 文件 function.js，运行 index.html 文件，在浏览器中输出欢迎信息。

实例位置：光盘\MR\Instance\01\1.2

首先编写外部的 JavaScript 文件，命名为 function.js。function.js 文件的代码如下：

```
document.write('欢迎来到 JavaScript 的世界！');
```

然后在 index.html 页面中调用文件 function.js，代码如下：

```
<script src="function.js" language="javascript"></script>
```

在浏览器中运行 index.html 页面，如图 1.10 所示。

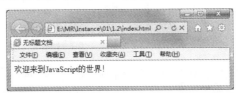

图 1.10　调用外部 JavaScript 文件输出欢迎信息

> **注意：**
> 在外部 JavaScript 文件中，不需要将脚本代码用<script>和</script>标记括起来。

1.5　综　合　应　用

【例 1.3】制作一个 HTML 页面，在该页面中使用 JavaScript 脚本输出一个"你好 JavaScript"字符串。

 实例位置：光盘\MR\Instance\01\1.3

通过 JavaScript 在网页中输出字符串使用的是 Document 对象的 write()方法，代码如下：

```
<!DOCTYPE html PUBLIC "-//W3C//DTD XHTML 1.0 Transitional//EN" "http://www.w3.org/TR/xhtml1/DTD/xhtml1-transitional.dtd">
<html xmlns="http://www.w3.org/1999/xhtml">
<head>
<meta http-equiv="Content-Type" content="text/html; charset=utf-8" />
<title>使用 JavaScript 输出"你好 JavaScript"字符串</title>
    <script type="text/javascript">
    document.write("你好 JavaScript");
    </script>
</head>
<body>
</body>
    </html>
```

运行结果如图 1.11 所示。

图 1.11　使用 JavaScript 输出"你好 JavaScript"字符串

1.6　本章小结

本章主要对 JavaScript 初级知识进行了简单的介绍，包括 JavaScript 的主要特点、用于实现哪些功能、JavaScript 语言的编辑工具、在 HTML 中的使用等，通过这些内容让读者对 JavaScript 先有一个初步的了解，为以后的学习奠定基础。

1.7　跟我上机

👉 **参考答案：光盘\MR\跟我上机**

制作一个 HTML 页面，在该页面中使用 JavaScript 脚本输出一张图片 01.jpg，该图片位于 images 文件夹下。代码如下：

```
<script language="javascript">
document.write("<img src='images/01.jpg'>");
</script>
```

第2章

JavaScript 基础

（ 📹 视频讲解：78 分钟 ）

JavaScript 是一种基于对象和事件驱动并具有安全性能的解释型脚本语言，它不但可用于编写客户端的脚本程序，由 Web 浏览器解释执行，还可以编写在服务器端执行的脚本程序，在服务器端处理用户提交的信息并动态地向客户端浏览器返回处理结果。JavaScript 脚本语言与其他语言一样，有其自身的语法、数据类型、运算符、表达式等。本章将对 JavaScript 的基础进行详细讲解。

本章能够完成的主要范例（已掌握的在方框中打勾）

- ☐ 分别定义 4 个字符串并输出
- ☐ 将基本数据提升为对象的应用
- ☐ 定义变量，再通过算术运算符计算变量的运行结果
- ☐ 应用比较运算符实现两个数值之间的大小比较
- ☐ 弹出一个提示对话框，显示进行字符串运算后变量的值
- ☐ 应用 typeof 运算符返回当前操作数的数据类型
- ☐ 使用 "()" 改变运算的优先级
- ☐ 输出姚明个人信息
- ☐ 计算长方形的面积

Note

2.1 JavaScript 基本语法

2.1.1 程序的执行顺序

JavaScript 程序按照在 HTML 文件中出现的顺序逐行执行。如果需要在整个 HTML 文件中执行（如函数、全局变量等），最好将其放在 HTML 文件的<head>…</head>标记中。某些代码，例如函数体内的代码，不会被立即执行，只有当所在的函数被其他程序调用时，该代码才会被执行。

2.1.2 字母大小写敏感

JavaScript 对字母大小写是敏感的（严格区分字母大小写），也就是说，在输入语言的关键字、函数名、变量及其他标识符时，都必须采用正确的大小写形式。例如，变量 username 与变量 userName 是两个不同的变量，须特别注意。

 说明：

　　HTML 并不区分大小写。由于 JavaScript 和 HTML 关系密切，这一点很容易混淆。许多 JavaScript 对象和属性都与一些 HTML 标记或属性同名，在 HTML 中，这些名称可以以任意的大小写方式输入而不会引起混乱，但在 JavaScript 中，这些名称通常都是小写的。例如，HTML 中的事件处理器属性 onclick 通常被声明为 onClick 或 OnClick，而在 JavaScript 中只能使用 onclick。

2.1.3 语句的结束标记

Java 中通常以分号（;）作为语句的结束。与 Java 语言不同的是，JavaScript 并不要求必须以分号（;）作为语句的结束标记。如果语句的结束处没有分号，JavaScript 会自动将该行代码的结尾作为语句的结尾。

例如，下面的两行代码都是正确的：

```
alert("您好！欢迎访问我的主页！")
alert("您好！欢迎访问我的主页！");
```

 注意：

　　最好的代码编写习惯是在每行代码的结尾处都加上分号，这样可以保证程序的准确性。

2.2 JavaScript 数据结构

每一种计算机语言都有各自的数据结构，JavaScript 脚本语言的数据结构包括标识符、关键字、常量和变量等。本节将对 JavaScript 脚本语言的数据结构进行详细讲解。

2.2.1 标识符

所谓标识符（identifier），就是一个名称。在 JavaScript 中，标识符用来命名变量和函数，或者用作 JavaScript 代码中某些循环的标记。在 JavaScript 中，合法的标识符命名规则和 Java 及其他许多语言的命名规则相同，第一个字符必须是字母、下划线（-）或美元符号（$），其后的字符可以是字母、数字、下划线或美元符号。

> **说明：**
> 数字不允许作为首字符出现，这样 JavaScript 可以轻易地区别开标识符和数字。

例如，下面是合法的标识符：

```
o
my_code
_name
$string
n10
```

> **注意：**
> 标识符不能和 JavaScript 中用于其他目的的关键字同名。

2.2.2 关键字

JavaScript 关键字（Reserved Words）是指在 JavaScript 语言中有特定含义，成为 JavaScript 语法中一部分的那些字。JavaScript 关键字是不能作为变量名和函数名使用的。使用 JavaScript 关键字作为变量名或函数名，会使 JavaScript 在载入过程中出现编译错误。与其他编程语言一样，JavaScript 中也有许多关键字，不能被用做标识符（函数名、变量名等），如表 2.1 所示。

表 2.1 JavaScript 的关键字

abstract	continue	finally	instanceof	private	this
boolean	default	float	int	public	throw

续表

break	do	for	interface	return	typeof
byte	double	function	long	short	true
case	else	goto	native	static	var
catch	extends	implements	new	super	void
char	false	import	null	switch	while
class	final	in	package	synchronized	with

2.2.3 常量

当程序运行时，值不能改变的量为常量（Constant）。常量主要用于为程序提供固定的和精确的值（包括数值和字符串），例如，数字、逻辑值真（true）、逻辑值假（false）等都是常量。声明常量使用 const 来进行声明。

语法：

```
const 常量名：数据类型=值；
```

常量在程序中定义后便会在计算机中一定的位置存储下来，在该程序没有结束之前，它是不发生变化的。如果在程序中过多地使用常量，会降低程序的可读性和可维护性，若一个常量在程序内被多次引用，可以考虑在程序开始处将它设置为变量，然后再引用，当此值需要修改时，则只需更改其变量的值就可以了，既减少出错的机会，又可以提高工作效率。

2.2.4 变量

变量是指程序中一个已经命名的存储单元，它的主要作用就是为数据操作提供存放信息的容器。对于变量的使用首先必须明确变量的命名规则、声明方法及其作用域。

1．变量的命名

JavaScript 变量的命名规则如下：

☑ 必须以字母或下划线开头，中间可以是数字、字母或下划线。

☑ 变量名不能包含空格、加号、减号等符号。

☑ 不能使用 JavaScript 中的关键字。

☑ JavaScript 的变量名是严格区分大小写的。例如，User 与 user 代表两个不同的变量。

 说明：

　　虽然 JavaScript 的变量可以任意命名，但是在进行编程时，最好还是使用便于记忆且有意义的变量名称，以增加程序的可读性。

Note

2. 变量的声明与赋值

在 JavaScript 中，使用变量前需要先声明变量，所有的 JavaScript 变量都由关键字 var 声明，语法格式如下：

```
var variable;
```

在声明变量的同时也可以对变量进行赋值：

```
var variable=56;
```

声明变量时所遵循的规则如下：

☑ 可以使用一个关键字 var 同时声明多个变量，例如：

```
var a,b,c,d                    //同时声明 a、b、c 和 d 这 4 个变量
```

☑ 可以在声明变量的同时对其赋值，即初始化，例如：

```
var m=10;n=20;o=30;           //同时声明 m、n 和 o 这 3 个变量，并分别对它们赋初值
```

如果只是声明了变量，并未对其赋值，则其值默认为 undefined。

var 语句可以用作 for 循环和 for/in 循环的一部分，这样就使循环变量的声明成为循环语法自身的一部分，使用起来比较方便。

可以使用 var 语句多次声明同一个变量，如果重复声明的变量已经有一个初始值，那么此时的声明就相当于对变量的重新赋值。

当给一个尚未声明的变量赋值时，JavaScript 会自动用该变量名创建一个全局变量。在一个函数内部，通常创建的只是一个仅在函数内部起作用的局部变量，而不是一个全局变量。要创建一个局部变量，不是赋值给一个已经存在的局部变量，而是必须使用 var 语句进行变量声明。

另外，由于 JavaScript 采用弱类型的形式，因此读者可以不必理会变量的数据类型，即可以把任意类型的数据赋值给变量。

例如，声明一些变量，代码如下：

```
var num=100                   //数值类型
var str="相逢也只是在梦中"      //字符串型
var boo=true                  //布尔类型
```

在 JavaScript 中，变量可以不先声明，而在使用时再根据变量的实际作用来确定其所属的数据类型。但是建议在使用变量前就对其声明，因为声明变量的最大好处就是能及时发现代码中的错误。JavaScript 是采用动态编译的，而动态编译是不易于发现代码中的错误的，特别是变量命名方面的错误。

3. 变量的作用域

变量的作用域（scope）是指某变量在程序中的有效范围，也就是程序中定义这个变量的区域。在 JavaScript 中，变量根据作用域可以分为两种：全局变量和局部变量。全局变量是定义在所有函数之外，作用于整个脚本代码的变量；局部变量是定义在函数体内，只作用于函数体的变量，函数的参数也是局部性的，只在函数内部起作用。例如，下面的程序代码说明了变量的作用

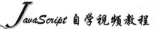

域作用不同的有效范围：

```
<script language="javascript">
    var a;                              //该变量在函数外声明，作用于整个脚本代码
    function send(){
        a="JavaScript"
        var b="自学视频教程"             //该变量在函数内声明，只作用于该函数体
        alert(a+b);
    }
</script>
```

 说明：

　　JavaScript 中用 ";" 作为语句结束标记，如果不加也可以正确地执行。用 "//" 作为单行注释标记；用 "/*" 和 "*/" 作为多行注释标记；用 "{" 和 "}" 包装成语句块。"//" 后面的文字为注释部分，在代码执行过程中不起任何作用。

4．变量的生存期

　　变量的生存期是指变量在计算机中存在的有效时间。从编程的角度来说，可以简单地理解为该变量所赋的值在程序中的有效范围。JavaScript 中变量的生存期有两种：全局变量和局部变量。

　　全局变量在主程序中定义，其有效范围从其定义开始，一直到本程序结束为止。局部变量在程序的函数中定义，其有效范围只有在该函数之中；函数结束后，局部变量生存期也就结束。

2.3　数　据　类　型

　　每一种计算机语言都有各自所支持的数据类型。在 JavaScript 脚本语言中采用的是弱类型的方式，即一个数据（变量或常量）不必首先作声明，可在使用或赋值时再确定其数据的类型。当然也可以先声明该数据的类型，即在赋值时自动说明其数据类型。本节将详细介绍 JavaScript 脚本中的几种数据类型。

2.3.1　数字型数据

　　数字（number）是最基本的数据类型。在 JavaScript 中，和其他程序设计语言（如 C 和 Java）的不同之处在于，它并不区别整型数值和浮点型数值。在 JavaScript 中，所有的数字都是由浮点型表示的。JavaScript 采用 IEEE 754 标准定义的 64 位浮点格式表示数字，这说明它能表示的最大值是 $\pm1.7976931348623157\times10^{308}$，最小值是 $\pm5\times10^{324}$。

　　当一个数字直接出现在 JavaScript 程序中时，称它为数值直接量（numeric literal）。JavaScript 支持数值直接量的形式有几种，下面对这几种形式进行详细介绍。

> **注意:**
>
> 在任何数值直接量前加负号（－）可以构成它的负数。但是负号是一元求反运算符，它不是数值直接量语法的一部分。

1．整型数据

在 JavaScript 程序中，十进制的整数是一个数字序列。例如：

```
0
5
-6
1001
```

JavaScript 的数字格式允许精确地表示－900719925474092（－2^{53}）～900719925474092（2^{53}）之间的所有整数（包括－900719925474092（－2^{53}）和 900719925474092（2^{53}））。但是，使用超过这个范围的整数，就会失去尾数的精确性。需要注意的是，JavaScript 中的某些整数运算是对 32 位的整数执行的，它们的范围是－2147483648（－2^{31}）～2147483647（2^{31}-1）。

2．十六进制和八进制

JavaScript 不但能够处理十进制的整型数据，还能识别十六进制（以 16 为基数）的数据。所谓十六进制数据，是以"0X"和"0x"开头，其后跟随十六进制数字串的直接量。十六进制的数字可以是 0～9 中的某个数字，也可以是 a（A）～f（F）中的某个字母，它们用来表示 0～15 之间（包括 0 和 15）的某个值。下面是十六进制整型数据的例子：

```
0xff        //15*16+15=255（基数为 10）
0xCDAE956
```

尽管 ECMAScript 标准不支持八进制数据，但是 JavaScript 的某些实现却允许采用八进制（基数为 8）格式的整型数据。八进制数据以数字 0 开头，其后跟随一个数字序列，这个序列中的每个数字都在 0～7 之间（包括 0 和 7），例如：

```
0365        //3*64+6*8+5=245（基数为 10）
```

由于某些 JavaScript 实现支持八进制数据，而有些则不支持，所以最好不要使用以 0 开头的整型数据，因为不知道某个 JavaScript 的实现是将其解释为十进制，还是解释为八进制。

3．浮点型数据

浮点型数据可以具有小数点，它们采用的是传统科学记数法的语法。一个实数值可以表示为整数部分后加小数点和小数部分。

此外，还可以使用指数法表示浮点型数据，即实数后跟随字母 e 或 E，后面加上正负号，其后再加一个整型指数。这种记数法表示的数值等于前面的实数乘以 10 的指数次幂。

语法：

```
[digits] [.digits] [(E|e[(+|-)])]
```

例如：

```
1.2
.66666666
5.16e12        //5.16×10¹²
1.234E - 12    //1.234×10⁻¹²
```

> **注意：**
>
> 虽然实数有无穷多个，但是 JavaScript 的浮点格式能够精确表示出来的实数却是有限的（确切地说是 18437736874454810627 个），这意味着在 JavaScript 中使用实数时，表示出的数字通常是真实数字的近似值。不过，即使是近似值也足够用，这并不是一个实际问题。

2.3.2　字符串型数据

字符串（string）是由 Unicode 字符、数字、标点符号等组成的序列，它是 JavaScript 用来表示文本的数据类型。程序中的字符串型数据是包含在单引号或双引号中的：由单引号定界的字符串中可以含有双引号，由双引号定界的字符串中也可以含有单引号。

例如：

（1）单引号括起来的一个或多个字符，代码如下：

```
'I like JavaScript'
'我有一颗年轻的心'
```

（2）双引号括起来的一个或多个字符，代码如下：

```
"Hello"
"我喜欢 JavaScript"
```

（3）单引号定界的字符串中可以含有双引号，代码如下：

```
'username="kitty"'
```

（4）双引号定界的字符串中可以含有单引号，代码如下：

```
"Please call me 'Henry'!"
```

【例 2.1】　下面分别定义 4 个字符串并输出，代码如下：

👉 **实例位置：光盘\MR\Instance\02\2.1**

```
<script language="javascript">
    var string1="I like 'JavaScript'";        //双引号中包含单引号
    var string2='I like "JavaScript"';        //单引号中包含双引号
    var string3="I like \"JavaScript\"";       //双引号中包含双引号
    var string4='I like \'JavaScript\'';       //单引号中包含单引号
    document.write(string1+"<br>");
```

```
        document.write(string2+"<br>");
        document.write(string3+"<br>");
        document.write(string4+"<br>");
</script>
```

执行上面的代码，运行结果如图 2.1 所示。

图 2.1　定义 4 个字符串并输出

由上面的实例可以看出，单引号内出现双引号或双引号内出现单引号时，不需要进行转义。但是，双引号内出现双引号或单引号内出现单引号，则必须进行转义（转义字符将在"特殊数据类型"中进行详细讲解）。

2.3.3　布尔型数据

布尔数据类型只有两个值，这两个合法的值分别是 true 和 false，它说明了某个事物是真还是假。

布尔值通常在 JavaScript 程序中用来比较所得的结果。例如：

```
n==1
```

这行代码测试了变量 n 的值是否和数值 1 相等。如果相等，比较的结果就是布尔值 true，否则结果就是 false。

布尔值通常用于 JavaScript 的控制结构。例如，JavaScript 的 if/else 语句就是在布尔值为 true 时执行一个动作，而在布尔值为 false 时执行另一个动作。通常将一个创建布尔值与使用这个比较的语句结合在一起。例如：

```
if(n==1)
    n=n-1;
else
    n=n+1;
```

本段代码检测了 n 是否等于 1，如果相等，就给 n 减 1，否则给 n 加 1。

有时，可以把两个可能的布尔值看做 on（true）和 off（false），或者看做 yes（true）和 no（false），这样比将它们看做 true 和 false 更为直观。有时把它们看做 1（true）和 0（false）会更加有用（实际上，JavaScript 确实是这样做的，在必要时会将 true 转换成 1，将 false 转换成 0）。

2.3.4 特殊数据类型

1. 转义字符

以反斜杠开头的不可显示的特殊字符通常称为控制字符，也被称为转义字符。通过转义字符可以在字符串中添加不可显示的特殊字符，或者防止引号匹配混乱的问题。JavaScript 常用的转义字符如表 2.2 所示。

表 2.2　JavaScript 常用的转义字符

转 义 字 符	描　述	转 义 字 符	描　述
\b	退格	\v	跳格（Tab，水平）
\n	回车换行	\r	换行
\t	Tab 符号	\\	反斜杠
\f	换页	\OOO	八进制整数，范围 000～777
\'	单引号	\xHH	十六进制整数，范围 00～FF
\"	双引号	\uhhhh	十六进制编码的 Unicode 字符

在"document.writeln();"语句中使用转义字符时，只有将其放在格式化文本块中才会起作用，所以脚本必须在<pre>和</pre>的标记内。

例如，应用转义字符使字符串换行，代码如下：

```
document.writeln("<pre>");
document.writeln("JavaScript 自学视频教程\n 轻松自学 JavaScript！");
document.writeln("</pre>");
```

运行结果如下：

```
JavaScript 自学视频教程
轻松自学 JavaScript！
```

如果上述代码不使用<pre>和</pre>标记，则转义字符不起作用，代码如下：

```
document.writeln("快乐\n 吉祥！");
```

运行结果：

```
快乐吉祥！
```

2. 未定义值

未定义类型的变量是 undefined，表示变量还没有赋值（如 var a;），或者赋予一个不存在的属性值（如 var a=String.notProperty;）。

此外，JavaScript 中有一种特殊类型的数字常量 NaN，即"非数字"。当在程序中由于某种原因发生计算错误后，将产生一个没有意义的数字，此时 JavaScript 返回的数字值就是 NaN。

3．空值（null）

JavaScript 中的关键字 null 是一个特殊的值，它表示为空值，用于定义空的或不存在的引用。如果试图引用一个没有定义的变量，则返回一个 null 值。这里必须要注意的是：null 不等同于空的字符串（""）或 0。

由此可见，null 与 undefined 的区别是，null 表示一个变量被赋予了一个空值，而 undefined 则表示该变量尚未被赋值。

2.3.5 数据类型的转换规则

JavaScript 是一种弱类型语言，也就是说，在声明变量时无需指定数据类型，这使得 JavaScript 更具有灵活性。

在代码执行过程中，JavaScript 会根据需要进行自动类型转换，但是在转换时也要遵循一定的规则。下面介绍几种数据类型之间的转换规则。

其他数据类型转换为数值型数据，如表 2.3 所示。

表 2.3 转换为数值型数据

类 型	转换后的结果
undefined	NaN
null	0
逻辑型	若其值为 true，则结果为 1；若其值为 false，则结果为 0
字符串型	若内容为数字，则结果为相应的数字，否则为 NaN
其他对象	NaN

其他数据类型转换为逻辑型数据，如表 2.4 所示。

表 2.4 转换为逻辑型数据

类 型	转换后的结果
undefined	False
null	False
数值型	若其值为 0 或 NaN，则结果为 false，否则为 true
字符串型	若其长度为 0，则结果为 false，否则为 true
其他对象	true

其他数据类型转换为字符串型数据，如表 2.5 所示。

表 2.5 转换为字符串型数据

类 型	转换后的结果
undefined	undefined
null	NaN
数值型	NaN、0 或者与数值相对应的字符串
逻辑型	若其值 true，则结果为 true；若其值为 false，则结果为 false
其他对象	若存在，则其结果为 toString()方法的值，否则其结果为 undefined

每一个基本数据类型都存在一个相应的对象，这些对象提供了一些很有用的方法来处理基本数据。需要时，JavaScript 会自动将基本数据类型转换为与其相对应的对象。

【例 2.2】 将基本数据提升为对象的应用，代码如下：

☞ 实例位置：光盘\MR\Instance\02\2.2

```
<script language="javascript">
<!--
var myString=new String("aBcDeFg");
var lower=myString.toLowerCase();
alert(myString+"转换为小写字母后为："+lower)
//-->
</script>
```

运行结果如图 2.2 所示。

图 2.2　将基本数据提升为对象

2.4　运算符与表达式

本节将介绍 JavaScript 的运算符。运算符是用于完成一系列操作的符号：JavaScript 的运算符按操作数可以分为单目运算符、双目运算符和多目运算符 3 种；按运算符类型可以分为算术运算符、比较运算符、赋值运算符、逻辑运算符和条件运算符 5 种。

2.4.1　算术运算符

算术运算符用于在程序中进行加、减、乘、除等运算。JavaScript 中常用的算术运算符如表 2.6 所示。

表 2.6　JavaScript 中的算术运算符

运　算　符	描　述	示　例
+	加运算符	3+6　//返回值为 9
-	减运算符	9-3　//返回值为 6
*	乘运算符	5*6　//返回值为 30
/	除运算符	18/3　//返回值为 6
%	求模运算符	9%6　//返回值为 3

续表

运　算　符	描　　述	示　　例
++	自增运算符。该运算符有两种情况：i++（在使用 i 之后，使 i 的值加 1）；++i（在使用 i 之前，先使 i 的值加 1）	i=1; j=i++　//j 的值为 1，i 的值为 2 i=1; j=++i　//j 的值为 2，i 的值为 2
--	自减运算符。该运算符有两种情况：i--（在使用 i 之后，使 i 的值减 1）；--i（在使用 i 之前，先使 i 的值减 1）	i=3; j=i--　//j 的值为 3，i 的值为 2 i=3; j=--i　//j 的值为 2，i 的值为 2

【例 2.3】　通过 JavaScript 在页面中定义变量，再通过算术运算符计算变量的运行结果。

实例位置：光盘\MR\Instance\02\2.3

```html
<script type="text/javascript">
    var num1 = 60,num2 = 5;                             //定义两个变量
    document.write("60+5="+(num1+num2)+"<br>");         //计算两个变量的和
    document.write("60-5="+(num1-num2)+"<br>");         //计算两个变量的差
    document.write("60*5="+(num1*num2)+"<br>");         //计算两个变量的积
    document.write("60/5="+(num1/num2)+"<br>");         //计算两个变量的余数
    document.write("(60++)="+(num1++)+"<br>");          //自增运算
    document.write("++60="+(++num1)+"<br>");
</script>
```

本实例运行结果如图 2.3 所示。

图 2.3　在页面中计算两个变量的算术运算结果

2.4.2　比较运算符

比较运算符的基本操作过程是：首先对操作数进行比较，这个操作数可以是数字，也可以是字符串，然后返回一个布尔值 true 或 false。JavaScript 中常用的比较运算符如表 2.7 所示。

表 2.7　JavaScript 中的比较运算符

运　算　符	描　　述	示　　例
<	小于	5<6　　//返回值为 true
>	大于	9>10　　//返回值为 false
<=	小于等于	8<=8　　//返回值为 true
>=	大于等于	2>=3　　//返回值为 false
==	等于。只根据表面值进行判断，不涉及数据类型	"12"==12　　//返回值为 true
===	恒等于。根据表面值和数据类型同时进行判断	"12"===12　　//返回值为 false
!=	不等于。只根据表面值进行判断，不涉及数据类型	"12"!=12　　//返回值为 false
!==	不恒等于。根据表面值和数据类型同时进行判断	"12"!==12　　//返回值为 true

【例 2.4】 应用比较运算符实现两个数值之间的大小比较。

实例位置：光盘\MR\Instance\02\2.4

```
<script>
    var age = 15;                                                //定义变量
    document.write("age 变量的值为："+age+"<br>");              //输出变量值
    document.write("age>=10："+(age>=10)+"<br>");               //实现变量值比较
    document.write("age<10："+(age<10)+"<br>");
    document.write("age!=10："+(age!=10)+"<br>");
    document.write("age>10："+(age>10)+"<br>");
</script>
```

运行本实例，结果如图 2.4 所示。

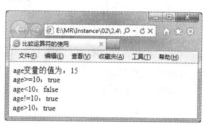

图 2.4　比较运算符的运算结果

2.4.3　赋值运算符

JavaScript 中的赋值运算可以分为简单赋值运算和复合赋值运算。简单赋值运算是将赋值运算符（＝）右边表达式的值保存到左边的变量中，而复合赋值运算则混合了其他操作（算术运算操作、位操作等）和赋值操作。例如：

m+=n;	//等同于 m=m+n;

JavaScript 中的赋值运算符如表 2.8 所示。

表 2.8　JavaScript 中的赋值运算符

运　算　符	描　　　　述	示　　　例
=	将右边表达式的值赋给左边的变量	userName="mr"
+=	将运算符左边的变量加上右边表达式的值赋给左边的变量	a+=b　//相当于 a=a+b
-=	将运算符左边的变量减去右边表达式的值赋给左边的变量	a-=b　//相当于 a=a-b
*=	将运算符左边的变量乘以右边表达式的值赋给左边的变量	a*=b　//相当于 a=a*b
/=	将运算符左边的变量除以右边表达式的值赋给左边的变量	a/=b　//相当于 a=a/b
%=	将运算符左边的变量用右边表达式的值求模，并将结果赋给左边的变量	a%=b　//相当于 a=a%b
&=	将运算符左边的变量与右边表达式的值进行逻辑"与"运算，并将结果赋给左边的变量	a&=b　//相当于 a=a&b

续表

运　算　符	描　　述	示　　例
|=	将运算符左边的变量与右边表达式的值进行逻辑"或"运算，并将结果赋给左边的变量	a|=b　　//相当于 a=a|b
^=	将运算符左边的变量与右边表达式的值进行"异或"运算，并将结果赋给左边的变量	a^=b　　//相当于 a=a^b

2.4.4　字符串运算符

字符串运算符是用于两个字符型数据之间的运算符，除了比较运算符外，还可以是"+"和"+="运算符。其中，"+"运算符用于连接两个字符串，而"+="运算符则连接两个字符串，并将结果赋给第一个字符串。表 2.9 给出了 JavaScript 中的字符串运算符。

表 2.9　JavaScript 中的字符串运算符

运　算　符	描　　述	示　　例
+	连接两个字符串	"mr"+"soft"
+=	连接两个字符串并将结果赋给第一个字符串	var name = "mr" name += "soft"

【例 2.5】　在网页中弹出一个提示对话框，显示进行字符串运算后变量的值，代码如下：

☞　实例位置：光盘\MR\Instance\02\2.5

```
<script language="javascript">
    var a="我"+"喜欢";        //将两个字符串连接后的值赋值给变量 a
    a+="JavaScript";          //连接两个字符串，并将结果赋给变量 a
    alert(a);
</script>
```

运行代码，结果如图 2.5 所示。

图 2.5　字符串运算符的运算结果

2.4.5　布尔运算符

在 JavaScript 中增加了几个布尔逻辑运算符，JavaScript 支持的常用布尔运算符如表 2.10 所示。

Note

表 2.10　布尔运算符

布尔运算符	描　述
&&	逻辑"与"
‖	逻辑"或"
！	取反

2.4.6　条件运算符

条件运算符是 JavaScript 支持的一种特殊的三目运算符，其语法格式如下：

操作数?结果 1:结果 2

如果"操作数"的值为 true，则整个表达式的结果为"结果 1"，否则为"结果 2"。

例如，定义两个变量，值都为 10，然后判断两个变量是否相等，如果相等则弹出提示对话框显示"正确"，否则显示"错误"，代码如下：

```
<script language="javascript">
var a=10;
var b=10;
alert(a==b)?正确:错误;
</script>
```

2.4.7　其他运算符

1．位操作运算符

位运算符分为两种，一种是普通位运算符，另一种是位移运算符。在进行运算前，都先将操作数转换为 32 位的二进制整数，然后再进行相关运算，最后的输出结果将以十进制表示。位操作运算符对数值的位进行操作，如向左或向右移位等。JavaScript 中常用的位操作运算符如表 2.11 所示。

表 2.11　位操作运算符

位操作运算符	描　述
&	"与"运算符
｜	"或"运算符
∧	"异或"运算符
～	"非"运算符
<<	左移
>>	带符号右移
>>>	填 0 右移

2. typeof 运算符

typeof 运算符返回当前操作数的数据类型，这对于判断一个变量是否已被定义很有用。

【例 2.6】 本实例应用 typeof 运算符返回当前操作数的数据类型，代码如下：

 实例位置：光盘\MR\Instance\02\2.6

```
<script language="javascript">
    var a=56;
    var b="hello";
    var c=true;
    alert("a 的类型为"+(typeof a)+"\nb 的类型为"+(typeof b)+"\nc 的类型为"+(typeof c));
</script>
```

执行上面的代码，运行结果如图 2.6 所示。

图 2.6 使用 typeof 运算符获取数据类型

> 说明：
> typeof 运算符把类型信息当作字符串返回。typeof 返回值有 number、string、boolean、object、function 和 undefined 6 种。

3. new 运算符

通过 new 运算符来创建一个新对象。

语法：

```
new constructor[(arguments)]
```

☑ constructor：必选项。对象的构造函数。如果构造函数没有参数，则可以省略圆括号。

☑ arguments：可选项。任意传递给新对象构造函数的参数。

例如，应用 new 运算符来创建新对象，代码如下：

```
Array1 = new Array();
Date2 = new Date("August 8 2013");
Object3 = new Object;
```

2.4.8 运算符优先级

JavaScript 运算符都有明确的优先级与结合性。优先级较高的运算符将先于优先级较低的运算符进行运算，结合性则是指具有同等优先级的运算符将按照怎样的顺序进行运算。结合性有向左结合和向右结合，例如，对于表达式 a+b+c，向左结合也就是先计算 a+b，即(a+b)+c；向右结合也就是先计算 b+c，即 a+(b+c)。JavaScript 运算符的优先级顺序及其结合性如表 2.12 所示。

表 2.12　JavaScript 运算符的优先级与结合性

优　先　级	结　合　性	运　算　符
最高	向左	.、[ ]、( )
	向右	++、--、-、!、delete、new、typeof、void
	向左	*、/、%
	向左	+、-
	向左	<<、>>、>>>
	向左	<、<=、>、>=、in、instanceof
	向左	==、!=、===、!===
由高到低依次排列	向左	&
	向左	^
	向左	|
	向左	&&
	向左	||
	向右	?:
	向右	=
	向右	*=、/=、%=、+=、-=、<<=、>>=、>>>=、&=、^=、|=
最低	向左	,

【例 2.7】　本实例演示如何使用"()"改变运算的优先级。表达式 a=1+5*6 的结果为 31，因为乘法的优先级比加法的要高，所以会优先进行运算。通过括号"()"使运算符的优先级改变之后，括号内表达式将被优先执行，所以表达式 b=(1+5)*6 的结果为 36。代码如下：

　　实例位置：光盘\MR\Instance\02\2.7

```
<script language="javascript">
<!--
    var a=1+5*6;              //按自动优先级计算
    var b=(1+5)*6;            //使用"()"改变运算符优先级
    alert("a="+a+"\nb="+b);   //分行输出结果
-->
</script>
```

运行结果如图 2.7 所示。

图 2.7　运算符的优先级使用

Note

2.4.9 表达式

表达式是一个语句集合，像一个组一样，计算结果是个单一值，然后这个结果被 JavaScript 归入下列数据类型之一：boolean、number、string、function 或者 object。

一个表达式本身可以是简单的一个数字或者变量，也可以包含许多连接在一起的变量关键字及运算符。例如，表达式"x=3"将值 3 赋给变量 x，整个表达式计算结果为 3，因此在一行代码中使用此类表达式是合法的。一旦将 3 赋值给 x 的工作完成，那么 x 也将是一个合法的表达式。除了赋值运算符，还有许多可以用来形成一个表达式的其他运算符，例如，算术运算符、字符串运算符、逻辑运算符等。

2.5 综 合 应 用

2.5.1 输出姚明个人信息

【例 2.8】 使用字符串运算符"+"连接两个字符串，并使用 document.write 语句输出连接后的字符串，从而输出姚明的个人信息。代码如下：

👉 **实例位置：光盘\MR\Instance\02\2.8**

```
<script language="javascript">
var a="姚明的个人信息"+"<br>"+"<br>";                    //定义字符串变量
var b="位置：中锋<br>生日：09/12/80<br>身高：2.26M<br>体重：140.6kg<br>国籍：中国<br>个人简
介：目前国内身材最高的中锋，高而灵活，防守意识好，篮下能用多种方式进攻，曾被国外媒体赞誉为"中
国的世界第八大奇迹"。上赛季他独揽"篮板球"、"扣篮"、"盖帽"三项个人技术统计第一名。如今
姚明已经过亚锦赛、奥运会的锤炼，身体、球技和经验都有新的提高。";                    //定义字符串变量
document.write(a+b);                                  //连接字符串并输出
</script>
```

运行结果如图 2.8 所示。

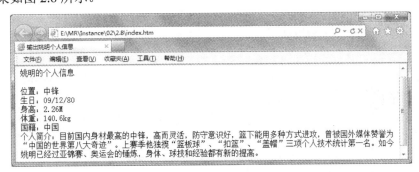

图 2.8 输出姚明个人信息

2.5.2 计算长方形的面积

【例 2.9】 已知长方形的长和宽，根据长方形面积公式，应用算术运算符计算出长方形的面积。代码如下：

实例位置：光盘\MR\Instance\02\2.9

```
<script language="javascript">
var L=5.6;                                        //定义长方形的长为 5.6 米
var H=3.6;                                         //定义长方形的宽为 3.6 米
var M=L*H;                                         //定义长方形的面积等于长乘以宽
document.write("长方形的面积为"+M+"平方米");          //输出长方形的面积
</script>
```

运行结果如图 2.9 所示。

图 2.9　计算长方形的面积

2.6　本章常见错误

2.6.1 程序代码大小写不统一

JavaScript 代码在书写上是严格区分字母大小写的，也就是说，无论在书写语言的关键字、函数名、变量及其他标识符时，都必须采用正确的大小写形式。例如，在程序中定义了一个变量 user 并给它赋值，在输出该变量的值时把变量名误写成了 User，这样就无法输出变量 user 的值。

2.6.2 输出字符串时未加引号

程序中的字符串型数据是包含在单引号或双引号中的，如果在输出字符串时忘记了加引号，就不能正确输出字符串。

2.7　本章小结

本章主要讲解了 JavaScript 的语言基础，包括 JavaScript 基本语法、JavaScript 数据结构、

JavaScript 数据类型、运算符、表达式及数据类型转换等相关内容，希望读者可以熟练掌握这些内容，只有掌握扎实的基础，才可以更好地学习后面的内容。

2.8 跟 我 上 机

参考答案：光盘\MR\跟我上机

应用条件运算符实现一个简单的判断功能。首先定义变量 age 的值为 16，然后应用条件运算符进行判断，如果变量 age 的值大于等于 18，则输出"小明是成年人"，否则输出"小明未成年"，代码如下：

```
<script language="javascript">
var age=16;
document.write((age>=18)?"小明是成年人":"小明未成年");
</script>
```

第3章

流程控制语句

（ 视频讲解：20分钟 ）

流程控制语句对于任何一门编程语言都是至关重要的，JavaScript 也不例外。在 JavaScript 中提供了 if 条件控制语句、for 循环语句、while 循环语句、do...while 循环语句、break 语句、continue 语句和 switch 多路分支语句 7 种流程控制语句。本章将分别进行详细讲解。

本章能够完成的主要范例（已掌握的在方框中打勾）

☐ 判断用户是否输入了用户名与密码

☐ 应用 else if 语句输出问候语

☐ 应用 switch 语句判断当前是星期几

☐ 通过 while 循环语句实现在页面中列举出累加和不大于 10 的所有自然数

☐ 计算 100 以内所有奇数的和

☐ 利用 continue 语句计算 100 以内所有偶数的和

☐ 用 for 语句制作一个乘法口诀表

3.1 条件控制语句

所谓条件控制语句就是对语句中不同条件的值进行判断,进而根据不同的条件执行不同的语句。在条件控制语句中主要有两个语句:一个是 if 条件控制语句,另一个是 switch 多分支语句。下面对这两种类型的条件控制语句进行详细的讲解。

3.1.1 if 条件控制语句

if 条件控制语句是最基本、最常用的流程控制语句,可以根据条件表达式的值执行相应的处理。if 语句的语法格式如下:

```
if(expression){
    statement 1
}else{
    statement 2
}
```

- ☑ expression:必选项,用于指定条件表达式,可以使用逻辑运算符。
- ☑ statement 1:用于指定要执行的语句。当 expression 的值为 true 时,执行该语句。
- ☑ statement 2:用于指定要执行的语句。当 expression 的值为 false 时,执行该语句。

if...else 条件控制语句的执行流程如图 3.1 所示。

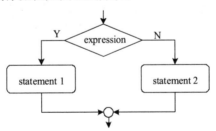

图 3.1 if...else 条件控制语句的执行流程

> 说明:
> 上述 if 语句是典型的二路分支结构。其中 else 部分可以省略,而且 statement 1 为单一语句时,其两边的大括号也可以省略。

例如,用 if 语句编写一段代码,判断 2013 年 2 月份的天数是 28 天还是 29 天,代码如下:

```
//计算 2013 年 2 月份的天数
var year=2013;
var month=0;
```

Note

```
if((year%4==0 && year%100!=0)||year%400==0){    //判断指定年是否为闰年
    month=29;
}else{
    month=28;
}
```

3.1.2 if…else 语句

if…else 语句是 if 语句的标准形式，在 if 语句简单形式的基础之上增加一个 else 从句，当 expression 的值是 false 时则执行 else 从句中的内容。

语法：

```
if(expression){
    statement 1
}else{
    statement 2
}
```

在 if 语句的标准形式中，首先对 expression 的值进行判断，如果它的值是 true，则执行 statement 1 语句块中的内容，否则执行 statement 2 语句块中的内容。

例如，根据变量的值不同，输出不同的内容：

```
var form=0;                              //定义一个变量，值为 0
if(form==1){                             //判断变量的值是否为 1
    document.write("form==1");           /如果变量的值为 1，则输出 form==1
}else{                                   //使用 else 从句
    document.write("form!=1");           /如果变量的值不为 1，则输出 form!=1
}
```

运行结果：form!=1。

3.1.3 if…else if 语句

if 语句是一种使用很灵活的语句，除了可以使用 if…else 语句的形式，还可以使用 if … else if 语句的形式。if…else if 语句的语法格式如下：

```
if (expression 1){
    statement 1
}else if(expression 2){
    statement 2
}
...
else if(expression n){
    statement n
```

```
}else{
        statement n+1
}
```

if...else if 语句的执行流程如图 3.2 所示。

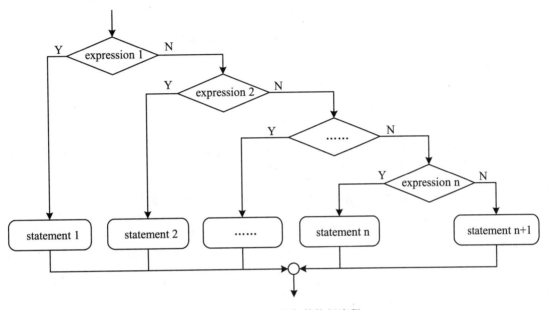

图 3.2　if...else if 语句的执行流程

例如，应用 else if 语句对多条件进行判断。首先判断 m 的值是否小于或等于 1，如果是，则执行"alert("m<=1");"；否则将继续判断 m 的值是否大于 1 并小于或等于 5，如果是，则执行"alert(m>1&&m<=5);"；否则将继续判断 m 的值是否大于 5 并且小于或等于 10，如果是，则执行"alert("m>5&&m<=10");"；最后如果上述的条件都不满足，则执行"alert("m>10");"。代码如下：

```
var m=6;                             //定义一个变量 m 值为 6
if(m<=1)                             //判断如果 m<=1，则执行下面的内容
        alert("m<=1");
else if(m>1&&m<=5)                   //判断如果 m>1&&m<=5，则执行下面的内容
        alert("m>1&&m<=5");
else if(m>5&&m<=10)                  //判断如果 m>5&&m<=10，则执行下面的内容
        alert("m>5&&m<=10");
else                                 //判断如果 m 的值不符合上述条件，则输出下面的内容
        alert("m>10");
```

运行结果：m>5&&m<=10。

【例 3.1】　判断用户是否输入了用户名与密码。

☞ 实例位置：光盘\MR\Instance\03\3.1

（1）在页面中添加用户登录表单及表单元素。具体代码如下：

```
<form name="form1" method="post" action="">
```

Note

```
<table width="226" border="1" cellspacing="0" cellpadding="0" bordercolor="#FFFFFF" bordercolordark
="#CCCCCC" bordercolorlight="#FFFFFF">
    <tr>
      <td height="30" colspan="2" bgcolor="#eeeeee">·用户登录·</td>
    </tr>
    <tr>
      <td width="89" height="30">用户名：</td>
      <td width="132"><input name="user" type="text" id="user"></td>
    </tr>
    <tr>
      <td height="30">密  码：</td>
      <td><input name="pwd" type="text" id="pwd"></td>
    </tr>
    <tr>
     <td height="30" colspan="2" align="center"><input name="Button" type="button" class=" btn_grey"
value="登录" onclick=" return check()">
         
      <input name="Submit2" type="reset" class="btn_grey" value="重置"></td>
    </tr>
  </table>
</form>
```

（2）编写自定义的 JavaScript 函数 check()，在函数中通过 if 语句验证登录信息是否为空。
check()函数的具体代码如下：

```
<script language="javascript">
    function check(){
        var name = form1.user.value;              //获取用户添加的用户名信息
        var pwd = form1.pwd.value;                //获取用户添加的密码信息
        if(name==""){                             //判断用户名是否为空
            alert("请输入登录用户名！");
            form1.user.focus();                   //用户名文本框获取焦点
            return;
        }else if(pwd ==""){                       //判断密码是否为空
            alert("请输入登录密码！");
            form1.pwd.focus();                    //密码文本框获取焦点
            return;
        }else{
            form1.submit();                       //提交表单
        }
    }
</script>
```

运行程序，如果没有输入用户名信息，直接单击"登录"按钮，将显示如图 3.3 所示的提示
对话框。

else if 语句在实际中的应用也是十分广泛的，例如，可以通过该语句来实现一个时间问候语
的功能，即获取系统当前时间，根据不同的时间段输出不同的问候内容。

图 3.3 弹出提示框

【**例 3.2**】 应用 else if 语句输出问候语。首先定义一个变量获取当前时间，然后再应用 getHours()方法获取系统当前时间的小时值，最后应用 else if 语句判断在不同的时间段内输出不同的问候语。代码如下：

👉 **实例位置：光盘\MR\Instance\03\3.2**

```
<script language="javascript">
    var nowtime=new Date();              //定义变量获取当前时间
    var hour=nowtime.getHours();         //定义变量获取当前时间的小时值
    if ((hour>5)&&(hour<=7))
        alert("早上好！");                //如果当前时间在 5～7 时之间，则输出"早上好！"
    else if ((hour>7)&&(hour<=11))
        alert("上午好！");                //如果时间在 7～11 时之间，则输出"上午好！"
    else if ((hour>11)&&(hour<=13))
        alert("中午好！");                //如果时间在 11～13 时之间，则输出"中午好！"
    else if ((hour>13)&&(hour<=17))
        alert("下午好！");                //如果时间在 13～17 时之间，则输出"下午好！"
    else if ((hour>17)&&(hour<=21))
        alert("晚上好！");                //如果时间在 17～21 时之间，则输出"晚上好！"
    else    alert("该休息了！");          //如果时间不符合上述条件，则输出"该休息了！"
</script>
```

运行结果如图 3.4 所示。

图 3.4 应用 else if 语句输出问候语

3.1.4 if 语句的嵌套

if 语句不但可以单独使用，而且可以嵌套应用，即在 if 语句的从句部分嵌套另外一个完整的 if 语句。在 if 语句中嵌套使用 if 语句，其外层 if 语句的从句部分的大括号"{}"可以省略。但是，在使用应用嵌套的 if 语句时，最好是使用大括号"{}"来确定相互之间的层次关系。否则，由于大括号"{}"使用位置不同，可能导致程序代码的含义完全不同，从而输出不同的内容。例如，在下面的两个示例中由于大括号"{}"的位置不同，结果导致程序的输出结果完全不同。

示例一：

在外层 if 语句中应用大括号"{}"，首先判断外层 if 语句 m 的值是否小于 1，如果 m 小于 1，则执行下面相应的内容；然后判断当外层 if 语句 m 的值大于 10 时，则执行下面相应的内容。程序关键代码如下：

```
var m=16;n=9;          //定义变量 m、n 的值
if(m<1){               //首先判断外层 if 语句 m 的值是否小于 1,如果 m 小于 1 则执行下面的内容
    if(n==1)           //当 m 小于 1 时,判断嵌套的 if 语句中 n 的值是否等于 1,如果 n 等于 1 则输出下面的
                         内容
        alert("判断结果：M 小于 1，N 等于 1");
    else               //如果 n 的值不等于 1 则输出下面的内容
        alert("判断结果：M 小于 1，N 不等于 1");
}else if(m>10){        //判断外层 if 语句 m 的值是否大于 10,如果 m 大于 10,则执行下面的语句
    if(n==1)           //如果 n 等于 1,则执行下面的语句
        alert("判断结果：M 大于 10，N 等于 1");
    else               //n 不等于 1,则执行下面的语句
        alert("判断结果：M 大于 10，N 不等于 1");
}
```

运行结果为：判断结果：M 大于 10，N 不等于 1。

示例二：

更改示例 1 代码中大括号"{}"的位置，将大括号"}"放置在 else 语句之前，这时程序代码的含义就发生了变化。程序关键代码如下：

```
var m=16;n=9;          //定义变量 m、n 的值
if(m<1){               //首先判断外层 if 语句 m 的值是否小于 1,如果 m 小于 1 则执行下面的内容
    if(n==1)           //在 m 小于 1 时,判断嵌套的 if 语句中 n 的值是否等于 1,如果 n 等于 1 则输出下面的
                         内容
        alert("判断结果：M 小于 1，N 等于 1");
    else               //如果 n 的值不等于 1 则输出下面的内容
        alert("判断结果：M 小于 1，N 不等于 1");
}else if(m>10){        //判断外层 if 语句 m 的值是否大于 10,如果 m 大于 10,则执行下面的语句
    if(n==1)           //如果 n 等于 1,则执行下面的语句
        alert("判断结果：M 大于 10，N 等于 1");
}else                  //当 m 的值不满足条件时,则执行下面的语句
    alert("判断结果：M 大于等于 1 且小于等于 10");
```

此时的大括号"}"被放置在 else 语句之前，else 语句表达的含义也发生了变化，当 n 的值不等于 1 时将没有任何输出。

由于大括号"}"位置的变化，结果导致相同的程序代码有了不同的含义，从而导致该示例没有任何内容输出。

3.1.5 switch 多分支语句

switch 是典型的多路分支语句，其作用与嵌套使用 if 语句基本相同，但 switch 语句比 if 语句更具有可读性，而且 switch 语句允许在找不到一个匹配条件的情况下执行默认的一组语句。switch 语句的语法格式如下：

```
switch (expression){
    case judgement 1:
        statement 1;
        break;
    case judgement 2:
        statement 2;
        break;
...
    case judgement n:
        statement n;
        break;
    default:
        statement n+1;
        break;
}
```

☑ expression：任意的表达式或变量。

☑ judgement：任意的常数表达式。当 expression 的值与某个 judgement 的值相等时，就执行此 case 后的 statement 语句；如果 expression 的值与所有的 judgement 的值都不相等，则执行 default 后面的 statement 语句。

☑ break：用于结束 switch 语句，从而使 JavaScript 只执行匹配的分支。如果没有 break 语句，则该 switch 语句的所有分支都将被执行，switch 语句也就失去使用的意义。

switch 语句的执行流程如图 3.5 所示。

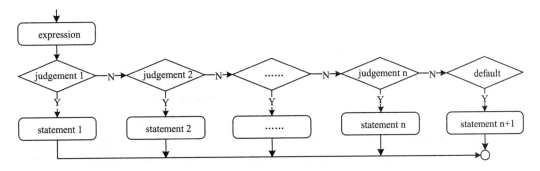

图 3.5　switch 语句的执行流程

【例 3.3】 应用 switch 语句判断当前是星期几，代码如下：

 实例位置：光盘\MR\Instance\03\3.3

```
<script language="javascript">
var now=new Date();                //获取当前系统日期时间
var day=now.getDay();              //获取当前系统日期是一星期中的第几天
var week;
switch (day){
    case 1:
      week="星期一";
    break;
    case 2:
      week="星期二";
    break;
    case 3:
      week="星期三";
    break;
    case 4:
      week="星期四";
    break;
    case 5:
      week="星期五";
    break;
    case 6:
      week="星期六";
    break;
    default:
      week="星期日";
    break;
}
document.write("今天是"+week);        //输出中文的星期
</script>
```

运行本实例，将会在页面中显示当前日期是星期几，运行结果如图 3.6 所示。

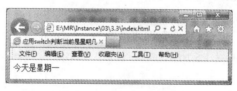

图 3.6　显示当前是星期几

> 说明：
> 　　在程序开发的过程中，使用 if 语句还是使用 switch 语句可以根据实际情况而定，尽量做到物尽其用，不要因为 switch 语句的效率高就使用，也不要因为 if 语句常用就不应用 switch 语句。要根据实际的情况，具体问题具体分析，使用最适合的条件语句。在一般情况下，判断条件较少时可以使用 if 条件语句；在实现一些多条件的判断中，就应该使用 switch 语句。

3.2 循环控制语句

所谓循环控制语句主要就是在满足条件的情况下反复地执行某一个操作。循环控制语句主要包括三种：while、do…while 和 for 循环语句，下面分别进行讲解。

3.2.1 while 循环语句

与 for 语句一样，while 语句也可以实现循环操作。while 循环语句也称为前测试循环语句，是利用一个条件来控制是否要继续重复执行这个语句。while 循环语句与 for 循环语句相比，无论是语法还是执行的流程，都较为简明易懂。while 循环语句的语法格式如下：

```
while(expression){
    statement
}
```

☑ expression：一个包含比较运算符的条件表达式，用来指定循环条件。
☑ statement：用来指定循环体，在循环条件的结果为 true 时，重复执行。

> 说明：
>
> while 循环语句之所以命名为前测试循环，是因为它要先判断此循环的条件是否成立，然后才执行循环体的操作。也就是说，while 循环语句执行的过程是先判断条件表达式，如果条件表达式的值为 true，则执行循环体，并且在循环体执行完毕后，进入下一次循环，否则退出循环。

while 循环语句的执行流程如图 3.7 所示。

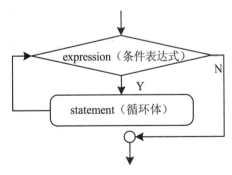

图 3.7 while 循环语句的执行流程

> **说明:**
>
> 在使用 while 语句时,也一定要保证循环可以正常结束,即必须保证条件表达式的值存在为 false 的情况,否则将形成死循环。例如,下面的循环语句就会造成死循环,原因是 i 永远都小于 100。

```
var i=1;
while(i<=100){
    alert(i);         //输出 i 的值
}
```

while 循环语句经常用于循环执行的次数不确定的情况。

【**例 3.4**】 通过 while 循环语句实现在页面中列举出累加和不大于 10 的所有自然数,代码如下:

☞ **实例位置:光盘\MR\Instance\03\3.4**

```
<script language="javascript">
    var i=1;                              //由于是计算自然数,所以 i 的初始值设置为 1
    var sum=i;
    document.write("累加和不大于 10 的所有自然数为:<br>");
    while(sum<=10){
        sum=sum+i;                        //累加 i 的值
        document.write(i+'<br>');         //输出符合条件的自然数
        i++;                              //i 的值自加 1,该语句不可遗漏
    }
</script>
```

运行本实例,结果如图 3.8 所示。

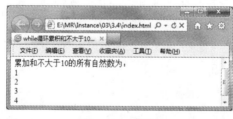

图 3.8 while 循环累加和不大于 10 的自然数

3.2.2 do…while 循环语句

do…while 循环语句也称为后测试循环语句,它也是利用一个条件来控制是否继续重复执行这个语句。与 while 循环所不同的是,do…while 先执行一次循环语句,然后再判断是否继续执行。do…while 循环语句的语法格式如下:

```
do{
    statement
```

```
} while(expression);
```

- ☑ statement：用来指定循环体，循环开始时首先被执行一次，然后在循环条件的结果为 true 时，重复执行。
- ☑ expression：一个包含比较运算符的条件表达式，用来指定循环条件。

说明：

do...while 循环语句执行的过程是：先执行一次循环体，然后再判断条件表达式，如果条件表达式的值为 true，则继续执行，否则退出循环。也就是说，do...while 循环语句中的循环体至少被执行一次。

do...while 循环语句的执行流程如图 3.9 所示。

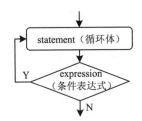

图 3.9 do...while 循环语句的执行过程

do...while 循环语句同 while 循环语句类似，也常用于循环执行的次数不确定的情况。

注意：

do...while 语句结尾处的 while 语句括号后面有一个分号 ";"，为了养成良好的编程习惯，建议读者在书写的过程中不要将其遗漏。

3.2.3 for 循环语句

for 循环语句也称为计次循环语句，一般用于循环次数已知的情况，在 JavaScript 中应用比较广泛。for 循环语句的语法格式如下：

```
for(initialize;test;increment){
    statement
}
```

- ☑ initialize：初始化语句，用来对循环变量进行初始化赋值。
- ☑ test：循环条件，一个包含比较运算符的表达式，用来限定循环变量的边限。如果循环变量超过了该边限，则停止该循环语句的执行。
- ☑ increment：用来指定循环变量的步幅。

☑　statement：用来指定循环体，在循环条件的结果为 true 时，重复执行。

Note

> **说明：**
> for 循环语句执行的过程是：先执行初始化语句，然后判断循环条件，如果循环条件的结果为 true，则执行一次循环体，否则直接退出循环，最后执行迭代语句，改变循环变量的值，至此完成一次循环；接下来将进行下一次循环，直到循环条件的结果为 false，才结束循环。

for 循环语句的执行流程如图 3.10 所示。

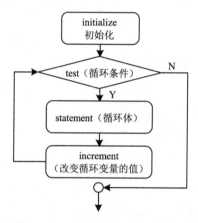

图 3.10　for 循环语句的执行流程

为使读者更好地了解 for 语句，下面通过一个具体的实例来介绍 for 语句的使用方法。

【例 3.5】　计算 100 以内所有奇数的和，代码如下：

👉 **实例位置：光盘\MR\Instance\03\3.5**

```
<script language="javascript">
var sum=0;                                        //定义 sum 初始值为 0
for(i=1;i<100;i+=2){
      sum=sum+i;                                  //计算 100 以内各奇数之和
}
alert("100 以内所有奇数的和为："+sum);              //输出计算结果
</script>
```

运行程序，将会弹出提示框，显示运算结果，如图 3.11 所示。

图 3.11　计算 100 以内奇数和

说明：

在使用 for 语句时，一定要保证循环可以正常结束，也就是必须保证循环条件的结果存在为 false 的情况，否则循环体将无休止地执行，从而形成死循环。例如，下面的循环语句就会造成死循环，原因是 i 永远大于等于 1。

```
for(i=1;i>=1;i++){
    alert(i);
}
```

3.3 跳 转 语 句

3.3.1 continue 跳转语句

continue 跳转语句和 break 跳转语句类似，不同的是，continue 语句用于中止本次循环，并开始下一次循环。其语法格式如下：

```
continue;
```

注意：

continue 语句只能应用在 while、for、do…while 和 switch 语句中。

例如，在 for 语句中通过 continue 语句计算金额大于等于 100 的数据和的代码如下：

```
var total=0;
var sum=new Array(100,121,10,600,536,103,205);      //声明一个一维数组
for ( i=0;i<sum.length;i++ ){
    if (sum[i]<100) continue;                        //如果金额小于 100，则跳过本次循环
    total+=sum[i];
}
    document.write("累加和为："+total);               //输出计算结果
```

运行结果：

累加和为：1665。

说明：

当使用 continue 语句中止本次循环后，如果循环条件的结果为 false，则退出循环，否则继续下一次循环。

3.3.2　break 跳转语句

break 跳转语句用于退出包含在最内层的循环或者退出一个 switch 语句。break 语句的语法格式如下：

```
break;
```

　技巧：

　　break 语句通常用在 for、while、do…while 或 switch 语句中。

例如，在 for 语句中通过 break 语句中断循环的代码如下：

```
var sum=0;
for ( i=0;i<100;i++ ){
    sum+=i;
    if (sum>=10) break;          //如果 sum>=10 就会立即跳出循环
}
document.write("0 至"+i+"(包括"+i+")之间自然数的累加和为："+sum);
```

运行结果：
0 至 4（包括 4）之间自然数的累加和为：10。

3.4　综 合 应 用

3.4.1　利用 continue 语句计算 100 以内所有偶数的和

【例 3.6】　计算 100 以内所有偶数的和有多种方法，在这里利用 continue 语句计算 100 以内所有偶数的和。

　　实例位置：光盘\MR\Instance\03\3.6

跳转控制语句中的 break 语句作用是跳出当前循环体而执行当前循环体后续的内容，而 continue 语句只是跳过本次循环而执行下次循环的内容。本例中使用 continue 语句来计算 100 以内偶数的和。代码如下：

```
<script language="javascript">
var sum=0;                          //定义 sum 初始值为 0
for(i=0;i<100;i++){
    if(i%2==0){
        sum=sum+i;                  //计算 100 以内各偶数之和
    }else{
```

```
            continue;                           //跳过本次循环继续下面的循环
        }
}
alert("100 以内所有偶数的和为："+sum);          //输出计算结果
</script>
```

运行结果如图 3.12 所示。

图 3.12　计算 100 以内所有偶数的和

3.4.2　用 for 语句制作一个乘法口诀表

【例 3.7】　利用 for 循环语句开发一个乘法口诀表，并将算式以及计算结果打印在特定的表格中。

👉 **实例位置：光盘\MR\Instance\03\3.7**

编写两个嵌套的 for 循环，外层 for 循环将循环变量 i 初始值定义为 1，最大值定义为 9，每循环一次执行后置自增运算，循环输出表格的<table>标记和<table>标记内部的<tr>行标记。在内层循环中将循环变量 j 的最大值定义为小于等于 i，这样做的目的是为了达到输出的表格呈现楼梯式的台阶效果。其他参数与外层循环变量相同，循环输出<td>标记和算式及计算结果，代码如下：

```
<script language="javascript">
/*
输出表格的对应标记，这里不要输错 HTML 的表格标记的位置，否则显示效果会存在差异
*/
for (var i=1;i<=9;i++){                            //外层 for 循环语句
    document.write("<table border=1 cellspacing=0 cellpadding=0 bordercolor=#cccccc>");
    document.write("<tr>");
    for (var j=1;j<=i;j++){                        //输出台阶式表格的关键
        document.write("<td width=60 align=center>");
        document.write(j+"*"+i+"="+i*j);            //输出乘法算式以及计算结果
        document.write("</td>");
    }
    document.write("</tr>");
    document.write("</table>");
}
</script>
```

运行结果如图 3.13 所示。

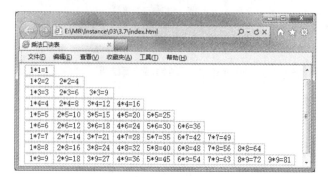

图 3.13　用 for 语句制作一个乘法口诀表

3.5　本章常见错误

3.5.1　条件语句中缺少小括号

编写条件语句时，需要在条件上使用小括号。出现多重条件时，要为每一个条件都加上括号。在实际操作中，有时会忘记将条件用小括号括起来，当嵌套层级过多时，就更容易使层级与设想不符。所以，在编写条件语句时一定要注意不要缺少小括号。

3.5.2　while 语句不正确，形成死循环

在使用 while 循环语句时一定要保证循环可以正常结束，即必须保证条件表达式的值存在为 false 的情况，否则将形成死循环。

3.6　本　章　小　结

本章主要讲解了 JavaScript 中的流程控制语句，通过本章的学习，读者可以掌握条件控制语句、循环控制语句及跳转语句的使用。流程控制语句在实际编程过程中非常常用，所以读者一定要熟练掌握。

3.7　跟　我　上　机

参考答案：光盘\MR\跟我上机

使用 switch 语句判断当前系统日期是一星期中的第几天，并根据不同的日期输出不同的提

示句，实例代码如下：

```
<script language="javascript">
var now=new Date();                  //获取当前系统日期时间
var day=now.getDay();                //获取当前系统日期是一星期中的第几天
var week;
switch (day){
case 1:
        week="今天是星期一，新的一周开始了。";
      break;
case 2:
        week="今天是星期二，保持昨天的好状态，继续努力!";
      break;
case 3:
        week="今天是星期三，真快啊，过去半周了。";
      break;
case 4:
        week="今天是星期四，再上 1 天又放假了。";
      break;
case 5:
        week="今天是星期五，好好想想明天去哪里玩。";
       break;
default:
        week="今天是周末, HOHO～～,可以放松了。";
      break;
}
document.write(week);                     //输出中文的星期
</script>
```

第4章

函　数

（ 📹 视频讲解：18 分钟 ）

函数实质上就是可以作为一个逻辑单元对待的一组 JavaScript 代码。函数可以使代码更为简洁，提高重用性。在 JavaScript 中，大约 95% 的代码都是包含在函数中的。由此可见，函数在 JavaScript 中是非常重要的。

本章能够完成的主要范例（已掌握的在方框中打勾）

- [ ] 如何调用函数
- [ ] 调用自定义函数计算 3 个参数的平均值
- [ ] 通过自定义函数实现屏蔽鼠标和键盘的相关事件
- [ ] 内置函数的使用
- [ ] 在嵌套函数中获取外部函数参数及全局变量的和
- [ ] 使用递归函数取得 10! 的值
- [ ] 自定义一个为数字取绝对值的函数
- [ ] 随机生成指定位数的验证码

4.1 函数的定义

在 JavaScript 中，函数的定义是由关键字 function、函数名、函数的参数及置于大括号中的函数体组成的。定义函数的基本语法如下：

```
function functionName([parameter 1, parameter 2, ……]){
    statements;
    [return expression;]
}
```

- ☑ functionName：必选，用于指定函数名。在同一个页面中，函数名必须是唯一的，并且区分大小写。
- ☑ parameter：可选，用于指定参数列表。使用多个参数时，参数间使用逗号进行分隔。一个函数最多可以有 255 个参数。
- ☑ statements：必选，是函数体，用于实现函数功能的语句。
- ☑ expression：可选，用于返回函数值。expression 为任意的表达式、变量或常量。

例如，定义一个用于计算商品金额的函数 account()，该函数有两个参数，用于指定商品的单价和数量，返回值为计算后的金额。具体代码如下：

```
function account(price,number){        //定义函数
    var sum=price*number;              //计算金额
    return sum;                         //返回计算后的金额
}
```

4.2 函数的调用

函数定义后并不会自动执行，需要在特定的位置调用函数，调用函数需要创建调用语句，调用语句包含函数名称、参数值。

4.2.1 函数的参数

在 JavaScript 中定义函数的完整格式如下：

```
function  自定义函数名（形参 1，形参 2，……）
{
    函数体
}
</script>
```

定义函数时，在函数名后面的圆括号内可以指定一个或多个参数（参数之间用逗号","分隔）。指定参数的作用在于，调用函数时，可以为被调用的函数传递一个或多个值。

定义函数时指定的参数称为形式参数，简称形参；调用函数时实际传递的值称为实际参数，简称实参。

如果定义的函数有参数，那么调用该函数的语法格式如下：

函数名（实参1，实参2，……）

通常，在定义函数时使用了多少个形参，在调用函数时也必须给出多少个实参。这里需要注意的是，实参之间也必须用逗号","分隔。

> 说明：
>
> 函数的参数分为形式参数和实际参数，其中形式参数为函数赋予的参数，它代表函数的位置和类型，系统并不为形参分配相应的存储空间。调用函数时传递给函数的参数称为实际参数，实参通常在调用函数之前已经被分配了内存，并且赋予了实际的数据，在函数的执行过程中，实际参数参与函数的运行。

4.2.2 函数的简单调用

函数的定义语句通常被放在 HTML 文件的<head>标记中，而函数的调用语句通常被放在<body>标记中。如果在函数定义之前调用函数，执行时会出错。

函数的定义及调用语法如下：

```
<html>
<head>
<script type="text/javascript">
function functionName(parameters){          //定义函数
    statements;
}
</script>
</head>
<body>
    functionName(parameters);               //调用函数
</body>
</html>
```

- ☑ functionName：函数的名称。
- ☑ parameters：参数名称或参数值。

【例 4.1】 本实例主要用于演示如何调用函数，代码如下：

☞ 实例位置：光盘\MR\Instance\04\4.1

```
<html>
<head>
```

```
<meta http-equiv="Content-Type" content="text/html; charset=UTF-8">
<title>函数的简单应用</title>
<script type="text/javascript">
function print(par1,par2,par3){
      alert(par1+par2+par3);                    //在页面中弹出对话框
}
</script>
</head>
<body>
<script type="text/javascript">
      print("JavaScript 函数","调用","方法");    //在页面中调用 print()函数
</script>
</body>
</html>
```

运行结果如图 4.1 所示。

图 4.1　函数的应用

调用函数的语句将字符串"JavaScript 函数"、"调用"和"方法"分别赋予参数 par1、par2 和 par3。

4.2.3　通过链接调用函数

函数除了可以在响应事件中被调用之外，还可以在链接中被调用，在<a>标记中的 href 属性中使用"javascript:关键字"格式调用函数，用户单击这个超链接时，相关函数将被执行。下面的代码通过链接调用函数：

```
<script language="javascript">
function test(){                        //定义函数
      alert("I like JavaScript");
}
</script>
</head>
<body>
<a href="javascript:test();">通过链接调用函数</a>    //在链接中调用自定义函数
</body>
```

4.2.4　在响应事件中调用函数

有时，用户单击某个按钮或选中某个复选框时都将触发事件，通过编写程序对事件做出反应

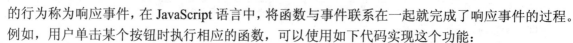

Note

的行为称为响应事件，在 JavaScript 语言中，将函数与事件联系在一起就完成了响应事件的过程。
例如，用户单击某个按钮时执行相应的函数，可以使用如下代码实现这个功能：

```
<script language="javascript">
function test(){                                        //定义函数
    alert("您单击了按钮");
}
</script>
</head>
<body>
<form action="" method="post" name="form1">
<input type="button" value="提交" onClick="test();">    //在按钮事件触发时调用自定义函数
</form>
</body>
```

从上述代码中可以看出，首先定义一个名为 test()的函数，函数体比较简单，使用 alert 语句
返回一个字符串，最后在按钮 onClick 事件中调用 test()函数。用户单击"提交"按钮后弹出相应
的对话框。

4.2.5　函数的返回值

有时需要在函数中返回一个数值，并在其他函数中使用，为了能够返回给变量一个值，可以
在函数中添加 return 语句，将需要返回的值赋予变量，最后将此变量返回。
语法：

```
<script type="text/javascript">
function functionName(parameters){
    var results=somestatements;
    return results;
}
</script>
```

☑　　results：函数中的局部变量。
☑　　return：函数中返回变量的关键字。

注意：
　　返回值在调用函数时不是必须定义的。

【例 4.2】　本实例主要用于调用自定义函数计算 3 个参数的平均值，代码如下：

实例位置：光盘\MR\Instance\04\4.2

```
<html>
<head>
```

```
<meta http-equiv="Content-Type" content="text/html; charset=UTF-8">
<title>函数的返回值</title>
<script type="text/javascript">
function setValue(num1,num2,num3){
    var avg=(num1+num2+num3)/3;                    //计算3个参数的平均值
    return avg;                                    //返回平均值
}
function getValue(num1,num2,num3){
    document.writeln("参数值分别为："+num1+"、"+num2+"、"+num3+"。");
    var value=setValue(num1,num2,num3);            //调用setValue()函数
    document.write("获取参数的平均值，计算结果为："+value);  //输出平均值
}
</script>
</head>
<body>
<script type="text/javascript">
    getValue(60,59,61);                            //调用getValue()函数
</script>
</body>
</html>
```

运行结果如图4.2所示。

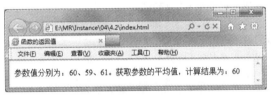

图4.2 函数返回值的应用

4.3 几种特殊的函数

4.3.1 构造函数与函数直接量

除了使用基本的 function 语句之外，还可使用另外两种方式来定义函数，即使用构造函数 function()和使用函数直接量。这两者之间存在很重要的差别。

首先，构造函数 function()允许在运行时动态创建和编译 JavaScript 代码，而函数直接量却是程序结构的一个静态部分，就像函数语句一样。

其次，每次调用构造函数 function()时都会解析函数体，并且创建一个新的函数对象。如果对构造函数的调用出现在一个循环中，或者出现在一个经常被调用的函数中，那么这种方法的效率非常低。函数直接量不论出现在循环体，还是出现在嵌套函数中，既不会在每次调用时都被重新编译，也不会在每次遇到时都创建一个新的函数对象。

最后，使用 function()创建的函数使用的不是静态作用域，相反，该函数总是被当作顶级函

数来编译。

【例 4.3】 通过自定义函数实现屏蔽鼠标和键盘的相关事件。

 实例位置：光盘\MR\Instance\04\4.3

（1）编写自定义的 JavaScript 函数 maskingKeyboard()，在该函数中屏蔽键盘的回车键、退格键、F5 键、Ctrl+N 快捷键、Shift+F10 快捷键。具体代码如下：

```
function maskingKeyboard(){
    if(event.keyCode==8){                                  //判断是否为退格键
        event.keyCode=0;
        event.returnValue=false;
        alert("当前设置不允许使用退格键");
    }
    if(event.keyCode==13){                                 //判断是否为回车键
        event.keyCode=0;
        event.returnValue=false;
        alert("当前设置不允许使用回车键");
    }
    if(event.keyCode==116){                                //判断是否为 F5 键
        event.keyCode=0;
        event.returnValue=false;
        alert("当前设置不允许使用 F5 刷新键");
    }
    //判断是否为 Alt+方向键←或方向键→
    if((event.altKey)&&((window.event.keyCode==37)||(window.event.keyCode==39))){
        event.returnValue=false;
        alert("当前设置不允许使用 Alt+方向键←或方向键→");
    }
    if((event.ctrlKey)&&(event.keyCode==78)){              //判断是否为 Ctrl+N 快捷键
        event.returnValue=false;
        alert("当前设置不允许使用 Ctrl+N 新建 IE 窗口");
    }
    if((event.shiftKey)&&(event.keyCode==121)){            //判断是否为 Shift+F10 快捷键
        event.returnValue=false;
        alert("当前设置不允许使用 Shift+F10");
    }
}
```

（2）在页面的\<body>标记的键盘按下事件 onkeydown 中调用 maskingKeyboard()函数屏蔽键盘的相关事件。具体代码如下：

```
<body onkeydown="maskingKeyboard()">
```

（3）编写自定义的 JavaScript 函数 rightKey()，用于屏蔽鼠标右键。rightKey()函数的具体代码如下：

```
function rightKey(){
    if(event.button==2){                                   //判断按下的是否是鼠标右键
        event.returnValue=false;
```

```
        alert("禁止使用鼠标右键！");
    }
}
```

（4）在文档的 onmousedown 事件中调用 rightKey()函数，用于当用户在页面中按下鼠标右键时调用屏蔽右键的函数 rightKey()。具体代码如下：

```
document.onmousedown=rightKey();        //当鼠标右键被按下时，调用 rightKey()函数
```

运行程序，在页面中按下回车键、退格键、F5 键、Ctrl+N 快捷键、Shift+F10 快捷键及鼠标右键，都将弹出提示信息，并且屏蔽掉这些事件所触发的动作。例如，按下鼠标右键时，弹出如图 4.3 所示的提示对话框。

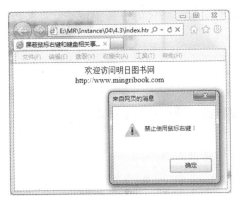

图 4.3　在页面中屏蔽右键和键盘相关事件

4.3.2　JavaScript 的内置函数

在使用 JavaScript 语言时，除了可以自定义函数之外，还可以使用 JavaScript 的内置函数，这些内置函数是由 JavaScript 语言自身提供的函数。

JavaScript 中的内置函数如表 4.1 所示。

表 4.1　JavaScript 中的内置函数

函　　数	说　　明
eval()	求字符串中表达式的值
isFinite()	判断一个数值是否为无穷大
isNaN()	判断一个数值是否为 NaN（非数字）
parseInt()	将字符型转化为整型
parseFloat()	将字符型转化为浮点型
encodeURI()	将字符串转化为有效的 URL
encodeURIComponent()	将字符串转化为有效的 URL 组件
decodeURI()	对由 encodeURI()编码的文本进行解码
DecodeURIComponent()	对由 encodeURIComponent()编码的文本进行解码

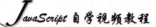

下面将对一些常用的内置函数进行详细介绍。

（1）parseInt()函数

该函数主要将首位为数字的字符串转化成数字，如果字符串不是以数字开头，那么将返回NaN。

语法：

---

parseInt(StringNum,[n])

- ☑   StringNum：需要转换为整型的字符串。
- ☑   n：提供在 2～36 之间的数字表示所保存数字的进制数。这个参数是可选的。

（2）parseFloat()函数

该函数主要将首位为数字的字符串转化成浮点型数字，如果字符串不是以数字开头，那么将返回 NaN。

语法：

---

parseFloat(StringNum)

参数 StringNum 表示需要转换为浮点型的字符串。

（3）isNaN()函数

该函数主要用于检验某个值是否为 NaN。

语法：

---

isNaN(Num)

参数 Num 表示需要验证的数字。

> 说明：
>
> 如果参数 Num 为 NaN，函数返回值为 true；如果参数 Num 不是 NaN，函数返回值为 false。

（4）isFinite()函数

该函数主要用于检验其参数是否为无穷大。

语法：

---

isFinite(Num)

参数 Num 表示需要验证的数字。如果 Num 是有限数字，那么返回 true；如果 Num 是 NaN，或者是正、负无穷大的数，则返回 false。

（5）encodeURI()函数

该函数主要用于返回一个 URI 字符串编码后的结果。

语法：

---

encodeURI(url)

参数 url 表示需要转化为网络资源地址的字符串。

说明:

  URI 与 URL 都可以表示网络资源地址,URI 比 URL 表示范围更加广泛,在一般情况下,URI 与 URL 可以是等同的。encodeURI()函数只对字符串中有意义的字符进行转义。例如,将字符串中的空格转化为 "%20"。

(6) decodeURI()函数

该函数主要用于将已编码为 URI 的字符串解码成原始的字符串并返回。

语法:

---

decodeURI(url)

参数 url 表示需要解码的网络资源地址。

 说明:

  decodeURI()函数可以将使用 encodeURI()编码的网络资源地址转化为字符串并返回,也就是说 decodeURI()函数是 encodeURI()函数的逆向操作。

【例 4.4】 本实例主要演示上述内置函数的使用,代码如下:

实例位置:光盘\MR\Instance\04\4.4

```
<script type="text/javascript">
/*
parseInt()函数
*/
var num1="123abc"
var num2="abc123"
document.write("(1)使用 parseInt()函数<br>");
document.write("123abc 转化结果为:"+parseInt(num1)+"<br>");
document.write("abc123 转化结果为:"+parseInt(num2)+"<br><br>");
/*
parseFloat()函数
*/
var num3="123.456abc"
document.write("(2)使用 parseFloat()函数<br>");
document.write("123.456abc 转化结果为:"+parseFloat(num3)+"<br><br>");
/*
isNaN()函数
*/
document.write("(3)使用 isNaN()函数<br>");
document.write("123.456abc 转化后是否为 NaN:"+isNaN(parseFloat(num3))+"<br>");
document.write("abc123 转化结果后是否为 NaN:"+isNaN(parseInt(num2))+"<br><br>");
/*
isFinite()函数
*/
document.write("(4)使用 isFinite()函数<br>");
document.write("10 除以 10 的结果是否为无穷大:"+isFinite(10/10)+"<br>");
```

```
document.write("10 除以 0 的结果是否为无穷大： "+isFinite(10/0)+"<br><br>");
/*
encodeURI()函数
*/
document.write("（5）使用 encodeURI()函数<br>");
document.write(" 转 化 为 网 络 资 源 地 址 为 ： "+encodeURI("http://127.0.0.1/index.html?name= 测 试
")+"<br><br>");
/*
decodeURI()函数
*/
document.write("（6）使用 decodeURI()函数<br>");
document.write("转化网络资源地址的字符串为："+decodeURI(encodeURI("http://127.0.0.1/index.html?
name=测试"))+"<br><br>");
</script>
```

运行结果如图 4.4 所示。

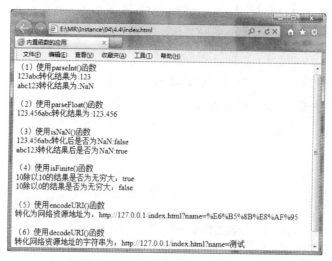

图 4.4　内置函数的应用

4.3.3　嵌套函数

所谓嵌套函数，即在函数内部再定义一个函数，这样定义的优点在于可以使内部函数轻松获得外部函数的参数及函数的全局变量等。

语法：

```
<script type="text/javascript">
var outter=10;
function functionName(parameters1,parameters2){        //定义外部函数
    function InnerFunction(){                           //定义内部函数
        somestatements;
    }
}
```

Note

```
</script>
```

☑ functionName：外部函数名称。

☑ InnerFunction：嵌套函数名称。

【例 4.5】 本实例主要实现在嵌套函数中获取外部函数参数及全局变量的和。代码如下：

☞ **实例位置：光盘\MR\Instance\04\4.5**

```html
<html>
<head>
<meta http-equiv="Content-Type" content="text/html; charset=UTF-8">
<title>嵌套函数的应用</title>
<script type="text/javascript">
    var outter=300;                                          //定义全局变量
    function add(num1,num2){                                 //定义外部函数
        function innerAdd(){                                 //定义内部函数
            alert("参数与全局变量的和为："+(num1+num2+outter));   //取参数与全局变量的和
        }
        return innerAdd();                                   //调用内部函数
    }
</script>
</head>
<body>
<script type="text/javascript">
    add(100,200);                                            //调用外部函数
</script>
</body>
</html>
```

运行结果如图 4.5 所示。

图 4.5　嵌套函数的应用

内部函数 innerAdd() 获取了外部函数的参数 num1、num2 及全局变量 outter 的值，然后再将这 3 个变量相加，并返回这 3 个变量的和。最后在外部函数中调用了内部函数。

由此可知，嵌套函数在 JavaScript 语言中非常强大，但使用嵌套函数时要当心，因为它会使程序可读性降低。

4.3.4　递归函数

所谓递归函数，就是函数在自身的函数体内调用自身。使用递归函数时一定要注意，处理不

当会使程序进入死循环，它只在特定的情况下使用，例如处理阶乘问题时。

语法：

Note

```
<script type="text/javascript">
var outter=10;
function functionName(parameters1){
    functionName(parameters2);
}
</script>
```

参数 functionName 表示递归函数名称。

【例 4.6】 本实例主要使用递归函数取得 10!的值，其中 10!=10*9!，而 9!=9*8!，以此类推，最后 1!=1，这样的数学公式在 JavaScript 程序中可以很容易使用函数进行描述。可以使用 f(n)表示 n!的值；当 1<n<10 时，f(n)=n*f(n-1)；当 n<=1 时，f(n)=1。代码如下：

👉 **实例位置：光盘\MR\Instance\04\4.6**

```
<html>
<head>
<meta http-equiv="Content-Type" content="text/html; charset=UTF-8">
<title>递归函数的应用</title>
<script type="text/javascript">
function f(num){                             //定义递归函数
    if(num<=1){                              //如果 num<=1
        return 1;                            //返回 1
    }
    else{
        return f(num-1)*num;                 //调用递归函数
    }
}
</script>
</head>
<body>
<script type="text/javascript">
alert("10!的结果为："+f(10));                //调用函数
</script>
</body>
</html>
```

本实例运行结果如图 4.6 所示。

图 4.6　递归函数的应用

在定义递归函数时需要两个必要条件：

☑ 包括一个结束递归的条件,如例 4.6 中的"if(num<=1)"语句,如果满足条件则执行"return 1;"语句,不再递归。

☑ 包括一个递归调用语句,如例 4.6 中的"return f(num-1)*num;"语句,用于实现调用递归函数。

4.4 综 合 应 用

4.4.1 自定义一个为数字取绝对值的函数

【例 4.7】 自定义一个函数,为文本框中输入的数字取绝对值。

👉 实例位置:光盘\MR\Instance\04\4.7

创建一个自定义函数,在函数中首先判断文本框中输入的是否是数字,如果是数字,再判断该数字是否是负数:如果不是负数,则返回数字本身;如果是负数,则返回该数值乘以-1。代码如下:

```html
<html>
<head>
<title>为数字取绝对值</title>
<meta http-equiv="Content-Type" content="text/html; charset=gb2312">
<script language="javascript">
function abso(){                                //定义函数 abso()
    var num=form.num.value;                     //获取文本框中输入的值
    if(isNaN(num)||num==""){                    //判断输入的值是否是非数字或是否为空
        alert('您输入的不是数字');
    }else{
        if(num>=0){                             //如果输入的不是负数
            alert(num+'的绝对值是'+num);         //返回输入的值本身
        }else{
            alert(num+'的绝对值是'+num*(-1));    //否则如果是负数,则返回输入的数值乘以-1
        }
    }
}
</script>
</head>
<form name="form" method="post" action="#">
<label>请输入数字:</label>
<input type="text" name="num" id="num"><br>
<input type="button" name="sub" value="提交" onClick="abso()"><p>
</form>
</body>
</html>
```

运行结果如图 4.7 所示。

图 4.7 自定义函数为输入的数字取绝对值

4.4.2 随机生成指定位数的验证码

【例 4.8】 使用 JavaScript 实现随机生成验证码的功能。运行程序后，在文本框中输入指定的数字后，单击"生成"按钮，即可生成指定位数的验证码。

实例位置：光盘\MR\Instance\04\4.8

随机生成指定位数的验证码功能主要通过 random()函数实现，其关键代码参考如下：

```javascript
<script language="javascript">
function checkCode(digit){
    //自动生成验证码
    var result="";
    for(i=0;i<parseInt(digit);i++){
        result=result+(parseInt(Math.random()*10)).toString();
    }
    return result;
}
function deal(){
    result.innerHTML="  产生的验证码："+checkCode(form1.digit.value);
}
</script>
```

运行结果如图 4.8 所示。

图 4.8 随机生成指定位数的验证码

4.5 本章常见错误

4.5.1 使用 JavaScript 关键字作为变量名或函数名

JavaScript 关键字是指在 JavaScript 语言中有特定含义，且成为 JavaScript 语法中一部分的那些字。与其他编程语言一样，JavaScript 中也有许多关键字，不能被用作函数名或变量名。如果使用 JavaScript 关键字作为变量名或函数名，会使 JavaScript 在载入过程中出现编译错误。

4.5.2 自定义函数后没有调用

自定义一个函数后，函数本身并不会自动执行，要执行这个函数需要在特定的位置调用它，初学者有时在定义了函数后忘记了调用该函数，结果发现在页面中并没有任何输出，所以不要忘记在指定的位置调用定义的函数。

4.6 本章小结

本章主要讲解了 JavaScript 中函数的使用，包括定义函数、调用函数、使用函数的参数和返回值、function()构造函数及函数的直接量、内置函数、嵌套函数、递归函数。函数在 JavaScript 中非常重要，JavaScript 程序的任何位置都可以通过引用其名称来执行。在程序中可以建立很多函数，这有利于组织应用程序的结构，使程序代码的维护与修改更加容易。

4.7 跟我上机

参考答案：光盘\MR\跟我上机

自定义一个计算产品价格的函数 values()，该函数有两个参数 cost 和 profit，分别表示产品的成本和利润。在函数中首先通过传递的两个参数来计算产品的价格，然后返回产品的价格。函数定义完成后通过调用函数来输出产品的价格。代码如下：

```
<script language="javascript">
function values(cost,profit){          //定义一个函数
    price=cost+(cost*profit);          //计算产品价格
    return price;                      //返回价格
}
document.write(values(100,0.5));       //调用函数输出价格
</script>
```

第5章

字符串与数值处理对象

（ 📹 视频讲解：**26**分钟 ）

在 Web 编程中，字符串和数值总是会被大量地生成和处理。正确地使用和处理字符串和数值，对于网站开发人员来说越来越重要。本章将主要介绍常用的字符串对象和数值处理对象，希望广大读者能够通过本章的学习，熟练掌握字符串和数值处理对象的使用。

本章能够完成的主要范例（已掌握的在方框中打勾）

☐ 应用 random()方法和 toString()方法随机生成指定位数的验证码

☐ 通过不同的初始值创建 Boolean 对象

☐ 将 RGB 格式的颜色值转换为十六进制格式

☐ 通过自定义函数实时显示系统时间

5.1　字符串对象 String

字符串是程序设计中经常使用的一种数据类型。在 JavaScript 中，字符串主要用于用户表单的确认等。本节将对字符串对象 String 的使用进行详细讲解。

5.1.1　search()方法

该方法返回使用表达式搜索时，第一个匹配的字符串在整个被搜索字符串中的位置，如果没有找到任何匹配的子串，则返回-1。该方法的语法格式为：

```
search(regExp);
```

regExp 参数可以是需要在 stringObject 中检索的子串，也可以是需要检索的 RegExp 对象。要执行忽略大小写的检索，应追加标志 i。

例如，在本例中，在字符串中检索"world"子串，代码如下：

```
<script type="text/javascript">
var str="Hello world!";
document.write(str.search(/world/));
</script>
```

输出结果为：6。

5.1.2　match()方法

这个方法的作用与 RegExp 对象的 exec()方法类似，使用正则表达式模式对字符串进行搜索，并返回一个包含搜索结果的数组。该方法的语法格式为：

```
match（regExp）
```

如果没有为正则表达式设置全局标志（g），match()方法产生的结果与没有设置全局标志（g）的 exec()方法的结果完全相同。

如果设置了全局标志（g），match()方法返回的数组中包含所有完整的匹配结果，元素 0～n 依次是每个完整的匹配结果。

传递给 match()方法的参数是一个 RegExp 类型的对象实例，即用表达式作为 match()方法的参数搜索字符串；传递给 exec()方法的参数是一个 String 类型的对象实例，即用表达式对象搜索作为 exec()方法参数的字符串。

例如，在"I like JavaScript!"字符串中检索不同的子串，代码如下：

```
<script type="text/javascript">
```

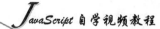

```
var str="I like JavaScript!"
document.write(str.match("JavaScript") + "<br/>")        //查找匹配的字符串
document.write(str.match("javascript") + "<br/>")        //查找匹配的字符串
document.write(str.match("JavaScript!"))                 //查找匹配的字符串
</script>
```

输出结果为：

```
JavaScript
null
JavaScript!
```

5.1.3 split()方法

split()方法用于把一个字符串分割成字符串数组。该方法的语法格式如下：

```
split([separator[,limit]])
```

该方法返回按照某种分割标志符将一个字符串拆分为若干个子字符串时所产生的子字符串数组。separator 是分割标志符参数，可以是多个字符或一个正则表达式，并不作为返回到数组元素的一部分，参数 limit 可选，用来限制返回元素的个数。

在本例中，按照不同的方式来分割字符串，代码如下：

```
<script type="text/javascript">
var str="JavaScript 自 学 视 频 教 程";
document.write(str.split(" ") + "<br/>");
document.write(str.split("") + "<br/>");
document.write(str.split(" ",3));
</script>
```

输出结果为：

```
JavaScript,自,学,视,频,教,程
J,a,v,a,S,c,r,i,p,t, ,自, ,学, ,视, ,频, ,教, ,程
JavaScript,自,学
```

5.1.4 replace()方法

replace()方法用于在字符串中用一些字符替换另一些字符，或替换一个与正则表达式匹配的子串。该方法的语法格式为：

```
stringObject.replace(regexp/substr,replacement)
```

该方法使用表达式模式对字符串执行搜索，并将搜索到的内容用指定的字符串替换，返回一

个字符串对象，包含了替换后的内容。replace()方法执行后，将更新 RegExp 对象中的有关静态属性以反映匹配情况。该方法需要两个参数，其含义分别如下。

- ☑ regexp：搜索时要使用的表达式对象。如果是字符串，不按正则表达式的方式进行模糊搜索，而进行精确搜索。
- ☑ replacement：用于替换搜索到的内容的字符串，其中可以使用一些特殊的字符组合来表示匹配变量。其中，$&是整个表达式模式在被搜索字符串中所匹配的字符串，$是表达式模式在被搜索字符串中所匹配的字符串左边的所有内容，$$则是普通意义的 "$" 字符。

例如，将字符串中的 world 替换为 JavaScript，代码如下：

```
<script type="text/javascript">
var str="Hello world!";
document.write(str.replace(/world/, "JavaScript"));
</script>
```

输出结果为：Hello JavaScript!。

5.2　常用的数值处理对象

JavaScript 中的整数没有小数点和小数部分；浮点数则一定包含小数点和小数部分。JavaScript 生成的许多内部值，如数组的下标值、数组和字符串的 length 属性等，都由整数组成；浮点数一般是数值除法、特殊值（如 PI）和用户输入的值的结果。

整数和整数相加的结果还是整数；整数和浮点数相加的结果是浮点数；两个浮点数相加的结果一般也是浮点数；当浮点数的和是一个整数时，结果就会是整数形式。

JavaScript 还可以处理十六进制数和八进制数。在数学表达式中，可以自由使用十进制、十六进制或八进制形式，但最终的显示结果都用十进制表示。进制之间的转换必须使用用户定义的函数。

5.2.1　Math 对象

Math 对象提供了大量的数学常量和数学函数。在使用 Math 对象时，不能使用 new 关键字创建对象实例，而应直接使用 "对象名.成员" 的格式来访问其属性或方法。下面将对 Math 对象的属性和方法进行介绍。

1. Math 对象的属性

Math 对象的属性是数学中常用的常量，如表 5.1 所示。

表 5.1　Math 对象的属性

属　　性	描　　述	属　　性	描　　述
E	欧拉常量（2.718281828459045）	LOG2E	以 2 为底数的 e 的对数（1.4426950408889633）
LN2	2 的自然对数（0.6931471805599453）	LOG10E	以 10 为底数的 e 的对数（0.4342944819032518）
LN10	10 的自然对数（2.3025850994046）	PI	圆周率常数 π（3.141592653589793）
SQRT2	2 的平方根（1.4142135623730951）	SQRT1_2	0.5 的平方根（0.7071067811865476）

例如：

```
var piValue = Math.PI;            //计算圆周率
var rootofTwo = Math.SQRT2;       //计算 2 的平方根
```

2. Math 对象的方法

Math 对象的方法是数学中常用的函数，如表 5.2 所示。

表 5.2　Math 对象的方法

属　　性	描　　述	示　　例
abs(x)	返回 x 的绝对值	Math.abs(-10);　//返回值为 10
acos(x)	返回 x 弧度的反余弦值	Math.acos(1);　//返回值为 0
asin(x)	返回 x 弧度的反正弦值	Math.asin(1);　//返回值为 1.5707963267948965
atan(x)	返回 x 弧度的反正切值	Math.atan(1);　//返回值为 0.7853981633974483
atan2(x,y)	返回从 x 轴到点（x,y）的角度，其值在 -PI 与 PI 之间	Math.atan2(10,5);　//返回值为 1.1071487177940904
ceil(x)	返回大于或等于 x 的最小整数	Math.ceil(1.05);　//返回值为 2 Math.ceil(-1.05);　//返回值为-1
cos(x)	返回 x 的余弦值	Math.cos(0);　//返回值为 1
exp(x)	返回 e 的 x 乘方	Math.exp(4);　//返回值为 54.598150033144236
floor(x)	返回小于或等于 x 的最大整数	Math.floor(1.05);　//返回值为 1 Math.floor(-1.05);　//返回值为-2
log(x)	返回 x 的自然对数	Math.log(1);　//返回值为 0
max(x,y)	返回 x 和 y 中的最大数	Math.max(2,4);　//返回值为 4
min(x,y)	返回 x 和 y 中的最小数	Math.min(2,4);　//返回值为 2
pow(x,y)	返回 x 对 y 的次方	Math.pow(2,4);　//返回值为 16
random()	返回 0 和 1 之间的随机数	Math.random();　//返回值为类似 0.8867056997839715 的随机数
round(x)	返回最接近 x 的整数，即四舍五入函数	Math.round(1.05);　//返回值为 1 Math.round(-1.05);　//返回值为-1
sin(x)	返回 x 的正弦值	Math.sin(0);　//返回值为 0
sqrt(x)	返回 x 的平方根	Math.sqrt(2);　//返回值为 1.4142135623730951
tan(x)	返回 x 的正切值	Math.tan(90);　//返回值为-1.995200412208242

例如，计算两个数值中的较大值，可以通过 Math 对象的 max()函数，代码如下：

```
var larger = Math.max(value1,value2);
```

或者计算一个数的 3 次方，代码如下：

```
var result = Math.pow(value,3);
```

或者使用四舍五入函数计算最接近的整数值，代码如下：

```
var result = Math.round(value);
```

5.2.2 Number 对象

由于 JavaScript 通常只使用一些简单数值完成日常数值的计算，因此，Number 对象很少被使用，当需要访问某些常量值时，如数字的最大或最小可能值、正无穷大或负无穷大时，该对象显得非常有用。

1．创建 Number 对象

Number 对象是原始数值的包装对象，使用该对象可以将数字作为对象直接进行访问。它可以不与运算符 new 一起使用，而直接作为转化函数使用。以这种方式调用 Number()时，它会把参数转化成一个数字，然后返回转换后的原始数值（或 NaN）。

语法：

```
numObj=new Number(value)
```

☑　numObj：要赋值为 Number 对象的变量名。

☑　value：可选项。是新对象的数字值。如果忽略 Boolvalue，则返回值为 0。

例如，创建一个 Number 对象，代码如下：

```
var numObj1=new Number();
var numObj2=new Number(0);
var numObj3=new Number(-1);
var numObj4=new Number(100);
document.write(numObj1+"<br>");
document.write(numObj2+"<br>");
document.write(numObj3+"<br>");
document.write(numObj4+"<br>");
```

运行结果：

```
0
0
-1
100
```

2. Number 对象的属性

（1）MAX_VALUE 属性

该属性用于返回 Number 对象的最大可能值。

语法：

```
value=Number.MAX_VALUE
```

参数 value 表示存储 Number 对象最大可能值的变量。

例如，获取 Number 对象的最大可能值，代码如下：

```
var maxvalue=Number.MAX_VALUE;
document.write(maxvalue);
```

运行结果：1.7976931348623157e+308。

（2）MIN_VALUE 属性

该属性用于返回 Number 对象的最小可能值。

语法：

```
value=Number.MIN_VALUE
```

参数 value 表示存储 Number 对象最小可能值的变量。

例如，获取 Number 对象的最小可能值，代码如下：

```
var minvalue=Number.MIN_VALUE;
document.write(minvalue);
```

运行结果：5e-324。

（3）NEGATIVE_INFINITY 属性

该属性用于返回 Number 对象负无穷大的值。

语法：

```
value=Number.NEGATIVE_INFINITY
```

参数 value 表示存储 Number 对象负无穷大的值。

例如，获取 Number 对象负无穷大的值，代码如下：

```
var negative=Number.NEGATIVE_INFINITY;
document.write(negative);
```

运行结果：-Infinity。

（4）POSITIVE_INFINITY 属性

该属性用于返回 Number 对象正无穷大的值。

语法：

```
value=Number.POSITIVE_INFINITY
```

参数 value 表示存储 Number 对象正无穷大的值。

例如，获取 Number 对象正无穷大的值，代码如下：

```
var positive=Number.POSITIVE_INFINITY;
document.write(positive);
```

运行结果：Infinity。

3. Number 对象的方法

（1）toString()方法

该方法可以把 Number 对象转换成一个字符串，并返回结果。

语法：

```
NumberObject.toString(radix)
```

☑ radix：可选项。规定表示数字的基数，使用 2～36 之间的整数。若省略该参数，则使用基数为 10。注意，如果该参数是 10 以外的其他值，则 ECMAScript 标准允许实现返回任意值。

☑ 返回值：数字的字符串表示。

例如，将数字 10 转换成字符串，代码如下：

```
var num=new Number(10);
document.write(num.toString()+"<br>");          //将数字以十进制形式转换成字符串
document.write(num.toString(2)+"<br>");          //将数字以二进制形式转换成字符串
document.write(num.toString(8)+"<br>");          //将数字以八进制形式转换成字符串
document.write(num.toString(16));                //将数字以十六进制形式转换成字符串
```

运行结果：

```
10
1010
12
a
```

（2）toLocaleString()方法

该方法可以把 Number 对象转换为本地格式的字符串。

语法：

```
NumberObject.toLocaleString()
```

返回值为数字的字符串表示，根据本地的规范进行格式化，可能影响到小数点或千分位分隔符采用的标点符号。

例如，将数字 50 转换成本地格式的字符串，代码如下：

```
var num=new Number(50);
document.write(num.toLocaleString());
```

运行结果：50.00。

Note

（3）toFixed()方法

该方法将 Number 对象四舍五入为指定小数位数的数字，然后转换成字符串。

语法：

NumberObject.toFixed(num)

☑ num：必选项。规定小数的位数，是 0～20 之间的值（包括 0 和 20），有些实现可以支持更大的数值范围。如果省略该参数，将用 0 代替。

☑ 返回值：数字的字符串表示，不采用指数计数法，小数点后有固定的 num 位数字，必要时用 0 补足，以便它达到指定的长度。如果 num 大于 le+21，则该方法只调用 NumberObject.toString()，返回采用指数计数法表示的字符串。

例如，将数字 9.56283 的小数部分以指定位数进行四舍五入后转换成字符串，代码如下：

```
var num=new Number(9.56283);
document.write(num.toFixed()+"<br>");
document.write(num.toFixed(0)+"<br>");
document.write(num.toFixed(1)+"<br>");
document.write(num.toFixed(3)+"<br>");
document.write(num.toFixed(7)+"<br>");
```

运行结果：

```
10
10
9.6
9.563
9.5628300
```

（4）toExponential()方法

该方法利用指数计数法计算 Number 对象的值，然后将其转换成字符串。

语法：

NumberObject.toExponential(num)

☑ num：必选项。规定指数计数法中的小数位数，是 0～20 之间的值（包括 0 和 20），有些实现可以支持更大的数值范围。如果省略该参数，将使用尽可能多的数字。

☑ 返回值：数字的字符串表示，采用指数计数法，即小数点之前有一位数字，小数点之后有 num 位数字。该数字的小数部分将被舍入，必要时用 0 补足，以便达到指定的长度。

例如，将数字 300000.69 以指数计数法计算后转换成字符串，代码如下：

```
var num=new Number(300000.69);
document.write(num.toExponential()+"<br>");
document.write(num.toExponential(0)+"<br>");
document.write(num.toExponential(1)+"<br>");
document.write(num.toExponential(3)+"<br>");
document.write(num.toExponential(7)+"<br>");
```

运行结果：

```
3.0000069e+5
3e+5
3.0e+5
3.000e+5
3.0000069e+5
```

（5）toPrecision()方法

该方法将 Number 对象转换成字符串，并根据不同的情况选择定点计数法或指数计数法。

语法：

```
NumberObject.toPrecision (num)
```

☑   num：必选项。规定指数计数法中的小数位数，是 0～20 之间的值（包括 0 和 20），有些实现可以支持更大的数值范围。如果省略该参数，将使用尽可能多的数字。

☑   返回值：数字的字符串表示，包含 num 个有效数字。如果 num 足够大，能够包括整数部分的所有数字，那么返回的字符串将采用定点计数法。否则，采用指数计数法，即小数点前有一位数字，小数点后有 num-1 位数字。必要时，该数字会被舍入或用 0 补足。

例如，根据不同的情况，使用定点计数法或指数计数法将数字转换成字符串，代码如下：

```
var num = new Number(1000);
document.write (num.toPrecision(3)+"<br>");          //返回的字符串采用定点计数法
document.write (num.toPrecision(8));                 //返回的字符串采用指数计数法
```

运行结果：

```
1.00e+3
1000.0000
```

【例 5.1】 应用 Math 对象的 random()方法和 Number 对象的 toString()方法随机生成指定位数的验证码。实现步骤如下：

  实例位置：光盘\MR\Instance\05\5.1

（1）编写随机产生指定位数的验证码函数 createCode()，该函数只有一个参数 digit，用于指定生成的验证码的位数，返回值为指定位数的验证码，代码如下：

```
<script language="javascript">
function createCode(digit){
    //自动生成验证码
    var result="";
    for(i=0;i<parseInt(digit);i++){
        result+=parseInt(Math.random()*10).toString();
    }
    return result;
}
</script>
```

（2）编写自定义函数 deal()，将生成的验证码显示在指定位置，代码如下：

```
<script language="javascript">
function deal(){
    result.innerHTML="  生成的验证码："+createCode(form1.digit.value);
}
</script>
```

（3）在页面添加一个<div>标记，将其命名为 result，用于显示生成的验证码，代码如下：

```
<div id="result">  生成的验证码：</div>
```

（4）在页面的合适位置添加"生成"按钮，在该按钮的 onClick 事件中调用 deal()函数生成验证码，代码如下：

```
<input name="Submit" type="button" value="生成" onClick="deal()">
```

运行程序，在文本框中输入生成的验证码的位数，然后单击"生成"按钮即可生成指定位数的验证码，结果如图 5.1 所示。

图 5.1　随机生成验证码

5.2.3　Boolean 对象

在 JavaScript 中经常会使用 Boolean 值作为条件对结果进行检测，Boolean 值可以从 Boolean 对象中获得相关的属性和方法，也可以通过 Boolean 对象的相关方法将 Boolean 值转换成字符串。

1．创建 Boolean 对象

Boolean 对象是 JavaScript 的一种基本数据类型，是一个把布尔值打包的布尔对象。可以通过 Boolean 对象创建新的 Boolean 值。

语法：

```
boolObj=new Boolean([boolValue])
```

☑　boolObj：要赋值为 Boolean 对象的变量名。
☑　boolValue：可选项。是新对象的初始 Boolean 值。如果忽略 boolValue，或者其值为 false、0、null、NaN 或空字符串，则该 Boolean 对象的初始值为 false，否则初始值为 true。

 说明：

Boolean 对象是 Boolean 数据类型的包装器。每当 Boolean 数据类型转换为 Boolean 对象时，JavaScript 都隐含地使用 Boolean 对象，很少会显式地调用 Boolean 对象。

【例5.2】　通过不同的初始值创建 Boolean 对象，代码如下：

实例位置：光盘\MR\Instance\05\5.2

```
<script language="javascript">
    BoolObj5=new Boolean();
    BoolObj1=new Boolean(false);
    BoolObj2=new Boolean(0);
    BoolObj3=new Boolean(null);
    BoolObj4=new Boolean("");
    BoolObj6=new Boolean(1);
    BoolObj7=new Boolean(true);
    document.write(BoolObj1+"<br>");
    document.write(BoolObj2+"<br>");
    document.write(BoolObj3+"<br>");
    document.write(BoolObj4+"<br>");
    document.write(BoolObj5+"<br>");
    document.write(BoolObj6+"<br>");
    document.write(BoolObj7+"<br>");
</script>
```

运行本实例，结果如图 5.2 所示。

图 5.2　创建 Boolean 对象

2．Boolean 对象的属性

Boolean 对象的属性有 constructor 和 prototype，下面分别进行介绍。

（1）constructor 属性

该属性用于对当前对象的函数的引用。

例如，判断当前对象是否为布尔对象，代码如下：

```
var newBoolean=new Boolean();
if (newBoolean.constructor==Boolean)
    document.write("布尔型对象");
```

（2）prototype 属性

该属性可以向对象添加属性和方法。

例如，向对象中添加属性，并为其属性进行赋值，代码如下：

```
var newBoolean=new Boolean();
Boolean.prototype.name=null;            //向对象中添加属性
```

```
newBoolean.name=1;                    //向添加的属性中赋值
alert(newBoolean.name);
```

3．Boolean 对象的方法

Boolean 对象有 toString()和 valueOf()两个方法，下面分别对其进行介绍。

（1）toString()方法

该方法用于将 Boolean 值转换成字符串。

语法：

```
BooleanObject.toString()
```

返回值为 BooleanObject 的字符串表示。

例如，将 Boolean 对象的值转换成字符串，代码如下：

```
var newBoolean=new Boolean(100);
if (newBoolean.toString()=="true")
    document.write("true");
else
    document.write("false");
```

上述代码运行结果为 true。

（2）valueOf()方法

该方法用于返回 Boolean 对象的原始值。

语法：

```
BooleanObject.valueOf()
```

返回值为 BooleanObject 的字符串表示。

例如，获取 Boolean 对象的值，代码如下：

```
var newBoolean=new Boolean();
newBoolean=true;
document.write(newBoolean.valueOf());
```

上述代码运行结果为 true。

5.2.4　Date 对象

在 Web 开发过程中，可以使用 JavaScript 的 Date 对象（日期对象）来实现对日期和时间的控制。如果想在网页中显示计时时钟，须重复生成新的 Date 对象来获取当前计算机的时间。用户可以使用 Date 对象实现各种使用日期和时间的过程。

1．创建 Date 对象

日期对象主要负责处理与日期和时间有关的数据信息。在使用 Date 对象前，首先要创建该对象，其创建格式如下：

```
dateObj = new Date()
dateObj = new Date(dateVal)
dateObj = new Date(year, month, date[, hours[, minutes[, seconds[,ms]]]])
```

Date 对象语法中各参数的说明如表 5.3 所示。

表 5.3　Date 对象的参数说明

参　　数	说　　明
dateObj	必选项。要赋值为 Date 对象的变量名
dateVal	必选项。如果是数字值，dateVal 表示指定日期与 1970 年 1 月 1 日之间的毫秒数。如果是字符串，则 dateVal 按照 parse 方法中的规则进行解析。dateVal 参数也可以是从某些 ActiveX(R)对象返回的 VT_DATE 值
year	必选项。完整的年份，例如，1976（而不是 76）
month	必选项。表示的月份，是从 0～11 之间的整数（1 月～12 月）
date	必选项。表示日期，是从 1～31 之间的整数
hours	可选项。如果提供了 minutes，则必须给出。表示小时，是从 0（代表午夜）～23 的整数
minutes	可选项。如果提供了 seconds，则必须给出。表示分钟，是从 0～59 的整数
seconds	可选项。如果提供了 ms，则必须给出。表示秒钟，是从 0～59 的整数
ms	可选项。表示毫秒，是从 0～999 的整数

下面以实例的形式来介绍如何创建日期对象。

例如，返回当前的日期和时间，代码如下：

```
var newDate=new Date();
document.write(newDate);
```

运行结果：Wed Jul 17 16:15:26 UTC+0800 2013。

例如，用年、月、日（2013-7-20）来创建日期对象，代码如下：

```
var newDate=new Date(2013,7,20);
document.write(newDate);
```

运行结果：Tue Aug 20 00:00:00 UTC+0800 2013。

例如，用年、月、日、小时、分钟、秒（2013-7-20 12:36:26）来创建日期对象，代码如下：

```
var newDate=new Date(2013,7,20,12,36,26);
document.write(newDate);
```

运行结果：Tue Aug 20 12:36:26 UTC+0800 2013。

例如，以字符串形式创建日期对象（2013-7-20 16:23:56），代码如下：

```
var newDate=new Date("Jul 20,2013 16:23:56");
document.write(newDate);
```

运行结果：Sat Jul 20 16:23:56 UTC+0800 2013。

2. Date 对象的属性

Date 对象的属性有 constructor 和 prototype，它们与 String 对象中的属性语法相同。下面介绍这两个属性的用法。

（1）constructor 属性

例如，判断当前对象是否为日期对象，代码如下：

```
var newDate=new Date();
if (newDate.constructor==Date)
    document.write("日期型对象");
```

运行结果：日期型对象。

（2）prototype 属性

例如，用自定义属性来记录当前日期是本周的周几，代码如下：

```
var newDate=new Date();          //当前日期为 2013-7-20
Date.prototype.mark=null;        //向对象中添加属性
newDate.mark=newDate.getDay();   //向添加的属性中赋值
alert(newDate.mark);
```

运行结果：6。

3. Date 对象的方法

Date 对象是 JavaScript 的一种内部数据类型。该对象没有可以直接读写的属性，所有对日期和时间的操作都是通过方法完成的。Date 对象的方法如表 5.4 所示。

表 5.4　Date 对象的方法

方　　法	说　　明
Date()	返回系统当前的日期和时间
getDate()	从 Date 对象返回一个月中的某一天（1～31）
getDay()	从 Date 对象返回一周中的某一天（0～6）
getMonth()	从 Date 对象返回月份（0～11）
getFullYear()	从 Date 对象以四位数字返回年份
getYear()	从 Date 对象以两位或 4 位数字返回年份
getHours()	返回 Date 对象的小时（0～23）
getMinutes()	返回 Date 对象的分钟（0～59）
getSeconds()	返回 Date 对象的秒数（0～59）
getMilliseconds()	返回 Date 对象的毫秒（0～999）
getTime()	返回 1970 年 1 月 1 日至今的毫秒数
getTimezoneOffset()	返回本地时间与格林威治标准时间的分钟差（GMT）
getUTCDate()	根据世界时从 Date 对象返回月中的一天（1～31）
getUTCDay()	根据世界时从 Date 对象返回周中的一天（0～6）
getUTCMonth()	根据世界时从 Date 对象返回月份（0～11）
getUTCFullYear()	根据世界时从 Date 对象返回四位数的年份

续表

方　　法	说　　明
getUTCHours()	根据世界时返回 Date 对象的小时（0～23）
getUTCMinutes()	根据世界时返回 Date 对象的分钟（0～59）
getUTCSeconds()	根据世界时返回 Date 对象的秒钟（0～59）
getUTCMilliseconds()	根据世界时返回 Date 对象的毫秒（0～999）
parse()	返回 1970 年 1 月 1 日午夜到指定日期（字符串）的毫秒数
setDate()	设置 Date 对象中月的某一天（1～31）
setMonth()	设置 Date 对象中月份（0～11）
setFullYear()	设置 Date 对象中的年份（四位数字）
setYear()	设置 Date 对象中的年份（两位或四位数字）
setHours()	设置 Date 对象中的小时（0～23）
setMinutes()	设置 Date 对象中的分钟（0～59）
setSeconds()	设置 Date 对象中的秒钟（0～59）
setMilliseconds()	设置 Date 对象中的毫秒（0～999）
setTime()	通过从 1970 年 1 月 1 日午夜添加或减去指定数目的毫秒来计算日期和时间
setUTCDate()	根据世界时设置 Date 对象中月份的一天（1～31）
setUTCMonth()	根据世界时设置 Date 对象中的月份（0～11）
setUTCFullYear()	根据世界时设置 Date 对象中的年份（四位数字）
setUTCHours()	根据世界时设置 Date 对象中的小时（0～23）
setUTCMinutes()	根据世界时设置 Date 对象中的分钟（0～59）
setUTCSeconds()	根据世界时设置 Date 对象中的秒（0～59）
setUTCMilliseconds()	根据世界时设置 Date 对象中的毫秒（0～999）
toSource()	代表对象的源代码
toString()	把 Date 对象转换为字符串
toTimeString()	把 Date 对象的时间部分转换为字符串
toDateString()	把 Date 对象的日期部分转换为字符串
toGMTString()	根据格林威治时间，把 Date 对象转换为字符串
toUTCString()	根据世界时，把 Date 对象转换为字符串
toLocaleString()	根据本地时间格式，把 Date 对象转换为字符串
toLocaleTimeString()	根据本地时间格式，把 Date 对象的时间部分转换为字符串
toLocaleDateString()	根据本地时间格式，把 Date 对象的日期部分转换为字符串
UTC()	根据世界时，获得一个日期，然后返回 1970 年 1 月 1 日午夜到该日期的毫秒数
valueOf()	返回 Date 对象的原始值

5.3　综　合　应　用

5.3.1　将 RGB 格式的颜色值转换为十六进制格式

【例 5.3】　实现将 RGB 格式的颜色值转换为十六进制格式的功能，首先在 R、G、B 三个文本框中输入要转换的 RGB 颜色值，然后单击"转换"按钮，就会在"格式化后的十六进制的颜色值"文本框中显示出转换后的十六进制格式的颜色值。

👉 **实例位置：光盘\MR\Instance\05\5.3**

本实例主要应用 parseInt()方法和 Number 对象的 toString()方法实现。其中，parseInt()方法用来将非数字的值转换成整数，Number 对象的 toString()方法用来将数值转换为字符串，代码如下：

```javascript
<script language="javascript">
function formatNO(str,len){          //将数字字符串格式化为指定长度
    var strLen=str.length;
    for(i=0;i<len-strLen;i++){
        str="0"+str;
    }
    return str;
}
function convert(r,g,b){
    if(isNaN(r)|| 255-r<0 ){
        r=0;
    }
    if(isNaN(g)|| 255-g<0 ){
        g=0;
    }
    if(isNaN(b)|| 255-b<0 ){
        b=0;
    }
    var hr=formatNO(parseInt(r).toString(16),2);
    var hg=formatNO(parseInt(g).toString(16),2);
    var hb=formatNO(parseInt(b).toString(16),2);
    var result="#"+hr+hg+hb;
    return result;
}
</script>
```

运行结果如图 5.3 所示。

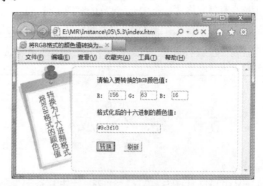

图 5.3　将 RGB 格式的颜色值转换为十六进制格式

Note

5.3.2 通过自定义函数实时显示系统时间

【例 5.4】 创建一个实时显示系统时间的 JavaScript 函数，在该函数中使用 Date 对象的相关方法获取当前的系统时间，并使用 setTimeOut()方法使该函数周期运行；然后在 body 的 onLoad 事件中调用定义的 JavaScript 函数，运行程序后在页面导航条的下方就会看到实时显示的系统时间。

实例位置：光盘\MR\Instance\05\5.4

（1）应用 JavaScript 编写实时显示系统时间的函数 clockon()，该函数只有一个参数 bgclock，用于指定显示转换后日期的<div>标记的名称，无返回值，代码如下：

```javascript
<script language="javascript">
function clockon(bgclock){
    var now=new Date();
    var year=now.getYear();
    var month=now.getMonth();
    var date=now.getDate();
    var day=now.getDay();
    var hour=now.getHours();
    var minu=now.getMinutes();
    var sec=now.getSeconds();
    var week;
    month=month+1;
    if(month<10) month="0"+month;
    if(date<10) date="0"+date;
    if(hour<10) hour="0"+hour;
    if(minu<10) minu="0"+minu;
    if(sec<10) sec="0"+sec;
    var arr_week=new Array("星期日","星期一","星期二","星期三","星期四","星期五","星期六");
    week=arr_week[day];
    var time="";
    time=year+"年"+month+"月"+date+"日  "+week+" "+hour+":"+minu+":"+sec;
    if(document.all){
        bgclock.innerHTML="当前时间：["+time+"]";
    }
    var timer=setTimeout("clockon(bgclock)",200);
}
</script>
```

（2）在页面的<body>标记的 onLoad 事件中，调用 clockon()函数，并在页面中适当的位置加入<div>标记，设置其 id 属性值为 bgclock，关键代码如下：

```html
<body onLoad="clockon(bgclock)">
<div id="bgclock" class="word_Green"></div>
```

运行结果如图 5.4 所示。

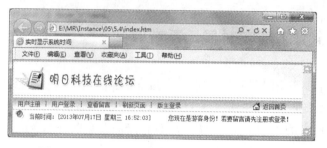

图 5.4　通过 Date 对象的方法实时显示系统时间

5.4　本章常见错误

5.4.1　书写 Date 对象的方法名不正确

在通过 Date 对象的方法对日期和时间进行操作时，一定要注意方法名称大小写正确，例如，获取 Date 对象的完整年份的方法为 getFullYear()，如果写成 getFullyear()，就会出现错误。

5.4.2　使用 new 关键字创建 Math 对象

在使用 Math 对象时，一定不能像处理其他数值对象那样使用 new 关键字创建对象实例，而应该直接使用"对象名.成员"的格式来访问其属性或方法，这是 Math 对象和其他数值处理对象在使用上最主要的区别。如果使用 new 关键字创建 Math 对象，将会出现错误。

5.5　本 章 小 结

本章主要讲解了 JavaScript 中的字符串与数值处理对象，并对 Math、Number、Boolean 和 Date 这 4 种数值处理对象进行了详细介绍。本章内容在实际应用中是经常要用到的。通过本章的学习，读者可以掌握字符串对象的处理技术及几种常用数值处理对象的使用。

5.6　跟 我 上 机

☞ **参考答案：光盘\MR\跟我上机**

应用 Date 对象的方法实现中文格式的日期和时间输出，日期的格式设置为"X 年 X 月 X 日"，时间的格式设置为"X 时 X 分 X 秒"。代码如下：

```
<script language="javascript">
    var newDate = new Date();
    var y = newDate.getFullYear();
    var m = newDate.getMonth();
    var d = newDate.getDay();
    var h = newDate.getHours();
    var i = newDate.getMinutes();
    var s = newDate.getSeconds();
    document.write("今天是："+y+"年"+m+"月"+d+"日"<br>);
    document.write("现在是："+h+"时"+i+"分"+s+"秒");
</script>
```

第**6**章

正则表达式

(📹 视频讲解：44分钟)

正则表达式（regular expression）是一种可以用于模式匹配和替换的强有力的工具，是由一系列普通字符和特殊字符组成的能明确描述文本字符的文字匹配模式。本章将主要介绍正则表达式的基本语法及简单应用。

本章能够完成的主要范例（已掌握的在方框中打勾）

☐ 匹配字符"^"的使用
☐ 匹配字符"$"的使用
☐ 匹配字符"\b"的使用
☐ 字符匹配的使用
☐ 圆点（.）元字符的使用
☐ 创建正则表达式
☐ 应用正则表达式验证输入是否为汉字
☐ 应用正则表达式验证身份证号码

6.1　正则表达式概述

正则表达式描述了一种字符串匹配的模式，即可以使用户通过使用一系列普通字符和特殊字符来构建能够明确描述文本字符串的匹配模式，可以用来检查一个字符串是否含有某种子字符串、替换匹配的子字符串或者从某个字符串中取出符合某个条件的子字符串等。

6.1.1　为什么要使用正则表达式

正则表达式是一种可以用于模式匹配和替换的强有力的工具。其作用如下：

- ☑ 测试字符串的某个模式。例如，可以对一个输入字符串进行测试，测试该字符串是否存在一个电话号码模式或一个信用卡号码模式，称为数据有效性验证。
- ☑ 替换文本。可以在文档中使用一个正则表达式来标识特定文字，然后可以全部将其删除，或者替换为别的文字。
- ☑ 根据模式匹配，从字符串中提取一个子字符串。可以用来在文本或输入字段中查找特定的文字。

6.1.2　正则表达式基本结构

一个正则表达式就是由普通字符（例如，字符 a~z）及特殊字符（称为元字符）组成的文字模式。该模式描述在查找文字主体时待匹配的一个或多个字符串。正则表达式作为一个模板，将某个字符模式与所搜索的字符串进行匹配。

语法：

/匹配对象的模式/

其中，位于"/"定界符之间的部分就是将在目标对象中进行匹配的模式。用户只要把希望查找匹配对象的模式内容放入"/"定界符之间即可。

例如，在字符串 abcde 中查找匹配模式 bcd，代码如下：

/bcd/

6.2　正则表达式的语法规则

正则表达式的语法主要是对各个元字符功能的描述。元字符从功能上大致分为限定符、选择匹配符、分组组合符、反向引用符、特殊字符、字符匹配符和定位符。本节将对各种元字符进行详细讲解。

6.2.1　模式匹配符

表 6.1 列出了在正则表达式中能够使用的字符列表及相关描述。

表 6.1　模式匹配符

字　　符	描　　　　述
\	指出接着的字符为特殊字符。例如，"/a/"匹配字符"a"，通过在"a"前面加一个反斜杠"\"，也就是"/\a/"，则该字符变成特殊字符，表示匹配一个单词的分界线
^	表示匹的字符必须在最前边。例如，"/^A/"不匹配"an A"中的"A"，但匹配"An A"中最前面的"A"
$	与"^"类似，匹配最末的字符。例如，"/h$/"不匹配"teacher"中的"h"，但匹配"teach"中的"h"
*	匹配"*"前面的字符 0 次或 n 次。例如，"/bo*/"匹配"A ghost booooed"中的"booooo"或"A bird warbled"中的"b"，但不匹配"A goat grunted"中的任何字符
+	匹配"+"号前面的字符 1 次或 n 次。等价于{1,}。例如，"/a+/"匹配"candy"中的"a"和"caaaaandy"中所有的"a"
?	匹配"?"前面的字符 0 次或 1 次。例如，"/e?le?/"匹配"angel"中的"e"和"angle"中的"le"
.	(小数点)匹配除换行符外的所有单个的字符。例如，"/.n/"匹配"nick, an apple is in the box"中的"an"和"in"，但不匹配"nick"
(x)	匹配"x"并记录匹配的值。例如，"/(foo)/"匹配和记录"foo bar"中的"foo"。匹配子串能被结果数组中的元素[1], ..., [n]返回，或被 RegExp 对象的属性$1, ..., $9 返回
x|y	匹配"x"或者"y"。例如，"/green|red/"匹配"green apple"中的"green"和"red apple"中的"'red"
{n}	这里的 n 是一个正整数，匹配前面的 n 个字符。例如，"/a{2}/"不匹配"candy"中的"a"，但匹配"caandy"中的所有"a"和"caaandy"中前面的两个"a"
{n,}	这里的 n 是一个正整数，匹配至少 n 个前面的字符。例如，"/a{2,}/"不匹配"candy"中的"a"，但匹配"caandy"中所有的"a"和"caaaaaandy"中所有的"a"
{n,m}	这里的 n 和 m 都是正整数，匹配至少 n 个，最多 m 个前面的字符。例如，"/a{1,3}/"不匹配"cndy"中的任何字符，但匹配"candy"中的"a"、"caandy"中的前面两个"a"和"caaaaaandy"中前面的 3 个"a"，注意：即使"caaaaaandy"中有很多个"a"，但只匹配前面的 3 个"a"，即"aaa"
[xyz]	字符列表，匹配列出中的任意字符。可以通过连字符"-"指出一个字符范围。例如，[abc]和[a-c]等价，匹配"brisket"中的"b"和"ache"中的"c"
[^xyz]	字符补集，匹配除了列出的字符外的所有字符。可以使用连字符"-"指出一个字符范围。例如，[^abc]和[^a-c]等价，最先匹配"brisket"中的"r"和"chop"中的"h"
[\b]	匹配一个空格（不要与"\b"混淆）
\b	匹配一个单词的分界线，例如一个空格（不要与[\b]混淆）。例如，"/\bn\w/"匹配"noonday"中的"no"，"/\wy\b/"匹配"possibly yesterday"中的"ly"
\B	匹配一个单词的非分界线。例如，"/\w\Bn/"匹配"noonday"中的"on"，"/y\B\w/"匹配"possibly yesterday"中的"ye"

字　　符	描　　述
\cX	X 是一个控制字符。匹配一个字符串的控制字符。例如，"∧cM/"匹配一个字符串中的"control-M"
\d	匹配一个数字，等价于[0-9]。例如，"∧d/"或"/[0-9]/"匹配"B2 is the second number"中的"2"
\D	匹配任何的非数字，等价于[^0-9]。例如，"∧D/"或"/[^0-9]/"匹配"B2 is the second number"中的"B"
\f	匹配一个表单符
\n	匹配一个换行符
\r	匹配一个回车符
\s	匹配一个单个 white 空格符，包括空格，tab，form feed，换行符，等价于[\f\n\r\t\v]。例如，"∧s\w*/"匹配"hey jude"中的" jude"
\S	匹配一个制表符
\v	匹配一个顶头制表符
\t	匹配一个制表符
\w	匹配所有的数字和字母，以及下划线，等价于[A-Za-z0-9_]。例如，"∧w/"匹配"apple"中的'a'、"$9.56"中的"9"和"_3D"中的"_"
\W	匹配除数字、字母外及下划线外的其他字符，等价于[^A-Za-z0-9_]。例如，"∧W/"或者"/[^$A-Za-z0-9_]/"匹配"20%"中的"%"
\n	这里的 n 是一个正整数，匹配一个正则表达式的最后一个子串的 n 的值（计数左圆括号）。例如，"/apple(,)\sorange\1/"匹配"apple, orange, cherry, peach"中的"apple, orange"，下面有一个更加完整的例子。注意：如果左圆括号中的数字比\n 指定的数字还小，则\n 取下一行的八进制 escape 作为描述
\ooctal 和\xhex	这里的\ooctal 是一个八进制的 escape 值，而\xhex 是一个十六进制的 escape 值，允许在一个正则表达式中嵌入 ASCII 码

6.2.2　定位符与原义字符

在进行数据验证时，可以使用一些定位符限定字符出现的位置，以方便匹配。同时，对于表达式中的元字符，需要进行转义，使其变成原义字符才能正常显示出来。下面详细介绍这两种字符。

（1）文本验证定位符

定位符用于规定匹配模式在目标字符串中出现的位置。例如，规定匹配模式只能出现在开头或结尾处，这样对文本格式的验证非常有用。

在正则表达式中，有以下两个用于验证文本的定位符：

☑　用"^"匹配目标字符串的开始位置。

匹配必须发生在目标字符串的开头处，"^"必须出现在表达式的最前面才具有定位符作用。

例如，"^o"与"ok"中的"o"匹配，但与"no"中的"o"不匹配。如果设置了 RegExp 对象实例的 Multiline 属性，"^"还会与行首匹配，即与"\n"、"\r"之后的位置匹配。

【例 6.1】　匹配字符"^"的使用，代码如下：

JavaScript 自学视频教程

 Note

👉 **实例位置：光盘\MR\Instance\06\6.1**

```html
<html>
<head>
<title>字符^的使用</title>
<meta http-equiv="Content-Type" content="text/html; charset= utf-8">
</head>
<body>
    <h3>行首匹配字符^的使用</h3>
    <script language="JavaScript">
    <!--
        var reg_expression = /^ming/;                      //使用行首元字符
        var textString="mingribook";
        var result=reg_expression.test(textString);        //匹配时返回 true,否则返回 false
        document.write("<font size='+1'>"+result+"<br>");
        if(result){
            document.write("正则表达式/^ming/匹配字符串\""+ textString +"\".<br>");
        }
        else{
            alert("未找到匹配的模式!");
        }
    // -->
    </script>
</body>
</html>
```

运行程序，在浏览器窗口中会显示匹配成功的相关内容，如图 6.1 所示。

图 6.1　匹配字符 "^" 的使用

☑　用 "$" 匹配目标字符串的结尾位置。

匹配必须发生在目标字符串的结尾处，"$" 必须出现在表达式的最后面才具有定位符作用。

例如，"o$" 与 "no" 中的 "o" 匹配，但与 "ok" 中的 "o" 不匹配。如果设置了 RegExp 对象实例的 multiline 属性，"$" 还会与行末匹配，即与 "\n"、"\r" 之前的位置匹配。

【例 6.2】 匹配字符 "$" 的使用，代码如下：

👉 **实例位置：光盘\MR\Instance\06\6.2**

```html
<html>
<head>
<title>匹配字符$的使用</title>
<meta http-equiv="Content-Type" content="text/html; charset=utf-8">
</head>
```

92

```
<body>
    <h3>行尾匹配字符$的使用</h3>
    <script language="JavaScript">
    <!--
        var reg_expression = /ok$/;
        var textString="mingribook";
        var result=reg_expression.test(textString);    //匹配时返回 true,否则返回 false
        document.write("<font size='+1'>"+result+"<br>");
        if(result){
            document.write("正则表达式/ok$/匹配字符串\""+ textString +"\".<br>");
        }
        else{
            alert("未找到匹配的模式!");
        }
    // -->
    </script>
</body>
</html>
```

运行程序，在浏览器窗口中会显示匹配成功的相关内容，如图 6.2 所示。

图 6.2　匹配字符"$"的使用

☑　用"\b"匹配一个字边界。

"\b"包含了字与空格间的位置，以及目标字符串的开始和结束位置等。

例如，"er\b"匹配"order to"中的"er"，但不匹配"verb"中的"er"。

【例 6.3】　匹配字符"\b"的使用，代码如下：

👉 实例位置：光盘\MR\Instance\06\6.3

```
<html>
<head>
<title>匹配字符\b 的使用</title>
<meta http-equiv="Content-Type" content="text/html; charset=utf-8">
</head>
<body>
<h3>字符\b 的使用</h3>
<script language="JavaScript">
<!--
    var reg_expression = /\bming\b/;
    var textString="ming ri book";
    var result=reg_expression.test(textString);    //匹配时返回 true,否则返回 false
    document.write("<font size='+1'>"+result+"<br>");
```

```
    if(result){
        document.write("正则表达式 /\bming\b/匹配字符串\""+ textString +"\".<br>");
    }
    else{
        alert("未找到匹配的模式!");
    }
// -->
</script>
</body>
</html>
```

运行程序，在浏览器窗口中会显示匹配成功的相关内容，如图 6.3 所示。

图 6.3　匹配字符 "\b" 的使用

☑　用 "\B" 匹配非字边界。

例如，"er\B" 匹配 "hero" 中的 "er"，但不匹配 "footer" 中的 "er"。

（2）特殊字符转义

在表达式中用到的一些元字符不再表示原来的字面意义,如果要匹配这些有特殊意义的元字符，必须使用 "\" 将这些字符转义为原义字符。需要进行转义的字符有 "$"、"("、")"、"*"、"+"、"."、"["、"]"、"?"、"\"、"/"、"^"、"{"、"}" 和 "|"。

"\" 的作用是将下一字符标记为特殊字符、原义字符、反向引用或八进制转义符。所以，要匹配字面意义的 "\"，需要使用 "\\" 表示。

6.2.3　限定符与选择匹配符

（1）限定符

☑　用 "+" 限定必须出现一次或连续多次。

"+" 元字符规定其前导字符必须在目标对象中连续出现 1 次或多次。

例如 "/bo+/"，因为上述正则表达式中包含 "+" 元字符，表示可以与目标对象中的 "boot"、"bo"，或者 "boolean" 等在字母 b 后面连续出现一个或多个字母 o 的字符串相匹配。但与一个单独的 b 不匹配。"+" 等效于{1,}。

☑　用 "*" 限定可以出现的次数。

"*" 元字符规定其前导字符必须在目标对象中出现 0 次或连续多次。

例如 "/eg*/"，因为上述正则表达式中包含 "*" 元字符，表示可以与目标对象中的 "easy"、"ego"，或者 "egg" 等在字母 e 后面连续出现 0 个或多个字母 g 的字符串相匹配。"*" 等效于{0,}。

☑ 用"?"限定最多出现一次。

"?"元字符规定其前导对象必须在目标对象中连续出现 0 次或 1 次。

例如"/Wil?/",因为上述正则表达式中包含"?"元字符,表示可以与目标对象中的"Win"或者"Wilson"等在字母 i 后面连续出现 0 个或 1 个字母 l 的字符串相匹配。规定前面的元素或组合项出现 0 次或 1 次。不能匹配"Will"。"?"等效于{0,1}。

☑ 用{n}限定连续出现的次数。

规定前面的元素或组合项连续出现 n 次,n 为非负整数。

例如,"o{2}"不能与"dog"中的 o 匹配,但可以与"tool"中的两个 o 匹配,也可以与"tooool"中的任意两个连续的 o 匹配。

☑ 用{n,}限定至少出现的次数。

规定前面的元素或组合项至少连续出现 n 次。n 为非负整数。

例如,"o{2,}"不能与"dog"中的 o 匹配,但可以与"tooool"中的所有 o 匹配。

☑ 用{n,m}限定最少与最多出现的次数。

规定前面的元素或组合项至少连续出现 n 次,最多连续出现 m 次。m 和 n 是非负整数,其中 n≤m,逗号和数字之间不能有空格。

例如,"o{1,3}"既可匹配"tool"中的两个 o,又可匹配"tooool"中 3 个连续的 o。

(2)贪婪匹配与非贪婪匹配

在默认情况下,正则表达式使用最长匹配原则,即贪婪匹配原则。

例如,要将"tool"中匹配"to?"的部分替换成"1",替换后的结果是"1ol",而不是"1ool";如果要将"tool"中匹配"lo*"的部分替换成"1",替换后的结果是"11",而不是"1ol"。

当解释器将代码中的字符解析成一个个的编译器,并在处理代码当前最小语法单元时,编译器会使用一种贪婪匹配算法,即会尽可能让一个单元包含更多的字符。如果当字符"?"紧跟任何其他限定符(*、+、?、{n}、{n,}、{n,m})之后时,匹配模式变成使用最短匹配原则,即非贪婪匹配原则。例如,在字符串"tooool"中,"to+?"只匹配"to"部分,而"to+"匹配"tooo"部分。

(3)选择匹配符

选择匹配符"|",用于选择匹配两个选项之中的任意一个,其两个选项是"|"字符两边尽可能大的表达式。

例如,"abc|def1"匹配的是"abc"或"def1",而不是"abc1"或"def1";如果要匹配"abc1"或"def1",应该使用括号创建子表达式,即"(abc|def) 1"。

6.2.4 特殊字符与字符匹配符

正则表达式中使用多种方式来表示非打印字符和原义字符,这些方式都以字符"\"后跟其他转义字符序列来表示,其中的一些方式也可以表示普通字符。字符匹配符用于指定可以匹配多个字符中的任意一个。

（1）特殊字符

☑　"\n"。此处的 n 是一个一位的八进制数（0～7）。

例如，如果"\n"前面至少有 n 个捕获子匹配，那么"\n"是反向引用，否则，匹配 ASCII 码值等于 n 的字符。

☑　"\nm"。此处的 m 和 n 都是一位的八进制数（0～7）。

例如，如果"\nm"前面至少有 nm 个捕获子表达式，那么 nm 是反向引用。如果"\nm"前面至少有 n 个捕获，那么"\n"是反向引用，m 是字面意义上的数字字符。如果前面的条件皆不存在，"\nm"匹配 ASCII 码值等于八进制的 nm 的字符。

☑　"\nml"。当 n 是八进制数（0～3），m 和 l 是八进制数（0～7）时，匹配 ASCII 码值等于八进制的 nml 的字符。

☑　"\un"匹配 Unicode 编码等于 n 的字符。此处的 n 必须是一个 4 位的十六进制整数。

例如，\u00A9 匹配版权符号（?）。

☑　"\xn"匹配 ASCII 码值等于 n 的字符。n 必须是两位的十六进制整数。

例如，"\x41"匹配字符"A"。用这种方式可以表示所有非打印字符。

☑　"\cx"匹配由 x 指定的控制字符。

例如，"\cM"匹配 Ctrl+M 表示的控制字符，即 Tab 键。x 的值必须在 A～Z 或 a～z 之间，否则，c 就是字面意义的字符"c"。

> **注意：**
> "\x046"的意义是"\x04"所表示的字符后跟字符"6"。

（2）字符匹配符

☑　[…]匹配方括号中包含的字符集中的任意一个字符。

例如，"[abcd]"可以与"a"、"b"、"c"、"d"4 个字符中的任何一个匹配。如果字符集中要包含"]"字符，需将其放在第一位，即紧跟在"["后面。[…]中的字符"\"仍作为转义字符，若要在[…]中包含"\"字符本身，需使用"\\"。

☑　[^…]匹配方括号中未包含的任意字符。

例如，"[^abcd]"可匹配"a"、"b"、"c"、"d"4 个字符之外的任何字符。只要字符"^"不是出现在第一个"["后面，就还是字面意义上的"^"。

☑　[a-z]匹配指定范围内的任何字符。

例如，"[1-9]"匹配 1～9 之间的任何数字字符。若要在方括号中包含字面意义的连字符"-"，可以用"\"将其标记为原义字符，例如[a\-z]。可以将"-"放在方括号的开始或结尾处，例如，[-a-z]或[a-z-]匹配所有小写字母和连字符。

☑　[^a-z]匹配不在指定范围内的任何字符。

例如，"[^a-z]"匹配不在 a～z 之间的任何字符。

【例 6.4】　字符匹配的使用，代码如下：

☞　**实例位置：光盘\MR\Instance\06\6.4**

```
<html>
```

```
<head>
<title>字符匹配的使用</title>
<meta http-equiv="Content-Type" content="text/html; charset=utf-8">
</head>
<body>
<h3>字符匹配的使用</h3>
<script language="JavaScript">
<!--
    var textString="Mrbook";
    var reg_expression = /[A-Z][a-z]book/;
    var result=reg_expression.test(textString);   //匹配时返回 true,否则返回 false
    document.write("<font size='+1'>匹配结果为："+result+"<br>");
    if(result){
        document.write("在""+textString+""中找到了正则表达式/[A-Z][a-z]book/的匹配。<br>");
    }
    else{
        document.write("未找到匹配的模式！");
    }
// -->
</script>
</body>
</html>
```

运行程序，在浏览器窗口中会显示匹配成功的相关内容，如图 6.4 所示。

图 6.4　字符匹配

☑　 "\w" 匹配任何单字字符，即英文字母或者数字类字符及下划线，等效于[A-Za-z0-9_]。
☑　 "\W" 匹配任何非单字字符，即非英文字母或者数字类字符，但不包括下划线，等效于[^A-Za-z0-9_]。"\W" 是 "\w" 的逆运算。
☑　 "\s" 匹配任何空白字符，包括空格、制表符、回车符、换行符等，等效于[\f\n\r\t\v]。
☑　 "\S" 匹配任何非空白字符，是 "\s" 的逆运算，等效于[^\f\n\r\t\v]。
☑　 "\d" 匹配任何一个数字字符，等效于[0-9]。
☑　 "\D" 匹配任何一个非数字字符，是 "\d" 的逆运算，等效于[^0-9]。
☑　 "." 匹配除 "\n" 之外的任何单个字符。
☑　 "( )" 标记一个子表达式的开始和结束位置。子表达式可以获取供以后使用。要匹配这些字符，须使用 "\(" 和 "\)"。
☑　 "(.)\1" 匹配除 "\n" 之外的两个连续的相同字符。若要匹配包括 "\n" 在内的任意字符，可以使用 "[\s\S]"、"[\d\D]" 或 "[\w\W]" 等模式。若要匹配 "." 字符本身，

Note

需要使用"\."。

【**例 6.5**】圆点（.）元字符的使用，代码如下：

实例位置：光盘\MR\Instance\06\6.5

```html
<html>
<head>
<title>圆点(.)元字符</title>
<meta http-equiv="Content-Type" content="text/html; charset=utf-8">
</head>
<body>
<h3>圆点(.)元字符的使用</h3>
<script language="JavaScript">
<!--
    var textString="JavaScript 自学视频教程";
    var reg_expression = /r....学/;
    var result=reg_expression.test(textString);        //匹配时返回 true,否则返回 false
    document.write("<font size='+1'>匹配结果为："+result+"<br>");
    if(result){
        document.write("在""+textString +""中找到正则表达式/r....学/的匹配。<br>");
    }
    else{
        document.write("未找到匹配的模式！");
    }
// -->
</script>
</body>
</html>
```

运行结果如图 6.5 所示。

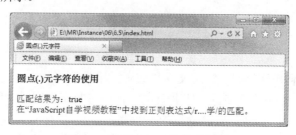

图 6.5　圆点（.）元字符的使用

6.2.5　分组组合与反向引用符

分组组合符是将表达式中某部分内容组合起来的符号，反向引用符则是用于匹配分组组合捕获到的内容的标识符。

（1）分组组合

"(pattern)"将 pattern 部分组合成一个可统一操作的组合项和子匹配，每个捕获的子匹配项按照出现的顺序存储在缓冲区中。缓冲区编号从 1 开始，最多可存储 99 个子匹配捕获的内容。

存储在缓冲区中的子匹配捕获的内容可以在编程语言中被检索，也可以在正则表达式中被反向引用。若要匹配字面意义的括号字符"("和")"，在正则表达式中要分别使用"\("和"\)"。

（2）反向引用

"\num"匹配编号为 num 的缓冲区所保存的内容，num 是标识特定缓冲区的一位或两位十进制正整数，这种方式称为子匹配的反向引用。反向引用能提供表示相同匹配项的能力。

（3）非捕获匹配

"(?:pattern)"匹配 pattern，但不获取匹配结果，即这是一个非获取匹配，不进行存储供以后使用。它是将 pattern 部分组合成一个可统一操作的组合项，但不把这部分内容当作子匹配捕获，即 pattern 部分是一个非捕获匹配，匹配的内容不存储在缓冲区中供以后使用。这对必须进行组合，但又不想让组合的部分具有子匹配特点的情况很有用。

例如，要将"abcd?"中的"abcd"组合起来，但并不想将匹配的内容保存在缓冲区中，应该使用"(?:abcd)?"，而不能使用"(abcd)?"。又如，不能将"industry|industries"简单改写为"industry(ylies)"，若不需要引用或检索括号中的表达式所匹配的结果，最好还是写成"industry(?:ylies)"。

（4）正向"预测先行"匹配

"(?=pattern)"称为"正向'预测先行'"匹配，在任何匹配 pattern 的字符串开始处匹配查找字符串。这是一个非获取匹配，也就是说，该匹配不需要获取供以后使用。在被搜索字符串的相应位置必须有 pattern 部分匹配的内容，但不作为匹配结果处理，更不会存储在捕获缓冲区中供以后使用。

例如，"Windows (?=NT|2003)"只与"Windows NT"或"Windows 2003"中的"Windows"匹配，而不与"Windows XP"中的"Windows"匹配。

> **注意：**
> 该模式下匹配的结果只是"Windows"部分，而使用"Windows (?:NT|2003)"匹配的是整个"Windows NT"或"Windows 2003"。如果要将"NT"和"2003"前面的"Windows"替换成"Win"，需要使用"Windows (?=NT|2003)"，而不能使用"Windows (?:NT|2003)"，否则，整个"Windows NT"或"Windows 2003"将被替换成"Win"。

（5）反向"预测先行"匹配

"(?!pattern)"称为"反向'预测先行'"匹配，在被搜索字符串的相应位置不能有 pattern 部分匹配的内容。此外，其功能与正向"预测先行"匹配一样。

例如，"Windows (?!NT|2003)"不与"Windows NT"或"Windows 2003"中的"Windows"匹配，而可以与"Windows XP"中的"Windows"匹配。

6.2.6　整合常用的正则表达式

正则表达式主要用于字符串处理、表单验证等。在这里，对一些常用的表达式进行简单整理，详细内容如下所述。

（1）普通字符匹配

下面是一些在网页编程中经常会遇到的字符匹配模式。

☑ 匹配中文字符的正则表达式：

```
[u4e00-u9fa5]
```

☑ 匹配双字节字符（包括汉字在内）：

```
[^x00-xff]
```

☑ 匹配空行的正则表达式：

```
n[s|]*r
```

☑ 匹配 HTML 标记的正则表达式：

```
/<(.*)>.*</1>|<(.*) />/
```

☑ 匹配首尾空格的正则表达式：

```
(^s*)|(s*$)
```

☑ 计算字符串的长度（一个双字节字符长度计 2，ASCII 字符计 1）：

```
String.prototype.len=function(){return this.replace([^x00-xff]/g,"aa").length;}
```

☑ 匹配网址 URL 的正则表达式：

```
http://([w-]+.)+[w-]+(/[w- ./?%&=]*)?
```

☑ 匹配 E-mail 地址的正则表达式：

```
w+([-+.]w+)*@w+([-.]w+)*.w+([-.]w+)*
```

（2）限制表单所输入的内容

在网页编程中，经常会用到限制网页表单中的文本框输入内容的情况，下面是一些利用正则表达式来实现这种功能的例子。

☑ 用正则表达式限制只能输入中文：

```
onkeyup="value=value.replace(/[^u4E00-u9FA5]/g,")"
onbeforepaste="clipboardData.setData('text',clipboardData.getData('text').replace(/[^u4E00-u9FA5]/g,"))"
```

☑ 用正则表达式限制只能输入数字：

```
onkeyup="value=value.replace(/[^d]/g,")
"onbeforepaste="clipboardData.setData('text',clipboardData.getData('text').replace(/[^d]/g,"))"
```

☑ 用正则表达式限制只能输入数字和英文：

```
onkeyup="value=value.replace(/[W]/g,")
"onbeforepaste="clipboardData.setData('text',clipboardData.getData('text').replace(/[^d]/g,"))"
```

☑ 用正则表达式限制只能输入全角字符：

```
onkeyup="value=value.replace(/[^uFF00-uFFFF]/g,'')"
onbeforepaste="clipboardData.setData('text',clipboardData.getData('text').replace(/[^uFF00-uFFFF]/g,''))"
```

6.3　RegExp 对象

在 JavaScript 中，正则表达式是由一个 RegExp 对象表示的，利用 RegExp 对象来完成有关正则表达式的操作和功能。

6.3.1　创建 RegExp 对象

每一条正则表达式模式对应一个 RegExp 实例，有两种方式可以创建 RegExp 对象的实例。下面分别对这两种方式进行介绍。

☑ 使用 RegExp 的显式构造函数。

语法：

```
new RegExp("pattern"[,"flags"])        //即  new RegExp(" 模式 "[," 标记 "])
```

☑ 使用 RegExp 的隐式构造函数，采用纯文本格式。

语法：

```
/pattern/[flags]
```

> pattern：为要使用的正则表达式模式文本，是必选项。在第一种方式中，pattern 部分以 JavaScript 字符串的形式存在，需要使用双引号或单引号括起来；在第二种方式中，pattern 部分嵌套在两个 "/" 之间，不能使用引号。

> flags：设置正则表达式的标志信息，是可选项。如果设置 flags 部分，在第一种方式中，以字符串的形式存在；在第二种方式中，以文本的形式紧接在最后一个 "/" 字符之后。

flags 可以是以下标志字符的组合：

（1）g 是全局标志。如果设置了这个标志，对某个文本执行搜索和替换操作时，将对文本中所有匹配的部分起作用。如果不设置这个标志，则仅搜索和替换最早匹配的内容。

（2）i 是忽略大小写标志。如果设置了这个标志，进行匹配比较时，将忽略大小写。

（3）m 是多行标志。如果不设置这个标志，那么元字符 "^" 只与整个被搜索字符串的开始位置相匹配，而元字符 "$" 只与被搜索字符串的结束位置相匹配。如果设置了这个标志，"^" 还可以与被搜索字符串中的 "\n" 或 "\r" 之后的位置（即下一行的行首）相匹配，而 "$" 还可以与被搜索字符串中的 "\n" 或 "\r" 之后的位置（即下一行的行尾）相匹配。

Note

注意：

文本格式中的参数不要使用引号标记，而构造器函数的参数则要使用引号标记。所以，下面的表达式建立同样的正则表达式：

```
/ab+c/i
    new RegExp("ab+c","i")
```

使用构造函数时，必须使用正常的字符串避开规则（在字符串中加入前导字符 \ ）。例如，下面的两条语句是等价的：

```
re = new RegExp("\\w +")
re = /\w+/
```

【例 6.6】 创建正则表达式，代码如下：

👉 **实例位置：光盘\MR\Instance\06\6.6**

```html
<html>
<head>
<title>创建正则表达式</title>
<meta http-equiv="Content-Type" content="text/html; charset=utf-8">
<script language = "JavaScript">
    var myString="JavaScript 自学视频教程";
    var myregexp = new RegExp("自学");                // 创建正则表达式
    if (myregexp.test(myString)){
        alert("已经创建正则表达式，并找到了匹配的模式！");
    }else{
        alert("已经创建正则表达式，但未找到匹配的模式。");
    }
</script>
</head>
<body></body>
</html>
```

运行结果如图 6.6 所示。

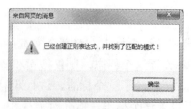

图 6.6　运行结果

由于 JavaScript 字符串中的"\"是一个转义字符，因此，使用显式构造函数创建 RegExp 实例对象时，应将原始正则表达式中的"\"用"\\"替换。例如：

```
<script language="javascript">
```

```
        var reg1 = new RegExp("\\d{3}");
        var reg2 = /\d{3}/;
        alert("reg1="+reg1+"\nreg2="+reg2);
</script>
```

运行结果：

```
reg1=/\d{3}/
reg2=/\d{3}/
```

由于正则表达式模式文本中的转义字符也是"\"，如果正则表达式中要匹配原义字符"\"，在正则表达式模式文本中要以"\\"来表示；使用显式构造函数的方式创建 RegExp 实例对象时，就需要使用"\\\\"来表示原义字符"\"。例如：

```
var re = new RegExp("\\\\")
```

6.3.2　RegExp 对象的属性

RegExp 对象的属性分为静态属性和实例属性。下面分别对其进行详细介绍。

1．静态属性

RegExp 对象的静态属性包含 index、input、multiline、lastIndex、lastMatch、lastParen、leftContext、rightContext 及$1～$9。input 和 multiline 属性能被预设。下面对这几种属性进行详细说明。

- ☑ index 属性：是当前表达式模式首次匹配内容的开始位置，从 0 开始计数。其初始值为 -1。每次成功匹配时，index 属性都会随之改变。
- ☑ input 属性：返回当前所作用的字符串，可以简写为"$_"，初始值为空字符串""。
- ☑ lastIndex 属性：是当前表达式模式首次匹配内容中最后一个字符的下一个位置，从 0 开始计数，常被作为继续搜索时的起始位置，初始值为-1，表示从起始位置开始搜索。每次成功匹配时，lastIndex 属性值都会随之改变。
- ☑ lastMatch 属性：是当前表达式模式的最后一个匹配字符串，可以简写为"$&"。其初始值为空字符串""。在每次成功匹配时，lastMatch 属性值都会随之改变。
- ☑ lastParen 属性：如果表达式模式中有括起来的子匹配，是当前表达式模式中最后的子匹配所匹配到的子字符串，可以简写为"$+"。其初始值为空字符串""。每次成功匹配时，lastParen 属性值都会随之改变。
- ☑ leftContext 属性：是当前表达式模式最后一个匹配字符串左边的所有内容，可以简写为 "$`"（其中，"`"为键盘上 Esc 下边的反单引号）。初始值为空字符串""。每次成功匹配时，其属性值都会随之改变。
- ☑ rightContext 属性：是当前表达式模式最后一个匹配字符串右边的所有内容，可以简写为"$'"。初始值为空字符串""。每次成功匹配时，其属性值都会随之改变。
- ☑ $1～$9 属性：这些属性是只读的。如果表达式模式中有括起来的子匹配，$1～$9 属性

103

Note

值分别是第 1 个~第 9 个子匹配所捕获到的内容。如果有超过 9 个以上的子匹配，$1~$9 属性分别对应最后的 9 个子匹配。在一个表达式模式中，可以指定任意多个带括号的子匹配，但 RegExp 对象只能存储最后的 9 个子匹配的结果。在 RegExp 实例对象的一些方法所返回的结果数组中，可以获得所有圆括号内的子匹配结果。

2. 实例属性

RegExp 的实例有几个只读的属性，包括 global 表示是否为全局匹配，ignoreCase 表示是否忽略大小写，multiLine 表示是否为多行匹配。source 是正则式的源文本，如"/[abc]/g"的源文本就是[abc]。另外，还有一个可写的属性是 lastIndex，表示下次执行匹配时的起始位置。下面对这几种属性进行详细说明。

☑ global 属性：返回创建 RegExp 对象实例时指定的 global 标志（g）的状态。如果创建 RegExp 对象实例时设置了 g 标志，该属性返回 True，否则返回 False，默认值为 False。

☑ ignoreCase 属性：返回创建 RegExp 对象实例时指定的 ignoreCase 标志（i）的状态。如果创建 RegExp 对象实例时设置了 i 标志，该属性返回 True，否则返回 False，默认值为 False。

☑ multiLine 属性：返回创建 RegExp 对象实例时指定的 multiLine 标志（m）的状态。如果创建 RegExp 对象实例时设置了 m 标志，该属性返回 True，否则返回 False，默认值为 False。

☑ source 属性：返回创建 RegExp 对象实例时指定的表达式文本字符串。

6.3.3　RegExp 对象的方法

1. exec()方法

用正则表达式模式在字符串中运行查找，并返回包含该查找结果的一个数组。
语法：

```
rgExp.exec(str)
```

☑ rgExp：必选项。包含正则表达式模式和可用标志的正则表达式对象。

☑ str：必选项。要在其中执行查找的 String 对象或字符串文字。

☑ 返回值：如果 exec（）方法没有找到匹配，则返回 null。如果它找到匹配，则 exec()方法返回一个数组，并且更新全局 RegExp 对象的属性，以反映匹配结果。数组的 0 元素包含了完整的匹配，而第 1~n 元素中包含的是匹配中出现的任意一个子匹配。这相当于没有设置全局标志（g）的 match()方法。

如果为正则表达式设置了全局标志，exec()从以 lastIndex 的值指示的位置开始查找。如果没有设置全局标志，exec()忽略 lastIndex 的值，从字符串的起始位置开始搜索。

exec()方法返回的数组有 3 个属性，分别是 input、index 和 lastIndex。input 属性包含了整个被查找的字符串。index 属性包含了整个被查找字符串中被匹配的子字符串的位置。lastIndex 属性包含了匹配中最后一个字符的下一个位置。

例如，下面的例子说明了应用 exec() 方法来返回一个数组：

```javascript
<script language="JavaScript">
function RegExpTest(){
    var ver = Number(ScriptEngineMajorVersion() + "." + ScriptEngineMinorVersion());
    if (ver >= 5.5){                                    //测试 JScript 的版本
        var src = "I like JavaScript!";
        var re = /\w+/g;                                //创建正则表达式模式
        var arr;
        while ((arr = re.exec(src)) != null)
            document.write(arr.index + "-" + arr.lastIndex + arr + "\t");
    }else{
        alert("请使用 JScript 的更新版本");
    }
}
document.write(RegExpTest());
</script>
```

运行结果：0-1I 2-6like 7-17JavaScript。

2. test()方法

该方法指出在被查找的字符串中是否存在模式。

语法：

```
rgexp.test(str)
```

☑　rgexp：必选项。包含正则表达式模式或可用标志的正则表达式对象。

☑　str：必选项。要在其上测试查找的字符串。

☑　返回值：test() 方法检查在字符串中是否存在一个模式，如果存在则返回 true，否则就返回 false。全局 RegExp 对象的属性不由 test() 方法来修改。

例如，下面的例子说明了应用 test() 方法查询指定字符串是否存在：

```javascript
<script language="JavaScript">
function TestDemo(re, s){
var s1;                                                 //声明变量
//检查字符串是否存在正则表达式
if (re.test(s))                                         //测试是否存在
s1 = " 包含 ";                                          //变量赋值
else s1 = " 不包含 ";                                   //变量赋值
return("" + s + "" + s1 + ""+ re.source + "");          //返回字符串
}
document.write (TestDemo(/JavaScript/ ,"我 喜欢 JavaScript!"));  //函数调用
</script>
```

运行结果：'我 喜欢 JavaScript!' 包含 'JavaScript'。

3. match()方法

使用正则表达式模式对字符串执行查找，并将包含查找的结果作为数组返回。

Note

语法：

stringObj.match(rgExp)

- ☑ stringObj：必选项。对其进行查找的 String 对象或字符串文字。
- ☑ rgExp：必选项。为包含正则表达式模式和可用标志的正则表达式对象。也可以是包含正则表达式模式和可用标志的变量名或字符串文字。
- ☑ 返回值：如果 match()方法没有找到匹配，返回 null。如果找到匹配，返回一个数组并且更新全局 RegExp 对象的属性以反映匹配结果。

match()方法返回的数组有 3 个属性：input、index 和 lastIndex。input 属性包含整个被查找的字符串。index 属性包含了在整个被查找字符串中匹配的子字符串的位置。lastIndex 属性包含了最后一次匹配中最后一个字符的下一个位置。

如果没有设置全局标志（g），数组的 0 元素包含整个匹配，而第 1~n 元素包含了匹配中曾出现过的任一个子匹配。这相当于没有设置全局标志的 exec()方法。如果设置了全局标志，元素 0~n 中包含所有匹配。

例如，下面的例子实现 match()方法来查询字符串，代码如下：

```
<script language="JavaScript">
function MatchDemo(){
var r, re;                          //声明变量
var s = "I like JavaScript!";
re = /JavaScript/i;                 //创建正则表达式模式
r = s.match(re);                    //尝试匹配搜索字符串
return(r);                          //返回第一次出现 JavaScript 的地方
}
document.write(MatchDemo());
</script>
```

运行结果：JavaScript。

例如，下面的例子是说明带 g 标志设置的 match()方法返回多次出现的同一字符串，代码如下：

```
<script language="JavaScript">
function MatchDemo(){
var r, re;                          //声明变量
var s = "I like JavaScript,but not Java!";
re = /Java/ig;                      //创建正则表达式模式
r = s.match(re);                    //尝试\匹配搜索字符串
return(r);                          //返回的数组包含了所有 Java 出现的 2 个匹配
}
document.write(MatchDemo());
</script>
```

运行结果：Java,Java。

4．search()方法

返回与正则表达式查找内容匹配的第一个子字符串的位置。

语法：

---

stringObj.search(rgExp)

- ☑ stringObj：必选项。要在其上进行查找的 String 对象或字符串文字。
- ☑ rgExp：必选项。包含正则表达式模式和可用标志的正则表达式对象。
- ☑ 返回值：search()方法指明是否存在相应的匹配。如果找到一个匹配，search()方法将返回一个整数值，指明这个匹配距离字符串开始的偏移位置。如果没有找到匹配，则返回-1。

例如，下面的例子将实现应用 search()方法查找内容匹配的第一个子字符串的位置，代码如下：

```javascript
<script language="JavaScript">
function SearchDemo(){
    var r, re;                          //声明变量
    var s = " I like JavaScript! ";
    re = /JavaScript/i;                 //创建正则表达式模式
    r = s.search(re);                   //查找字符串
    return(r);                          //返回第一次匹配的位置
}
document.write(SearchDemo());
</script>
```

运行结果：8。

5．replace()方法

replace()方法使用表达式模式对字符串执行搜索，并对搜索到的内容用指定的字符串替换，返回一个字符串对象，包含替换后的内容。

语法：

---

replace(rgExp.replaceText)

- ☑ rgExp：搜索时要使用的表达式对象。如果是字符串，不按正则表达式的方式进行模糊搜索，而进行精确搜索。
- ☑ replaceText：用于替换搜索到的内容的字符串，其中可以使用一些特殊的字符组合来表示匹配变量。其中，"$&"是整个表达式模式在被搜索字符串中所匹配的字符串，"$'"是表达式模式在被搜索字符串中所匹配的字符串左边的所有内容，"$'"是表达式模式在被搜索字符串中所匹配的字符串右边的所有内容，"$$"则是普通意义的"$"字符。

> **说明：**
> $1～$9 分别是第 1 个～第 9 个子匹配所捕获到的内容，$01～$99 分别是第 1 个～第 99 个子匹配所捕获到的内容，当"$n"和"$nn"（n 为正整数）在表达式中没有对应的子匹配时，将被解释成普通字符。

例如，下面的例子将实现应用 replace()方法来替换字符串，代码如下：

<script language="javascript">

```
    var strSrc="abc123def456";
    var re=/(\d)(\d)(\d)/gi;
    var strDest=strSrc.replace(re, "$3$2$1");
    document.write("字符串"+strSrc+"被转换为："+strDest);
</script>
```

运行结果：字符串 abc123def456 被转换为：abc321def654。

6．split()方法

该方法返回按照某种分割标志符将一个字符串拆分为若干个子字符串时所产生的子字符串数组。

语法：

```
split([separator[,limit]])
```

☑ separator：分割标志符参数，可以是多个字符或一个正则表达式，并不作为返回到数组元素的一部分。

☑ limit：限制返回元素的个数。

例如，下面的例子将实现 split()方法分割字符串，代码如下：

```
<script language = "JavaScript">
    var splitArray = new Array();
    var string=" JavaScript、PHP、Java";
    var regex = /、/;
    splitArray=string.split(regex);
    for(i=0; i < splitArray.length; i++){
        document.write(splitArray[i] + " ");
    }
</script>
```

运行结果：计算机语言种类：JavaScript PHP Java。

6.4 综 合 应 用

6.4.1 验证输入是否为汉字

【例 6.7】 在动态网站的数据录入页面中，经常需要对用户输入的真实姓名进行判断，例如，某博客网站要求输入的真实姓名为汉字，所以如果用户输入的内容不为汉字将被视为不合法。本实例将实现这个功能，在输入真实姓名时被限制为只能输入汉字。如果在"真实姓名"文本框中输入的不是汉字，单击"确定保存"按钮时将弹出对话框，提示输入的真实姓名不正确。

👉 **实例位置：光盘\MR\Instance\06\6.7**

实现验证输入的字符串是否为汉字的方法有很多种，例如，可以通过正则表达式进行判断，

也可以根据字符的 ASCII 码进行判断。其中，应用正则表达式判断比较方便、快捷。实现验证输入的字符串是否为汉字的正则表达式如下：

/[^\u4E00-\u9FA5]/

关键代码参考如下：

```
function checkrealname(realname){
    var str=realname;
    //在 JavaScript 中，正则表达式只能使用 "/" 开头和结束，不能使用双引号
    var Expression=/[^\u4E00-\u9FA5]/;
    var objExp=new RegExp(Expression);
    if(objExp.test(str)==true){
        return true;
    }else{
        return false;
    }
}
```

运行结果如图 6.7 所示。

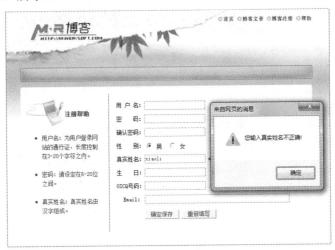

图 6.7　验证输入是否为汉字

6.4.2　验证身份证号码

【例 6.8】　在动态网站的会员注册页面中，经常需要对用户输入的身份证号码进行判断。本实例编写了一个验证身份证号码的函数，用来判断用户输入的身份证号码是否合法。在"身份证号"文本框中输入一个不合法的身份证号码后，单击"确定保存"按钮时将弹出对话框，提示输入的身份证号码不正确。

👉 **实例位置：光盘\MR\Instance\06\6.8**

要实现验证身份证号码，首先需要了解身份证号码的编码规则，现在有效的身份证有两种编

码规则，分别是 15 位居民身份证号码和 18 位居民身份证号码。下面分别给出这两种编码规则。

居民身份证的 15 位号码为：

```
aa bb cc yymmdd nnn
```

其中，aa 代表省份编码，bb 代表省地区编码，cc 代表地区级县（市）编码；yymmdd 代表出生年月日，yy 用年份的后两位表示；nnn 代表同一地区出生年月日相同的人的序号，该序号以户主为准，子女依照户主序号确定，奇数=男，偶数=女，且女=男+1。

居民身份证的 18 位号码为：

```
aa bb cc yyyymmdd nnn r
```

其中，aa bb cc 所代表的含义与 15 位的相同，yyyymmdd 代表出生年月日，年份为 4 位；nnn 代表同一地区出生年月日相同的人的序号；r 为校验位，数字是 1～10，因为不能用 10（否则就成了 19 位数），所以用 X 代表 10。

关键参考代码如下：

```javascript
function checkeNO(NO){
    var str=NO;
     //在 JavaScript 中，正则表达式只能使用"/"开头和结束，不能使用双引号
    var Expression=/^\d{17}[\d|X]|^\d{15}$/;
    var objExp=new RegExp(Expression);
    if(objExp.test(str)==true){
        return true;
    }else{
        return false;
    }
}
```

运行结果如图 6.8 所示。

图 6.8　验证身份证号码

6.5 本章常见错误

6.5.1 匹配特殊字符时未使用转义字符"\"

正则表达式中的转义字符"\"将特殊字符（如"."、"?"、"\"等）转义为原义字符。如果使用特殊字符时未使用转义字符"\"，那么匹配结果就会出现错误。例如，用正则表达式匹配 IP 地址，如果直接使用点字符，正则表达式格式为：

```
[0-9]{1,3}(.[0-9]{1,3}){3}
```

这显然是不对的，因为"."可以匹配除换行符外的一个任意字符。这时，不仅可以匹配 127.0.0.1 这样的 IP 地址，类似 127101011 的字串也会被匹配出来。所以在使用"."时，需要使用转义字符"\"。匹配 IP 地址的正确正则表达式格式为：

```
[0-9]{1,3}(\.[0-9]{1,3}){3}
```

6.5.2 显式构造函数中的表达式未加引号

在显式构造函数中，pattern 部分是以 JavaScript 字符串的形式存在的，需要使用双引号或单引号括起来；隐式构造函数的参数不使用引号标记。这是显式构造函数和隐式构造函数在写法上的区别。

6.6 本 章 小 结

本章主要讲解了正则表达式相关内容，包括正则表达式的基本结构及作用、正则表达式的各种语法和 RegExp 对象。正则表达式在网站开发中应用非常广泛，如 JavaScript、VBScript 这样的客户端脚本都提供了对正则表达式的支持，因此，读者应该熟练掌握正则表达式的使用。

6.7 跟 我 上 机

参考答案：光盘\MR\跟我上机

创建一个表单，通过正则表达式对输入的电子邮箱的格式进行判断，如果在文本框中输入的电子邮箱格式正确，单击"验证"按钮时将弹出对话框，提示电子邮箱格式正确，否则提示电子邮箱格式不正确。代码如下：

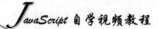

```
<script language="javascript">
function checkemail(){                                    //自定义函数, 验证 E-mail 地址的格式是否正确
    var str=form.email.value;
    var Expression=/\w+([-+.]\w+)*@\w+([-.]\w+)*\.\w+([-.]\w+)*/;        //定义正则表达式
    var objExp=new RegExp(Expression);
    if(objExp.test(str)==true){
        alert("电子邮箱格式正确");
    }else{
        alert("电子邮箱格式不正确");
    }
}
</script>
<form name="form" method="post" action="">
    请输入电子邮箱: <input type="text" name="email" />
    <input type="button" name="but" value="验证" onclick="checkemail();">
</form>
```

第7章

数组

（📹 视频讲解：18分钟）

数组提供了一种快速、方便地管理一组相关数据的方法。它是 PHP 程序设计的重要内容。通过数组可以对大量性质相同的数据进行存储、排序、插入及删除等操作，从而可以有效地提高程序开发效率及改善程序的编写方式。

本章能够完成的主要范例（已掌握的在方框中打勾）

- ☐ 利用 prototype 属性自定义一个方法，用于显示数组中的全部数据
- ☐ 向数组的末尾添加元素，并返回添加后的数组
- ☐ 将数组中的元素顺序颠倒，并输出颠倒后的数组
- ☐ 获取数组中某段数组元素
- ☐ 使用数组显示星期
- ☐ 使用数组存储商品信息

7.1 数组对象 Array

数组是一组数据的集合，是将数据按照一定规则组织起来形成的一个可操作的整体。数组是 JavaScript 中唯一用来存储和操作有序数据集的数据结构。可以把数组看做一个单行表格，该表格的每一个单元格中都可以存储一个数据，而且各单元格中存储的数据类型可以不同，这些单元格中的数据被称为数组元素。每个数组元素都有一个索引号，通过索引号可以方便地引用数组元素。

7.1.1 Array 对象概述

在 JavaScript 中，Array 对象用于在单个的变量中存储多个值。

1. 创建 Array 对象

创建 Array 对象的语法如下：

```
arrayObj = new Array()
arrayObj = new Array(size)
arrayObj = new Array(element0, element1, ..., elementN)
```

☑ arrayObj：必选项，要赋值为 Array 对象的变量名。
☑ size：可选项，设置数组元素的个数。
☑ element0, ..., elementN：可选项，存入数组中的元素。使用该语法时必须有一个以上元素。

例如，创建一个可存入 3 个数组元素的 Array 对象，并向该对象中存入数组元素，代码如下：

```
arrayObj = new Array(3);
arrayObj[0]= "a";
arrayObj[1]= "b";
arrayObj[2]= "c";
```

例如，创建 Array 对象的同时，向该对象中存入数组元素，代码如下：

```
arrayObj = new Array(1,2,3,"a","b","c");
```

> **注意：**
> 用第一个语法创建 Array 对象时，元素的个数是不确定的，用户可以在赋值时任意定义；第二个语法指定了数组的长度，在对数组赋值时，元素个数不能超过其指定的长度；第三个语法在定义时，对数组对象进行赋值，其长度为数组元素的个数。

2. Array 对象的属性

在 Array 对象中有 3 个属性，分别是 length、constructor 和 prototype。下面分别对其中两个属性进行详细介绍。

（1）length 属性

该属性用于返回数组的长度。

语法：

```
array.length
```

例如，创建一个数组对象，并获取该数组对象的长度，代码如下：

```
var arr=new Array(1,2,3,4,5);
document.write(arr.length);
```

运行结果：5。

例如，增加已有数组的长度，代码如下：

```
var arr=new Array(1,2,3,4,5);
arr[arr.length]=arr.length+1;
document.write(arr.length);
```

运行结果：6。

> 说明：
> 当用 new Array()创建数组时，在不对其进行赋值的情况下，length 属性的返回值为 0。

（2）prototype 属性

该属性的语法与 String 对象的 prototype 属性相同。下面以实例的形式对该属性的应用进行说明。

【例 7.1】 本实例利用 prototype 属性自定义一个方法，用于显示数组中的全部数据，代码如下：

☞ 实例位置：光盘\MR\Instance\07\7.1

```
<script language="javascript">
<!--
Array.prototype.outAll=function(ar)
{
    for(var i=0;i<this.length;i++)
    {
        document.write(this[i]);
        document.write(ar);
        document.write("\n");
    }
}
var arr=new Array(1,2,3,4,5,6);
arr.outAll("");
//-->
</script>
```

运行结果如图 7.1 所示。

图 7.1 利用自定义方法显示数组中的全部数据

3．Array 对象的常用方法

Array 对象中的常用方法如表 7.1 所示。

表 7.1 Array 对象的常用方法

方　　法	说　　明
concat()	连接两个或更多的数组，并返回结果
pop()	删除并返回数组的最后一个元素
push()	向数组的末尾添加一个或多个元素，并返回新的长度
shift()	删除并返回数组的第一个元素
splice()	删除元素，并向数组添加新元素
unshift()	向数组的开头添加一个或多个元素，并返回新的长度
reverse()	颠倒数组中元素的顺序
sort()	对数组的元素进行排序
slice()	从某个已有的数组返回选定的元素
toSource()	代表对象的源代码
toString()	把数组转换为字符串，并返回结果
toLocaleString()	把数组转换为本地数组，并返回结果
join()	把数组的所有元素放入一个字符串，元素通过指定的分隔符进行分隔
valueOf()	返回数组对象的原始值

7.1.2 数组元素的输入输出

本节主要对数组元素的输入与输出进行详细讲解。

1．数组元素的输入

向 Array 对象中输入数组元素有 3 种方法，分别如下所述。
（1）在创建 Array 对象时直接输入数组元素
这种方法只能在数组元素确定的情况下才可以使用。
例如，在创建 Array 对象的同时存入数组元素，代码如下：

```
arrayObj = new Array("a","b","c");
```

（2）利用 Array 对象的元素下标向其输入数组元素

该方法可以随意向 Array 对象中输入元素值，或是修改数组中的任意元素值。

例如，在创建一个长度为 5 的 Array 对象后，向下标为 2 和 3 的元素中赋值，代码如下：

```
arrayObj = new Array(5);
arrayObj[2] = "a";
arrayObj[3] = "b";
```

（3）利用 for 语句向 Array 对象中输入数值元素

该方法主要用于批量向 Array 对象中输入数值元素。

例如，可以通过改变变量 n 的值（必须是数值型），给数组对象 arrayObj 赋指定个数的数值元素。代码如下：

```
Var n=6;
arrayObj = new Array();
for (var i=0;i<n;i++){
    arrayObj[i]=i;
}
```

例如，给指定元素个数的 Array 对象赋值，代码如下：

```
arrayObj = new Array(6);
for (var i=0;i<arrayObj.length;i++){
    arrayObj[i]=i;
}
```

2. 数组元素的输出

将 Array 对象中的数组元素进行输出有 3 种方法：

（1）用下标获取指定元素值

该方法通过 Array 对象的元素下标，获取指定的元素值。

例如，创建一个 Array 对象，并获取该对象中的第 3 个元素的值，代码如下：

```
arrayObj = new Array("a","b","c","d");
var s=arrayObj[2];
```

 注意：

Array 对象的元素下标是从 0 开始的。

（2）用 for 语句获取数组中的元素值

该方法利用 for 语句获取 Array 对象中的所有元素值。

例如，获取 Array 对象中的所有元素值，代码如下：

```
arrayObj = new Array("a","b","c","d");
for (var i=0;i<arrayObj.length;i++){
    document.write(arrayObj[i]);
```

```
        document.write("\n");
}
```

运行结果：a b c d。

（3）用数组对象名输出所有元素值

该方法用创建的数组对象本身显示数组中的所有元素值。

例如，显示数组中的所有元素值，代码如下：

```
arrayObj = new Array("a","b","c","d");
document.write(arrayObj);
```

运行结果：a,b,c,d。

7.2 常用的数组操作方法

7.2.1 数组的添加和删除

数组的添加和删除可以使用 concat()、pop()、push()、shift()和 unshift()等方法实现，下面分别进行讲解。

1．concat()方法

该方法用于将其他数组连接到当前数组的尾端。

语法：

```
arrayObject.concat(arrayX,arrayX,...,arrayX)
```

☑　arrayObject：必选项。数组名称。

☑　arrayX：必选项。该参数可以是具体的数组元素值，也可以是数组对象。

例如，在数组的尾部添加数组元素，代码如下：

```
var arr=new Array(1,2,3,4,5,6);
document.write(arr.concat(7,8,9,10));
```

运行结果：1,2,3,4,5,6,7,8,9,10。

例如，在数组的尾部添加其他数组，代码如下：

```
var arr1=new Array('a','b','c','d');
var arr2=new Array('e','f','g');
document.write(arr1.concat(arr2));
```

运行结果：a,b,c,d,e,f,g。

2．shift()方法

该方法用于把数组中的第一个元素从数组中删除，并返回删除元素的值。

语法：

arrayObject.shift()

arrayObject 是数组名称，返回值为数组中删除的第一个元素的值。

例如，删除数组中的第一个元素，代码如下：

```
var arr=new Array(1,2,3,4,5,6);
var del=arr.shift();
document.write('删除元素为:'+del+';删除后的数组为:'+arr);
```

运行结果：删除元素为：1；删除后的数组为：2,3,4,5,6。

3．pop()方法

该方法用于把数组中的最后一个元素从数组中删除，并返回删除元素的值。

语法：

arrayObject.pop()

arrayObject 是数组名称，返回值为数组中删除的最后一个元素的值。

例如，删除数组中的最后一个元素，代码如下：

```
var arr=new Array(1,2,3,4,5,6);
var del=arr.pop();
document.write('删除元素为:'+del+';删除后的数组为:'+arr);
```

运行结果：删除元素为：6；删除后的数组为：1,2,3,4,5。

4．push()方法

该方法向数组的末尾添加一个或多个元素，并返回添加后的数组长度。

语法：

arrayObject.push(newelement1,newelement2,...,newelementX)

push()方法中各参数的说明如表 7.2 所示。

表 7.2　push()方法中的参数说明

参　　数	说　　明
arrayObject	必选项。数组名称
newelement1	必选项。要添加到数组末尾的第一个元素
newelement2	可选项。要添加到数组末尾的第二个元素
newelementX	可选项。要添加到数组末尾的第 X 个元素
返回值	把指定的元素添加到数组后的新长度

【例7.2】 向数组的末尾添加元素,并返回添加后的数组,代码如下:

☞ **实例位置:光盘\MR\Instance\07\7.2**

```
<script language="javascript">
    var arr=new Array(1,2,3);
    document.write('原数组:'+arr+'<br>');
    document.write('添加元素后的数组长度:'+arr.push(4,5,6)+'<br>');
    document.write('新数组:'+arr);
</script>
```

运行结果如图 7.2 所示。

图 7.2 向数组的末尾添加元素

5.unshift()方法

该方法向数组的开头添加一个或多个元素,并返回添加后的数组。

语法:

arrayObject.unshift(newelement1,newelement2,...,newelementX)

unshift()方法中各参数的说明如表 7.3 所示。

表 7.3 unshift()方法中的参数说明

参 数	说 明
arrayObject	必选项。数组名称
newelement1	必选项。向数组开头添加的第一个元素
newelement2	可选项。向数组开头添加的第二个元素
newelementX	可选项。向数组开头添加的第 X 个元素

例如,向 arr 数组的开关添加元素 1、2 和 3,代码如下:

```
var arr=new Array(4,5,6);
document.write('原数组:'+arr+'<br\>');
arr.unshift(1,2,3);
document.write('新数组:'+arr);
```

运行结果:原数组:4,5,6

　　　　　　　新数组:1,2,3,4,5,6

7.2.2 数组的排序

将数组中的元素按照指定的顺序进行排列可以通过 reverse()和 sort()方法实现。

1. reverse()方法

该方法用于颠倒数组中元素的顺序。

语法：

arrayObject.reverse()

arrayObject 表示数组名称。

【例7.3】 将数组中的元素顺序颠倒，并输出颠倒后的数组，代码如下：

实例位置：光盘\MR\Instance\07\7.3

```
var arr=new Array(1,2,3,4,5,6);
document.write('原数组:'+arr+'<br\>');
arr.reverse();
document.write('颠倒后的数组:'+arr);
```

运行本实例，结果如图 7.3 所示。

图 7.3　将数组颠倒输出

2. sort()方法

该方法用于对数组的元素进行排序。

语法：

arrayObject.sort(sortby)

☑　arrayObject：必选项。数组名称。

☑　sortby：可选项。规定排序的顺序，必须是函数。

> **说明：**
> 如果调用该方法时没有使用参数，那么将按照字符的编码顺序进行排序。如果按照其他标准进行排序，就需要比较函数。

例如，将数组中的元素按字符的编码顺序进行排序，代码如下：

```
var arr=new Array(2,1,4,3,6,5);
document.write('原数组:'+arr+'<br\>');
arr.sort();
document.write('排序后的数组:'+arr);
```

运行结果：原数组：2,1,4,3,6,5

　　　　　排序后的数组：1,2,3,4,5,6

7.2.3 获取数组中的某段数组元素

获取数组中的某段数组元素主要用 slice()方法实现。

slice()方法可从已有的数组中返回选定的元素。

语法：

---

arrayObject.slice(start,end)

☑ start：必选项。规定从何处开始选取。如果是负数，那么规定从数组尾部开始算起的位置。也就是说，-1 指最后一个元素，-2 指倒数第二个元素，以此类推。

☑ end：可选项。规定从何处结束选取。该参数是数组选取结束处的数组下标。如果没有指定该参数，那么选取的数组包含从 start 到数组结束所有的元素。如果这个参数是负数，那么将从数组尾部开始算起。

☑ 返回值：返回截取后的数组元素，该方法返回的数组中不包括 end 索引所对应的数组元素。

【例 7.4】 获取数组中某段数组元素，代码如下：

👉 实例位置：光盘\MR\Instance\07\7.4

```
<script language="javascript">
<!--
var arr=new Array("a","b","c","d","e","f");
document.write("原数组:"+arr+"<br>");
document.write("获取数组中第 4 个元素后的所有元素:"+arr.slice(3)+"<br>");
document.write("获取数组中第 3 个到第 5 个的元素"+arr.slice(2,5)+"<br>");
document.write("获取数组中倒数第 3 个元素后的所有元素"+arr.slice(-3));
//-->
</script>
```

运行程序，将原数组及获取数组中某段元素后的数组输出，运行结果如图 7.4 所示。

图 7.4 获取数组中某段数组元素

7.2.4 将数组转换成字符串

将数组转换成字符串主要通过 toString()、toLocaleString()和 join()方法实现。

1．toString()方法

该方法可把数组转换为字符串，并返回转换后的字符串。

语法：

arrayObject.toString()

☑　arrayObject：必选项，数组名称。

☑　返回值：数组元素组成的字符串。返回值与没有参数的join()方法返回的字符串相同。

> 说明：
>
> 　在转换成字符串后，数组中的各元素以逗号分隔。

例如，将数组转换成字符串，代码如下：

```
var arr=new Array("a","b","c","d","e");
document.write(arr.toString());
```

运行结果：a,b,c,d,e。

2．toLocaleString()方法

该方法将数组转换成本地字符串。

语法：

arrayObject.toLocaleString()

☑　arrayObject：必选项，数组名称。

☑　返回值：本地字符串。

> 说明：
>
> 　toLocaleString()方法首先调用每个数组元素的toLocaleString()方法，然后使用本地特定的分隔符把生成的字符串连接起来，形成一个字符串。

例如，将数组转换成用“，”号分隔的字符串，代码如下：

```
var arr=new Array("a","b","c","d","e","f","g");
document.write(arr.toLocaleString());
```

运行结果：a, b, c, d, e, f, g。

3．join()方法

该方法将数组中的所有元素放入一个字符串中。

语法：

arrayObject.join(separator)

☑ arrayObject：必选项，数组名称。

☑ separator：可选项。指定要使用的分隔符。如果省略该参数，则使用逗号作为分隔符。

☑ 返回值：返回一个字符串。该字符串是把 arrayObject 中的每个数组元素转换为字符串，然后把这些字符串用指定的分隔符连接起来。

例如，以指定的分隔符"#"将数组中的元素转换成字符串，代码如下：

```
var arr=new Array("a","b","c","d","e");
document.write(arr.join("#"));
```

运行结果：a#b#c#d#e。

7.3 综合应用

7.3.1 使用数组显示星期

【例 7.5】 为了使整个日期信息显示得更详细，一般都会在日期后面显示一个星期，本实例将通过数组显示星期。

☞ 实例位置：光盘\MR\Instance\07\7.5

首先创建一个包含 7 个元素的数组，然后通过日期对象的 getDay()方法获取今天是一个星期中的第几天，接着在数组中以它为索引获取对应数组元素的值，最后使用 window 对象的 write()方法输出今天是星期几。关键代码参考如下：

```
<script language = "javascript">
    var week,today,i;
    week = new Array("星期日","星期一","星期二","星期三","星期四","星期五","星期六");
    today = new Date();
    i = today.getDay();
    var year = today.getFullYear();
    var month = today.getMonth()+1;
    var date = today.getDate();
    document.write("<font color = #3333FF size = '6pt' face = 隶书>"+"今天是"+year+"年"+month+"月"+date+"日"+week[i]+"</font>");
</script>
```

运行结果如图 7.5 所示。

图 7.5 使用数组显示星期

7.3.2 使用数组存储商品信息

【例 7.6】 实现使用数组存储商品信息并输出的功能。

☞ 实例位置：光盘\MR\Instance\07\7.6

首先创建一个包含 5 个元素的数组，并为每个数组元素赋值，然后使用 for 循环遍历输出数组中的所有元素。关键代码参考如下：

```javascript
<script language = "javascript">
    var shopinfo;
    shopinfo = new Array(5);
    shopinfo[0] = "编号：001";
    shopinfo[1] = "名称：笔记本电脑";
    shopinfo[2] = "品牌：联想";
    shopinfo[3] = "类别：数码科技";
    shopinfo[4] = "价格：2500";
    document.write("商品信息：</br>");
    for(var i=0;i<shopinfo.length;i++){
        document.write(shopinfo[i]+"</br>");
    }
</script>
```

运行结果如图 7.6 所示。

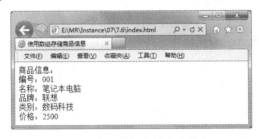

图 7.6 使用数组存储商品信息

7.4 本章常见错误

7.4.1 数组对象名和已存在的变量重名

在创建数组对象时需要注意，在同一个程序中，定义的数组对象名和已存在的变量不能重名。例如，如果已经存在一个名称为 string 的变量，而又创建一个名称为 string 的数组对象，那么前一个变量就会被覆盖。

Note

7.4.2 获取数组长度写成 arrayObj.length()

在 Array 对象中最常用的属性是 length 属性，该属性用于返回数组的长度，其语法格式为：

arrayObj.length

如果在结尾处多写了小括号()，将不能获取数组的长度。

7.5 本章小结

本章主要讲解了 JavaScript 中的数组及数组的常用操作，数组是 JavaScript 开发中经常用到的一种数据处理技术，所以读者在学习本章内容时，一定要熟练掌握数组的使用，并能够将数组应用于实际开发中。

7.6 跟我上机

☞ **参考答案：光盘\MR\跟我上机**

首先定义一个数组 arr1，并设置数组包含两个元素："JavaScript 自学视频教程"和"PHP 自学视频教程"，然后向数组的末尾添加一个元素"HTML 5 自学视频教程"，最后用 for 循环语句输出添加后的数组，代码如下：

```javascript
<script language="javascript">
    var arr1=new Array('JavaScript 自学视频教程','PHP 自学视频教程');
    arr1.push('HTML 5 自学视频教程');
    for (var i=0;i<arr1.length;i++){
        document.write(arr1[i]+"<br>");
    }
</script>
```

第 8 章

程序调试与错误处理

（ 📹 视频讲解：15 分钟）

早期的 JavaScript 总会出现一些令人困惑的错误信息，为了避免类似问题，在 JavaScript 3.0 中添加了异常处理机制，可以采用从 Java 语言中移植过来的模型，使用 try...catch...finally、throw 等关键字处理代码中的异常，也可以使用 onerror 事件处理异常。本章将介绍如何在 JavaScript 代码中使用异常处理机制。

本章能够完成的主要范例（已掌握的在方框中打勾）

☐ 使用 onerror 事件处理在 window 对象和图像对象中的异常情况

☐ 使用 try...catch...finally 语句处理异常

☐ 实现嵌套 try...catch 语句处理异常

☐ 使用 throw 语句抛出程序中的异常

☐ 使用提示对话框显示异常信息

☐ 判断参数个数和除数是否为 0

JavaScript 自学视频教程

Note

8.1 IE 浏览器内置的错误报告

每种浏览器都有 JavaScript 错误报告机制，只是报告方式不同而已。本节以 IE 浏览器为例，介绍浏览器如何报告 JavaScript 代码中的错误。

如果需要 IE 浏览器弹出错误报告对话框，需要设置 IE 浏览器，具体步骤为：选择 IE 浏览器菜单栏中"工具"/"Internet 选项"命令，弹出"Internet 选项"对话框，选择"高级"选项卡，在该选项卡的"浏览"类别中选中"显示每个脚本错误的通知"复选框，如图 8.1 所示。

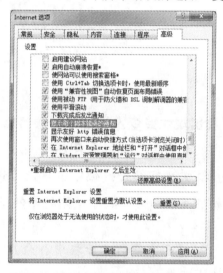

图 8.1　设置 IE 浏览器

对 IE 浏览器进行如图 8.1 所示的设置后，运行 JavaScript 脚本，如果代码中存在错误，将在浏览器中弹出相应的错误提示对话框。

 注意：

不论是哪种浏览器，弹出错误提示对话框中的代码错误位置只是程序出错的大概位置，不能将错误消息指定的行数看做程序中真正的问题所在行数。IE 浏览器只能发现程序中语法错误，对于程序中的逻辑错误浏览器还不能发现。

8.2　处 理 异 常

JavaScript 语言处理异常通常有两种方式：一种方式是使用 onerror 事件，该事件可以在 window 对象或图像对象上触发，而另一种方式是使用 try...catch...finally 模型。在这一节中将分别介绍这两种处理异常的方式。

8.2.1　常见的 3 种异常类型

常见的异常类型有 3 种，分别为"语法异常"、"运行时的异常"和"逻辑异常"，其中"语法异常"通常是在程序员输入一些编译器无法识别的代码后发生的；"运行时的异常"通常是在运行时碰到一个错误时发生的，它与"语法异常"的区别在于它不一定是 JavaScript 语言的错误引发的异常；"逻辑异常"往往发生在程序设计时，程序没有按照预先设计的方式运行。

8.2.2　onerror 事件处理异常

触发 onerror 事件是最早用于处理 JavaScript 异常的机制。页面出现异常时，将触发 onerror 事件，该事件在 window 对象上触发。

语法：

```
<script language="javascript">
window.onerror=function(){
        somestatements;
        return true;
}
</script>
```

参数 window.onerror 用来触发 onerror 事件。

说明：

如果在 onerror 事件处理函数中没有使用 return true 语句，在弹出错误提示对话框后，浏览器的错误报告也会显示出来。为了隐藏此错误报告，函数需要返回 true。

除了 window 对象可以触发 onerror 事件之外，图像对象也可以触发 onerror 事件。
语法：

```
<script language="javascript">
document.images[0].onerror=function(){
        somestatements;
        return true;
}
</script>
```

参数 document.images[0]用来表示页面中的第一个图像。
使用 onerror 事件处理异常除了可以捕捉异常之外，还可以提供如下 3 种信息来确定发生异常的详细信息。

☑　异常信息：获取异常信息。
☑　URL：获取发生异常的文件的绝对路径。

☑ 行号：给定文件程序中发生异常的行号。

【**例 8.1**】 本实例使用 onerror 事件处理在 window 对象和图像对象中的异常情况，并以提示对话框的形式显示异常信息。代码如下：

👉 **实例位置：光盘\MR\Instance\08\8.1**

```
<html>
<head>
<meta http-equiv="Content-Type" content="text/html; charset=utf-8">
<title>onerror 事件</title>
<script language="javascript">
window.onerror=function(msg,url,line){
    alert("您调用的函数不存在\n"+msg+"\n"+url+"\n"+line+"\n");    //弹出错误提示对话框
    return true;                                                   //返回 true
}
function ImgLoad(){
document.images[0].onerror=function(){
    alert("您调用的图像不存在\n");
};
document.images[0].src="test.gif";
}
</script>
</head>
<body onload="ImgLoad()">
<script language="javascript">
onHave();                                                          //调用不存在的 onHave()函数
</script>
<img/>
</body>
</html>
```

运行结果如图 8.2 和图 8.3 所示。

图 8.2　window 对象使用 onerror 事件处理异常　　　图 8.3　图像对象使用 onerror 事件处理异常

由于在 HTML 文件中<body>区域调用页面中并没有定义的函数 onHave()，所以执行此页面将发生异常，这时弹出显示"您调用的函数不存在"的错误提示对话框，同时在此对话框中显示此异常的相关详细信息，包括错误信息、发生异常文件的绝对路径及在程序中发生异常的行号。

在页面中定义了一个图像，由于此时没有赋给此图像 src 特性，所以在 onerror 事件处理函数中赋给第一个图像 src 值将出现异常，程序弹出错误提示对话框。

8.2.3　try...catch 语句处理异常

JavaScript 从 Java 语言中引入了 try...catch...finally 功能，具体语法如下：

```
<script language="javascript">
try{
    somestatements;
}
catch(exception e){
    somestatements;
}finally{
    somestatements;
}
</script>
```

- ☑　try：捕捉异常关键字。
- ☑　catch：捕捉异常关键字。
- ☑　finally：最终一定被处理的区块的关键字。

> **说明：**
> JavaScript 语言与 Java 语言不同，try...catch 语句只能有一个 catch 语句，这是由于在 JavaScript 语言中无法指定出现异常的类型。

【例 8.2】　本实例使用 try...catch...finally 语句处理异常，当程序调用不存在的对象时，将弹出在 catch 区域中设置的异常提示信息，并且最终弹出 finally 区域中的信息提示。代码如下：

👉 **实例位置：光盘\MR\Instance\08\8.2**

```
<script language="javascript">
try{
    document.forms.input.length;
}catch(exception){
    alert("没有定义表单以及文本框");
}finally{
    alert("结束 try...catch...finally 语句");
}
</script>
```

运行结果如图 8.4 和图 8.5 所示。

图 8.4　弹出异常提示对话框图　　　　图 8.5　弹出异常提示对话框

由于在页面中并没有定义表单，以及文本框，所以在 try 区域中调用表单中的文本框的长度时，将发生异常，这时将执行 catch 区域中的语句，弹出相应异常提示信息的对话框。

1．嵌套 try...catch 语句

如果在 catch 区域中发生异常，可以在 catch 区域中再使用一组 try...catch 语句，即嵌套使用 try...catch 语句。

语法：

```
<script language="javascript">
try{
      somestatements;
}
catch(exception){
      try{
            somestatments;
      }catch(exception){
            somestatments;
      }
}finally{
      somestatements;
}
</script>
```

☑ try：捕捉异常关键字。
☑ catch：捕捉异常关键字。
☑ finally：最终一定被处理的区块的关键字。

【例 8.3】 本实例主要实现嵌套 try...catch 语句处理异常：在外部 try 区域中调用了不存在的对象时，将弹出外部 catch 区域内设置的异常提示信息的对话框；当在 catch 区域中调用不存在的对象时，同样会产生异常，这时将弹出嵌套 catch 区域内设置的异常提示信息的对话框。最后弹出 finally 区域设置的异常提示信息对话框。代码如下：

👉 **实例位置：光盘\MR\Instance\08\8.3**

```
<script language="javascript">
try{
     document.forms.input.length;              //调用页面表单中文本框的长度
}catch(exception){
     alert("try 区域有异常发生");               //弹出错误提示信息
     try{
           document.forms.input.length;
     }catch(exception2){
           alert("catch 区域有异常发生");
     }
}finally{
     alert("结束 try...catch...finally 语句");    //最终程序调用执行的语句
}
</script>
```

运行结果如图 8.6、图 8.7 和图 8.8 所示。

图 8.6 try 区域异常

图 8.7 catch 区域异常

图 8.8 完整执行异常处理

在该实例中，抛出第一个异常后，弹出"try 区域有异常发生"提示信息，继续执行外部 catch 区域的语句，程序尝试调用页面中并不存在的对象，这时将继续抛出异常，此时弹出"catch 区域有异常发生"提示信息，最后执行 finally 区域的语句，弹出相应的对话框。

2．Error 对象

try...catch...finally 语句中 catch 通常捕捉到的对象为 Error 对象，Error 类是所有用于抛出异常的类的基类，类似于 Java 语言中用于抛出异常的基类 Exception 类。JavaScript 中用于抛出异常的类如表 8.1 所示。

表 8.1 JavaScript 中用于抛出异常的类

类	发生异常原因
EvalError	错误发生在 eval()函数中
RangeError	数字的值超出 JavaScript 可表示的范围
ReferenceError	使用了非法的引用
TypeError	变量的类型错误
URIError	在 encodeURI()函数或者 decodeURI()函数中发生了错误

Error 对象有以下两个特性：

☑ name：表示异常类型的字符串。

☑ message：实际的异常信息。

3．使用 throw 语句抛出异常

在程序中使用 throw 语句可以有目的地抛出异常。

语法：

```
<script language="javascript">
throw new Error("somestatements");
</script>
```

参数 throw 表示抛出异常关键字。

可以使用 throw 语句抛出 Error 对象子类的对象。

语法：

```
<script language="javascript">
throw new TypeError("somestatements");
```

Note

```
</script>
```

【例 8.4】 本实例使用 throw 语句抛出程序中的异常。在代码中首先定义一个变量,并设置它的值为 1 与 0 的商,此变量的结果为无穷大,即 Infinity,如果希望自行检验除数为 0 的异常,可以使用 throw 语句抛出异常。代码如下:

👉 **实例位置:光盘\MR\Instance\08\8.4**

```
<script language="javascript">
try{
    var num=1/0;
    if(num=="Infinity"){
        throw new Error("除数不能为 0");
    }
}catch(exception){
    alert(exception.message);
}
</script>
```

运行结果如图 8.9 所示。

图 8.9　使用 throw 语句抛出的异常

从程序中可以看出,当变量 num 为无穷大时,使用 throw 语句抛出异常,此异常会在 catch 区域被捕捉,并将异常提示信息放置在弹出的错误提示对话框中。

8.3　JavaScript 语言调试

异常是每个程序员在开发过程中都会遇到的,调试对任何程序设计者来说都是一个关键的技能。本节将介绍如何调试 JavaScript 程序中的异常。

8.3.1　使用 write()方法进行调试

有时,程序员希望将所有的调试信息以列表的方式显示在页面中,这时可以使用 write()方法进行调试。

语法:

```
<script language="javascript">
```

```
document.write();
</script>
```

例如：

```
<script language="javascript">
function alertTest(){
document.write("程序开始");
var a=10;
var b=20;
document.write ("程序执行");
document.write (a+b);
document.write ("查询结束");
}
</script>
```

8.3.2　使用 alert 语句进行调试

当程序开发者不能定位由程序错误引发的异常时，可以采用代码跟踪方式查找错误，这时可以将 alert 语句放在程序的不同位置，用它来显示程序中的变量、函数返回值等。

语法：

```
<script language="javascript">
alert();
</script>
```

例如：

```
<script language="javascript">
function alertTest(){
alert("程序开始");
var a=10;
var b=20;
alert("程序执行");
alert(a+b);
alert("程序结束");
}
</script>
```

这种方式的缺点在于在代码中嵌入了太多的 alert 语句，调试结束时，删除这些 alert 语句将是一个庞大的工程。

8.3.3　使用抛出自定义异常进行调试

抛出自定义异常是调试 JavaScript 代码的最佳途径，其使用了 try...catch...finally 语句及 throw

机制。

语法：

```
<script language="javascript">
try{
    throw(somestatements);
}catch(exception){
    alert(exception.message);
</script>
}
```

8.4 综合应用

8.4.1 使用提示对话框显示异常信息

【例 8.5】 将异常提示信息显示在弹出的提示对话框中，其中包括异常的具体信息以及异常类型的字符串。

　实例位置：光盘\MR\Instance\08\8.5

要完成本实例，首先需要使用 try…catch…finally 语句块捕捉异常，然后使用 alert()函数弹出对话框，显示捕捉到的异常信息。关键代码如下：

```
<script language="javascript">
try{
    document.forms.input.length;
}catch(exception){
    alert("错误信息为："+exception.message+"\n 错误类型字符串为："+exception.name);
}finally{
    alert("结束 try...catch...finally 语句");
}
</script>
```

运行结果如图 8.10 所示。

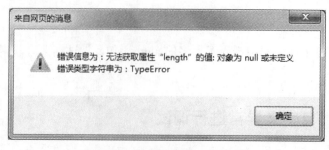

图 8.10　异常信息提示对话框

136

8.4.2　判断参数个数和除数是否为 0

【例 8.6】　使用自定义异常消息进行调试，在代码中定义一个函数，首先判断函数参数的个数，如果小于两个，抛出自定义异常。然后判断函数的第二个参数是否为 0，如果为 0，弹出异常提示信息对话框。

👉 **实例位置：光盘\MR\Instance\08\8.6**

本实例主要使用 throw 关键字结合 Error 对象抛出自定义的异常信息，关键代码如下：

```html
<html>
    <head>
        <meta http-equiv="Content-Type" content="text/html; charset=utf-8">
        <title>抛出自定义异常</title>
        <script language="javascript">
function test(num1,num2){
    try{
        if(arguments.length<2){              //如果参数个数小于两个
            throw new Error("参数个数不够");    //抛出异常
        }
        if(num1/num2=="Infinity"){           //第二个参数为 0
            throw new Error("除数不能为 0")     //抛出异常
        }
    }catch(exception){
        alert(exception.message);            //在 catch 区域弹出异常提示信息
    }
}
</script>
</head>
<body>
<script language="javascript">
test(1);                                     //在 body 区域调用函数
test(1,0);
</script>
</body>
</html>
```

运行本实例，首先判断函数参数的个数如果小于两个，抛出自定义异常，如图 8.11 所示。然后判断函数第二个参数如果为 0，弹出异常提示信息对话框，如图 8.12 所示。

图 8.11　提示参数个数不够　　　　图 8.12　提示除数不能为 0

8.5　本章常见错误

8.5.1　根据浏览器中的错误提示断定错误

当 JavaScript 脚本在运行过程中出现错误时，不论是哪种浏览器，弹出的错误提示对话框中指出的代码错误位置只是程序出错的大概位置，不能把它看成程序中真正错误所在的行数。多数浏览器只能发现程序中的语法错误，对于程序中的逻辑错误浏览器还不能发现，所以不能单纯地根据浏览器中的错误提示就断定错误。

8.5.2　try…catch 使用大写

在使用 try…catch 语句处理异常时，try…catch 在书写时必须使用小写字母，如果使用大写字母将会出错。

8.6　本 章 小 结

本章主要讲解了 JavaScript 中的几种异常处理机制，通过本章的学习，读者可以掌握 JavaScript 代码的调试方法，从而查找程序的错误原因。只有正确快速地找出程序的错误原因，才可以提高程序开发及维护效率。

8.7　跟 我 上 机

👉 **参考答案：光盘\MR\跟我上机**

首先定义两个变量 a 和 b，然后使用 try…catch…finally 语句处理异常，在程序中调用不存在的变量 c 时，弹出在 catch 区域中设置的异常提示信息"没有定义变量 c"，并且最终弹出 finally 区域中的信息提示"结束 try…catch…finally 语句"。代码如下：

```
<script language="javascript">
var a = "JavaScript";
var b = "PHP";
try{
    document.write(c);
}catch(exception){
    alert("没有定义变量 c");
}finally{
    alert("结束 try...catch...finally 语句");
}
</script>
```

第 2 篇

DESIGN

提高篇

Document 对象

（ 视频讲解：20 分钟）

文档（Document）对象是浏览器窗口（Window）对象的一个主要部分，它包含了网页显示的各个元素对象，是最常用的对象之一。本章将对其进行详细介绍。

本章能够完成的主要范例（已掌握的在方框中打勾）

☐ 分别设置超链接 3 个状态的文字颜色

☐ 每间隔一秒改变文档的前景色和背景色

☐ 在页面中显示文档的创建日期、修改日期和该文档的大小

☐ 在页面中显示文本框对象和 Document 对象的当前状态

☐ 在页面中显示当前文档的 URL

☐ 使用 write()方法和 writeln()方法在页面中输出几段文字

☐ 通过单击"动态添加文本框"按钮在页面中动态添加一个文本框

☐ 单击按钮后改变文本框中的内容

☐ 动态设置网页的标题栏

☐ 打开新窗口并输出内容

Note

9.1 文档对象概述

文档（Document）对象代表浏览器窗口中的文档，该对象是 Window 对象的子对象，由于 Window 对象是 DOM 对象模型中的默认对象，因此 Window 对象中的方法和子对象不需要使用 Window 来引用。通过 Document 对象可以访问 HTML 文档中包含的任何 HTML 标记并可以动态地改变 HTML 标记中的内容，例如，表单、图像、表格和超链接等。该对象在 JavaScript 1.0 版本中就已经存在，在随后的版本中又增加了几个属性和方法。Document 对象层次结构如图 9.1 所示。

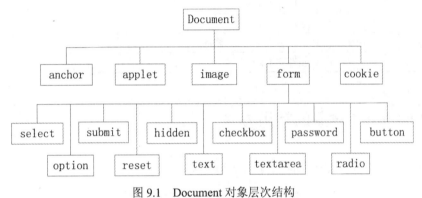

图 9.1 Document 对象层次结构

9.2 文档对象的常用属性、方法与事件

本节将详细介绍文档对象的常用属性、方法和事件。

9.2.1 Document 对象的常用属性

Document 对象的常用属性及说明如表 9.1 所示。

表 9.1 Document 对象属性及说明

属 性	说 明
alinkColor	链接文字被单击时的颜色，对应于\<body>标记中的 alink 属性
all[]	存储 HTML 标记的一个数组（该属性本身也是一个对象）
anchors[]	存储锚点的一个数组（该属性本身也是一个对象）
bgColor	文档的背景颜色，对应于\<body>标记中的 bgcolor 属性
cookie	表示 cookie 的值
fgColor	文档的文本颜色（不包含超链接的文字）对应于\<body>标记中的 text 属性值

属　　性	说　　明
forms[]	存储窗口对象的一个数组（该属性本身也是一个对象）
fileCreatedDate	创建文档的日期
fileModifiedDate	文档最后修改的日期
fileSize	当前文件的大小
lastModified	文档最后修改的时间
images[]	存储图像对象的一个数组（该属性本身也是一个对象）
linkColor	未被访问的链接文字的颜色，对应于<body>标记中的 link 属性
links[]	存储 link 对象的一个数组（该属性本身也是一个对象）
vlinkColor	表示已访问的链接文字的颜色，对应于<body>标签的 vlink 属性
title	当前文档标题对象
body	当前文档主体对象
readyState	获取某个对象的当前状态
URL	获取或设置 URL

9.2.2　Document 对象的常用方法

Document 对象的常用方法和说明如表 9.2 所示。

表 9.2　Document 对象方法及说明

方　　法	说　　明
close	关闭文档的输出流
open	打开一个文档输出流并接收由 write()和 writeln()方法的创建页面内容
write	向文档中写入 HTML 或 JavaScript 语句
writeln	向文档中写入 HTML 或 JavaScript 语句，并以换行符结束
createElement	创建一个 HTML 标记
getElementById	获取指定 Rd 的 HTML 标记

9.2.3　Document 对象的常用事件

多数浏览器内部对象都拥有很多事件，下面将以表格的形式给出常用的事件及何时触发这些事件。JavaScript 的常用事件如表 9.3 所示。

表 9.3　JavaScript 的常用事件

事　　件	何　时　触　发
onabort	对象载入被中断时触发
onblur	元素或窗口本身失去焦点时触发

续表

事 件	何 时 触 发
onchange	改变<select>元素中的选项或其他表单元素失去焦点，并且在其获取焦点后内容发生过改变时触发
onclick	单击鼠标左键时触发。当光标的焦点在按钮上，并按 Enter 键时，也会触发该事件
ondblclick	双击鼠标左键时触发
onerror	出现错误时触发
onfocus	任何元素或窗口本身获得焦点时触发
onkeydown	键盘上的按键（包括 Shift 或 Alt 等键）被按下时触发。如果一直按着某键，则会不断触发。返回 false 时，取消默认动作
onkeypress	键盘上的按键被按下，并产生一个字符时发生，即当按下 Shift 或 Alt 等键时不触发。如果一直按下某键时，会不断触发。返回 false 时，取消默认动作
onkeyup	释放键盘上的按键时触发
onload	页面完全载入后，在 Window 对象上触发；所有框架都载入后，在框架集上触发；<img>标记指定的图像完全载入后，在其上触发；<object>标记指定的对象完全载入后，在其上触发
onmousedown	单击任何一个鼠标按键时触发
onmousemove	鼠标在某个元素上移动时持续触发
onmouseout	将鼠标从指定的元素上移开时触发
onmouseover	鼠标移到某个元素上时触发
onmouseup	释放任意一个鼠标按键时触发
onreset	单击重置按钮时，在<form>上触发
onresize	窗口或框架的大小发生改变时触发
onscroll	在任何带滚动条的元素或窗口上滚动时触发
onselect	选中文本时触发
onsubmit	单击提交按钮时，在<form>上触发
onunload	页面完全卸载后，在 Window 对象上触发，或者所有框架都卸载后，在框架集上触发

9.3 Document 对象的应用

本节主要通过使用 Document 对象的属性和方法来完成一些常用的实例，例如，链接文字颜色设置、获取并设置 URL 等。本章将对 Document 对象常用的应用进行详细介绍。

9.3.1 链接文字颜色设置

链接文字颜色设置通过使用 alinkColor 属性、linkColor 属性和 vlinkColor 属性来实现。

（1）alinkColor 属性

该属性用来获取或设置当链接被单击时显示的颜色。

语法：

[color=]document.alinkColor[=setColor]

☑ setColor：可选项，用来设置颜色的名称或颜色的 RGB 值。

☑ color：可选项，是一个字符串变量，用来获取颜色值。

（2）linkColor 属性

该属性用来获取或设置页面中未单击的链接的颜色。

语法：

```
[color=]document.linkColor[=setColor]
```

☑ setColor：可选项，用来设置颜色的名称或颜色的 RGB 值。

☑ color：可选项，是一个字符串变量，用来获取颜色值。

（3）vlinkColor 属性

该属性用来获取或设置页面中单击过的链接的颜色。

语法：

```
[color=]document.vlinkColor[=setColor]
```

☑ setColor：可选项，用来设置颜色的名称或颜色的 RGB 值。

☑ color：可选项，是一个字符串变量，用来获取颜色值。

【例 9.1】 本实例分别设置超链接 3 个状态的文字颜色，代码如下：

👉 实例位置：光盘\MR\Instance\09\9.1

```
<body>
<font size="10pt" face="隶书"><a id="a1" href="#">JavaScript 技术论坛</a></font>
<script language="JavaScript">
    document.vlinkColor ="#00CCFF";   //设置单击过的链接的颜色
    document.linkColor="blue";        //设置未单击的链接的颜色
    document.alinkColor="#000000";    //设置当链接被单击时显示的颜色
</script>
</body>
```

未单击超链接时，超链接字体的颜色为蓝色，如图 9.2 所示；单击超链接时，超链接字体的颜色为黑色，如图 9.3 所示；单击过超链接时，超链接的字体颜色为淡蓝色，如图 9.4 所示。

图 9.2　未单击链接时为蓝色　　　　　图 9.3　单击链接时为黑色

图 9.4　单击过的链接为淡蓝色

Note

9.3.2 文档背景色和前景色设置

文档背景色和前景色的设置可以使用 bgColor 属性和 fgColor 属性来实现。

（1）bgColor 属性

该属性用来获取或设置页面的背景颜色。

语法：

[color=]document.bgColor[=setColor]

☑ setColor：可选项，用来设置颜色的名称或颜色的 RGB 值。

☑ color：可选项，是一个字符串变量，用来获取颜色值。

（2）fgColor 属性

该属性用来获取或设置页面的前景颜色，即页面中文字的颜色。

语法：

[color=]document.fgColor[=setColor]

☑ setColor：可选项，用来设置颜色的名称或颜色的 RGB 值。

☑ color：可选项，是一个字符串变量，用来获取颜色值。

【例 9.2】 本实例每间隔一秒改变文档的前景色和背景色，代码如下：

👉 实例位置：光盘\MR\Instance\09\9.2

```
<body>
背景自动变色
<script language="javascript">
var Arraycolor=new Array("#00FF66","#FFFF99","#99CCFF","#FFCCFF","#FFCC99","#00FFFF");
var n=0;
function changecolors(){
    n++;
    if (n==(Arraycolor.length-1)) n=0;
    document.bgColor = Arraycolor[n];
    document.fgColor=Arraycolor[n-1];
    setTimeout("changecolors()",1000);
}
changecolors();
</script>
</body>
```

运行实例时，文档的前景色和背景色如图 9.5 所示；在间隔一秒后文档的前景色和背景色自动改变，如图 9.6 所示。

图 9.5　自动变色前

图 9.6　自动变色后

Note

9.3.3 查看文档创建时间、修改时间和文档大小

查看文档创建日期、修改日期和文档大小，可以使用 fileCreatedDate 属性、fileModifiedDate 属性、lastModified 属性和 fileSize 属性来实现。

（1）fileCreatedDate 属性

该属性用来获取文档的创建日期。

语法：

[date=]fileCreatedDate

（2）fileModifiedDate 属性

该属性用来获取文档最后修改的日期。

语法：

[date=]fileModifiedDate

（3）lastModified 属性

该属性用来获取文档最后修改的时间。

语法：

[date=]lastModified

（4）fileSize 属性

该属性用来获取文档的大小。

语法：

[size=]fileSize

【例 9.3】 本实例在页面中显示该文档的创建日期、修改日期和该文档的大小，代码如下：

☞ 实例位置：光盘\MR\Instance\09\9.3

```
<body>
查看文件创建时间、修改时间和文档大小<br>
<script language="javaScript">
<!--
    document.write("<b>该文档的创建日期: </b>"+document.fileCreatedDate+"<br>");
    document.write("<b>该文档的上次修改日期: </b>"+document.fileModifiedDate+"<br>");
    document.write("<b>该文档的上次修改时间: </b>"+document.lastModified+"<br>");
    document.write("<b>该文档的大小: </b>"+document.fileSize+"<br>");
-->
</script>
</body>
```

运行结果如图 9.7 所示。

图 9.7 查看文档的创建时间、修改时间和大小

Note

9.3.4 获取对象的当前状态

在文档中获取某个对象的当前状态可以使用 readyState 属性来实现。readyState 属性是用来获取文档中某个对象的当前状态。

语法：

```
[state=]obj.readyState
```

☑ obj：需要显示状态的对象，必选项。

☑ state：字符串变量，用来获取当前对象的状态，其状态值及说明如表 9.4 所示。

表 9.4 状态值及说明

状 态 值	说 明
loading	表示该对象正在载入数据
loaded	表示该对象载入数据完毕
interactive	用户可以和该对象进行交互，不管该对象是否已加载完毕
complete	该对象初始化完毕

【例 9.4】 本实例在页面中显示文本框对象和 Document 对象的当前状态，代码如下：

☞ 实例位置：光盘\MR\Instance\09\9.4

```
<body>
<input name="title" type="text">
<script language="javascript">
<!--
    document.write("<br><b>文本框当前状态: </b>"+title.readyState+"<br>");
    document.write("<b>document 对象的当前状态: </b>"+document.readyState);
-->
</script>
</body>
```

运行结果如图 9.8 所示。

图 9.8 获取对象当前状态

147

Note

9.3.5　获取并设置 URL

获取并设置 URL 可以通过使用 Document 对象的 URL 属性来实现，该属性可以获取或设置当前文档的 URL。

语法：

[url=]document.URL[=setUrl]

☑　url：字符串表达式，用来存储当前文档的 URL。url 是可选项。

☑　setUrl：字符串变量，用来设置当前文档的 URL。setUrl 是可选项。

【例 9.5】　本实例在页面中显示当前文档的 URL，代码如下：

👉 **实例位置：光盘\MR\Instance\09\9.5**

```
<body>
<script language="javascript">
<!--
    document.write("<b>当前页面的 URL: </b>"+document.URL);//获取当前页面的 URL 地址
-->
</script>
</body>
```

运行结果如图 9.9 所示。

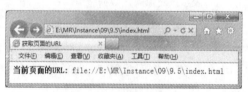

图 9.9　显示当前页面的 URL

9.3.6　在文档中输出数据

在文档中输出数据可以使用 write()方法和 writeln()方法来实现。

（1）write()方法

该方法用来向 HTML 文档中输出数据，其数据包括字符串、数字和 HTML 标记等。

语法：

document.write(text);

参数 text 表示在 HTML 文档中输出的内容。

（2）writeln()方法

该方法与 write()方法作用相同，唯一的区别在于 writeln()方法在所输出的内容后，添加了一个回车换行符。但回车换行符只有在 HTML 文档中<pre></pre>标记（此标记可以把文档中的空格、回车、换行等表现出来）内才能被识别。

语法：

document.writeln(text);

参数 text 表示在 HTML 文档中输出的内容。

【例 9.6】 本实例使用 write()方法和 writeln()方法在页面中输出几段文字，注意这两种方法的区别，代码如下：

👉 **实例位置：光盘\MR\Instance\09\9.6**

```
<body>
<script language="javascript">
    <!--
        document.write("使用 write 方法输出的第一段内容！");
        document.write("使用 write 方法输出的第二段内容<hr>");
        document.writeln("使用 writeln 方法输出的第一段内容！");
        document.writeln("使用 writeln 方法输出的第二段内容<hr>");
    -->
</script>
<pre>
<script language="javascript">
    <!--
        document.writeln("在 pre 标记内使用 writeln 方法输出的第一段内容！");
        document.writeln("在 pre 标记内使用 writeln 方法输出的第二段内容");
    -->
</script>
</pre>
</body>
```

运行效果如图 9.10 所示。

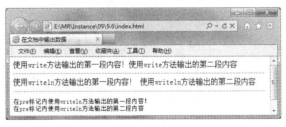

图 9.10 在文档中输出数据

9.3.7 动态添加一个 HTML 标记

动态添加一个 HTML 标记可以使用 createElement()方法来实现。createElement()方法可以根据一个指定的类型来创建一个 HTML 标记。

语法：

sElement=document.createElement(sName)

Note

☑ sElement：用来接收由该方法返回的一个对象。

☑ sName：用来设置 HTML 标记的类型和基本属性。

【例 9.7】 本实例通过单击"动态添加文本框"按钮，将在页面中动态添加一个文本框，代码如下：

👉 **实例位置：光盘\MR\Instance\09\9.7**

```
<html xmlns="http://www.w3.org/1999/xhtml">
<head>
<meta http-equiv="Content-Type" content="text/html; charset=gb2312" />
<title>动态添加一个文本框</title>
<script>
<!--
    function addInput(){
        var txt=document.createElement("input");          //动态添加一个 input 文本框
        txt.type="text";                                  //为添加的文本框 type 属性赋值
        txt.name="txt";                                   //为添加的文本框 name 属性赋值
        txt.value="动态添加的文本框";                      //为添加的文本框 value 属性赋值
        document.form1.appendChild(txt);                  //把文本框作为子节点追加到表单中
    }
-->
</script>
</head>
<body>
<form name="form1">
<input type="button" name="btn1" value="动态添加文本框" onclick="addInput();" />
</form>
</body>
</html>
```

运行效果如图 9.11 所示。

图 9.11　动态添加一个文本框

9.3.8　获取文本框并修改其内容

获取文本框并修改其内容可以使用 getElementById()方法来实现。getElementById()方法可以通过指定的 id 来获取 HTML 标记，并将其返回。

语法：

sElement=document.getElementById(id)

☑ sElement：用来接收该方法返回的一个对象。

☑　id：用来设置需要获取 HTML 标记的 id 值。

【例 9.8】 本实例在页面加载后的文本框中显示"初始文本内容"，单击按钮后改变文本框中的内容。代码如下：

👉 **实例位置：光盘\MR\Instance\09\9.8**

```
<body>
<script>
<!--
    function chg(){
        var t=document.getElementById("txt");
        t.value="修改文本内容";
    }
-->
</script>
<input type="text" id="txt" value="初始文本内容"/>
<input type="button" value="更改文本内容" name="btn" onclick="chg();" />
</body>
```

运行结果如图 9.12 和图 9.13 所示。

图 9.12　文本框中显示"初始文本内容"

图 9.13　文本框中显示"修改文本内容"

9.4　综 合 应 用

9.4.1　动态设置网页的标题栏

【例 9.9】 在浏览网页时，经常会看到一些 IE 浏览器中标题栏的信息不停地闪动或变换。本实例在打开页面时，对标题栏中的文字进行不断的变换。

👉 **实例位置：光盘\MR\Instance\09\9.9**

设置动态标题栏可以使用 Document 对象的 title 属性来实现，该属性用来获取或设置文档的标题。实现的关键代码如下：

```
<body>
<img   src="个人主页.jpg" >
<script language="JavaScript">
var n=0;                        //定义变量 n 的初始值为 0
function title(){
    n++;                        //变量 n 自加 1
```

```
        if (n==3) {n=1}                      //当 n 的值为 3 时，重新把它赋值为 1
        if (n==1) {document.title='☆★动态标题栏★☆'}//当 n 的值为 1 时，设置一种标题
        if (n==2) {document.title='★☆Ful_harvest 的个人主页☆★'}//当 n 的值为 2 时，设置另一种标题
        setTimeout("title()",1000);          //每过 1 秒执行一次函数
    }
    title();
</script>
</body>
```

运行结果如图 9.14 和图 9.15 所示。

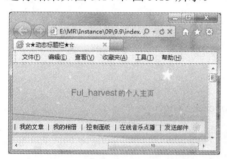

图 9.14　标题栏文字改变前的效果

图 9.15　标题栏文字改变后的效果

9.4.2　打开新窗口并输出内容

【例 9.10】　本实例主要实现打开新窗口并输出内容的功能。

👉 **实例位置：光盘\MR\Instance\09\9.10**

打开新窗口并输出内容可以使用 open()方法和 close()方法来实现。其中，open()方法用来打开文档输出流，并接收 write()方法或 writeln()方法的输出；close()方法用来关闭文档的输出流。实现的关键代码如下：

```
<html >
<head>
<meta http-equiv="Content-Type" content="text/html; charset=gb2312" />
<title>打开新窗口并输出内容</title>
<script language="javascript">
<!--
    function openWin(){
        var dw;
        dw=window.open();
        dw.document.open();
        dw.document.write("<html><head><title>一个新的窗口</title>");
        dw.document.write("</head>");
        dw.document.write("<body>");
        dw.document.write("<img name='i1' src='1.jpg' ><br>")
        dw.document.write("这里是写入的新内容<br>");
        dw.document.write("</body></html>");
```

```
                dw.document.close();
        }
-->
</script>
</head>
<body>
<input type="button" value="打开一个新文档" onclick="openWin();"/>
</body>
</html>
```

运行程序，单击如图 9.16 所示的按钮后，打开一个新窗口，并在窗口中输出新的内容，如图 9.17 所示。

图 9.16　显示按钮

图 9.17　输出的新内容

9.5　本章常见错误

9.5.1　Document 对象的属性和方法忽略大小写

Document 对象的属性和方法在书写时是严格区分大小写的，例如，获取或设置页面的背景颜色用的是 Document 对象的 bgColor 属性，如果在书写时写成 document.bgcolor，就无法获取或设置页面的背景颜色。

9.5.2　document.getElementById(…)为空或不是对象

在使用 document.getElementById(…)方法获取指定元素时，如果是第一次运行页面，有时会提示"document.getElementById(…)为空或不是对象"的错误，而刷新一次就能正常显示，这是因为脚本中的 document.getElementById(…)方法没有写在 HTML 文档的后面，或者没有写在一个函数里，页面还没有加载完成就执行方法调用相应的 id，因此会显示方法为空或不是对象。

9.6 本 章 小 结

本章主要讲解了文档对象（Document 对象）的使用方法，又包括对该对象的属性、方法及事件的简单介绍。通过本章的学习，可以掌握文档对象实现的一些常用的功能，这些功能在实际开发中比较常用，有必要熟练掌握及应用。

9.7 跟 我 上 机

参考答案：光盘\MR\跟我上机

通过单击"动态添加下拉菜单"按钮，把下拉菜单动态添加到表单中。首先应用 Document 对象的 createElement()方法创建一个下拉菜单，并设置下拉菜单中包含 4 个选项：篮球、足球、排球和乒乓球。然后应用 Document 对象的 appendChild()方法把下拉菜单添加到表单中。代码如下：

```
<script>
<!--
    function addSelect(){
        var sel=document.createElement("select");          //动态添加一个下拉菜单
        sel.options[0]=new Option("篮球","");
        sel.options[1]=new Option("足球","");
        sel.options[2]=new Option("排球","");
        sel.options[3]=new Option("乒乓球","");
        document.form1.appendChild(sel);                   //把下拉菜单作为子节点追加到表单中
    }
-->
</script>
</head>
<body>
<form name="form1">
<input type="button" name="btn1" value="动态添加下拉菜单" onclick="addSelect();" />
</form>
```

第 **10** 章

Window 对象

（ 视频讲解：32 分钟 ）

　　在 HTML 中打开对话框应用极为普遍，但也有一些缺陷。用户浏览器决定对话框的样式，设计者左右不了其对话框的大小及样式，但 JavaScript 给了程序这种控制权。在 JavaScript 中可以使用 Window 对象来实现对对话框的控制。

本章能够完成的主要范例（已掌握的在方框中打勾）

☐　在页面载入时执行相应的函数，并弹出警告对话框

☐　通过 open() 方法在进入首页时，弹出一个指定大小及指定位置的新窗口

☐　单击"创建新窗口"按钮，按指定的大小及位置打开"新建窗口"页面

☐　通过 Window 对象的 open() 方法打开一个新窗口

☐　实现窗口从左到右以随机的角度进行移动

☐　实现页面中的内容从上向下进行滚动

☐　根据用户分辨率自动调整窗口

☐　实现网页拾色器

10.1　Window 对象概述

Window 对象代表的是打开的浏览器窗口，通过 Window 对象可以打开窗口与关闭窗口，控制窗口的大小和位置，由窗口弹出的对话框，还可以控制窗口上是否显示地址栏、工具栏和状态栏等栏目。对于窗口中的内容，Window 对象可以控制是否重载网页、返回上一个文档或前进到下一个文档。

在框架方面，Window 对象可以处理框架与框架之间的关系，并通过这种关系在一个框架处理另一个框架中的文档。Window 对象还是所有其他对象的顶级对象，通过对 Window 对象的子对象进行操作，可以实现更多的动态效果。Window 对象作为对象的一种，也有其方法和属性。

10.1.1　Window 对象的属性

顶层 Window 对象是所有其他子对象的父对象，它出现在每一个页面上，并且可以在单个 JavaScript 应用程序中被多次使用。

为了便于读者学习，本节将以表格的形式对 Window 对象中的属性进行详细说明。Window 对象的属性及说明如表 10.1 所示。

表 10.1　Window 对象的属性

属　　性	描　　述
document	对话框中显示的当前文档
frames	表示当前对话框中所有 frame 对象的集合
location	指定当前文档的 URL
name	对话框的名字
status	状态栏中的当前信息
defaultstatus	状态栏中的当前信息
top	表示最顶层的浏览器对话框
parent	表示包含当前对话框的父对话框
opener	表示打开当前对话框的父对话框
closed	表示当前对话框是否关闭的逻辑值
self	表示当前对话框
screen	表示用户屏幕，提供屏幕尺寸、颜色深度等信息
navigator	表示浏览器对象，用于获得与浏览器相关的信息

10.1.2　Window 对象的方法

除了属性之外，Window 对象中还有很多方法。Window 对象的方法，以及说明如表 10.2 所示。

表 10.2　Window 对象的方法

方　　法	描　　述
alert()	弹出一个警告对话框
confirm()	在确认对话框中显示指定的字符串
prompt()	弹出一个提示对话框
open()	打开新浏览器对话框并且显示由 URL 或名字引用的文档，并设置创建对话框的属性
close()	关闭被引用的对话框
focus()	将被引用的对话框放在所有打开对话框的前面
blur()	将被引用的对话框放在所有打开对话框的后面
scrollTo(x,y)	把对话框滚动到指定的坐标
scrollBy(offsetx,offsety)	按照指定的位移量滚动对话框
setTimeout(timer)	在指定的毫秒数过后，对传递的表达式求值
setInterval(interval)	指定周期执行代码
moveTo(x,y)	将对话框移动到指定坐标处
moveBy(offsetx,offsety)	将对话框移动到指定的位移量处
resizeTo(x,y)	设置对话框的大小
resizeBy(offsetx,offsety)	按照指定的位移量设置对话框的大小
print()	相当于浏览器工具栏中的"打印"按钮
navigate(URL)	使用对话框显示 URL 指定的页面
status()	状态条，位于对话框下部的信息条
defaultstatus()	状态条，位于对话框下部的信息条

10.1.3　Window 对象的使用

Window 对象可以直接调用其方法和属性，例如：

```
window.属性名
window.方法名（参数列表）
```

Window 对象是不需要使用 new 运算符来创建的对象。因此，在使用 Window 对象时，只要直接使用 window 引用 Window 对象即可，代码如下：

```
window.alert（"字符串"）；
window.document.write（"字符串"）；
```

在实际运用中，JavaScript 允许使用一个字符串来给窗口命名，也可以使用一些关键字来代替某些特定的窗口。例如，使用 self 代表当前窗口、parent 代表父级窗口等。对于这种情况，可以用这些关键字来代表 window，代码如下：

```
parent.属性名
parent.方法名（参数列表）
```

10.2 对 话 框

对话框是为了响应用户的某种需求而弹出的小窗口，本节将介绍几种常用的对话框：警告对话框、确认对话框及提示对话框。

10.2.1 警告对话框

在页面中弹出警告对话框主要是在<body>标记中调用 Window 对象的 alert()方法实现的，下面对该方法进行详细说明。

利用 Window 对象的 alert()方法可以弹出一个警告对话框，并且在警告对话框内可以显示提示字符串文本。

语法：

```
window.alert(str)
```

参数 str 表示要在警告对话框中显示的提示字符串。

用户可以单击警告对话框中的"确定"按钮来关闭该对话框。不同浏览器的警告对话框样式可能会不同。

【例 10.1】 在页面载入时执行相应的函数，并弹出警告对话框，代码如下：

实例位置：光盘\MR\Instance\10\10.1

```
<html>
<head>
<title>警告对话框的应用</title>
<meta http-equiv="Content-Type" content="text/html; charset=gb2312">
</head>
<body onLoad="al()">
<script language="javascript">
function al(){                          //自定义函数
    window.alert("弹出警告对话框!");      //弹出警告对话框
}
</script>
</body>
</html>
```

运行结果如图 10.1 所示。

图 10.1 警告对话框的应用

Note

 注意:

　　警告对话框是由当前运行的页面弹出的，在对该对话框进行处理之前，不能对当前页面进行操作，并且其后面的代码也不会被执行。只有将警告对话框进行处理后（如单击"确定"按钮或者关闭对话框），才可以对当前页面进行操作，后面的代码才能继续执行。

 说明:

　　可以利用 alert()方法对代码进行调试。当不清楚某段代码执行到哪里，或者不知道当前变量的取值情况，便可以利用该方法显示有用的调试信息。

10.2.2　确认对话框

　　Window 对象的 confirm()方法用于弹出一个确认对话框。该对话框中包含两个按钮（在中文操作系统中显示为"确定"和"取消"，在英文操作系统中显示为 OK 和 Cancel）：当用户单击了"确定"按钮，返回值为 true；单击"取消"按钮，返回值为 false。

　　语法:

```
window.confirm(question)
```

- ☑　window：Window 对象。
- ☑　question：要在对话框中显示的纯文本，通常应该表达程序要让用户回答的问题。
- ☑　返回值：如果用户单击了"确定"按钮，返回值为 true；如果用户单击了"取消"按钮，返回值为 false。

【例 10.2】　本实例主要实现在页面中弹出"确定要关闭浏览器窗口"对话框，代码如下:

👉 **实例位置:光盘\MR\Instance\10\10.2**

```
<script language="javascript">
    var bool = window.confirm("确定要关闭浏览器窗口吗？"); //弹出确认框并赋值变量
    if(bool == true){                                //如果返回值为 true,即用户单击了"确定"按钮
        window.close();                              //关闭窗口
    }
</script>
```

　　运行结果如图 10.2 所示。

图 10.2　确认对话框

10.2.3　提示对话框

　　利用 Window 对象的 prompt()方法可以在浏览器窗口中弹出一个提示对话框。与警告对话框和确认对话框不同的是，在提示对话框中有一个文本输入框。当显示输入框文本时，在输入文本框内显示提示字符串，在输入文本框显示默认文本，并等待用户输入。当用户在该输入框中输入文字后，并单击"确定"按钮时，返回用户输入的字符串；当单击"取消"按钮时，返回 null 值。

　　语法：

window.prompt(str1，str2)

- ☑　str1：为可选项，表示字符串（String），指定在对话框内要被显示的信息。如果忽略此参数，将不显示任何信息。
- ☑　str2：为可选项，表示字符串（String），指定对话框内输入文本框（input）的值（value）。如果忽略此参数，将被设置为 undefined。

　　【例 10.3】　当浏览器打开时，在文本框中输入数据并单击"显示对话框"按钮，会弹出一个提示对话框。输入数据后，单击"确定"按钮后，返回相应的数据。代码如下：

👉　**实例位置：光盘\MR\Instance\10\10.3**

```
<script>
function pro(){
    var message=document.all("message");
    message.value=window.prompt(message.value,"返回的信息");
}
</script>
<input id=message type=text size=40 value="请在此输入信息">
<br><br>
<input type=button value=" 显示对话框 " onClick="pro();">
```

　　运行结果如图 10.3 和图 10.4 所示。

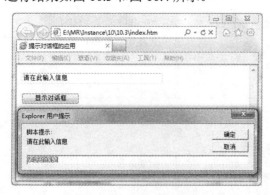

图 10.3　弹出提示对话框

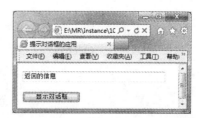

图 10.4　单击"确定"按钮后返回信息

10.3　打开与关闭窗口

窗口的打开和关闭主要使用 Window 对象中的 open()和 close()方法实现，也可以在打开窗口时指定窗口的大小及位置。下面介绍窗口打开与关闭的实现方法。

10.3.1　打开窗口

打开窗口可以使用 Window 对象的 open()方法。作为一名程序开发人员，可以基于特定的条件创建带有被装入其中的特定文档的新对话框，也可以指定新对话框的大小，以及对话框中可用的选项，并且可以为引用的对话框指定名字。

利用 open()方法可以打开一个新的窗口，并在窗口中装载指定 URL 地址的网页。

语法：

```
WindowVar=window.open(url,windowname[,location]);
```

☑ WindowVar：当前打开窗口的句柄。如果 open()方法成功，则 windowVar 的值为一个 window 对象的句柄，否则 windowVar 的值是一个空值。

☑ url：目标窗口的 URL。如果 URL 是一个空字符串，则浏览器将打开一个空白窗口，允许用 write()方法创建动态 HTML。

☑ windowname：window 对象的名称。该名称可以作为属性值在<a>和<form>标记的 target 属性中出现。如果指定的名称是一个已经存在的窗口名称，则返回对该窗口的引用，而不会再新打开一个窗口。

☑ location：打开窗口的参数。

location 的可选参数如表 10.3 所示。

表 10.3　location 的可选参数及说明

参　数　值	描　　述
top	窗口顶部离开屏幕顶部的像素数
left	窗口左端离开屏幕左端的像素数
width	对话框的宽度
height	对话框的高度
scrollbars	是否显示滚动条
resizable	设定对话框大小是否固定
toolbar	浏览器工具条，包括"后退"及"前进"按钮等
menubar	菜单条，一般包括有文件、编辑及其他一些条目
location	定位区，也称为地址栏，是可以输入 URL 的浏览器文本区
direction	更新信息的按钮

例如，打开一个新窗口，代码如下：

Note

```
window.open("new.htm","new");
```

例如，打开一个指定大小的窗口，代码如下：

```
window.open("new.htm","new","height=140,width=690");
```

例如，打开一个指定位置的窗口，代码如下：

```
window.open("new.htm","new","top=300,left=200");
```

例如，打开一个带滚动条的固定窗口，代码如下：

```
window.open("new.htm","new","scrollbars,resizable");
```

例如，打开一个新的浏览器对话框，在该对话框中显示 bookinfo.htm 文件，设置对话框的名称为 bookinfo，并设置对话框的宽度和高度，代码如下：

```
var win=window.open("bookinfo.htm","bookinfo","width=600,height=500");
```

1．打开新窗口

【**例 10.4**】 通过 open()方法可以在进入首页时，弹出一个指定大小及指定位置的新窗口，代码如下：

👉 **实例位置：光盘\MR\Instance\10\10.4**

```
<script language="javascript">
<!--
window.open("new.htm","new","height=140,width=690,top=100,left=200");
-->
</script>
```

运行结果如图 10.5 所示。

图 10.5　打开指定大小及指定位置的新窗口

Note

> 注意:
>
> 在使用 open()方法时,需要注意以下几点:
>
> (1)通常,在浏览器窗口中,总有一个文档是打开的,因而不需要为输出建立一个新文档。
>
> (2)在完成对 Web 文档的写操作后,要使用或调用 close()方法来实现对输出流的关闭。
>
> (3)在使用 open()来打开一个新流时,可为文档指定一个有效的文档类型,有效文档类型包括 text/html、text/gif、text/xim、text/plugin 等。

2. 通过按钮打开新窗口

【例 10.5】 在设计网页时,经常会在主页面中调用或创建其他页面,并对调用的页面指定其大小、位置和显示样式。本实例在运行 index.htm 文件后,将打开"通过按钮创建窗口"页面,在该页面中单击"创建新窗口"按钮,将按指定的大小及位置打开"新建窗口"页面。

实例位置:光盘\MR\Instance\10\10.5

编写用于实现创建新窗口的 JavaScript 代码,封装在自定义函数 openwin()中,并在页面中添加一个按钮,在 onClick(单击)事件中调用自定义函数 openwin()。代码如下:

```
<script language="javascript">
function openwin(){
    window.open('trans.htm','','toolbar,menubar,scrollbars,resizable,status,location,directories,copyhistory,height=400,width=500');
}
</script>
<form name="form1" method="post" action="">
  <input type="button" name="Button" value="创建新窗口" onClick="openwin()">
</form>
```

运行结果如图 10.6 所示。

图 10.6 通过按钮创建窗口

Note

10.3.2 关闭窗口

在对窗口进行关闭时，主要有关闭当前窗口和关闭子窗口两种操作，下面分别进行介绍。

1．关闭当前窗口

利用 Window 对象的 close()方法可以实现关闭当前窗口的功能。
语法：

```
window.close();
```

例如，关闭当前窗口，可以用下面的任何一种语句来实现：

- ☑ window.close();
- ☑ close();
- ☑ this.close();

> **注意：**
> 如果窗口不是由其他窗口打开的，在 Netscape 中这个属性返回 null，在 IE 中返回"未定义"（undefined）。undefined 在一定程度上等于 null。需要说明的是：undefined 不是 JavaScript 常数，如果试图使用 undefined，那就真的返回"未定义"了。

【例 10.6】 通过 Window 对象的 open()方法打开一个新窗口（子窗口），当用户在该窗口中进行关闭操作后，关闭子窗口时，系统会自动刷新父窗口实现页面的更新。

在本实例中，单击页面中的"会议记录"超链接，将弹出会议记录页面，在该页面中通过单击"关闭"按钮将自动关闭，同时系统会自动刷新父窗口。

👉 **实例位置：光盘\MR\Instance\10\10.6**

（1）制作用于显示会议信息列表的会议管理页面，在该页面中加入空的超链接，并在其 onClick 事件中加入 JavaScript 脚本，实现打开一个指定大小的新窗口。代码如下：

```
<a href="#" onClick="Javascript:window.open('new.htm','','width=400,height=220')">
会议记录</a>
```

（2）制作会议记录详细信息页面，在该页面中通过"关闭"按钮的 onClick 事件调用自定义函数 clo()，从而实现关闭弹出窗口时刷新父窗口。代码如下：

```
<input type="submit" name="Submit" value="关闭" onclick="clo();">
<script language="javascript">
function clo(){
    alert("关闭子窗口！");
    window.opener.location.reload();    //刷新父窗口
    window.close();                     //关闭当前窗口
}
```

```
</script>
```

运行结果如图 10.7 所示。

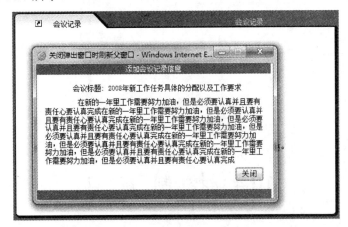

图 10.7 关闭弹出窗口时刷新父窗口

2. 关闭子窗口

通过 close()方法用户可以关闭以前动态创建的窗口,可以在窗口创建时将窗口句柄以变量的形式进行保存,然后通过 close()方法关闭创建的窗口。

语法:

```
windowname.close();
```

参数 windowname 表示已打开窗口的句柄。

【例 10.7】 运行程序时,主窗口旁边会弹出一个子窗口,单击主窗口中的按钮后,会自动关闭子窗口。代码如下:

👉 实例位置:光盘\MR\Instance\10\10.7

```
<form name="form1" method="post" action="">
    <input type="button" name="Button" value="关闭子窗口" onClick="newclose()">
</form>
<script language="javascript">
<!--
var win;
win=window.open("new.htm","new","width=300,height=200");
function newclose(){
    win.close();
}
-->
</script>
```

运行结果如图 10.8 所示。

165

图 10.8　关闭子窗口

10.4　控制窗口

通过 Window 对象除了可以打开窗口与关闭窗口之外，还可以控制窗口的大小和位置，由窗口弹出的对话框，还可以控制窗口上是否显示地址栏、工具栏和状态栏等栏目，返回上一个文档或前进到下一个文档，甚至可以停止加载文档。

10.4.1　移动窗口

下面介绍几种移动窗口的方法。

（1）moveTo()方法

利用 moveTo()方法可以将窗口移动到指定坐标(x,y)处。

语法：

```
window.moveTo(x,y)
```

☑　x：窗口左上角的 x 坐标。

☑　y：窗口左上角的 y 坐标。

例如，将窗口移动到指定坐标(500,600)处，代码如下：

```
window.moveTo(500,600)
```

 说明：

　　moveTo()方法是 Navigator 和 IE 都支持的方法，它不属于 W3C 标准的 DOM。

（2）resizeTo()方法

利用 resizeTo()方法可以将当前窗口改变成(x,y)大小，x、y 分别为宽度和高度。

语法：

```
window.resizeTo(x,y)
```

☑ x：窗口的水平宽度。

☑ y：窗口的垂直宽度。

例如，将当前窗口改变成(200,300)大小，代码如下：

```
window.resizeTo(200,300)
```

（3）screen 对象

screen 对象是 JavaScript 中的屏幕对象，反映了当前用户的屏幕设置。该对象的常用属性如表 10.4 所示。

表 10.4　screen 对象的常用属性

属　　性	说　　明
width	用户整个屏幕的水平尺寸，以像素为单位
height	用户整个屏幕的垂直尺寸，以像素为单位
pixelDepth	显示器的每个像素的位数
colorDepth	返回当前颜色设置所用的位数：1 代表黑白；8 代表 256 色；16 代表增强色；24/32 代表真彩色。8 位颜色支持 256 种颜色，16 位颜色（通常称为"增强色"）支持大概 64000 种颜色，而 24 位颜色（通常称为"真彩色"）支持大概 1600 万种颜色
availWidth	返回窗口内容区域的水平尺寸，以像素为单位
availHeight	返回窗口内容区域的垂直尺寸，以像素为单位

例如，使用 screen 对象设置屏幕属性，代码如下：

```
window.screen.width            //屏幕宽度
window.screen.height           //屏幕高度
window.screen.colorDepth       //屏幕色深
window.screen.availWidth       //可用宽度
window.screen.availHeight      //可用高度（除去任务栏的高度）
```

【例 10.8】　本实例是在窗口打开时，将窗口放在屏幕的左上角，并将窗口从左到右以随机的角度进行移动，当窗口的外边框碰到屏幕四边时，窗口将进行反弹。代码如下：

👉 实例位置：光盘\MR\Instance\10\10.8

```
<script language="JavaScript">
window.resizeTo(300,300);           //指定将窗口改变的大小
window.moveTo(0,0);                 //将窗口移动到指定坐标处
inter=setInterval("go()", 1);
var aa=0;
var bb=0;
var a=0;
var b=0;
function go(){
    try{
        if (aa==0)
            a=a+2;
        if (a>screen.availWidth-300)
            aa=1;
        if (aa==1)
            a=a-2;
```

```
            if (a==0)
                  aa=0;
            if (bb==0)
                  b=b+2;
            if (b>screen.availHeight-300)
                  bb=1;
            if (bb==1)
                  b=b-2;
            if (b==0)
                  bb=0;
            window.moveTo(a,b);
      }catch(e){}
}
</script>
```

运行结果如图 10.9 和图 10.10 所示。

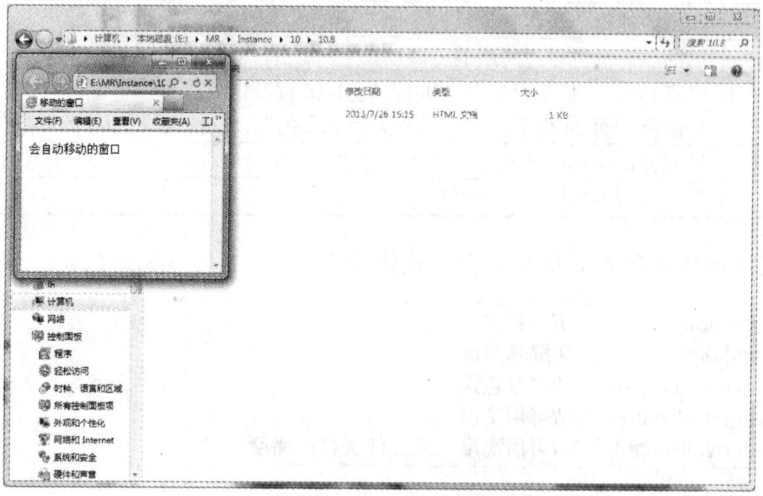

图 10.9　窗口移动前的效果

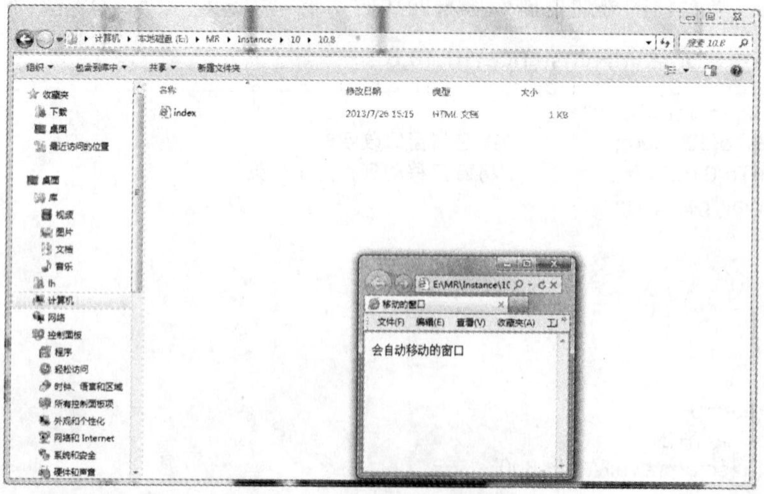

图 10.10　窗口移动后的效果

10.4.2 窗口滚动

利用 window 对象的 scroll() 方法可以指定窗口的当前位置，从而实现窗口滚动效果。

语法：

```
scroll(x,y);
```

☑ x：屏幕的横向坐标。

☑ y：屏幕的纵向坐标。

Window 对象中有 3 种方法可以用来滚动窗口中的文档，这 3 种方法的使用如下：

```
window.scroll(x,y)
window.scrollTo(x,y)
window.scrollBy(x,y)
```

以上 3 种方法的具体解释如下：

☑ scroll()：该方法可以将窗口中显示的文档滚动到指定的绝对位置。滚动的位置由参数 x 和 y 决定，其中 x 为要滚动的横向坐标，y 为要滚动的纵向坐标。两个坐标都是相对文档的左上角而言的，即文档的左上角坐标为（0,0）。

☑ scrollTo()：该方法的作用与 scroll() 方法完全相同。scroll() 方法是 JavaScript 1.1 中规定的，而 scrollTo() 方法是 JavaScript 1.2 中规定的。建议使用 scrollTo() 方法。

☑ scrollBy()：该方法可以将文档滚动到指定的相对位置上，参数 x 和 y 是相对当前文档位置的坐标。如果参数 x 的值为正数，则向右滚动文档；如果参数 x 值为负数，则向左滚动文档。与此类似，如果参数 y 的值为正数，则向下滚动文档；如果参数 y 的值为负数，则向上滚动文档。

【例 10.9】 本实例是在打开页面时，当页面出现纵向滚动条时，页面中的内容将从上向下进行滚动，当滚动到页面最底端时停止滚动。代码如下：

👉 **实例位置：光盘\MR\Instance\10\10.9**

```
<script language="JavaScript">
var position = 0;
function scroller(){
    if (true){
        position++;
        scroll(0,position);
        clearTimeout(timer);
        var timer = setTimeout("scroller()",10);
    }
}
scroller();
</script>
```

运行结果如图 10.11 所示。

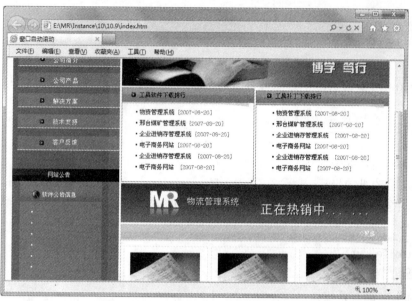

图 10.11　窗口自动滚动

10.4.3　改变窗口大小

利用 Window 对象的 resizeBy()方法可以实现将当前窗口改变指定的大小(x,y)，当 x、y 的值大于 0 时为扩大，小于 0 时为缩小。

语法：

---
window.resizeBy(x,y)

☑　x：放大或缩小的水平宽度。

☑　y：放大或缩小的垂直宽度。

【例 10.10】　本实例在打开 index.htm 文件后，在该页面中单击"打开一个自动改变大小的窗口"超链接，在屏幕的左上角将会弹出一个"改变窗口大小"的窗口，并动态改变窗口的宽度和高度，直到与屏幕大小相同为止。

实例位置：光盘\MR\Instance\10\10.10

编写用于实现打开窗口特殊效果的 JavaScript 代码。自定义函数 openwin()，用于打开指定的窗口，并设置其位置和大小。代码如下：

```
<script language=JavaScript>
var winheight,winsize,x;
function openwin(){
    winheight=100;
    winsize=100;
    x=5;
    win2=window.open("melody.htm","","scrollbars='no'");
    win2.moveTo(0,0);
```

```
        win2.resizeTo(100,100);
        resize();
}
```

自定义函数 resize ()用于动态改变窗口的大小，代码如下：

```
function resize(){
    if (winheight>=screen.availHeight-3)
        x=0;
    win2.resizeBy(5,x);
    winheight+=5;
    winsize+=5;
    if (winsize>=screen.width-5){
        winheight=100;
        winsize=100;
        x=5;
        return;
    }
    setTimeout("resize()",50);
}
</script>
<a href="javascript:openwin()">打开一个自动改变大小的窗口</a>
```

运行结果如图 10.12 和图 10.13 所示。

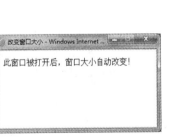

图 10.12　改变窗口大小前

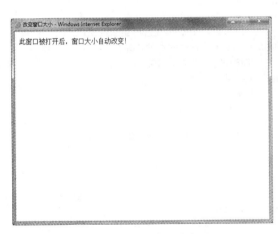

图 10.13　改变窗口大小后

在本实例中，首先利用 Window 对象的 open()方法来打开一个已有的窗口，然后利用 screen 对象的 availHeight 属性来获取屏幕可工作区域的高度，再利用 moveTo()和 resizeTo()方法来指定窗口的位置及大小，并利用 resizeBy()方法使窗口逐渐变大，直到窗口大小与屏幕的工作区大小相同。

10.4.4　控制窗口状态栏

下面介绍几种控制窗口状态栏的方法。

Note

（1）status()方法

改变状态栏中的文字可以通过 Window 对象的 status()方法实现。status()方法主要功能是获取或设置浏览器窗口中状态栏的当前显示信息。

语法：

```
window.status=str
```

（2）defaultstatus()方法

语法：

```
window.defaultstatus=str
```

status()方法与 defaultstatus()方法的区别在于信息显示时间的长短。defaultstatus()方法的值会在任何时间显示，而 status()方法的值只在某个事件发生的瞬间显示。

【例 10.11】 本实例在状态栏中使用 JavaScript 编写一个文字从右向左依次弹出的效果，当页面显示后状态栏中的文字将会从右边向左边逐个弹出，等文字在状态栏中全部输出完毕后，程序将会清空状态栏中的文字，然后重复执行文字从右向左依次弹出的操作。代码如下：

👉 实例位置：光盘\MR\Instance\10\10.11

```
<script language="JavaScript">
var message = "  欢迎来到明日科技主页，  请您提出宝贵意见！";        //状态栏信息
var position = 150;                                    //位置
var delay = 10;                                        //弹出文字的间隔时间
var statusobj = new statusMessageObject();
function statusMessageObject(p,d){
        this.msg = message;
        this.out = " ";
        this.pos = position;
        this.delay = delay;
        this.i = 0;
        this.reset = clearMessage;
}
function clearMessage(){                                //清空信息
        this.pos = POSITION;
}
function brush(){
        for(statusobj.i = 0; statusobj.i < statusobj.pos; statusobj.i++){
                statusobj.out += " ";
        }
        if(statusobj.pos >= 0)
                statusobj.out += statusobj.msg;
        else
                statusobj.out = statusobj.msg.substring(-statusobj.pos,statusobj.msg.length);
                window.status = statusobj.out;
                statusobj.out = " ";
                statusobj.pos--;
        if (statusobj.pos < -(statusobj.msg.length)){
                statusobj.reset();
        }
        setTimeout ('brush()',statusobj.delay);
```

```
    }
function outtext(space,position){
    var msg = statusobj.msg;
    var out = "";
    for (var i=0; i<position; i++){
        out += msg.charAt(i);
    }
    for (i=1;i<space;i++){
        out += " ";
    }
    out += msg.charAt(position);
    window.status = out;
    if (space <= 1){
        position++;
        if (msg.charAt(position) == ' '){
            position++;
        }
        space = 100-position;
    } else if (space >3){
        space *= .75;
    } else {
        space--;
    }
    if (position != msg.length){
        var cmd = "outtext(" + space + "," + position + ")";
        scrollID = window.setTimeout(cmd,statusobj.delay);
    } else {
        window.status="";
        space=0;
        position=0;
        cmd = "outtext(" + space + "," + position + ")";
        scrollID = window.setTimeout(cmd,statusobj.delay);
        return false;
    }
    return true;
}
outtext(100,0);
</script>
```

运行结果如图 10.14 所示。

图 10.14 状态栏的文字设置

Note

10.4.5 访问窗口历史

利用 History 对象实现访问窗口历史，History 对象是一个只读的 URL 字符串数组，该对象主要用来存储一个最近所访问网页的 URL 地址的列表。

语法：

```
[window.]history.property|method([parameters])
```

History 对象的常用属性以及说明如表 10.5 所示。

表 10.5 History 对象的常用属性

属　　性	描　　述
length	历史列表的长度，用于判断列表中的入口数目
current	当前文档的 URL
next	历史列表的下一个 URL
previous	历史列表的前一个 URL

History 对象的常用方法以及说明如表 10.6 所示。

表 10.6 History 对象的常用方法

方　　法	描　　述
back()	退回前一页
forward()	重新进入下一页
go()	进入指定的网页

例如，利用 History 对象中的 back()方法和 forward()方法来引导用户在页面中跳转，代码如下：

```
<a href="javascript:window.history.forward();">forward</a>
<a href="javascript:window.history.back();">back</a>
```

可以使用 history.go()方法指定要访问的历史记录。若参数为正数，则向前移动；若参数为负数，则向后移动。例如：

```
<a href="javascript:window.history.go(-1);">向后退一次</a>
<a href="javascript:window.history.go(2);">向前前进两次/a>
```

使用 history.length 属性能够访问 history 数组的长度，通过这个长度可以很容易地转移到列表的末尾。例如：

```
<a href="javascript:window.history.go(window.history.length-1);">末尾</a>
```

10.4.6 设置超时

可以设置一个窗口在某段时间后执行何种操作，称为设置超时。

174

Window 对象的 setTimeout()方法用于设置一个超时，以便在超出这个时间后触发某段代码的运行。基本语法如下：

timerId=setTimeout(要执行的代码,以毫秒为单位的时间);

其中，"要执行的代码"可以是一个函数，也可以是其他 JavaScript 语句；"以毫秒为单位的时间"指代码执行前需要等待的时间，即超时时间。

可以在超时事件未执行前来中止该超时设置，使用 Window 对象的 clearTimeout()方法实现。其语法格式为：

clearTimeout(timerId);

10.5 窗 口 事 件

Window 对象支持很多事件，但绝大多数不是通用的。本节将介绍通用窗口事件和扩展窗口事件。

10.5.1 通用窗口事件

可以通用于各种浏览器的窗口事件很少，表 10.7 中列出了这些事件，这些事件的使用方法为：

window.通用事件名=要执行的 JavaScript 代码

表 10.7 通用窗口事件

事 件	描 述
onfocus 事件	当浏览器窗口获得焦点时激活
onblur 事件	浏览器窗口失去焦点时激活
onload 事件	当文档完全载入窗口时触发，但需注意，事件并非总是完全同步
onunload 事件	当文档未载入时触发
onresize 事件	当用户改变窗口大小时触发
onerror 事件	当出现 JavaScript 错误时，触发一个错误处理事件

可以在设置<body>元素的事件属性时添加事件处理器。例如：

<body onload="alert('entering Window');" onunload="alert('leaving Window')">

10.5.2 扩展窗口事件

IE 浏览器和 Netscape 浏览器为 Window 对象增加了很多事件。下面列出一些比较常用的事件，如表 10.8 所示。

Note

表 10.8　常用扩展窗口事件

事　　件	描　　述
onafterprint	窗口被打印后触发
onbeforeprint	窗口被打印或被打印预览之前激活
onbeforeunload	窗口未被载入之前触发，发生于 onunload 事件之前
ondragdrop	文档被拖到窗口上时触发（仅用于 Netscape）
onhelp	当帮助键（通常是 F1）被按下时触发
onresizeend	调整大小的进程结束时激活。通常是用户停止拖曳浏览器窗口边角时激活
onresizestart	调整大小的进程开始时激活。通常是用户开始拖曳浏览器窗口边角时激活
onscroll	滚动条往任意方向滚动时触发

10.6　IE 浏览器窗口扩展

IE 浏览器支持一些特殊类型的窗口。本节将介绍几种常见的窗口模式。

10.6.1　模式窗口

模式窗口很像一个标准的对话框，模式窗口会屏蔽主窗口，直到将其关闭。其基本语法为：

window.showModalDialog（对话框 URL，参数，特征）

☑　"对话框 URL"：指要显示的文档的 URL 地址。

☑　"参数"：指要传递给模式对话框的对象或值。

☑　"特征"：一个用逗号分隔的列表，包含了对话框的显示特征。

例如，创建一个模式窗口，下面的代码调用了 index.htm 文件，该文件运行窗口会显示在模式窗口中，模式窗口的大小为 200×150 像素，在原浏览器窗口中居中显示，不可改变大小，且没有状态栏。

```
<script language="javascript">
<!--
    window.showModalDialog("index.htm",window,"dialogHeight:150px;dialogWidth:200px;center:yes;
help:no;resizable:no;status:no;");
//-->
</script>
```

10.6.2　无模式窗口

无模式窗口与模式窗口完全不同。模式窗口永远停留在原窗口的上层，即使原窗口获得焦点，仍然如此。通常用无模式窗口显示帮助信息或其他上下文相关信息。其基本语法结构为：

windowreference=window.showModelessDialog（对话框 URL，参数，特征）

例如，创建一个模式窗口，下面的代码调用了 index.htm 文件，该文件运行窗口会显示在模式窗口中，模式窗口的大小为 200×150 像素，在原浏览器窗口中居中显示，不可改变大小，且没有状态栏。

```javascript
<script language="javascript">
<!--
    window=window.showModelessDialog("index.htm",window,"dialogHeight:150px;dialogWidth:200px
;center:yes;help:no;resizable:no;status:no;");
//-->
</script>
```

10.6.3 弹出窗口

创建一个弹出窗口很简单，利用 Window 对象的 showModalDialog()方法，可弹出网页（模式）对话框。

语法：

variant = window.showModalDialog(sURL [, vArguments [, sFeatures]])

- ☑ sURL：指定 URL 文件地址。
- ☑ vArguments：用于向网页对话框传递参数，传递参数的类型不限制，对于字符串类型，最大为 4096 个字符。可以传递对象，例如 index.htm。
- ☑ sFeatures：可选项，窗口对话框的设置参数，主要参数如表 10.9 所示。

表 10.9 sFeatures 的可选参数及说明

可 选 参 数	说　　明
dialogWidth:number	可选项，用于设置对话框的宽度
dialogHeight:number	可选项，用于设置对话框的高度
dialogTop:number	可选项，用于设置对话框窗口相对于桌面左上角的 top 位置
dialogLeft:number	可选项，用于设置对话框窗口相对于桌面左侧的 left 位置
center:{yes | no | 1 | 0 }	可选项，用于指定是否将对话框在桌面上居中：yes|1 为居中显示；no|0 为不居中显示。默认值为 yes
Help: {yes|no 1|0}	可选项，用于指定对话框窗口中是否显示上下文敏感的帮助图标。默认值是 yes
scroll: {yes|no 1|0}	可选项，用于指定对话框是否出现滚动条
resizable: {yes|no 1|0 }	可选项，用于指定对话框窗口大小是否可变，默认值是 no
status: {yes|no 1|0}	可选项，用于指定对话框是否显示状态栏

Note

10.7 综合应用

10.7.1 根据用户分辨率自动调整窗口

【例 10.12】 在网页设计时，通常需要考虑页面的美观及网站的整体部局，但有时可能会因为浏览者计算机的分辨率不同，而影响页面的整体效果。本实例将根据不同计算机分辨率的大小来自动调整窗口。

👉 实例位置：光盘\MR\Instance\10\10.12

本实例主要应用 Window 对象的 resizeTo()方法设置窗口的大小。

（1）使用 JavaScript 脚本创建 size()函数，该函数主要用于自动调整窗口大小，代码如下：

```
<script language="javascript">
function size(){
    window.resizeTo(screen.width-100,screen.height-100);
}
</script>
```

（2）使用 onload 事件调用自定义函数 size()，代码如下：

```
<body onload="size();">
```

运行结果如图 10.15 所示。

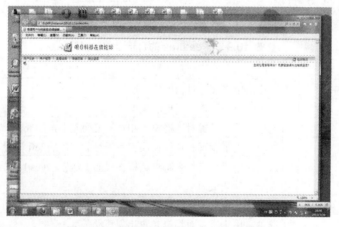

图 10.15 根据用户分辨率自动调整窗口

10.7.2 网页拾色器

【例 10.13】 在动态网站中，经常会用到要求用户可以在客户端应用自定义颜色来显示某些信息的情况，如留言文字的颜色，这可以在网页中加入一个网页拾色器实现。当单击页面中的颜色块时，将打开网页拾色器，当用户单击指定色块时，就会关闭该网页对话框，并将选择的颜色设置为颜色块的背景色。

👉 **实例位置：** 光盘\MR\Instance\10\10.13

在本实例中，仅使用 216 种浏览器安全的颜色，即所谓的 Netscape 色块，这 216 种颜色分别代表 0、51、102、153 和 204 这 5 个颜色值及每一种原色（即红、绿、蓝），这些十进制数值对应的十六进制数分别为 0x00、0x33、0x66、0x99、0xCC 和 0xFF。在 HTML 的颜色属性中，黑色是#000000，纯红色是#FF0000，纯绿色就是#00FF00，纯蓝色是#0000FF，而白色是#FFFFFF。另外，实现网页拾色器时，需要应用 JavaScript 的数组。关键代码参考如下：

```
<script language="JavaScript">
<!--
    var h = new Array(6);
    h[0] = "FF";
    h[1] = "CC";
    h[2] = "99";
    h[3] = "66";
    h[4] = "33";
    h[5] = "00";
    function action(RGB){
        parent.window.returnValue="#"+RGB;
        window.close();
    }
    function Mcell(R, G, B){
        document.write('<td bgcolor="#' + R + G + B + '">');
        document.write('<a href="#" onClick="action(\" + (R + G + B) + '\')">');
        document.write('<img border=0 height=12 width=12\)" alt=\'#'+R+G+B+'\'>');
        document.write('</a>');
        document.write('</td>');
    }
    function Mtr(R, B){
        document.write('<tr>');
        for(var i = 0; i < 6; ++i){
            Mcell(R, h[i], B);
        }
        document.write('</tr>');
    }
    function Mtable(B){
        document.write('<table cellpadding=0 cellspacing=0 border=0>');
        for(var i = 0; i < 6; ++i){
            Mtr(h[i], B);
        }
        document.write('</table>');
    }
    function Mcube(){
        document.write('<table cellpadding=0 cellspacing=0 border=0><tr>');
        for(var i = 0; i < 6; ++i){
            if(i%3==0){
                document.write('<tr>');
```

```
            }
            document.write('<td bgcolor="#FFFFFF">');
            Mtable(h[i]);
            document.write('</td>');
        }
        if(i%3==0){
            document.write('</tr>');
        }
        document.write('</tr></table>');
    }
    Mcube();
-->
</script>
```

运行结果如图 10.16 所示。

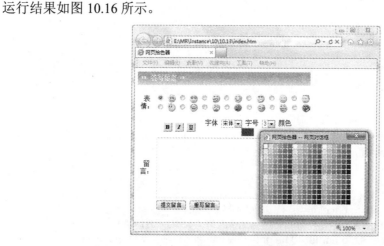

图 10.16　网页拾色器

10.8　本章常见错误

10.8.1　在使用 Window 方法时未写小括号

在使用 Window 对象中的方法时，一定不要忘记方法后面的小括号，它和 Window 对象的属性的书写方法是不一样的。

10.8.2　clearTimeout(timerId)中的 timerId 加了引号

使用 Window 对象的 clearTimeout()方法可以中止超时设置，但要注意该方法中的参数不能加引号，否则 clearTimeout()方法将不能取消超时设置。

10.9 本 章 小 结

本章主要讲解了 Window 窗口对象，通过本章的学习，可以掌握通过 JavaScript 语言中 Window 对象对窗口进行简单的控制，包括对话框、窗口的打开与关闭、窗口的大小、窗口的移动等相关操作。

10.10 跟 我 上 机

👉 **参考答案：光盘\MR\跟我上机**

使用 Window 对象的 setTimeout()方法和 clearTimeout()方法设置一个简单的计时器：单击"开始计时"按钮后启动计时器，输入框会从 0 开始一直进行计时；单击"暂停按钮"后可以暂停计时。代码如下：

```html
<meta http-equiv="content-type" content="text/html;charset=utf-8" />
<script language="javascript">
    var flag=0;
    var timeID;
    function beg(){
        var i=form1.num.value;
        i++;
        form1.num.value=i;
        timeID=setTimeout("beg()",1000);
    }
    function sta(){
        if(flag==0){
            beg();
            flag=1;
        }
    }
    function pau(){
        clearTimeout(timeID);
        flag=0;
    }
</script>
<form id="form1" name="form1" method="post" action="">
    <input type="text" name="num" size="1" value="0" />
    <input type="button" name="start" value="开始计时" onclick="sta();" />
    <input type="button" name="pause" value="暂停计时" onclick="pau();" />
</form>
```

第**11**章

JavaScript 事件处理

（📹 视频讲解：50 分钟）

JavaScript 是基于对象(object-based)的语言。其最基本的特征之一就是采用事件驱动(event-driven)。它可以使在图形界面环境下的一切操作变得简单化。通常，鼠标或热键的动作称为事件(Event)。由鼠标或热键引发的一连串程序动作称为事件驱动程序(Event Driver)，而对事件进行处理的程序或函数称为事件处理程序(Event Handler)。

本章能够完成的主要范例（已掌握的在方框中打勾）

☐ 通过 onchange 事件来相应地改变文本框的字体颜色

☐ 动态改变页面的背景颜色

☐ 鼠标在图片上移入或移出时，动态改变图片的焦点

☐ 利用键盘中的 A 键，对页面进行刷新

☐ 使字幕可以在页面中上下循环滚动

☐ 通过<marquee>标记的 onstart 事件动态设置滚动字幕的字体颜色和滚动方向

☐ 屏蔽键盘相关事件

☐ 限制文本框的输入

11.1 事件与事件处理概述

事件处理是对象化编程的一个很重要的环节，它可以使程序的逻辑结构更加清晰，使程序更具有灵活性，提高了程序的开发效率。事件处理的过程分为 3 步：①发生事件；②启动事件处理程序；③事件处理程序作出反应。其中，要使事件处理程序能够启动，必须通过指定的对象来调用相应的事件，然后通过该事件调用事件处理程序。事件处理程序可以是任意的 JavaScript 语句，一般用特定的自定义函数（function）来对事件进行处理。

11.1.1 事件与事件名称

事件是一些可以通过脚本响应的页面动作。当用户按下鼠标键或者提交一个表单，甚至在页面上移动鼠标时，事件就会出现。事件处理是一段 JavaScript 代码，总是与页面中的特定部分以及一定的事件相关联。当与页面特定部分关联的事件发生时，事件处理器就会被调用。

绝大多数事件的命名都是描述性的，很容易理解。例如，click、submit、mouseover 等，通过名称就可以猜测其含义。但也有少数事件的名称不易理解，例如，blur（英文的字面意思为"模糊"），表示一个域或者一个表单失去焦点。通常，事件处理器的命名原则是，在事件名称前加上前缀 on。例如，对于 click 事件，其处理器名为 onclick。

11.1.2 JavaScript 的常用事件

为了便于读者查找 JavaScript 中的常用事件，下面以表格的形式对各事件进行说明。JavaScript 的相关事件如表 11.1 所示。

表 11.1 JavaScript 的相关事件

	事　件	说　明
鼠标键盘事件	onclick	鼠标单击时触发此事件
	ondblclick	鼠标双击时触发此事件
	onmousedown	按下鼠标时触发此事件
	onmouseup	鼠标按下后松开鼠标时触发此事件
	onmouseover	当鼠标移动到某对象范围的上方时触发此事件
	onmousemove	鼠标移动时触发此事件
	onmouseout	当鼠标离开某对象范围时触发此事件
	onkeypress	当键盘上的某个键被按下并且释放时触发此事件
	onkeydown	当键盘上某个按键被按下时触发此事件
	onkeyup	当键盘上某个按键被按下后松开时触发此事件

续表

事 件		说 明
页面相关事件	onabort	图片在下载过程中被用户中断时触发此事件
	onbeforeunload	当前页面的内容将要被改变时触发此事件
	onerror	出现错误时触发此事件
	onload	页面内容完成时触发此事件（也就是页面加载事件）
	onresize	当浏览器的窗口大小被改变时触发此事件
	onunload	当前页面将被改变时触发此事件
表单相关事件	onblur	当前元素失去焦点时触发此事件
	onchange	当前元素失去焦点并且元素的内容发生改变时触发此事件
	onfocus	当某个元素获得焦点时触发此事件
	onreset	当表单中 RESET 的属性被激活时触发此事件
	onsubmit	一个表单被递交时触发此事件
滚动字幕事件	onbounce	在 Marquee 内的内容移动至 Marquee 显示范围之外时触发此事件
	onfinish	当 Marquee 元素完成需要显示的内容后触发此事件
	onstart	当 Marquee 元素开始显示内容时触发此事件
编辑事件	onbeforecopy	当页面当前被选择内容将要复制到浏览者系统的剪贴板前触发此事件
	onbeforecut	当页面中的一部分或全部内容被剪切到浏览者系统剪贴板时触发此事件
	onbeforeeditfocus	当前元素将要进入编辑状态时解发此事件
	onbeforepaste	将内容要从浏览者的系统剪贴板中粘贴到页面上时触发此事件
	onbeforeupdate	当浏览者粘贴系统剪贴板中的内容时通知目标对象
	oncontextmenu	当浏览者按下鼠标右键出现菜单时或者通过键盘的按键触发页面菜单时触发此事件
	oncopy	当页面当前的被选择内容被复制后触发此事件
	oncut	当页面当前的被选择内容被剪切时触发此事件
	ondrag	当某个对象被拖动时触发此事件（活动事件）
	ondragend	当鼠标拖动结束时触发此事件，即鼠标的按钮被释放时
	ondragenter	当对象被鼠标拖动进入其容器范围内时触发此事件
	ondragleave	当对象被鼠标拖动的对象离开其容器范围内时触发此事件
	ondragover	当被拖动的对象在另一对象容器范围内拖动时触发此事件
	ondragstart	当某对象将被拖动时触发此事件
	ondrop	在一个拖动过程中，释放鼠标按键时触发此事件
	onlosecapture	当元素失去鼠标移动所形成的选择焦点时触发此事件
	onpaste	当内容被粘贴时触发此事件
	onselect	当文本内容被选择时触发此事件
	onselectstart	当文本内容的选择将开始发生时触发此事件
数据绑定事件	onafterupdate	当数据完成由数据源到对象的传送时触发此事件
	oncellchange	当数据来源发生变化时触发此事件
	ondataavailable	当数据接收完成时触发此事件
	ondatasetchanged	数据在数据源发生变化时触发此事件
	ondatasetcomplete	当数据源的全部有效数据读取完毕时触发此事件

	事　件	说　明
数据绑定事件	onerrorupdate	当使用 onBeforeUpdate 事件触发取消了数据传送时，代替 onAfterUpdate 事件
	onrowenter	当前数据源的数据发生变化并且有新的有效数据时触发此事件
	onrowexit	当前数据源的数据将要发生变化时触发此事件
	onrowsdelete	当前数据记录将被删除时触发此事件
	onrowsinserted	当前数据源将要插入新数据记录时触发此事件
外部事件	onafterprint	当文档被打印后触发此事件
	onbeforeprint	当文档即将打印时触发此事件
	onfilterchange	当某个对象的滤镜效果发生变化时触发此事件
	onhelp	当浏览者按下 F1 键或者浏览器的帮助菜单时触发此事件
	onpropertychange	当对象的属性之一发生变化时触发此事件
	onreadystatechange	当对象的初始化属性值发生变化时触发此事件

11.1.3　事件的调用

在使用事件处理程序对页面进行操作时，最主要的是如何通过对象的事件来指定事件处理程序。指定方式主要有以下两种。

1．在 HTML 中调用

在 HTML 中分配事件处理程序，只需要在 HTML 标记中添加相应的事件，并在其中指定要执行的代码或是函数名即可。例如：

```
<input name="save" type="button" value="保存" onclick="alert('单击了保存按钮');">
```

在页面中添加如上代码，同样会在页面中显示"保存"按钮，单击该按钮时，弹出"单击了保存按钮"对话框。

上面的实例也可以通过调用函数来实现，代码如下：

```
<input name="save" type="button" value="保存" onclick="clickFunction();">
function clickFunction(){
    alert("单击了保存按钮");
}
```

2．在 JavaScript 中调用

在 JavaScript 中调用事件处理程序，首先需要获得要处理对象的引用，然后将要执行的处理函数赋值给对应的事件。例如，单击"保存"按钮时将弹出提示对话框，代码如下：

```
<input id="save" name="save" type="button" value="保存">
  <script language="javascript">
    var b_save=document.getElementById("save");
    b_save.onclick=function(){
```

```
        alert("单击了保存按钮");
    }
</script>
```

> **注意:**
> 　在上面的代码中,一定要将<input id="save" name="save" type="button" value="保存">放在 JavaScript 代码的上方,否则将弹出 "b_save'为空或不是对象" 的错误提示。

上面的实例也可以通过以下代码来实现:

```
<form id="form1" name="form1" method="post" action="">
<input id="save" name="save" type="button" value="保存">
</form>
    <script language="javascript">
        form1.save.onclick=function(){
            alert("单击了保存按钮");
        }
    </script>
```

> **注意:**
> 　在 JavaScript 中指定事件处理程序时,事件名称必须小写,才能正确响应事件。

11.2　DOM 事件模型

11.2.1　事件流

　　DOM(文档对象模型)结构是一个树型结构,当一个 HTML 元素产生一个事件时,该事件会在元素节点与根节点之间的路径传播,路径所经过的节点都会收到该事件,这个传播过程可称为 DOM 事件流。

11.2.2　主流浏览器的事件模型

　　直到 DOM Level 3 中规定后,多数主流浏览器才陆续支持 DOM 标准的事件处理模型——捕获型与冒泡型。

　　☑　捕获型事件(Capturing):Netscape Navigator 的实现,它与冒泡型相反,由 DOM 树最顶层元素一直到最精确的元素。

☑ 冒泡型事件（Bubbling）：从 DOM 树型结构上理解，就是事件由叶子节点沿祖先节点一直向上传递直到根节点；从浏览器界面视图 HTML 元素排列层次上理解就是事件由具有从属关系的最确定的目标元素一直传递到最不确定的目标元素。

目前，除 IE 浏览器外，其他主流的 Firefox，Opera，Safari 都支持标准的 DOM 事件处理模型。IE 仍然使用其特有的模型，即冒泡型，它模型的一部分被 DOM 采用，这点对于开发者来说也是有好处的，只使用 DOM 标准，IE 都共有的事件处理方式才能有效地跨浏览器。

DOM 标准事件模型由于两个不同的模型都有其优点和解释，DOM 标准支持捕获型与冒泡型，可以说是两者的结合体。可以在一个 DOM 元素上绑定多个事件处理器，并且在处理函数内部，this 关键字仍然指向被绑定的 DOM 元素，另外处理函数参数列表的第一个位置传递事件 event 对象。

首先是捕获式传递事件，接着是冒泡式传递，所以，如果一个处理函数既注册了捕获型事件的监听，又注册冒泡型事件监听，那么在 DOM 事件模型中就会被调用两次。

11.2.3 事件对象

在 IE 浏览器中事件对象是 Window 对象的一个属性 event，并且 event 对象只能在事件发生时候被访问，所有事件处理完后，该对象就消失了。标准的 DOM 中规定 event 必须作为唯一的参数传给事件处理函数。故为了实现兼容性，通常采用下面的方法：

```
function someHandle(event){
    if(window.event)
        event=window.event;
}
```

在 IE 中，事件的对象包含在 event 的 srcElement 属性中，而在标准的 DOM 浏览器中，对象包含在 target 属性中。为了处理两种浏览器兼容性，举例如下：

```
function handle(oEvent){
    if(window.event) oEvent = window.event;        //处理兼容性，获得事件对象
    var oTarget;
    if(oEvent.srcElement)                          //处理兼容性，获取事件目标
        oTarget = oEvent.srcElement;
    else
        oTarget = oEvent.target;
    alert(oTarget.tagName);                        //弹出目标的标记名称
}
window.onload = function(){
    var oImg = document.getElementsByTagName("img")[0];
    oImg.onclick = handle;
}
```

Note

 说明：

　　上面实例使用 event 对象的 srcElement 属性在事件发生时获取鼠标所在对象的名称，便于对该对象进行操作。

11.2.4　注册与移除事件监听器

1. IE 下注册多个事件监听器与移除监听器方法

IE 浏览器中 HTML 元素有个 attachEvent()方法允许外界注册该元素多个事件监听器，例如：

```
element.attachEvent("onclick", observer);
```

 注意：

　　在 IE 7 中注册多个事件时，后加入的函数先被调用。

如果要移除先前注册的事件的监听器，调用 element 的 detachEvent()方法即可，参数相同，例如：

```
element.detachEvent("onclick", observer);
```

2. DOM 标准下注册多个事件监听器与移除监听器方法

实现 DOM 标准的浏览器与 IE 浏览器中注册元素事件监听器方式有所不同，它通过元素的 addEventListener()方法注册，该方法既支持注册冒泡型事件处理，又支持捕获型事件处理。

```
element.addEventListener("click", observer, useCapture);
```

addEventListener()方法接受三个参数。第一个参数是事件名称，值得注意的是，这里的事件名称的开头是没有 on 的；第二个参数 observer 是回调处理函数；第三个参数注明该处理回调函数是在事件传递过程中的捕获阶段被调用，还是冒泡阶段被调用，默认 true 为捕获阶段。

 注意：

　　在 Firefox 中注册多个事件时，先添加的监听事件先被调用。标准的 DOM 监听函数是严格按顺序执行的。

移除已注册的事件监听器调用 element 的 removeEventListener()方法即可，参数不变：

```
element.removeEventListener("click", observer, useCapture);
```

3. 直接在 DOM 节点上添加事件

（1）如何取消浏览器事件的传递与事件传递后浏览器的默认处理

取消事件传递是指停止捕获型事件或冒泡型事件的进一步传递。

事件传递后的默认处理是指通常浏览器在事件传递并处理完后会执行与该事件关联的默认动作（如果存在这样的动作）。

（2）取消浏览器的事件传递

在 IE 下，设置 event 对象的 cancelBubble 为 true 即可：

```
function someHandle(){
    window.event.cancelBubble = true;
}
```

DOM 标准通过调用 event 对象的 stopPropagation()方法即可：

```
function someHandle(event){
    event.stopPropagation();
}
```

因此，跨浏览器的停止事件传递的方法是：

```
function someHandle(event){
    event = event || window.event;
    if(event.stopPropagation)
        event.stopPropagation();
    else
        event.cancelBubble = true;
}
```

（3）取消事件传递后的默认处理

在 IE 下，通过设置 event 对象的 returnValue 为 false 即可：

```
function someHandle(){
    window.event.returnValue = false;
}
```

DOM 标准通过调用 event 对象的 preventDefault()方法即可：

```
function someHandle(event){
    event.preventDefault();
}
```

因此，跨浏览器的取消事件传递后的默认处理方法是：

```
function someHandle(event){
    event = event || window.event;
    if(event.preventDefault)
        event.preventDefault();
    else
        event.returnValue = false;
}
```

Note

11.3　表单相关事件

表单事件实际上就是对元素获得或失去焦点的动作进行控制。可以利用表单事件来改变获得或失去焦点的元素样式，这里所指的元素可以是同一类型，也可以是多个不同类型的元素。

11.3.1　获得焦点与失去焦点事件

获得焦点事件（onfocus）是当某个元素获得焦点时触发事件处理程序。失去焦点事件（onblur）是当前元素失去焦点时触发事件处理程序。在一般情况下，这两个事件是同时使用的。

【例 11.1】　本实例是在用户选择页面中的文本框时，改变文本框的背景颜色，当选择其他文本框时，将失去焦点的文本框恢复为原来的颜色。代码如下：

👉 **实例位置：光盘\MR\Instance\11\11.1**

```
<table align="center" width="337" height="204" border="0">
  <tr>
    <td width="108">用户名:</td>
    <td width="213"><form name="form1" method="post" action="">
      <input type="text" name="textfield" onfocus="txtfocus()" onBlur="txtblur()">
    </form></td>
  </tr>
  <tr>
    <td>密码:</td>
    <td><form name="form2" method="post" action="">
      <input type="text" name="textfield2" onfocus="txtfocus()" onBlur="txtblur()">
    </form></td>
  </tr>
  <tr>
    <td>真实姓名:</td>
    <td><form name="form3" method="post" action="">
      <input type="text" name="textfield3" onfocus="txtfocus()" onBlur="txtblur()">
    </form></td>
  </tr>
  <tr>
    <td>性别:</td>
    <td><form name="form4" method="post" action="">
      <input type="text" name="textfield5" onfocus="txtfocus()" onBlur="txtblur()">
    </form></td>
  </tr>
  <tr>
    <td>邮箱:</td>
    <td><form name="form5" method="post" action="">
      <input type="text" name="textfield4" onfocus="txtfocus()" onBlur="txtblur()">
```

```
    </form></td>
  </tr>
</table>
<script language="javascript">
<!--
function txtfocus(event){                    //当前元素获得焦点
    var e=window.event;
    var obj=e.srcElement;                    //用于获取当前对象的名称
    obj.style.background="#FF9966";
}
function txtblur(event){                      //当前元素失去焦点
    var e=window.event;
    var obj=e.srcElement;
    obj.style.background="#FFFFFF";
}
//-->
</script>
```

运行程序，可以看到当文本框获得焦点时，该文本框的背景颜色发生了改变，如图 11.1 所示。当文本框失去焦点时，该文本框的背景又恢复为原来的颜色，如图 11.2 所示。

图 11.1　文本框获得焦点时改变背景颜色

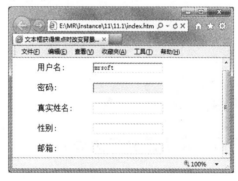

图 11.2　文本框失去焦点时恢复背景颜色

11.3.2　失去焦点内容改变事件

失去焦点修改事件（onchange）是指当前元素失去焦点并且元素的内容发生改变时触发事件处理程序。该事件一般在下拉文本框中使用。

【**例 11.2**】本实例是在用户选择下拉菜单中的颜色时，通过 onchange 事件来相应的改变文本框的字体颜色。代码如下：

👉 **实例位置：**光盘\MR\Instance\11\11.2

```
<form name="form1" method="post" action="">
  <input name="textfield" type="text" size="23" value="JavaScript 自学视频教程">
  <select name="menu1" onChange="Fcolor()">
    <option value="black">黑</option>
    <option value="yellow">黄</option>
```

Note

```
        <option value="blue">蓝</option>
        <option value="green">绿</option>
        <option value="red">红</option>
        <option value="purple">紫</option>
    </select>
</form>
<script language="javascript">
<!--
function Fcolor(){
        var e=window.event;
        var obj=e.srcElement;
        form1.textfield.style.color=obj.options[obj.selectedIndex].value;
}
//-->
</script>
```

运行结果如图 11.3 所示。

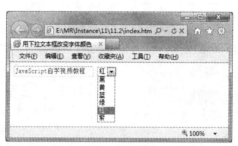

图 11.3 改变文本框的字体颜色

11.3.3 表单提交与重置事件

表单提交事件（onsubmit）是在用户提交表单时（通常使用"提交"按钮，也就是将按钮的 type 属性设为 submit），在表单提交之前被触发，因此，该事件的处理程序通过返回 false 值来阻止表单的提交，可以用来验证表单输入项的正确性。

表单重置事件（onreset）与表单提交事件的处理过程相同，该事件只是将表单中的各元素的值设置为原始值，一般用于清空表单中的文本框。

下面给出这两个事件的使用格式：

```
<form name="formname" onReset="return Funname" onsubmit="return Funname " ></form>
```

☑ formname：表单名称。
☑ Funname：函数名或执行语句，如果是函数名，在该函数中必须有布尔型的返回值。

> **注意：**
> 　如果在 onsubmit 和 onreset 事件中调用的是自定义函数名，那么，必须在函数名的前面加 return 语句，否则，不论在函数中返回的是 true，还是 false，当前事件所返回的值一律是 true 值。

【例 11.3】 本实例是在提交表单时，通过 onsubmit 事件来判断提交的表单中是否有空文本框，如果有，则不允许提交，并通过表单的 onreset 事件将表单中的文本框清空，以便重新输入信息。代码如下：

👉 实例位置：光盘\MR\Instance\11\11.3

```html
<table width="487" height="333" border="0" align="center" cellpadding="0" cellspacing="0" background="bg.JPG">
  <tr>
    <td align="center" valign="top"><br>
      <br>
      <br>
      <br><br><table width="86%" border="0" align="center" cellpadding="2" cellspacing="1" bgcolor="#6699CC">
      <form name="form1" onReset="return AllReset()" onsubmit="return AllSubmit()">
        <tr bgcolor="#FFFFFF">
          <td height="22" align="right">所属类别:</td>
          <td height="22" align="left">
            <select name="txt1" id="txt1">
              <option value="数码设备">数码设备</option>
              <option value="家用电器">家用电器</option>
              <option value="礼品工艺">日常用品</option>
            </select>
            <select name="txt2" id="txt2">
              <option value="数码相机">数码相机</option>
              <option value="打印机">打印机</option>
            </select></td>
        </tr>
        <tr bgcolor="#FFFFFF">
          <td height="22" align="right">商品名称:</td>
          <td height="22" align="left"><input name="txt3" type="text" id="txt3" size="30" maxlength="50"></td>
        </tr>
        <tr bgcolor="#FFFFFF">
          <td height="22" align="right">市场价格:</td>
          <td height="22" align="left"><input name="txt4" type="text" id="txt4" size="10"></td>
        </tr>
        <tr bgcolor="#FFFFFF">
          <td height="22" align="right">会员价格:</td>
          <td height="22"align="left"><input name="txt5"type="text"id="txt5"size="10"maxlength ="50"></td>
        </tr>
        <tr bgcolor="#FFFFFF">
          <td height="22" align="right">商品简介:</td>
          <td height="22" align="left"><textarea name="txt6" cols="35" rows="4" id="txt6"></textarea></td>
        </tr>
        <tr bgcolor="#FFFFFF">
          <td height="22" align="right">商品数量:</td>
          <td height="22" align="left"><input name="txt7" type="text" id="txt7" size="10"></td>
        </tr>
        <tr bgcolor="#FFFFFF">
          <td height="22" colspan="2" align="center"><input name="sub" type="submit" id="sub2" value="提交"> 
```

```
        <input type="reset" name="Submit2" value="重置"></td>
        </tr>
    </form>
    </table></td>
    </tr>
</table>
<script language="javascript">
<!--
function AllReset(){
    if (window.confirm("是否进行重置？"))
        return true;
    else
        return false;
}
function AllSubmit(){
    var T=true;
    var e=window.event;
    var obj=e.srcElement;
    for (var i=1;i<=7;i++){
        if (eval("obj."+"txt"+i).value==""){
            T=false;
            break;
        }
    }
    if (!T){
        alert("提交信息不允许为空");
    }
    return T;
}
//-->
</script>
```

运行结果如图 11.4 所示。

图 11.4　表单提交的验证

11.4 鼠标键盘事件

鼠标和键盘事件是在页面操作中使用最频繁的操作,可以利用鼠标事件在页面中实现鼠标移动、单击时的特殊效果,也可以利用键盘事件来制作页面的快捷键等。

11.4.1 鼠标单击事件

单击事件(onclick)是在鼠标单击时被触发的事件。单击是指鼠标指针停留在对象上,按下鼠标键,在没有移动鼠标的同时放开鼠标键的这一完整过程。

单击事件一般应用于 Button 对象、Checkbox 对象、Image 对象、Link 对象、Radio 对象、Reset 对象和 Submit 对象。Button 对象一般只会用到 onclick 事件处理程序,因为该对象不能从用户那里得到任何信息,如果没有 onclick 事件处理程序,按钮对象将不会有任何作用。

> **注意:**
> 在使用对象的单击事件时,如果在对象上按下鼠标键,然后移动鼠标到对象外再松开,单击事件无效。单击事件必须在对象上松开鼠标后,才会执行单击事件的处理程序。

【**例 11.4**】 本实例是通过单击"变换背景"按钮,动态地改变页面的背景颜色,当用户再次单击按钮时,页面背景将以不同的颜色进行显示。代码如下:

☞ **实例位置:光盘\MR\Instance\11\11.4**

```
<script language="javascript">
var Arraycolor=new Array("olive","teal","red","blue","maroon","navy","lime",
"fuschia","green","purple","gray","yellow","aqua","white","silver"); //定义颜色数组
var n=0;                                     //为变量赋初值
function turncolors(){                        //自定义函数
    if (n==(Arraycolor.length-1)) n=0;       //判断数组指针是否指向最后一个元素
    n++;                                      //变量自加 1
    document.bgColor = Arraycolor[n];         //设置背景颜色为对应数组元素的值
}
</script>
<form name="form1" method="post" action="">
<p>
    <input type="button" name="Submit" value="变换背景" onclick="turncolors()">
</p>
<p>用按钮随意变换背景颜色.</p>
</form>
```

运行结果如图 11.5 和图 11.6 所示。

图 11.5 按钮单击前的效果

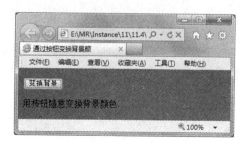

图 11.6 按钮单击后的效果

11.4.2 鼠标按下和松开事件

鼠标的按下和松开事件分别是 onmousedown 和 onmouseup 事件。其中，onmousedown 事件用于在鼠标按下时触发事件处理程序，onmouseup 事件是在鼠标松开时触发事件处理程序。在用鼠标单击对象时，可以用这两个事件实现其动态效果。

【**例 11.5**】 本实例是用 onmousedown 和 onmouseup 事件将文本制作成类似于<a>（超链接）标记的功能：在文本上按下鼠标时，改变文本的颜色；在文本上松开鼠标时，恢复文本的默认颜色，并弹出一个空白页（可以设置链接到任意网页）。代码如下：

👉 **实例位置：光盘\MR\Instance\11\11.5**

```
<p  id="p1"  style="color:#AA9900"  onmousedown="mousedown()"  onmouseup="mouseup()"><u>
JavaScript 自学视频教程</u></p>
<script language="javascript">
<!--
function mousedown(){
    var obj=document.getElementById('p1');
    obj.style.color='#0022AA';
}
function mouseup(){
    var obj=document.getElementById('p1');
    obj.style.color='#AA9900';
    window.open("","明日图书网","");
}
//-->
</script>
```

运行结果如图 11.7 和图 11.8 所示。

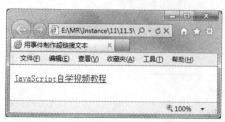

图 11.7 按下鼠标时改变字体颜色

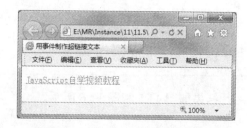

图 11.8 松开鼠标时恢复字体颜色

11.4.3 鼠标移入移出事件

鼠标的移入和移出事件分别是 onmouseover 和 onmouseout 事件。其中，onmouseover 事件在鼠标指针移动到对象上方时触发事件处理程序，onmouseout 事件在鼠标指针移出对象上方时触发事件处理程序。可以用这两个事件在指定的对象上移动鼠标指针时，实现其对象的动态效果。

【例 11.6】 本实例的主要功能是鼠标指针在图片上移入或移出时，动态改变图片的焦点，完成鼠标指针的移入和移出动作主要是用 onmouseover 和 onmouseout 事件。代码如下：

☞ **实例位置：光盘\MR\Instance\11\11.6**

```
<script language="javascript">
<!--
function visible(cursor,i){
    if (i==0)
        cursor.filters.alpha.opacity=100;
    else
        cursor.filters.alpha.opacity=50;
}
//-->
</script>
<table border="0" cellpadding="0" cellspacing="0">
  <tr>
    <td align="center" bgcolor="#CCCCCC">
        <img src="Temp.jpg" border="0" style="filter:alpha(opacity=100)" onMouseOver= "visible(this,1)"
onMouseOut="visible(this,0)" width="148" height="121">
    </td>
  </tr>
</table>
```

运行结果如图 11.9 和图 11.10 所示。

图 11.9　鼠标指针移入时获得焦点

图 11.10　鼠标指针移出时失去焦点

11.4.4 鼠标移动事件

鼠标移动事件（onmousemove）是指鼠标指针在页面上进行移动时触发事件处理程序，可以在该事件中用 Document 对象实时读取鼠标指针在页面中的位置。

【**例 11.7**】 本实例是鼠标指针在页面中移动时，在页面的状态栏中显示当前鼠标指针在页面上的位置，也就是(x,y)值。代码如下：

👉 **实例位置：光盘\MR\Instance\11\11.7**

```
<script language="javascript">
<!--
var x=0,y=0;
function MousePlace(){
    x=window.event.x;
    y=window.event.y;
    window.status="鼠标在页面中的当前位置的横坐标 X: "+x+"   "+"纵坐标 Y: "+y;
}
document.onmousemove=MousePlace;               //读取鼠标在页面中的位置
//-->
</script>
```

运行结果如图 11.11 所示。

图 11.11　在状态栏中显示鼠标在页面中的当前位置

11.4.5　键盘事件

键盘事件包含 onkeypress、onkeydown 和 onkeyup 事件。其中，onkeypress 事件是在键盘上的某个键被按下并且释放时触发此事件的处理程序，一般用于键盘上的单键操作；onkeydown 事件是在键盘上的某个键被按下时触发此事件的处理程序，一般用于组合键的操作；onkeyup 事件是在键盘上的某个键被按下后松开时触发此事件的处理程序，一般用于组合键的操作。

为了便于读者对键盘上的按键进行操作，下面以表格的形式给出其键码值。

下面是键盘上字母和数字键的键码值，如表 11.2 所示。

表 11.2　字母和数字键的键码值

按　　键	键　　值	按　　键	键　　值	按　　键	键　　值	按　　键	键　　值
A(a)	65	J(j)	74	S(s)	83	1	49
B(b)	66	K(k)	75	T(t)	84	2	50
C(c)	67	L(l)	76	U(u)	85	3	51
D(d)	68	M(m)	77	V(v)	86	4	52
E(e)	69	N(n)	78	W(w)	87	5	53

续表

按 键	键 值	按 键	键 值	按 键	键 值	按 键	键 值
F(f)	70	O(o)	79	X(x)	88	6	54
G(g)	71	P(p)	80	Y(y)	89	7	55
H(h)	72	Q(q)	81	Z(z)	90	8	56
I(i)	73	R(r)	82	0	48	9	57

下面是数字键盘上按键的键码值，如表 11.3 所示。

表 11.3　数字键盘上按键的键码值

按 键	键 值	按 键	键 值	按 键	键 值	按 键	键 值
0	96	8	104	F1	112	F7	118
1	97	9	105	F2	113	F8	119
2	98	*	106	F3	114	F9	120
3	99	+	107	F4	115	F10	121
4	100	Enter	108	F5	116	F11	122
5	101	-	109	F6	117	F12	123
6	102	.	110				
7	103	/	111				

下面是键盘上控制键的键码值，如表 11.4 所示。

表 11.4　控制键的键码值

按 键	键 值	按 键	键 值	按 键	键 值	按 键	键 值
Back Space	8	Esc	27	Right Arrow(→)	39	-	189
Tab	9	Spacebar	32	Down Arrow(↓)	40	.>	190
Clear	12	Page Up	33	Insert	45	/?	191
Enter	13	Page Down	34	Delete	46	`~	192
Shift	16	End	35	Num Lock	144	[{	219
Control	17	Home	36	;:	186	|	220
Alt	18	Left Arrow(←)	37	=+	187	]}	221
Cape Lock	20	Up Arrow(↑)	38	,<	188	""	222

注意：

以上键码值只有在文本框中才完全有效。如果在页面中使用（即在<body>标记中使用），则只有字母键、数字键和部分控制键可用，其字母键和数字键的键值与 ASCII 值相同。

如果要在 JavaScript 中使用组合键，可以利用 event.ctrlKey、event.shiftKey、event.altKey 判断是否按下了 Ctrl 键、Shift 键，以及 Alt 键。

【例 11.8】　本实例是利用键盘中的 A 键，对页面进行刷新，而无需用鼠标在 IE 浏览器中单击"刷新"按钮。代码如下：

实例位置：光盘\MR\Instance\11\11.8

```
<script language="javascript">
<!--
function Refurbish(){
    if (window.event.keyCode==97){
        location.reload();
    }
}
//-->
</script>
```

运行结果如图 11.12 所示。

图 11.12 按 A 键对页面进行刷新

11.5 页 面 事 件

页面事件是在页面加载或改变浏览器大小、位置，以及对页面中的滚动条进行操作时，所触发的事件处理程序。本节将通过页面事件对浏览器进行相应的控制。

11.5.1 加载与卸载事件

加载事件（onload）是指在网页加载完毕后触发相应的事件处理程序，可以在网页加载完成后对网页中的表格样式、字体、背景颜色等进行设置。卸载事件（unload）是在卸载网页时触发相应的事件处理程序，卸载网页是指关闭当前页或从当前页跳转到其他网页中，该事件常被用于在关闭当前页或跳转其他网页时，弹出询问提示框。

在制作网页时，为了便于网页资源的利用，可以在网页加载事件中对网页中的元素进行设置。下面以实例的形式讲解如何在页面中合理利用图片资源。

【例 11.9】 本实例是在网页加载时，将图片缩小成指定的大小，当鼠标指针移动到图片上时，将图片大小恢复成原始大小，这样可以避免使用大小相同的两个图片进行切换，并在重载网页时，用提示框显示欢迎信息。代码如下：

👉 实例位置：光盘\MR\Instance\11\11.9

```
<body onunload="pclose()">        <!--调用窗体的卸载事件-->
<img src="image1.jpg" name="img1" onload="blowup()" onmouseout="blowup()" onmouseover= "reduce()">
                                  <!--在图片标记中调用相关事件-->
<script language="javascript">
<!--
var h=img1.height;
var w=img1.width;
function blowup(){                 //缩小图片
     if (img1.height>=h){
          img1.height=h-100;
          img1.width=w-100;
     }
}
function reduce(){                 //恢复图片的原始大小
     if (img1.height<h){
          img1.height=h;
          img1.width=w;
     }
}
function pclose(){                 //卸载网页时弹出提示框
     alert("欢迎浏览本网页");
}
//-->
</script>
</body>
```

运行结果如图 11.13 和图 11.14 所示。

图 11.13 网页加载后的效果

图 11.14 鼠标指针移到图片时的效果

11.5.2 页面大小事件

页面的大小事件（onresize）是指用户改变浏览器的大小时触发事件处理程序，主要用于固

JavaScript自学视频教程

定浏览器的大小。

【例 11.10】 本实例是在用户打开网页时，将浏览器以固定的大小显示在屏幕上。用鼠标拖动浏览器边框改变其大小时，浏览器将恢复原始大小。代码如下：

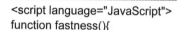
实例位置：光盘\MR\Instance\11\11.10

```
<script language="JavaScript">
function fastness(){                          //设置浏览器窗口大小
    window.resizeTo(650,500);
}
document.body.onresize=fastness;             //固定浏览器的大小
document.body.onload=fastness;
</script>
```

运行结果如图 11.15 所示。

图 11.15　固定浏览器的大小

11.6　滚动字幕事件

字幕滚动事件主要是在<marquee>标记中使用，该标记虽然不能实现多样化的字幕滚动效果，但应用起来十分简单，可以使用最少的语句来实现字幕滚动的效果。

11.6.1　onbounce 事件

onbounce 事件是在<marquee>标记中的内容滚动到上下或左右边界时触发的事件处理程序，该事件只有在<marquee>标记的 behavior 属性设为 alternate 时才有效。

【例 11.11】 将<marquee>标记的 behavior 属性设为 alternate，direction 属性设置为 up，使

字幕可以在页面中上下循环滚动，并应用 onbounce 事件在字幕到达窗口边界时，通过修改 scrollAmount 属性值来改变字幕的滚动速度。代码如下：

👉 **实例位置：光盘\MR\Instance\11\11.11**

```
<marquee behavior="alternate" scrollamount="1" direction="up" onbounce="p()">
编程词典系列产品是为编程爱好者和各级程序开发人员提供的超媒体编程即学、即查、即用软件，它开创
了全新的学习和应用方式，极大提高了开发效率和学习效率，真正实现了轻松学习，快速开发。编程词典
包含全能版系列、个人版系列、珍藏版系列、企业版系列和标准版。全能版包含 5 种开发语言，个人版包
含 9 种语言。其中编程词典全能版、个人版词典已隆重上市！
</marquee>
<script language="javascript">
<!--
var i=1;
var t=true;
function p(){            //逐渐增加或减少字幕的滚动速度
    var e=window.event;
    var obj=e.srcElement;
    if (i==8)
        t=false;
    if (i==1)
        t=true;
    if (t==false)
        i=i-1;
    else
        i=i+1;
    obj.scrollAmount=i;
}
//-->
</script>
```

运行结果如图 11.16 所示。

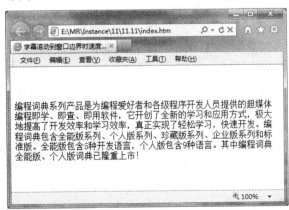

图 11.16　字幕滚动到窗口边界时速度逐渐加快（减慢）

11.6.2 onstart 事件

onstart 事件是在 <marquee> 标记中的文本开始显示时触发事件处理程序。可以通过该事件在滚动内容显示时设置其颜色、样式、滚动方向等。

【例 11.12】通过 <marquee> 标记的 onstart 事件，在滚动字幕显示时动态设置滚动字幕的字体颜色和滚动方向。代码如下：

👉 **实例位置：光盘\MR\Instance\11\11.12**

```
<marquee onstart="p()">
编程词典系列产品是为编程爱好者和各级程序开发人员提供的超媒体编程即学、即查、即用软件，它开创
了全新的学习和应用方式，极大地提高了开发效率和学习效率，真正实现了轻松学习，快速开发。编程词
典包含全能版系列、个人版系列、珍藏版系列、企业版系列和标准版。全能版包含 5 种开发语言，个人版
包含 9 种语言。其中编程词典全能版、个人版词典已隆重上市！
</marquee>
<script language="javascript">
<!--
var arrayObj = new Array("#FF0000","#00FF00","#0000FF","#FFFF00","#00FFFF","#FF00FF");
var i=0;
function p(){                              //设置滚动字幕的字体颜色和滚动方向
    var e=window.event;
    var obj=e.srcElement;
    obj.direction="up";
    if (i>(arrayObj.length-1))
        i=0;
    obj.style.color=arrayObj[i];
    i=i+1;
}
//-->
</script>
```

运行结果如图 11.17 和图 11.18 所示。

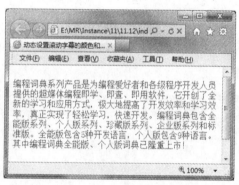

图 11.17 字幕滚动前的颜色

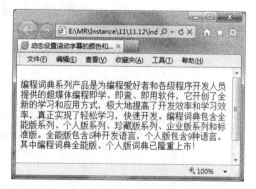

图 11.18 字幕滚动后的颜色

11.7 文本编辑事件

文本编辑事件是指对浏览器中的内容进行选择、复制、剪切和粘贴时所触发的事件。

1. 复制事件

复制事件是在浏览器中复制被选中的部分或全部内容时触发事件处理程序，复制事件有 onbeforecopy 和 oncopy 两种事件：onbeforecopy 事件是将网页内容复制到剪贴版时触发事件处理程序，oncopy 事件是在网页中复制内容时触发事件处理程序。

例如，不允许复制网页中的内容，代码如下：

```
<body oncopy="return p()">
</body>
<script language="javascript">
function p()
{
    alert("该页面内容不允许复制");
    return false;
}
</script>
```

> **注意：**
> 如果在 onbeforecopy 和 oncopy 事件中调用的是自定义函数名，那么，必须在函数名的前面加 return 语句，否则，不论在函数中返回的是 true，还是 false，当前事件所返回的值一律是 true 值，也就是允许复制。

其实，为屏蔽网页中的复制功能，可以直接在\<body>标记的 onbeforecopy 或 oncopy 事件中用 JavaScript 语句来实现，代码如下：

```
<body oncopy="return false">
</body>
```

2. 剪切事件

剪切事件是在浏览器中剪切被选中的内容时触发事件处理程序，剪切事件有 onbeforecut 和 oncut 两种事件：onbeforecut 事件是当页面中的一部分或全部内容被剪切到浏览者系统剪贴板时触发事件处理程序，oncut 事件是当页面中被选择的内容被剪切时触发事件处理程序。

例如，屏蔽在文本框中进行剪切的操作，代码如下：

```
<body>
<p>用 JavaScript 实现页面内容不能进行剪切复制操作</p>
<form name="form1" method="post" action="">
```

```
    <textarea name="textarea" cols="50" rows="10" oncut="return false">
&lt;body oncopy="return p()"&gt;
&lt;/body&gt;
&lt;script language="javascript"&gt;
function p(){
    alert("该页面不允许复制");
    return false;
}
&lt;/script&gt;
</textarea>
</form>
</body>
```

> **注意:**
> 在 textarea 控件中显示 JavaScript 代码时,不可以在<textarea>…</textarea>标记中显示任何标记(实际上就是 "<" 和 ">" 符号,这个标记可以用&lt 和&gt 代替)。

3. 粘贴事件

粘贴事件(onbeforepaste)是将内容从浏览器的系统剪贴板中粘贴到页面上时所触发的事件处理程序。可以利用该事件避免浏览者在填写信息时,对验证信息进行粘贴,如密码文本框和确定密码文本框中的信息。

例如,在向文本框粘贴文本时,利用 onbeforepaste 事件来清空剪贴板,使其无法向文本框中粘贴数据。代码如下:

```
<form name="form1" method="post" action="">
    <input name="textfield" type="text" onbeforepaste="return clearup()">
</form>
<script language="javascript">
function clearup(){
    window.clipboardData.setData("text","");        //清空剪贴板
}
</script>
```

> **注意:**
> 在 onbeforepaste 事件中使用 return 语句返回 true 或 false 是无效的。

粘贴事件(onpaste)是当内容被粘贴时触发事件处理程序。在该事件中可以用 return 语句来屏蔽粘贴操作。

例如,用 onpaste 事件屏蔽文本框的粘贴操作,代码如下:

```
<form name="form1" method="post" action="">
    <input name="textfield" type="text" onpaste="return false">
</form>
```

4．选择事件

选择事件是用户在 body、input 或 textarea 表单区域中选择文本时触发事件处理程序。选择事件有 onselect 和 onselectstart 两种。

onselect 事件是当文本内容被选择时触发事件处理程序。只能在相应的文本中选择一个字符或是一个汉字后触发本事件，并不是用鼠标选择文本后，松开鼠标时触发。

【例 11.13】 通过 onselect 事件来判断，在文本框中所选择的文本是否为"hello!"，如果是，则用提示框进行提示。代码如下：

☞ 实例位置：光盘\MR\Instance\11\11.13

```html
<body>
<form name="form1" method="post" action="">
 <input name="textfield" type="text" onSelect="return Tselect()" value="hello!JavaScript">
</form>
<script language="javascript">
function Tselect(){
        var txt=document.selection.createRange().text;//获取当前所选中的文本
        if (txt=="hello!"){
                alert("你所选择的内容为："+txt);
        }
}
</script>
</body>
```

运行结果如图 11.19 所示。

图 11.19　显示选择的文本

onselectstart 事件是开始对文本的内容进行选择时触发事件处理程序。在该事件中可以用 return 语句屏蔽文本的选择操作。

例如，在页面中实现不能选择文本内容的操作，代码如下：

```html
<body onselectstart="return false">
</body>
```

【例 11.14】 本实例是屏蔽页面中除 text 类型以外的所有文本内容都不能进行选择操作，

Note

代码如下：

👉 **实例位置：光盘\MR\Instance\11\11.14**

```html
<body onselectstart="return Tselect(event.srcElement)">
<form name="form1" method="post" action="">
    <p>选择页面中的文本内容.</p>
    <p>
      <input name="textfield" type="text" value="hello!JavaScript">
      <input name="textfield" type="password" value="123456">
    </p>
</form>
<script language="javascript">
function Tselect(obj){
      if (obj.type!='text')
            return false;
}
</script>
</body>
```

运行程序，文本框的内容可以进行选择，而密码框的内容不能进行选择，如图 11.20 所示。

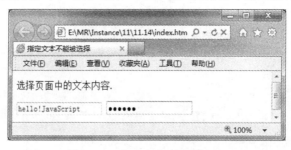

图 11.20　指定文本不能被选择

> **注意：**
> 在<body>标记中使用 onselectstart 事件后，该事件是针对当前页面中所有的元素，并不需要在<input>标记中再次添加 onselectstart 事件。

11.8　综　合　应　用

11.8.1　屏蔽键盘相关事件

【**例 11.15**】　在提交商品表单时，通常情况不允许用户刷新屏幕、后退或新建文档，否则可能造成不可估计的损失，这可以通过屏蔽键盘的回车键、退格键、F5 键、Ctrl+N 快捷键、

Shift+F10 快捷键来实现。本实例主要通过 JavaScript 脚本屏蔽键盘相关事件。运行程序，在填写订单信息页面中按下键盘的回车键、退格键、F5 键、Ctrl+N 快捷键、Shift+F10 快捷键，此时系统将给予相关提示信息。

☞ **实例位置：光盘\MR\Instance\11\11.15**

本实例主要应用 JavaScript 脚本中的 Event 对象的 keyCode 属性实现，该属性表示按键的数字代号。关键代码参考如下：

```
<script language=javascript>
function keydown(){
    if (event.keyCode==8){
        event.keyCode=0;
        event.returnValue=false;
        alert("当前设置不允许使用退格键");
    }if(event.keyCode==13){
        event.keyCode=0;
        event.returnValue=false;
        alert("当前设置不允许使用回车键");
    }if(event.keyCode==116){
        event.keyCode=0;
        event.returnValue=false;
        alert("当前设置不允许使用 F5 刷新键");
    }if((event.altKey)&&((window.event.keyCode==37)||(window.event.keyCode==39))){
        event.returnValue=false;
        alert("当前设置不允许使用 Alt+方向键←或方向键→");
    }if((event.ctrlKey)&&(event.keyCode==78)){
        event.returnValue=false;
        alert("当前设置不允许使用 Ctrl+n 新建 IE 窗口");
    }if((event.shiftKey)&&(event.keyCode==121)){
        event.returnValue=false;
        alert("当前设置不允许使用 shift+F10");
    }
}
</script>
<script language=javascript>
    function click(){
        event.returnValue=false;
        alert("当前设置不允许使用右键！");
    }
    document.oncontextmenu=click;
</script>
<body onkeydown="keydown()">
```

运行结果如图 11.21 所示。

图 11.21　屏蔽键盘相关事件

11.8.2　限制文本框的输入

【**例 11.16**】　利用 onkeydown 事件对网页中文本框的输入进行控制。

实例位置：光盘\MR\Instance\11\11.16

本实例主要使用 JavaScript 中的 onkeydown 事件控制文本框的输入，其关键代码如下：

```javascript
<script language="javascript">
<!--
var T=true;
function Clavier(n){
    var k=window.event.keyCode;
    if (n==1){
        if (k>=65 && k<=90)
            T=true;
        else
            T=false;
    } else if (n==0){
        if ((k>=48 && k<=57)||(k>=96 && k<=105)){
            T=true;
            if (k&&window.event.shiftKey)
                T=false;
        }else
            T=false;
    }
    if ((k==37)||(k==39)||(k==8)||(k==46))
        T=true;
    if (T==false)
```

```
            return window.event.returnValue=T;
}
//-->
</script>
```

运行结果如图 11.22 所示。

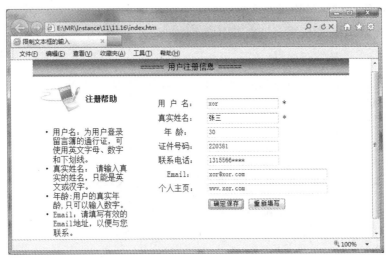

图 11.22 限制文本框的输入

11.9 本章常见错误

11.9.1 onsubmit 调用自定义函数时未加 return 语句

在使用 onsubmit 事件中，如果调用的是自定义函数名，那么必须在调用的函数名前加 return 语句，否则，不论在函数中返回的是 true，还是 false，当前事件所返回的值一律是 true 值。

11.9.2 JavaScript 中的事件名称忽略了大小写

在 JavaScript 中编写事件处理程序时，事件名称必须要完全小写，否则不能正确响应事件。

11.10 本 章 小 结

本章主要讲解了事件与事件处理相关内容，通过本章的学习，读者可以熟悉事件与事件处理的概念，并能熟练掌握鼠标、键盘、页面、表单等事件的处理技术，从而实现各种网站效果。

11.11 跟 我 上 机

☞ **参考答案**：光盘\MR\跟我上机

制作一个简单的用户注册页面，应用表单事件中的失去焦点事件（onblur）判断用户输入的用户名和密码，以及确认密码是否符合要求。代码如下：

```
<meta http-equiv="content-type" content="text/html;charset=utf-8" />
<script language="javascript">
function chkname(form){
    if(form.name.value==""){
        name1.innerHTML="<font color=#FF0000>请输入用户名！</font>";
    }else if(form.name.value.length<3){
        name1.innerHTML="<font color=#FF0000>用户名长度应不小于 3 位！</font>";
    }else{
        name1.innerHTML="<font color=green>输入正确</font>";
    }
}
function chkpwd1(form){
    if(form.pwd1.value==""){
        pwd11.innerHTML="<font color=#FF0000>请输入密码！</font>";
    }else if(form.pwd1.value.length<6){
        pwd11.innerHTML="<font color=#FF0000>注册密码长度应不小于 6 位！</font>";
    }else{
        pwd11.innerHTML="<font color=green>输入正确</font>";
    }
}
function chkpwd2(form){
    if(form.pwd2.value==""){
        pwd21.innerHTML="<font color=#FF0000>请输入确认密码！</font>";
    }else if(form.pwd2.value.length<6){
        pwd21.innerHTML="<font color=#FF0000>确认密码长度应不小于 6 位！</font>";
    }else if(form.pwd1.value!=form.pwd2.value){
        pwd21.innerHTML="<font color=#FF0000>注册密码与确认密码不同！</font>";
    }else{
        pwd21.innerHTML="<font color=green>输入正确</font>";
    }
}
</script>
<body onLoad="javascript:register.name.focus()">
<table width="450" border="0" align="center" cellpadding="0" cellspacing="0">
 <form id="register" name="register" action="" method="post">
    <tr>
     <td colspan="5" align="center" valign="middle"><h2>新用户注册</h2></td>
    </tr>
    <tr>
```

```
        <td width="81" height="25"><div align="right">用户名： </div></td>
        <td height="25" colspan="3"> 
            <input     id="name"     name="name"     type="text"     onBlur="javascript:chkname(register)"
onMouseOver="this.style.backgroundColor='#ffffff'"onMouseOut="this.style.backgroundColor='#e8f4ff'"
/><font color="red">*</font></td>
        <td height="25"><div id="name1"><font color="#999999">请输入用户名</font></div></td>
    </tr>
    <tr>
        <td height="25"><div align="right">注册密码： </div></td>
        <td height="25" colspan="3"> 
            <input    id=" pwd1"name="pwd1"    type="password"    onBlur="javascript:chkpwd1(register)"
onMouseOver="this.style.backgroundColor='#ffffff'" onMouseOut="this.style. backgroundColor ='#e8f4ff'"
/> <font color="red">*</font></td>
        <td width="152"><div id="pwd11"><font color="#999999">请输入密码</font></div></td>
    </tr>
    <tr>
        <td height="25"><div align="right">确认密码： </div></td>
        <td height="25" colspan="3"> 
            <input    id="pwd2"    name="pwd2"    type="password"    onBlur="javascript:chkpwd2  (register)"
onMouseOver="this.style.backgroundColor='#ffffff'" onMouseOut="this.style. backgroundColor='#e8f4ff'"
/> <font color="red">*</font></td>
        <td height="25"><div id="pwd21"><font color="#999999">确认密码</font></div></td>
    </tr>
    <tr>
        <td height="25" colspan="2"> 
            <input type="submit" value="提交"/>
            
          <input type="reset" value="重写"/></td>
        <td height="25" colspan="3"><div style="color:#FF0000">带 "*" 号的为必填项</div></td>
    </tr>
  </form>
</table>
</body>
```

第 **12** 章

表单的应用

（ 📹 视频讲解：**32** 分钟）

表单的用途很多，在制作网页，特别是制作动态网页时常常会用到。表单是实现动态网页的一种主要的外在形式。本章将介绍表单的创建，各种表单域的插入和设置等用法。

本章能够完成的主要范例（已掌握的在方框中打勾）

☐ 使用文字域制作一个人口调查的页面

☐ 使用密码域创建一个简单的注册页面

☐ 使用单选按钮制作一个用户信息表

☐ 使用复选框选择所喜欢的运动

☐ 创建一个上传图片的页面，使用文件域上传图片

☐ 使用文本域创建一个留言板页面

☐ 利用<select>标记创建一个用来做学生业余生活调查的页面

☐ 制作一个简单的用户登录界面

☐ 通过 JavaScript 脚本和正则表达式来验证 E-mail 地址格式是否正确

☐ 让密码域更安全

☐ 制作个人信息页面

12.1 表 单 概 述

表单的主要功能是收集信息，具体说是收集浏览者的信息。例如，在网上注册一个账号，就必须按要求填写网站提供的表单网页，如用户名、密码、联系方式等信息，如图 12.1 所示。

图 12.1 用来注册的表单

用户填写完信息后提交，将表单的内容从客户端的浏览器传送到服务器上，经过服务器处理程序后，再将用户所需信息传送回客户端的浏览器上，这样网页就具有了交互功能。HTML 表单是 HTML 页面与浏览器实现交互的重要手段。在网页中，最常见的表单形式主要包括文本框、单选按钮、复选框、按钮等。

12.2 表单标记及其属性

表单是网页上的一个特定区域，这个区域是由一对<form>标记定义的。在<form>与</form>之间的一切都属于表单的内容。在表单的<form>标记中，还可以设置表单的基本属性，包括表单的名称、处理程序、传送方式等。一般情况下，表单的处理程序 action 和传送方法 method 是必不可少的参数。

12.2.1 name 属性

名称属性 name 用于给表单命名。这一属性不是表单的必需属性，但是为了防止表单信息在提交到后台处理程序时出现混乱，一般要设置一个与表单功能符合的名称，例如，登录的表单可以命名为 login。不同的表单尽量用不同的名称，以避免混乱。具体语法如下：

<form name="form_name">......</form>

参数 form_name 表示表单的名称。

12.2.2 action 属性

真正处理表单的数据脚本或程序在 action 属性里，该值可以是程序或者脚本的一个完整 URL。具体语法如下：

<form action="URL">......</form>

参数 URL 表示表单提交的地址。

 说明：

在该语法中，表单的处理程序定义的是表单要提交的地址，也就是表单中收集到的资料将要传递的程序地址。此地址可以是绝对地址，也可以是相对地址，还可以是一些其他的地址，例如，发送 E-mail 等，代码如下：

<form action="mailto:mingrisoft@mingrisoft.com">
</form>

12.2.3 method 属性

表单的 method 属性用来定义处理程序从表单中获得信息的方式，可取值为 get 或 post，决定了表单中已收集的数据以何种方式提交到服务器。具体语法如下：

<form method="method">......</form>

参数 method 表示提交方式的值，只有两种选择，即 get 和 post，其中：

☑ method=get：使用这种方式提交表单时，表单数据会被视为 CGI 或 ASP 的参数发送，也就是来访者输入的数据会附加在 URL 之后，由用户端直接发送至服务器，所以速度上会比 post 快，但缺点是数据长度不能太长。在没有指定 method 的情形下，一般都会视 get 为默认值。

☑ method=post：使用这种设置时，表单数据是与 URL 分开发送的，用户端的计算机会通

Note

知服务器读取数据，所以通常没有数据长度上的限制，缺点是速度会比 get 慢。

12.2.4　enctype 属性

表单中的 enctype 属性用于设置表单信息提交的编码方式。具体语法如下：

<form enctype="value">……</form>

参数 value 取值如表 12.1 所示。

表 12.1　enctype 属性的可选值

取　　值	描　　述
text/plain	以纯文本的形式传送
application/x-www-form-urlencoded	默认的编码形式
multipart/form-data	MIME 编码，上传文件的表单必须选择该项

12.2.5　target 属性

target 属性用来指定目标窗口的打开方式。表单的目标窗口往往显示表单的返回信息，例如，是否成功提交了表单的内容、是否出错等。具体语法如下：

<form target="target_win">……</form>

target 属性的可选值如表 12.2 所示。

表 12.2　target 属性的可选值

取　　值	描　　述
_blank	将返回信息显示在新开的浏览器窗口中
_parent	将返回信息显示在父级浏览器窗口中
_self	将返回信息显示在当前浏览器窗口中
_top	将返回信息显示在顶级浏览器窗口中

12.3　输入标记<input>

输入标记<input>是表单中最常用的标记之一。常用的文本域、按钮等都使用这种标记。具体语法如下：

```
<form>
    <input name="field_name" type="type_name">
</form>
```

☑ field_name：控件名称。

☑ type_name：控件类型。输入标记<input>所包含的控件类型如表 12.3 所示。

表 12.3　输入类控件的 type 可选值

取　值	描　述
text	文字域
password	密码域，用户在页面输入时不显示具体的内容，以"*"代替
radio	单选按钮
checkbox	复选框
button	普通按钮
submit	提交按钮
reset	重置按钮
image	图形域，也称为图像提交按钮
hidden	隐藏域，隐藏域将不显示在页面上，只将内容传递到服务器中
file	文件域

12.3.1　文字域 text

text 属性值用来设定在表单的文本域中，可输入任何类型的文本、数字或字母。输入的内容以单行显示。具体语法如下：

```
<input type="text" name="field_name" maxlength=max_value size=size_value value ="field_value">
```

文字域属性的取值和含义如表 12.4 所示。

表 12.4　文字域属性

取　值	描　述
name	文字域的名称
maxlength	文字域的最大输入字符数
size	文字域的宽度（以字符为单位）
value	文字域的默认值

【例 12.1】　在页面中使用文字域，制作一个人口调查的页面，代码如下：

👉 实例位置：光盘\MR\Instance\12\12.1

```
<form>
<h3 align="center">人口调查表</h3>
    <!-- 设置表示姓名的文字域长度为 20 -->
    姓名：<input type="text" name="username" size=20 ><br/>
    <!-- 设置表示性别的文字域长度为 4 最大输入字符数为 1 -->
    性别：<input type="text" name="sex" size=4 maxlength=1 >  
    <!-- 设置表示年龄的文字域长度为 4 最大输入字符数为 3 -->
    年龄：<input type="text" name="age" size=4 maxlength=3 > <br/>
    <!-- 设置表示地址的文字域长度为 50，文字域中默认值为吉林省长春市-->
```

```
居住地址：<input type="text" name="address" size=50 value="吉林省长春市">
</form>
```

运行结果如图 12.2 所示。

图 12.2　在页面中添加了文字域

12.3.2　密码域 password

在表单中还有一种文本域的形式为密码域，输入到文本域中的文字均以星号"*"或圆点显示。具体语法如下：

```
<input type="password" name="field_name" maxlength=max_value size=size_value>
```

密码域属性的含义如表 12.5 所示。

表 12.5　密码域属性

属　　性	描　　述
name	文字域的名称
maxlength	文字域的最大输入字符数
size	文字域的宽度（以字符为单位）
value	文字域的默认值

【例 12.2】　本实例使用密码域，创建一个简单的注册页面，代码如下：

👉 实例位置：光盘\MR\Instance\12\12.2

```
<form>
<h3 align="center">用户注册</h3>
用 户 名：<input type="text" name="username" size=15><br>
密    码：<input type="password" name="password" maxlength=8 size=15><br>
确认密码：<input type="password" name="password2" maxlength=8 size=15>
</form>
```

运行结果如图 12.3 所示。

图 12.3　在页面中添加密码域

12.3.3　单选按钮 radio

在网页中，单选按钮用于单一选择，在页面中以圆框表示。在单选按钮控件中必须设置参数 value 的值。对于一个选择中的所有单选按钮来说，往往要设定同样的名称，这样在传递时才能更好地对某一个选择内容的取值进行判断。具体语法如下：

```
<input type="radio" name="field_name" checked value="value">
```

☑　checked：表示此项为默认选中。
☑　value：表示选中项目后传送到服务器端的值。

【例 12.3】　在页面中使用单选按钮，制作一个用户信息表，代码如下：

☞　实例位置：光盘\MR\Instance\12\12.3

```
<form>
<h3 align="center">用户信息表</h3>
姓名：<input type="text" name="username" size=15/><br>
性别：<input type="radio" name="sex" checked value="男"/>男
<input type="radio" name="sex" value="女"/>女<br>
身份证号：<input type="text" name="IDcard" size=20 /><br>
籍贯：<input type="text" name="comefrom" size=50 />
</form>
```

运行结果如图 12.4 所示。

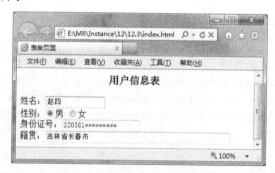

图 12.4　在页面中使用单选按钮

12.3.4 复选框 checkbox

制作填写表单时，有一些内容可以通过让浏览者进行选择的形式来实现。例如，常见的网上调查，首先提出调查的问题，然后让浏览者在若干个选项中进行选择。又例如，收集个人信息时，要求在个人爱好的选项中进行选择等。复选框能够进行项目的多项选择，以一个方框表示。具体语法如下：

```
<input type="checkbox" name="field_name" checked value="value">
```

☑ checked：表示此项为默认选中。

☑ value：表示选中项目后传送到服务器端的值。

【例 12.4】 在页面中使用复选框，选择喜欢的运动，代码如下：

👉 实例位置：光盘\MR\Instance\12\12.4

```
<form>
<h3 align="center">选择你所喜欢的运动</h3>
<input type="checkbox" name="hobby" value="跑步">跑步
<input type="checkbox" name="hobby" value="游泳">游泳
<input type="checkbox" name="hobby" value="篮球">篮球<br/>
<input type="checkbox" name="hobby" value="乒乓球">乒乓球
<input type="checkbox" name="hobby" value="登山">登山
<input type="checkbox" name="hobby" value="滑冰">滑冰
</form>
```

运行结果如图 12.5 所示。

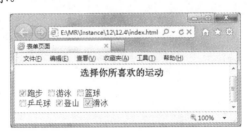

图 12.5 在页面中使用复选框

12.3.5 普通按钮 button

在网页中按钮也很常见，在提交页面、恢复选项时常常用到。普通按钮一般情况下要配合脚本来进行表单处理。具体语法如下：

```
<input type="button" name="field_name" value="button_text">
```

☑ field_name：普通按钮的名称。

☑ button_text：按钮上显示的文字。

Note

12.3.6 提交按钮 submit

提交按钮是一种特殊的按钮，在单击该类按钮时可以实现表单内容的提交，具体语法如下：

```
<input type="submit" name="field_name" value="submit_text">
```

☑ field_name：提交按钮的名称。

☑ submit_text：按钮上显示的文字。

【例 12.5】 在页面中分别创建一个提交按钮和一个普通按钮：提交按钮用来提交表单，普通按钮用来关闭该页面。代码如下：

👉 **实例位置：光盘\MR\Instance\12\12.5**

```
<form action="mailto:mingrisoft@mingrisoft.com"><!-- 表单提交到一个邮箱地址 -->
提交按钮：<input type="submit" value="提交表单页面"/><br/><!-- 使用提交按钮提交表单 -->
<!-- onclick 为鼠标单击事件，window.close()为关闭该页面的方法 -->
普通按钮：<input type="button" value="关闭当前页面" onclick="window.close();"/>
</form>
```

运行结果如图 12.6 所示。

图 12.6　单击提交按钮的效果

12.3.7 重置按钮 reset

单击重置按钮后，可以清除表单的内容，恢复默认设定的表单内容，具体语法如下：

```
<input type="reset" name="field_name" value="reset_text">
```

☑ field_name：重置按钮的名称。

☑ reset_text：按钮上显示的文字。

【例 12.6】 创建一个重置按钮，用来清除用户在页面中输入的信息，代码如下：

👉 **实例位置：光盘\MR\Instance\12\12.6**

```
<form>
```

Note

```
<h3 align="center">人口调查表</h3>
姓名：<input type="text" name="username" size=20><br/>
性别：<input type="text" name="sex" size=4 maxlength=1>  
年龄：<input type="text" name="age" size=4 maxlength=3><br/>
居住地址：<input type="text" name="address" size=50 value="吉林省长春市"><br/>
<input type="submit" value="提交"/>
<input type="reset" value="重置"/>
</form>
```

运行结果如图 12.7 所示。

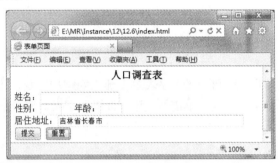

图 12.7 单击"重置"按钮清除用户输入信息

12.3.8 图像域 image

图像域是指可以用在提交按钮位置上的图片，这幅图片具有按钮的功能。使用默认的按钮形式往往会显得单调。这时，可以使用图像域，创建和网页整体效果相统一的图像提交按钮。具体语法如下：

```
<input type="image" name="field_name" src="image_url">
```

☑　field_name：图像域的名称。

☑　image_url：图片的路径。

【例 12.7】 有时在浏览网页时会看到很多好看的按钮，其实大部分的按钮都是一张图片，这里创建一个登录页面，同时为页面加入一个图片按钮。代码如下：

👉 实例位置：光盘\MR\Instance\12\12.7

```
<form>
<h3 align="center">用户登录</h3>
用户名：<input type="text" name="username"/><br/>
密  码：<input type="password" name="pwd"/><br/>
<input type="image" name="img" src="../images/pic.bmp"/>
</form>
```

运行结果如图 12.8 所示。

Note

图 12.8　带图片按钮的登录界面

12.3.9　隐藏域 hidden

隐藏域在页面中对于用户是不可见的，在表单中插入隐藏域的目的在于收集或发送信息，以便于被处理表单的程序所使用。浏览者单击"发送"按钮发送表单时，隐藏域的信息也被一起发送到服务器。具体语法如下：

```
<input type="hidden" name="field_name" value="value">
```

 说明：

表单中的隐藏域主要用来传递一些参数，而这些参数不需要在页面中显示。例如，隐藏用户的 id 值，写法如下：

```
<input type="hidden" name="user_id" value="101">
```

其中，user_id 是隐藏域的名称，101 是用户的 id 值。

12.3.10　文件域 file

文件域在上传文件时经常用到，用于查找硬盘中的文件路径，然后通过表单将选中的文件上传。在设置电子邮件的附件、上传头像、发送文件时常常会看到这一控件。具体语法如下：

```
<input type="file" name="field_name">
```

参数 field_name 表示文件域的名称。

【例 12.8】　创建一个上传图片的页面，使用文件域上传图片，代码如下：

👉 实例位置：光盘\MR\Instance\12\12.8

```
<form>
<h3 align="center">图片上传</h3>
请选择图片：<input type="file" name="photo"/>
</form>
```

运行代码，单击"浏览"按钮时会弹出窗口，要求用户选择要上传的文件，如图 12.9 所示。

图 12.9 上传图片

12.4 文本域标记<textarea>

在 HTML 中还有一种特殊定义的文本样式，称为文本域。它与文字域的区别在于可以添加多行文字，从而可以输入更多的文本。这类控件在一些留言板中最为常见。具体语法如下：

```
<textarea name="textname" value="text_value" rows=rows_value cols=cols_value value= "value">
```

这些属性的含义如表 12.6 所示。

表 12.6 文本域标记属性

文本域标记属性	描 述
name	文本域的名称
rows	文本域的行数
cols	文本域的列数
value	文本域的默认值

【例 12.9】 使用文本域创建一个留言板页面，代码如下：

实例位置：光盘\MR\Instance\12\12.9

```
<form>
<h3 align="center">留言板</h3>
留言标题：<input type="text" name="username" size=30><br/><br/>
<!-- 设置一个文本域，设置该文本域的行数为 5 列数为 50 -->
留言内容：<textarea name="word" rows=5 cols=50></textarea>
</form>
```

运行结果如图 12.10 所示。

图 12.10　在页面中添加文本域

12.5　菜单和列表标记<select>、<option>

菜单列表类的控件主要用来选择给定答案中的一种，这类选择往往答案比较多，使用单选按钮比较浪费空间。菜单列表类的控件主要是为了节省页面空间而设计的。菜单和列表都是通过<select>和<option>标记来实现的。

菜单是一种最节省空间的方式，正常状态下只能看到一个选项，单击按钮展开菜单后才能看到全部的选项。

列表可以显示一定数量的选项，如果超出了这个数量，会自动出现滚动条，浏览者可以通过拖动滚动条来查看各选项。具体语法如下：

```
<select name='select_name' size=select_size multiple>
    <option value="option_value" selected>选项</option>
    <option value="option_value" >选项</option>
</select>
```

这些属性的含义如表 12.7 所示。

表 12.7　菜单和列表标记属性

菜单和列表标记属性	描　述
name	菜单和列表的名称
size	显示的选项数目
multiple	列表中的项目多选
value	选项值
selected	默认选项

【例 12.10】　利用<select>标记创建一个用来发布学生业余生活调查的页面，代码如下：

👉 实例位置：光盘\MR\Instance\12\12.10

```
<form>
<h3>学生业余生活调查</h3>
调查人姓名：　<input type="text" name="username" size="10"/><br><br>
喜欢吃哪种快餐：
```

```
<select name="eat">
    <option value="肯德基" selected>肯德基</option>
    <option value="麦当劳">麦当劳</option>
    <option value="德克士">德克士</option>
    <option value="必胜客">必胜客</option>
</select><br><br>
爱好的体育运动：<br><br>
<select name="hobby" multiple="multiple">
    <option value="跑步" selected>跑步</option>
    <option value="游泳">游泳</option>
    <option value="篮球">篮球</option>
    <option value="滑冰">滑冰</option>
</select>
</form>
```

运行结果如图 12.11 所示。

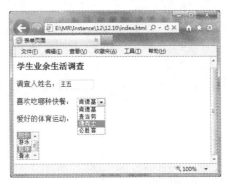

图 12.11　学生业余生活调查

12.6　在 Dreamweaver 中快速创建表单

下面介绍如何在 Dreamweaver 中快速创建表单。

（1）打开 Dreamweaver，新建一个 HTML 文件，在文档工具栏中选择设计。

（2）在菜单栏中依次选择"插入"/"表单"/"表单"命令，如图 12.12 所示。

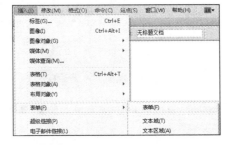

图 12.12　工具栏中的表单按钮

（3）可在网页中创建一个空白的表单，如图 12.13 所示。

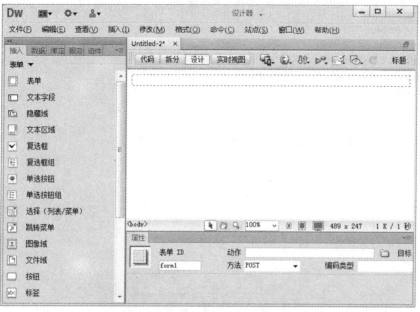

图 12.13　创建一个空白的表单

（4）在左侧的导航菜单中选择"文本字段"选项，为表单添加一个文字域，如图 12.14 所示。

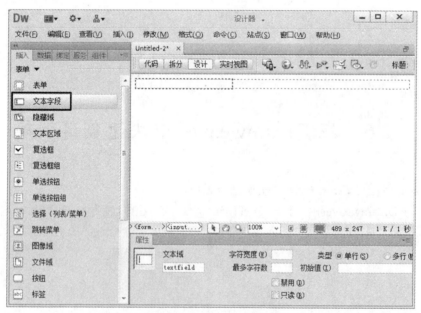

图 12.14　插入一个文字域

（5）在左侧的导航菜单中选择"选择（列表/菜单）"选项，为表单添加一个下拉列表框，并为其添加列表值，如图 12.15 所示。

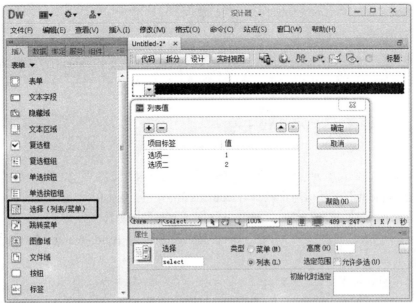

图 12.15　添加一个下拉列表框

　说明:
　　单击导航菜单中的相应按钮,可以为表单中添加相应的控件,并且可以在属性面板中设置控件的属性。表单中可以添加任何工具栏中提供的标签,如表格、图片等。但是,添加的控件是按顺序摆放的,需要手动排版调整这些控件的位置,最后保存编辑的 HTML 文件就能生成一个表单。

12.7　JavaScript 访问表单及表单元素

12.7.1　JavaScript 访问表单

在扫描检测与操作表单元素之前,首先应当确定要访问的表单,JavaScript 中主要有 3 种访问表单的方式,分别如下:

☑　通过 document.forms[] 按编号访问,例如 document.forms[0]。

☑　通过 document.formname 按名称访问,例如 document.form1。

☑　在支持 DOM 的浏览器中,使用 document.getElementById("formID") 定位要访问的表单。

例如,对于下面定义的登录表单:

```
<form id="form1" name="myform" method="post" action="">
用户名: <input type="text" name="username" size=15><br>
密码: <input type="password" name="password" maxlength=8 size=15><br>
```

```
    <input type="submit" name="sub1" value="登录">
</form>
```

可以使用 document.forms[0]、document.myform 或者 document.getElementById("form1")等方式访问该表单。

12.7.2　JavaScript 访问表单元素

每个表单都是一个表单元素的聚集，访问表单元素同样也有 3 种方式，分别如下：

☑　通过 elements[]进行访问，例如 document.form1.elements[0]。

☑　通过 name 属性按名称访问，例如 document.form1.text1。

☑　在支持 DOM 的浏览器中，使用 document.getElementById("elementID")来定位要访问的表单元素。

例如，下面的登录表单：

```
<form name="form1" method="post" action="">
用户名：<input id="user" type="text" name="username" size=15><br>
密码：<input type="password" name="password" maxlength=8 size=15><br>
    <input type="submit" name="sub1" value="登录">
</form>
```

对于前面定义的表单，可以使用 document.form1.elements[0]访问第一个表单元素；可以使用名称访问表单元素，如 document.form1.password；可以使用表单元素的 id 来定位表单元素，如 document.getElementById("user ")。

12.8　表单的验证

验证表单中输入的内容是否符合要求是 JavaScript 最常用的功能之一。在提交表单前进行表单验证，可以节约服务器的处理器周期，为用户节省等待的时间。

表单验证通常发生在内容输入结束，表单提交之前。表单的 onsubmit 事件处理器中有一组函数负责验证。如果输入中包含非法数据，处理器会返回 false，显示一条信息，同时取消提交。如果输入的内容合法，则返回 true，提交正常进行。本节将介绍一些表单验证常用的技术。

1．验证表单内容是否为空

【例 12.11】 下面制作一个简单的用户登录界面，并且验证用户名和密码不能为空，如果为空则给出提示信息。运行结果如图 12.16 所示。

👉 实例位置：光盘\MR\Instance\12\12.11

图 12.16　提示输入用户名

具体步骤如下：

（1）首先，设计登录页面，效果如图 12.16 所示。

（2）通过 JavaScript 脚本判断用户名和密码是否为空，具体代码如下：

```
<script language="javascript">
function checkinput(){                          //自定义函数
    if(form1.name.value==""){                   //判断用户名是否为空
        alert("请输入用户名!");
        form1.name.select();
        return false;
    }
    if(form1.pwd.value==""){                     //判断密码是否为空
        alert("请输入密码!");
        form1.pwd.select();
        return false ;
    }
    return true;
}
</script>
```

（3）通过"登录"按钮的 onclick 事件调用自定义函数 checkinput()，代码如下：

```
<input type="image" name="imageField" onclick="return checkinput();" src="images/ dl_06.gif"/>
<input type="image" name="imageField2" onclick="form.reset(); return false;" src="images/ dl_07.gif"/>
```

2．验证表单中的 E-mail 地址格式是否正确

【例 12.12】　本实例通过 JavaScript 脚本和正则表达式来验证 E-mail 地址格式是否正确，运行结果如图 12.17 所示。

👉 实例位置：光盘\MR\Instance\12\12.12

验证 E-mail 地址的正则表达式如下：

```
/\w+([-+.']\w+)*@\w+([-.]\w+)*\.\w+([-.]\w+)*/
```

图 12.17　验证 E-mail 地址格式

具体步骤如下：

（1）使用 JavaScript 编写一个用于检测 E-mail 地址是否正确的函数 checkemail()，该函数只有一个参数 email，用于获取输入的 E-mail 地址，返回值为 true 或 false。代码如下：

```
<script language="javascript">
function checkemail(email){
    var str=email;
    //在 JavaScript 中，正则表达式只能使用"/"开头和结束，不能使用双引号
    var Expression=/\w+([-+.']\w+)*@\w+([-.]\w+)*\.\w+([-.]\w+)*/;
    var objExp=new RegExp(Expression);
    if(objExp.test(str)==true){
        return true;
    }else{
        return false;
    }
}
</script>
```

（2）调用 checkemail()函数判断 E-mail 地址是否正确，并显示相应的提示信息。关键代码如下：

```
<script language="javascript">
function check(form1){
    if(form1.email.value==""){
        alert("请输入 email 地址!");form1.email.focus();return;
    }
    if(!checkemail(form1.email.value)){
        alert("您输入的 email 地址格式不正确!");form1.email.focus();return;
    }
    form1.submit();
}
</script>
```

12.9 综 合 应 用

12.9.1 让密码域更安全

【例 12.13】 虽然在密码域中已经将所输入的字符以掩码形式显示了,但是它并没有实现真正保密,因为用户可以通过复制该密码域中的内容,并将复制的密码粘贴到其他文档中,查看到密码的"真实面目"。为实现密码的真正安全,可以将密码域的复制功能屏蔽,同时改变密码域的掩码符号。运行本实例,输入密码并选中所输入的密码,右击时,可以发现原来的复制菜单项变为灰色,即为不可用状态,并且复制快捷键 Ctrl+C 也不可用。

👉 **实例位置:光盘\MR\Instance\12\12.13**

本实例主要是通过控制密码域的 oncopy、oncut、onpaste 事件来实现密码域的内容禁止复制的功能,并通过改变其 style 样式属性来实现改变密码域中掩码的样式。

(1)在页面中添加密码域,代码如下:

```
<input name="txt_passwd" type="password" class="textbox" id="txt_passwd" size="12" maxlength ="50">
```

(2)添加代码禁止用户复制、剪切和粘贴密码,代码如下:

```
<input name="txt_passwd" type="password" class="textbox" id="txt_passwd" size="12" maxlength="50" oncopy="return false" oncut="return false" onpaste="return false">
```

(3)改变密码域的掩码样式,将 style 属性中的 font-family 设置为 Wingdings,代码如下:

```
<input name="txt_passwd" type="password" class="textbox" id="txt_passwd" size="12" maxlength="50" oncopy="return false" oncut="return false" onpaste="return false" style="font-family:Wingdings;">
```

运行结果如图 12.18 所示。

图 12.18 让密码域更安全

Note

12.9.2　制作个人信息页面

【**例 12.14**】 应用表单和表单元素创建一个录入个人信息的页面。

👉 **实例位置**：光盘\MR\Instance\12\12.14

创建一个 form 表单，在表单中添加文本框、单选按钮、复选框、文本区域、提交按钮和重置按钮，应用表格对表单元素进行合理的布局。关键代码参考如下：

```html
<form id="form1" name="form1" method="post" action="">
  <table width="503" border="0" align="center" cellspacing="1" bgcolor="#BBBBBB">
    <tr>
      <td height="46" colspan="2" bgcolor="#DDDDDD"><font color="#333333" size="+2">请输入你的
个人信息</font></td>
    </tr>
    <tr>
      <td width="82" height="20" align="right" bgcolor="#DDDDDD">姓名：</td>
      <td width="414" height="20" bgcolor="#DDDDDD"><input type="text" name="name"/></td>
    </tr>
    <tr>
      <td height="20" align="right" bgcolor="#DDDDDD">性别：</td>
      <td height="20" bgcolor="#DDDDDD"><input type="radio" name="sex" value="男"/>男
  <input type="radio" name="sex" value="女"/>女</td>
    </tr>
    <tr>
      <td height="20" align="right" bgcolor="#DDDDDD">出生年月：</td>
      <td height="20" bgcolor="#DDDDDD"><select name="year">
<script language="javascript">
    for(var i=1970;i<2000;i++){
        document.write("<option value=""+i+""+(i==1985?" selected":"")+">"+i+"年</option>");
    }
</script>
  </select>
    <select name="month">
<script language="javascript">
    for(var i=1;i<=12;i++){
        document.write("<option value=""+i+"">"+i+"月</option>");
    }
</script>
  </select></td>
    </tr>
    <tr>
      <td height="20" align="right" bgcolor="#DDDDDD">爱好：</td>
      <td height="20" bgcolor="#DDDDDD"><input type="checkbox" name="interest[]" value="看电影"
/>看电影
    <input type="checkbox" name="interest[]" value="听音乐"/>听音乐
    <input type="checkbox" name="interest[]" value="演奏乐器"/>演奏乐器
    <input type="checkbox" name="interest[]" value="打篮球"/>打篮球
```

```
        <input type="checkbox" name="interest[]" value="看书"/>看书
        <input type="checkbox" name="interest[]" value="上网"/>上网</td>
    </tr>
    <tr>
        <td height="20" align="right" bgcolor="#DDDDDD">地址：</td>
        <td height="20" bgcolor="#DDDDDD"><input type="text" name="address"/></td>
    </tr>
    <tr>
        <td height="20" align="right" bgcolor="#DDDDDD">电话：</td>
        <td height="20" bgcolor="#DDDDDD"><input type="text" name="tel"/></td>
    </tr>
    <tr>
        <td height="20" align="right" bgcolor="#DDDDDD">qq：</td>
        <td height="20" bgcolor="#DDDDDD"><input type="text" name="qq"/></td>
    </tr>
    <tr>
        <td align="right" valign="top" bgcolor="#DDDDDD">自我评价：</td>
        <td bgcolor="#DDDDDD"><textarea name="comment" cols="30" rows="5"></textarea></td>
    </tr>
    <tr>
        <td bgcolor="#DDDDDD"> </td>
        <td bgcolor="#DDDDDD"><input type="submit" name="Submit" value="提交"/>
        <input type="reset" name="Submit2" value="重置"/></td>
    </tr>
  </table>
</form>
```

运行结果如图 12.19 所示。

图 12.19　个人信息页面

12.10　本章常见错误

12.10.1　上传文件表单没有设置 enctype 属性

要实现文件的上传，需要设置表单中的 enctype 属性，该属性用于设置表单信息提交的编码方式。在上传文件时需要把该属性值设置为 multipart/form-data，如果不设置该属性则不能实现文件的上传。

12.10.2　表单中的列表不能实现多选

菜单在正常状态下只显示一个选项，而列表可以显示一定数量的选项，并且可以实现多选，前提是必须设置 multiple 属性的值为"multiple"。

12.11　本 章 小 结

本章主要讲解了表单及表单元素的使用，在开发网页程序时，表单是不可缺少的元素之一。通过本章的学习，读者可以了解表单中的各种标记，以及在 Dreamweaver 中创建表单元素、通过 JavaScript 语言访问表单及表单域等内容。

12.12　跟 我 上 机

参考答案：光盘\MR\跟我上机

创建一个填写留言页面，在页面中添加常用的表单元素，如文本框、编辑框、单选按钮组、复选框和按钮等，并对各表单元素合理命名。代码如下：

```
<table width="761" border="0" align="center" cellpadding="0" cellspacing="0" bordercolor="#FEFEFE"
bgcolor="#FFFFFF">
  <form action="" method="post" name="form1" id="form1">
  <tr>
    <td width="761" align="center" bgcolor="#F9F8EF"><table width="749" border="0" align="center"
cellpadding="0" cellspacing="0" style="BORDER-COLLAPSE: collapse">
    <tr>
      <td width="749" height="57" background="images/a_03.jpg">  </td>
    </tr>
    <tr>
```

```
                <td height="36" colspan="3" align="left" background="images/a_05.jpg" bgcolor="#F9F8EF"
scope="col">    姓  名：
                <input name="user_name" id="user_name" value="匿名" maxlength="64" type="text"/>
                    <span
                style="COLOR: #ff0000">*</span></td>
            </tr>
            <tr>
                <td height="36" colspan="3" align="left" background="images/a_05.jpg" bgcolor= "#F9F8EF"
>    标　题：
                <input maxlength="64" size="30" name="title" type="text"/>
                    <span style="COLOR: #ff0000">*</span></td>
            </tr>
            <tr>
                <td    height="126"    colspan="3"    align="left"    background="images/a_05.jpg"    bgcolor=
"#F9F8EF">    内  容：
                <textarea    name="content"    cols="60"    rows="8"    id="content"    style="background:
url(./images/mrbccd.gif)"></textarea>
                    <span style="COLOR: #ff0000">*</span></td>
            </tr>
            <tr>
                <td height="40" colspan="3" align="left" background="images/a_05.jpg" bgcolor= "#F9F8EF
">    您现在的心情：
                <input  name="mood"  type="radio"  value="&lt;img  src='images/face/1.gif'&gt;"  checked=
"checked"/>
                    <img src="images/face/1.gif" width="20" height="20"/> 
                    <input name="mood" type="radio" value="&lt;img src='images/face/2.gif'&gt;"/>
                    <img src="images/face/2.gif" width="20" height="20"/> 
                    <input name="mood" type="radio" value="&lt;img src='images/face/3.gif'&gt;"/>
                    <img src="images/face/3.gif" width="20" height="20"/> 
                    <input name="mood" type="radio" value="&lt;img src='images/face/4.gif'&gt;"/>
                    <img src="images/face/4.gif" width="20" height="20"/> 
                    <input name="mood" type="radio" value="&lt;img src='images/face/5.gif'&gt;"/>
                    <img src="images/face/5.gif" width="20" height="20"/> 
                    <input name="mood" type="radio" value="&lt;img src='images/face/6.gif'&gt;"/>
                    <img src="images/face/6.gif" width="20" height="20"/> 
                    <input name="mood" type="radio" value="&lt;img src='images/face/7.gif'&gt;"/>
                    <img src="images/face/7.gif" width="20" height="20"/> 
                    <input name="mood" type="radio" value="&lt;img src='images/face/8.gif'&gt;"/>
                    <img src="images/face/8.gif" width="20" height="20"/> 
                    <input name="mood" type="radio" value="&lt;img src='images/face/9.gif'&gt;"/>
                    <img src="images/face/9.gif" width="38" height="26"/> </td>
            </tr>
            <tr>
                <td    height="40"    colspan="3"    align="left"    background="images/a_05.jpg"    bgcolor=
"#F9F8EF"><img src="images/whisper.gif" width="16" height="16"/>  
                    <input type="checkbox" name="checkbox" value="1"/>
                给版主的悄悄话</td>
            </tr>
            <tr>
                <td height="35" background="images/a_07.jpg">  </td>
```

```
              </tr>
          </table></td>
      </tr>
      <tr>
        <td align="center" bgcolor="#F9F8EF">
            <table width="734" border="0" align="center" cellpadding="0" cellspacing="0">
              <tr>
                <td   width="703"   height="40"   align="center"><input   name="submit"   type="submit"
class="btn1" id="submit" value="签写留言" onclick="return check_form(form1);"/>
                      
                    <input name="reset" type="reset" class="btn1" value="清除留言"/></td>
              </tr>
          </table></td>
      </tr>
    </form>
</table>
```

第13章

JavaScript 操作 XML 和 DOM

（📹 视频讲解：44 分钟）

在 Web 站点中，XML 被广泛应用于数据的结构化组织。XML 是绝大多数软件开发领域都在应用的一种编程语言。文档对象模型也可以称为 DOM，能够以编程方式访问和操作 Web 页面（也可以称为文档）的接口，通过对文档对象模型的学习将会掌握页面中元素的层次关系，同时有助于对 JavaScript 程序的开发和理解。本章主要介绍 JavaScript 与 XML DOM 编程的相关技术。

本章能够完成的主要范例（已掌握的在方框中打勾）

☐ 创建一个简单的 XML 文档

☐ 通过 JavaScript 脚本语句获取 XML 文档中的数据

☐ 应用 XML DOM 技术实现读取 XML 文件

☐ 实现复制节点的功能

☐ 通过 DOM 对象的 removeChild()方法动态删除页面中所选中的文本

☐ 实现节点的替换功能

☐ 使用 getElementById()方法实现在页面的指定位置显示当前日期

☐ 在网页的合适位置显示分时问候

13.1 XML 编程

13.1.1 XML 概述

The Extensible Markup Language（XML），即可扩展标记语言，是一种用于描述数据的标记语言，XML 很容易使用，而且可以定制。XML 只描述数据的结构以及数据之间的关系，是一种纯文本的语言，用于在计算机之间共享结构化数据。与其他文档格式相比，XML 的优点在于它定义了一种文档自我描述的协议。下面对 XML 进行详细的介绍。

13.1.2 创建 XML 文件

为了更好地理解 XML 文档，先看一个简单的实例，通过该实例可以了解 XML 文档的创建以及结构。

【**例 13.1**】 创建一个简单的 XML 文档，以软件管理系统为例，包括用户名、编号和电话。代码如下：

> 👉 **实例位置：光盘\MR\Instance\13\13.1**

```xml
<?xml version="1.0" encoding="GB2312"?>
<!-- 这是 XML 文档的注释 -->
<软件管理系统>
    <管理员 1>
        <用户名>明日科技</用户名>
        <编号>0001</编号>
        <电话>8497****</电话>
    </管理员 1>
    <管理员 2>
        <用户名>明日软件</用户名>
        <编号>0002</编号>
        <电话>8497****</电话>
    </管理员 2>
</软件管理系统>
```

运行结果如图 13.1 所示。

XML 文档的结构主要由序言和文档元素两部分组成，下面分别进行介绍。

☑ 序言

序言中包含 XML 声明、处理指令和注释。序言必须出现在 XML 文件的开始处。本实例代码中的第 1 行是 XML 声明，用于说明这是一个 XML 文件，并且指定 XML 的版本号。第 2 行为注释语句。

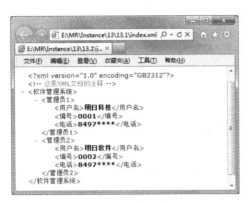

图 13.1 XML 文档的创建

☑ 文档元素

XML 文件中的元素是以树型分层结构排列的，元素可以嵌套在其他元素中。文档中必须只有一个顶层元素，称为文档元素或者根元素，类似于 HTML 语言中的<body>标记，其他所有元素都嵌套在根元素中。XML 文档中主要包含各种元素、属性、文本内容、字符和实体引用、CDATA 区等。

在上面的实例代码中，文档元素是"软件管理系统"，其起始和结束标记分别是<软件管理系统>、</软件管理系统>。在文档元素中定义了标记<管理员>，又在<管理员>标记中定义了<用户名>、<编号>、<电话>。

了解了 XML 文档的基本格式，还要熟悉创建 XML 文档的规则，知道什么样的 XML 文档才具有良好的结构。XML 文档的规则如下：

（1）XML 元素名是区分大小写的，而且开始和结束标记必须准确匹配。

（2）文档只能包含一个元素。

（3）元素可以是空的，也可以包含其他元素、简单的内容或元素和内容的组合。

（4）所有的元素必须有结束标记，或者是简写形式的空元素。

（5）XML 元素必须正确地嵌套，不允许元素相互重叠或跨越。

（6）XML 文档中的空格被保留。空格是节点内容的一部分，如果要删除空格，可以手动进行删除。

（7）元素可以包含属性，属性必须放在单引号或双引号中。在一个元素节点中，具有给定名称的属性只能有一个。

13.1.3 加载 XML 文件

不但可以通过 XSLT（eXtensible Style Sheet Transformations）、客户端程序和 CSS 获取 XML 文档中的数据，还可以通过 DOM 获取 XML 文档中的数据。

在应用 DOM 对 XML 文档中的数据进行处理之前，必须创建 DOM 并载入 XML。虽然 XML 和 DOM 已经变成 Web 开发的重要组成部分，但是目前仅有 IE 和 Mozilla 两种浏览器支持客户端处理 XML。下面分别介绍在 IE 和 Mozilla 中创建 DOM 并载入 XML 的方法。

Note

1．在 IE 中创建 DOM 并载入 XML

（1）创建 XML DOM 对象的实例

Microsoft 在 JavaScript 中引入了用于创建 ActiveX 对象的 ActiveXObject 类，通过该类可以创建 XML DOM 对象的实例，代码如下：

```
var xmldoc = new ActiveXObject("Microsoft.XMLDOM");
```

（2）载入 XML

Microsoft 的 XML DOM 有两种载入 XML 的方法：load()和 loadXML()。load()方法用于从服务器上载入 XML 文件，语法格式如下：

```
xmldoc.load(url);
```

☑ xmldoc：为 XML DOM 对象的实例。
☑ url：为 XML 文件的名称。

注意：
　　load()方法只可以载入同包含 JavaScript 的页面存储于同一服务器上的文件。

在载入时还可以采用同步或异步两种模式，在默认情况下，文件是按照异步模式载入；如果需要进行同步载入，可以设置 async 属性为 false。

在异步载入文件时，还需要使用 readyState 属性和 onreadystatechange 事件处理函数，这样可以保证在 DOM 完全载入后执行其他操作。

loadXML()方法可直接向 XML DOM 输入 XML 字符串，例如：

```
xmldoc.loadXML("<root><son/></root>");
```

2．在 Mozilla 中创建 DOM 并载入 XML

（1）创建 XML DOM 对象的实例

DOM 标准指出，使用 document.implementation 对象的 createDocument()方法可以创建 XML DOM 对象的实例，代码如下：

```
var xmldoc = document.implementation.createDocument("", "", null);
```

createDocument()方法包括 3 个参数，第一个参数用于指定文件的命名空间 URL；第二个参数用于指定文件元素的标记名；第 3 个参数用于指定文档类型对象（因为 Mozilla 中还没有对文档类型对象的支持，所以总是 null）。

（2）载入 XML

Mozilla 只支持一个载入 XML 的方法 load()。Mozilla 中的 load()方法和 IE 中的 load()方法工作方式一样，只要指定载入的 XML 文件即可。

Mozilla 的 XML DOM 会在文件完全载入后触发 load 事件，也就是说必须使用 onload 事件处理函数来判断 DOM 何时完全载入，这样可以保证在 DOM 完全载入后执行其他操作（例如，调用自定义的 JavaScript 函数 createTable()将载入到 DOM 中的 XML 取出来并以表格的形式显示在页面中），代码如下：

```
xmldoc.onload=function(){
    xmldoc.onload = createTable(xmldoc);
}
```

【例 13.2】 通过 JavaScript 脚本语句获取 XML 文档中的数据。创建一个 get_xml()函数，首先定义变量用于输出 XML 文档中的数据，然后创建 Microsoft 解析器实例，加载指定的 XML 文档，最后应用 Microsoft.XMLDOM 对象的 documentElement 元素访问 XML 文档的根元素，并按照树形结构的特点应用 DOM 模型访问 XML 文档的其他元素和数据。代码如下：

实例位置：光盘\MR\Instance\13\13.2

```
<html>
<head>
<meta http-equiv="Content-Type" content="text/html; charset=gb2312">
<title>获取 XML 中的数据</title>
</head>
<script>
function get_xml(){
    var xmldoc,employesNode,employeNode,peopleNode;    //定义变量
    var nameNode,titleNode,numberNode,displayText;    //定义变量
    xmldoc = new ActiveXObject("Microsoft.XMLDOM");    //创建 Microsoft 解析器实例
    xmldoc.async = false;
    xmldoc.load("index.xml");    //载入指定的 XML 文档
    employesNode=xmldoc.documentElement;    //获取根节点
    employeNode=employesNode.firstChild;    //访问根元素下的第一个节点
    numberNode=employeNode.firstChild;    //获取 number 元素
    nameNode=numberNode.nextSibling;    //获取 name 元素
    objectNode=nameNode.nextSibling;
    telNode=objectNode.nextSibling;
    //实现字符串的拼接，输出 XML 文档中的数据
    displayText="员工信息:"+numberNode.firstChild.nodeValue+','+nameNode.firstChild. nodeValue+','
+objectNode.firstChild.nodeValue+','+telNode.firstChild.nodeValue;
    div.innerHTML=displayText; //指定在 ID 标识为 div 的<div>标记中输出字符串 displayText 的信息
}
</script>
<body>
<h1>获取 XML 中的数据</h1>
<!--应用 onClick 事件调用函数 get_xml()-->
<input type="button" value="获取 XML 中的指定数据" onClick="get_xml()">
<div id="div"></div>
</body>
</html>
```

运行结果如图 13.2 所示。

图 13.2　获取 XML 文档中的数据

13.1.4　读取 XML

把 XML 载入到 DOM 中后，还需将其取出来，微软为每个节点（包括文档节点）都添加了一个 XML 特性，使得这个操作十分方便，它会将 XML 表现形式作为字符串返回。所以，获取载入后的 XML 十分简单。

1. 获取 XML 元素的属性值

在 XML 元素中，同样也可以像 HMTL 元素那样为指定的元素定义属性，而且还可以获取到属性的值。下面就介绍一种获取 XML 元素中属性值的方法。该方法主要是通过 attributes 属性获取到元素的属性集合，然后再应用 getNamedItem()方法得到指定属性的值。

【例 13.3】 应用 attributes 属性和 getNamedItem()方法获取一个指定的 XML 文档中的属性值。

 实例位置：光盘\MR\Instance\13\13.3

首先创建一个 XML 文档，并且为指定的元素设置属性，代码如下：

```
<?xml version="1.0" encoding="GB2312"?>
<employes>
<employe id='1' attendence='部门经理'>
<number>001</number>
<name>刘**</name>
<object>JSP</object>
<tel>1369669****</tel>
<address>长春市</address>
<e_mail>liu**@qq.com</e_mail>
</employe>
</employes>
```

然后创建一个 index.html 文件，实现 XML 元素中数据和属性值的输出。在该文件中首先通过数据岛调用指定的 XML 文档；然后创建变量，实现 XML 文档中各个节点的引用，并且应用 all 属性获取 id（1）所指定的 XML 文档的引用，将其赋值给 xmldoc；接着获取 employe 元素的引用，通过 attributes 获取 employe 元素的属性集合，之后应用 getNamedItem()方法获取集合 attributes 中 attendence 对象的引用，并将其赋值给变量 attendenceperson；最后通过字符串的拼接实现 XML 文档中数据和属性值的输出，这里获取的属性值为"部门经理"。代码如下：

244

```
<html>
<head>
<meta http-equiv="Content-Type" content="text/html; charset=gb2312">
<title>获取 XML 元素的数据和属性值</title>
</head>
<xml id="1" src="index.xml"></xml>
<script>
function get_xml(){
        var xmldoc,employesNode,employeNode;                    //定义变量
        var nameNode,titleNode,numberNode,displayText;          //定义变量
        var attributes,attendenceperson;
        xmldoc=document.all("1").XMLDocument;                    //获取指定的 XML 文档
        employesNode=xmldoc.documentElement;                    //获取根节点
        employeNode=employesNode.firstChild;                    //访问根元素下的第一个节点
        numberNode=employeNode.firstChild;                      //获取 number 元素
        nameNode=numberNode.nextSibling;                        //获取 name 元素
        objectNode=nameNode.nextSibling;
        telNode=objectNode.nextSibling;
        attributes=employeNode.attributes;                      //获取 employe 节点的属性集合
        attendenceperson=attributes.getNamedItem("attendence"); //获取集合指定对象的引用
        //实现字符串的拼接,输出 XML 文档中的数据
        displayText="员 工 信 息 :"+numberNode.firstChild.nodeValue+','+nameNode.firstChild.nodeValue
+','+objectNode.firstChild.nodeValue+','+telNode.firstChild.nodeValue+"<br>职务: "+attendenceperson.
value;
        div.innerHTML=displayText;   //指定在 ID 标识为 div 的<div>标记中输出字符串 displayText 的信息
}
</script>
<body>
<h1>输出 XML 元素中的数据和属性值</h1>
<!--应用 onClick 事件调用函数 get_xml()-->
<input type="button" value="获取 XML 元素的属性值" onClick="get_xml()">
<div id="div"></div>
</body>
</html>
```

运行结果如图 13.3 所示。

图 13.3　获取 XML 元素的属性值

2. 通过 JavaScript 获取 XML 文档中的数据

下面再介绍一种通过 JavaScript 访问 XML 文档中数据的方法,应用 getElementsByTagName()

Note

方法按名称访问 XML 文档中数据。

【例 13.4】 首先应用 ActiveXObject 创建一个 Microsoft 解析器实例，并将 XML 文档载入到内存中；然后应用 getElementsByTagName()方法获取 number 元素、name 元素和 object 元素的引用，返回结果为一个数组，数组中每个元素都对应 XML 文档中一个元素，并且次序相同；最后获取对应元素所包含文字的值，并且对字符串进行拼接。例如，通过表达式 nameNode(2).firstChild.nodeValue 获取 name 元素所包含文字的值。代码如下：

☞ 实例位置：光盘\MR\Instance\13\13.4

```html
<html>
<head>
<meta http-equiv="Content-Type" content="text/html; charset=gb2312">
<title>应用名称访问 XML 文档</title>
</head>
<script>
function get_xml(){
        var xmldoc,employesNode,employeNode,peopleNode;          //定义变量
        var nameNode,titleNode,numberNode,displayText;            //定义变量
        xmldoc = new ActiveXObject("Microsoft.XMLDOM");           //创建 Microsoft 解析器实例
        xmldoc.async = false;
        xmldoc.load("index.xml");                                 //载入指定的 XML 文档
        numberNode=xmldoc.getElementsByTagName("number");         //获取 number 元素的引用
        nameNode=xmldoc.getElementsByTagName("name");             //获取 name 元素的引用
        objectNode=xmldoc.getElementsByTagName("object");
        telNode=xmldoc.getElementsByTagName("tel");
        //实现字符串的拼接，输出 XML 文档中的数据
        displayText=" 员 工 信 息 :"+numberNode(1).firstChild.nodeValue+','+nameNode(1).firstChild.
nodeValue+','+objectNode(1).firstChild.nodeValue+','+telNode(1).firstChild.nodeValue;
        div.innerHTML=displayText; //指定在 ID 标识为 div 的<div>标记中输出字符串 displayText 的信息
}
</script>
<body>
<h1>应用名称访问 XML 文档</h1>
<!--应用 onClick 事件调用函数 get_xml()-->
<input type="button" value="获取 XML 中的指定数据" onClick="get_xml()">
<div id="div"></div>
</body>
</html>
```

运行结果如图 13.4 所示。

图 13.4 应用名称访问 XML 文档

3. 使用 XML DOM 对象读取 XML 文档

【例 13.5】 应用 XML DOM 技术实现读取 XML 文件。

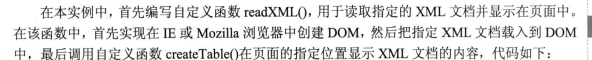

实例位置：光盘\MR\Instance\13\13.5

在本实例中，首先编写自定义函数 readXML()，用于读取指定的 XML 文档并显示在页面中。在该函数中，首先实现在 IE 或 Mozilla 浏览器中创建 DOM，然后把指定 XML 文档载入到 DOM 中，最后调用自定义函数 createTable() 在页面的指定位置显示 XML 文档的内容，代码如下：

```javascript
<script language="javascript">
function readXML(){                                          //定义函数，读取指定的 XML 文档，并显示在页面中
    var url = "index.xml";
    if(window.ActiveXObject){                    //IE
        var xmldoc = new ActiveXObject("Microsoft.XMLDOM");
        xmldoc.onreadystatechange = function(){
            if(xmldoc.readyState == 4) createTable(xmldoc);
        }
        xmldoc.load(url);
    }else if(document.implementation&&document.implementation.createDocument){// Mozilla
        var xmldoc = document.implementation.createDocument("", "", null);
        xmldoc.onload=function(){
            xmldoc.onload=createTable(xmldoc);
        }
        xmldoc.load(url);
    }
}
</script>
```

然后编写自定义函数 createTable()，用于将载入到 DOM 中的 XML 取出并以表格的形式显示在页面中。该函数只包括一个参数 xmldoc，用于指定载入到 DOM 中的 XML，无返回值。代码如下：

```javascript
<script language="javascript">
function createTable(xmldoc) {
    var table = document.createElement("table");
    table.setAttribute("width","100%");
    table.setAttribute("border","1");
    table.borderColor="#FFFFFF";
    table.cellSpacing="0";
    table.cellpadding="0";
    table.borderColorDark="#FFFFFF";
    table.borderColorLight="#AAAAAA";
    parentTd.appendChild(table);                      //在指定位置创建表格
    var header = table.createTHead();
    header.bgColor="#EEEEEE";                         //设置表头背景
    var headerrow = header.insertRow(0);
    headerrow.height="27";                            //设置表头高度
    headerrow.insertCell(0).appendChild(document.createTextNode("商品名称"));
    headerrow.insertCell(1).appendChild(document.createTextNode("类别"));
```

Note

```
headerrow.insertCell(2).appendChild(document.createTextNode("单位"));
headerrow.insertCell(3).appendChild(document.createTextNode("单价"));
var goodss = xmldoc.getElementsByTagName("goods");
for(var i=0;i<goodss.length;i++){
    var g = goodss[i];
    var name = g.getAttribute("name");
    var type = g.getElementsByTagName("type")[0].firstChild.data;
    var goodsunit = g.getElementsByTagName("goodsunit")[0].firstChild.data;
    var price = g.getElementsByTagName("price")[0].firstChild.data;
    var row = table.insertRow(i+1);
    row.height="27";                                    //设置行高
    row.insertCell(0).appendChild(document.createTextNode(name));
    row.insertCell(1).appendChild(document.createTextNode(type));
    row.insertCell(2).appendChild(document.createTextNode(goodsunit));
    row.insertCell(3).appendChild(document.createTextNode(price));
    }
}
</script>
```

最后将用于显示新创建表格的单元格的 ID 属性设置为 parentTd，并在<body>标记中应用 onLoad 事件调用自定义函数 readXML()读取 XML 文件并显示在页面中，关键代码如下：

```
<body onLoad="readXML()">
<td valign="top" id="parentTd"> </td>
```

运行结果如图 13.5 所示。

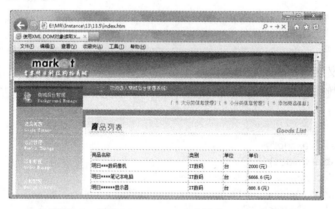

图 13.5　使用 XML DOM 对象读取 XML 文件

13.2　DOM 编程

13.2.1　DOM 概述

DOM 是 Document Object Model（文档对象模型）的缩写，它是由 W3C（World Wide Web Committee）定义的。下面分别介绍各单词的含义。

248

☑　Document（文档）

创建一个网页并将该网页添加到 Web 中，DOM 就会根据这个网页创建一个文档对象。如果没有 Document（文档），DOM 也就无从谈起。

☑　Object（对象）

对象是一种独立的数据集合，例如文档对象，即是文档中元素与内容的数据集合。与某个特定对象相关联的变量被称为这个对象的属性。可以通过某个特定对象调用的函数被称为这个对象的方法。

☑　Model（模型）

模型代表将文档对象表示为树状模型。在这个树状模型中，网页中的各个元素与内容表现为一个个相互连接的节点。

DOM 是与浏览器或平台的接口，使其可以访问页面中的其他标准组件。DOM 解决了 JavaScript 与 Jscript 之间的冲突，给开发者定义了一个标准的方法，用于访问站点中的数据、脚本和表现层对象。

1. DOM 分层

文档对象模型采用的分层结构为树形结构，以树节点的方式表示文档中的各种内容。先以一个简单的 HTML 文档说明，代码如下：

```
<html>
<head>
<title>标题内容</title>
</head>
<body>
<h3>三号标题</h3>
<b>加粗内容</b>
</body>
</html>
```

以上文档可以使用图 13.6 对 DOM 的层次结构进行说明。

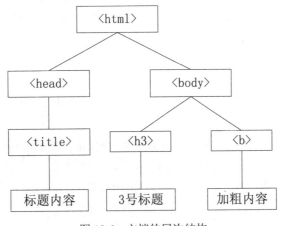

图 13.6　文档的层次结构

通过图 13.6 可以看出，在文档对象模型中，每一个对象都可以称为一个节点（Node）。下面将介绍几种节点的概念。

☑ 根节点

在最顶层的<html>节点，称为根节点。

☑ 父节点

一个节点之上的节点是该节点的父节点（parent）。例如，<html>就是<head>和<body>的父节点，<head>就是<title>的父节点。

☑ 子节点

位于一个节点之下的节点就是该节点的子节点。例如，<head>和<body>就是<html>的子节点，<title>就是<head>的子节点。

☑ 兄弟节点

如果多个节点在同一个层次，并拥有相同的父节点，这几个节点就是兄弟节点（sibling）。例如，<head>和<body>是兄弟节点，<h3>和<b>是兄弟节点。

☑ 后代

一个节点的子节点的结合可以称为该节点的后代（descendant）。例如，<head>和<body>是<html>的后代，<h3>和<b>是<body>的后代。

☑ 叶子节点

在树形结构最底部的节点称为叶子节点。例如，"标题内容"、"3 号标题"和"加粗内容"都是叶子节点。

在了解节点后，下面将介绍文档模型中节点的 3 种类型。

☑ 元素节点：在 HTML 中，<body>、<p>、<a>等一系列标记是这个文档的元素节点。元素节点组成了文档模型的语义逻辑结构。

☑ 文本节点：包含在元素节点中的内容部分，如<p>标记中的文本等。在一般情况下，不为空的文本节点都是可见并呈现于浏览器中的。

☑ 属性节点：元素节点的属性，如<a>标记的 href 属性与 title 属性等。在一般情况下，大部分属性节点都是隐藏在浏览器背后，并且是不可见的。属性节点总是被包含于元素节点当中。

2．DOM 级别

W3C 在 1998 年 10 月标准化了 DOM 第一级，不仅定义了基本的接口，其中还包含了所有 HTML 接口。在 2000 年 11 月标准化了 DOM 第二级，在第二级中不但对核心的接口升级，还定义了使用文档事件和 CSS 样式表的标准的 API。Netscape 的 Navigator 6.0 浏览器和 Microsoft 的 Internet Explorer 5.0 浏览器都支持了 W3C 的 DOM 第一级的标准。目前，Netscape、Firefox（火狐）等浏览器已经支持 DOM 第二级的标准，但 Internet Explorer（IE）还不完全支持 DOM 第二级的标准。

13.2.2 DOM 对象节点属性

在 DOM 中通过使用节点属性可以对各节点的名称、类型、节点值、子节点和兄弟节点等进行查询。DOM 常用的节点属性如表 13.1 所示。

表 13.1 DOM 常用的节点属性

属　性	说　明
nodeName	节点的名称
nodeValue	节点的值，通常只应用于文本节点
nodeType	节点的类型
parentNode	返回当前节点的父节点
childNodes	子节点列表
firstChild	返回当前节点的第一个子节点
lastChild	返回当前节点的最后一个子节点
previousSibling	返回当前节点的前一个兄弟节点
nextSibling	返回当前节点的后一个兄弟节点
Attributes	元素的属性列表

1．访问指定节点

使用 getElementById()方法来访问指定 id 的节点，并用 nodeName 属性、nodeType 属性和 nodeValue 属性显示出该节点的名称、类型和节点值。

（1）nodeName 属性

该属性用来获取某一个节点的名称。

语法：

［sName=］obj.nodeName

参数 sName 为字符串变量，用来存储节点的名称。

（2）nodeType 属性

该属性用来获取某个节点的类型。

语法：

［sType=］obj.nodeType

参数 sType 为字符串变量，用来存储节点的类型，该类型值为数值型。该参数的类型如表 13.2 所示。

表 13.2 sType 参数的类型

类　型	数　值	节　点　名	说　明
元素（element）	1	标记	任何 HTML 或 XML 的标记
属性（attribute）	2	属性	标记中的属性

Note

续表

类　型	数　值	节　点　名	说　明
文本（text）	3	#text	包含标记中的文本
注释（comment）	8	#comment	HTML 的注释
文档（document）	9	#document	文档对象
文档类型（documentType）	10	DOCTYPE	DTD 规范

（3）nodeValue 属性

该属性将返回节点的值。

语法：

［txt=］obj.nodeValue

参数 txt 为字符串变量，用来存储节点的值，除文本节点类型外，其他类型的节点值都为 null。

【例 13.6】 在页面弹出的提示框中显示指定节点的名称、类型和节点的值，代码如下：

实例位置：光盘\MR\Instance\13\13.6

```html
<head>
<title>访问指定节点</title>
</head>
<body>
<h3 id="b1">JavaScript</h3>
<b>自学视频教程</b>
<script language="javascript">
    <!--
        var by=document.getElementById("b1");          //访问 id 为"b1"的节点
        var str;
        str="节点名称:"+by.nodeName+"\n";               //获取节点名称
        str+="节点类型:"+by.nodeType+"\n";              //获取节点类型
        str+="节点值:"+by.nodeValue+"\n";               //获取节点值
        alert(str);                                     //弹出显示对话框
    -->
</script>
</body>
```

程序运行结果如图 13.7 所示。

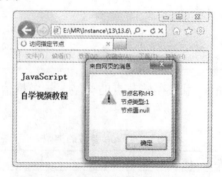

图 13.7　显示指定节点名称、类型和值

2. 遍历文档树

遍历文档树通过使用 parentNode 属性、firstChild 属性、lastChild 属性、previousSibling 属性和 nextSibling 属性来实现。

（1）parentNode 属性

该属性返回当前节点的父节点。

语法：

```
［pNode=］obj.parentNode
```

参数 pNode 用来存储父节点，如果不存在父节点，将返回 null。

（2）firstChild 属性

该属性返回当前节点的第一个子节点。

语法：

```
［cNode=］obj.firstChild
```

参数 cNode 用来存储第一个子节点，如果不存在将返回 null。

（3）lastChild 属性

该属性返回当前节点的最后一个子节点。

语法：

```
［cNode=］obj.lastChild
```

参数 cNode 用来存储最后一个子节点，如果不存在将返回 null。

（4）previousSibling 属性

该属性返回当前节点的前一个兄弟节点。

语法：

```
［sNode=］obj.previousSibling
```

参数 sNode 用来存储前一个兄弟节点，如果不存在将返回 null。

（5）nextSibling 属性

该属性返回当前节点的后一个兄弟节点。

语法：

```
［sNode=］obj.nextSibling
```

参数 sNode 用来存储后一个兄弟节点，如果不存在将返回 null。

【例 13.7】 在页面中，通过相应的按钮可以查找到文档的各个节点的名称、类型和节点值。代码如下：

👉 **实例位置：光盘\MR\Instance\13\13.7**

```
<head>
<title>遍历文档树</title>
</head>
```

```html
<body>
<h3 id="h1">JavaScript</h3>
<b>自学视频教程</b>
<form name="frm" action="#" method="get">
节点名称：<input type="text" id="na"/><br/>
节点类型：<input type="text" id="ty"/><br/>
节点的值：<input type="text" id="va"/><br/>
<input type="button" value="父节点" onclick="txt=nodeS(txt,'parent');"/>
<input type="button" value="第一个子节点" onclick="txt=nodeS(txt,'firstChild');"/>
<input type="button" value="最后一个子节点" onclick="txt=nodeS(txt,'lastChild');"/><br>
<input name="button" type="button" onclick="txt=nodeS(txt,'previousSibling');" value="前一个兄弟节点"/>
<input type="button" value="最后一个兄弟节点" onclick="txt=nodeS(txt,'nextSibling');"/>
<input type="button" value="返回根节点" onclick="txt=document. documentElement; txtUpdate (txt);"/>
</form>
<script language="javascript">
    <!--
        function txtUpdate(txt){
            window.document.frm.na.value=txt.nodeName;
            window.document.frm.ty.value=txt.nodeType;
            window.document.frm.va.value=txt.nodeValue;
        }
        function nodeS(txt,nodeName){
            switch(nodeName){
                case "previousSibling":
                    if(txt.previousSibling){
                        txt=txt.previousSibling;
                    }else
                        alert("无兄弟节点");
                    break;
                case "nextSibling":
                    if(txt.nextSibling){
                        txt=txt.nextSibling;
                    }else
                        alert("无兄弟节点");
                    break;
                case "parent":
                    if(txt.parentNode){
                        txt=txt.parentNode;
                    }else
                        alert("无父节点");
                    break;
                case "firstChild":
                    if(txt.hasChildNodes()){
                        txt=txt.firstChild;
                    }else
                        alert("无子节点");
                    break;
                case "lastChild":
                    if(txt.hasChildNodes()){
                        txt=txt.lastChild;
```

```
                    }else
                        alert("无子节点")
                    break;
                }
            txtUpdate(txt);
            return txt;
        }
        var txt=document.documentElement;
        txtUpdate(txt);
        function ar(){
            var n=document.documentElement;
            alert(n.length);
        }
    -->
</script>
</body>
```

运行结果如图 13.8 和图 13.9 所示。

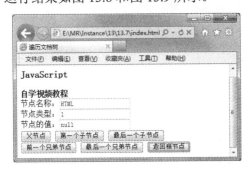

图 13.8　当前文档的根节点

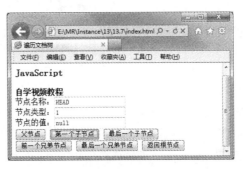

图 13.9　当前文档的第一个子节点

13.2.3　操作节点

1．节点的创建

☑　创建新节点

创建新的节点先通过使用文档对象中的 createElement()方法和 createTextNode()方法实现，生成一个新元素，并生成文本节点，最后通过使用 appendChild()方法将创建的新节点添加到当前节点的末尾处。

appendChild()方法将新的子节点添加到当前节点的末尾。

语法：

```
obj.appendChild(newChild)
```

参数 newChild 表示新的子节点。

【例 13.8】　在页面加载后自动显示"Hello JavaScript！"文本内容，并通过使用<h1>标记将该文本转换为标题 1。代码如下：

👉 **实例位置：光盘\MR\Instance\13\13.8**

```
<body onload="createChild()" >
<script language="javascript">
    <!--
        function createChild(){
            var h1=document.createElement("h1");                    //创建新生成的节点元素
            var txt=document.createTextNode("Hello JavaScript！");   //创建节点文本
            h1.appendChild(txt);
            document.body.appendChild(h1);
        }
    -->
</script>
</body>
```

运行结果如图 13.10 所示。

图 13.10　创建新节点

☑　创建多个节点

创建多个节点通过使用循环语句，利用 createElement()方法和 createTextNode()方法生成新元素并生成文本节点，最后通过使用 appendChild()方法将创建的新节点添加到页面上。

【例 13.9】　在页面加载后，自动创建多个<p>节点，并且在每个节点中显示不同的文本内容。代码如下：

👉 **实例位置：光盘\MR\Instance\13\13.9**

```
<body onload="dc()">
<script language="javascript">
<!--
    function dc(){
        var aText=["第一个节点内容","第二个节点内容","第三个节点内容","第四个节点内容"];
        for(var i=0;i<aText.length;i++){                    //遍历节点
            var ce=document.createElement("p");             //创建节点元素
            var cText=document.createTextNode(aText[i]);    //创建节点文本
            ce.appendChild(cText);
            document.body.appendChild(ce);
        }
    }
-->
</script>
</body>
```

运行结果如图 13.11 所示。

图 13.11 创建多个节点

在例 13.9 中，使用循环语句通过 appendChild()方法将节点添加到页面中。由于 appendChild() 方法在每一次添加新的节点时都会刷新页面，这会使浏览器显得十分缓慢。这里可以通过使用 createDocumentFragment()方法来解决这个问题。createDocumentFragment()方法用来创建文件碎片节点。

【例 13.10】 用 createDocumentFragment()方法以只刷新一次页面的形式在页面中动态添加多个<b>节点，并在每个节点中显示不同的文本内容。代码如下：

☞ 实例位置：光盘\MR\Instance\13\13.10

```
<body onload="dc()">
<script language="javascript">
<!--
    function dc(){
        var aText=["第一个节点内容","第二个节点内容","第三个节点内容","第四个节点内容"];
        var cdf=document.createDocumentFragment(); //创建文件碎片节点
        for(var i=0;i<aText.length;i++){                    //遍历节点
            var ce=document.createElement("b");
            var cb=document.createElement("br");
            var cText=document.createTextNode(aText[i]);
            ce.appendChild(cText);
            cdf.appendChild(ce);
            cdf.appendChild(cb);
        }
        document.body.appendChild(cdf);
    }
-->
</script>
</body>
```

运行结果如图 13.12 所示。

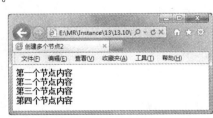

图 13.12 创建多个节点

2. 节点的插入和追加

插入节点通过使用 insertBefore()方法来实现。insertBefore()方法将新的子节点添加到当前节点的前面。

语法：

```
obj.insertBefore(new,ref)
```

☑ new：表示新的子节点。

☑ ref：指定一个节点，在这个节点前插入新的节点。

【例 13.11】 在页面的文本框中输入需要插入的文本，然后通过单击"插入"按钮将文本插入到页面中。代码如下：

👉 **实例位置：光盘\MR\Instance\13\13.11**

```html
<head>
<meta http-equiv="Content-Type" content="text/html; charset=gb2312"/>
<title>插入节点</title>
<script language="javascript">
    <!--
        function crNode(str){                              //创建节点
            var newP=document.createElement("p");
            var newTxt=document.createTextNode(str);
            newP.appendChild(newTxt);
            return newP;
        }
        function insertNode(nodeId,str){                   //插入节点
            var node=document.getElementById(nodeId);
            var newNode=crNode(str);
            if(node.parentNode)                            //判断是否拥有父节点
            node.parentNode.insertBefore(newNode,node);
        }
    -->
</script>
</head>
<body>
    <h2 id="h">在上面插入节点</h2>
    <form id="frm" name="frm">
    输入文本： <input type="text" name="txt"/>
<input type="button" value="插入" onclick="insertNode('h',document.frm.txt.value);"/>
    </form>
</body>
```

运行结果如图 13.13 和图 13.14 所示。

图 13.13 插入节点前

图 13.14 插入节点后

3. 节点的复制

复制节点可以使用 cloneNode()方法来实现。

语法：

```
obj.cloneNode(deep)
```

参数 deep 是一个 Boolean 值，表示是否为深度复制。深度复制是将当前节点的所有子节点全部复制，当值为 true 时表示深度复制，值为 false 时表示简单复制。简单复制只复制当前节点，不复制其子节点。

【例 13.12】 实现复制节点的功能。

☞ 实例位置：光盘\MR\Instance\13\13.12

本实例在页面中显示了一个下拉列表框和两个按钮，如图 13.15 所示，单击"复制"按钮时只复制了一个新的下拉列表框，并未复制其选项，如图 13.16 所示。单击"深度复制"按钮时将会复制一个新的下拉列表框并包含其选项，如图 13.17 所示。

图 13.15 复制节点前

图 13.16 普通复制后

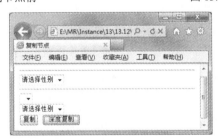

图 13.17 深度复制后

代码如下：

```
<head>
<title>复制节点</title>
<script language="javascript">
    <!--
        function AddRow(bl){
            var sel=document.getElementById("sexType");      //访问节点
            var newSelect=sel.cloneNode(bl);                 //复制节点
            var b=document.createElement("br");              //创建节点元素
            di.appendChild(newSelect);                       //将新节点添加到当前节点的末尾
            di.appendChild(b);
        }
```

```
        -->
</script>
</head>
<body>
<form>
    <hr>
    <select name="sexType" id="sexType">
        <option value="%">请选择性别</option>
        <option value="0">男</option>
        <option value="1">女</option>
    </select>
    <hr>
<div id="di"></div>
 <input type="button" value="复制" onClick="AddRow(false)"/>
 <input type="button" value="深度复制" onClick="AddRow(true)"/>
</form>
</body>
```

4．节点的删除与替换

☑　删除节点

删除节点通过使用 removeChild()方法实现。

语法：

obj. removeChild(oldChild)

参数 oldChild 表示需要删除的节点。

【例 13.13】 本实例将通过 DOM 对象的 removeChild()方法动态删除页面中所选中的文本。
代码如下：

👉 实例位置：光盘\MR\Instance\13\13.13

```
<head>
<meta http-equiv="Content-Type" content="text/html; charset=gb2312"/>
<title>删除节点</title>
<script language="javascript">
    <!--
        function delNode(){
            var deleteN=document.getElementById('di');          //访问节点
            if(deleteN.hasChildNodes()){                        //判断是否有子节点
                deleteN.removeChild(deleteN.lastChild);         //删除最后一个节点
            }
        }
    -->
</script>
</head>
<body>
<h1>删除节点</h1>
    <div id="di">
        <p>第一个子节点内容</p>
```

```
            <p>第二个子节点内容</p>
            <p>第三个子节点内容</p>
        </div>
<form>
        <input type="button" value="删除" onclick="delNode();"/>
</form>
</body>
```

运行结果如图 13.18 和图 13.19 所示。

图 13.18　删除节点前

图 13.19　删除节点后

☑　替换节点

替换节点可以使用 replaceChild()方法来实现，该方法用来将旧的节点替换成新的节点。

语法：

```
obj.replaceChild(new,old)
```

> new：替换后的新节点。
> old：需要被替换的旧节点。

【例 13.14】实现节点的替换功能。

☞ 实例位置：光盘\MR\Instance\13\13.14

本实例在页面中输入替换后的标记和文本，如图 13.20 所示，单击"替换"按钮将原来的文本和标记替换成为新的文本和标记，如图 13.21 所示。

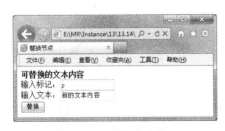

图 13.20　替换节点前

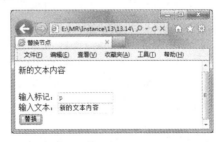

图 13.21　替换节点后

代码如下：

```
<head>
```

Note

```
<title>替换节点</title>
<script language="javascript">
    <!--
        function repN(str,bj){
            var rep=document.getElementById('b1');              //访问节点
            if(rep){
                var newNode=document.createElement(bj);          //创建节点元素
                newNode.id="b1";
                var newText=document.createTextNode(str);        //创建文本节点
                newNode.appendChild(newText);                    //将新节点添加到当前节点的末尾
                rep.parentNode.replaceChild(newNode,rep);        //替换节点
            }
        }
    -->
</script>
</head>
<body>
<b id="b1">可替换的文本内容</b>
<br/>
输入标记：<input id="bj" type="text" size="15"/><br/>
输入文本：<input id="txt" type="text" size="15"/><br/>
<input type="button" value="替换" onclick="repN(txt.value,bj.value)"/>
</body>
```

说明：

　　关于节点，虽然元素属性可以修改，但元素不能直接修改。如果要进行修改，应当改变节点本身。

13.2.4　获取文档中的指定元素

　　虽然通过遍历文档树中全部节点的方法，可以找到文档中指定的元素，但是这种方法比较麻烦。下面介绍两种直接搜索文档中指定元素的方法。

1．通过元素的 id 属性获取元素

　　使用 Document 对象的 getElementById()方法可以通过元素的 id 属性获取元素。例如，获取文档中 id 属性为 userId 的节点的代码如下：

```
document.getElementById("userId");
```

2．通过元素的 name 属性获取元素

　　使用 Document 对象的 getElementsByName()方法可以通过元素的 name 属性获取元素，通常用于获取表单元素。与 getElementById()方法不同的是，使用该方法的返回值为一个数组，而不是元素。如果想通过 name 属性获取页面中唯一的元素，可以通过获取返回数组中下标值为 0 的

Note

元素进行获取。例如，页面中有一组单选按钮，name 属性均为 likeRadio，要获取第一个单选按钮的值可以使用下面的代码：

```
<input type="text" name="likeRadio" id="radio" value="体育"/>
<input type="text" name="likeRadio" id="radio" value="美术"/>
<input type="text" name="likeRadio" id="radio" value="文艺"/>
<script language="javascript">
    alert(document.getElementsByName("likeRadio")[0].value);
</script>
```

【例 13.15】 使用 getElementById()方法实现在页面的指定位置显示当前日期，步骤如下所述。

📇 **实例位置：光盘\MR\Instance\13\13.15**

（1）编写一个 HTML 文件，在该文件的<body>标记中添加一个 id 为 clock 的<div>标记，用于显示当前日期，关键代码如下：

```
<div id="clock">正在获取时间</div>
```

（2）编写自定义的 JavaScript 函数，用于获取当前日期，并显示到 id 为 clock 的<div>标记中，具体代码如下：

```
function clockon(){
    var now=new Date();                                         //获取日期对象
    var year=now.getFullYear();                                 //获取年
    var month=now.getMonth();                                   //获取月
    var date=now.getDate();                                     //获取日
    var day=now.getDay();                                       //获取星期
    var week;
    month=month+1;
    var arr_week=new Array("星期日","星期一","星期二","星期三","星期四","星期五","星期六");
    week=arr_week[day];                                         //获取中文星期
    time=year+"年"+month+"月"+date+"日"+week;                   //组合当前日期
    var textTime=document.createTextNode(time);                 //创建文本节点
    document.getElementById("clock").appendChild(textTime);     //显示系统日期
}
```

（3）编写 JavaScript 代码，在页面载入后，调用 clockon()方法，具体代码如下：

```
window.onload=clockon;
```

运行本实例，显示如图 13.22 所示的效果。

图 13.22 在页面的指定位置显示当前日期

13.2.5 与 DHTML 相对应的 DOM

通过 DOM 技术可以获取网页对象。本节将介绍另外一种获取网页对象的方法，那就是通过 DHTML 对象模型的方法。使用这种方法可以不必了解文档对象模型的具体层次结构，而直接得到网页中所需的对象。通过 innerHTML、innerText、outerHTML 和 outerText 属性可以很方便地读取和修改 HTML 元素内容。

 说明：

　　innerHTML 属性被多数浏览器所支持，而 innerText、outerHTML 和 outerText 属性只有 IE 浏览器才支持。

1. innerHTML 和 innerText 属性

innerHTML 属性声明了元素含有的 HTML 文本，不包括元素本身的开始标记和结束标记。设置该属性可用于为指定的 HTML 文本替换元素的内容。

例如，通过 innerHTML 属性修改<div>标记的内容的代码如下：

```
<body>
<div id="clock"></div>
<script language="javascript">
    document.getElementById("clock").innerHTML="2013-<b>08</b>-30";
</script>
</body>
```

innerText 属性与 innerHTML 属性的功能类似，只是该属性只能声明元素包含的文本内容，即使指定的是 HTML 文本，也会认为是普通文本，而原样输出。

使用 innerHTML 属性和 innerText 属性还可以获取元素的内容。如果元素只包含文本，那么 innerHTML 和 innerText 属性的返回值相同。如果元素既包含文本，又包含其他元素，那么这两个属性的返回值是不同的，如表 13.3 所示。

表 13.3　innerHTML 属性和 innerText 属性返回值的区别

HTML 代码	innerHTML 属性	innerText 属性
<div>明日科技</div>	"明日科技"	"明日科技"
<div><b>明日科技</b></div>	"<b>明日科技</b>"	"明日科技"
<div><font color="red"></font></div>	"<font color=red></font>"	""

2. outerHTML 和 outerText 属性

outerHTML 和 outerText 属性与 innerHTML 和 innerText 属性类似，只是 outerHTML 和 outerText 属性替换的是整个目标节点，也就是这两个属性还对元素本身进行修改。

下面以列表的形式给出对于特定代码通过 outerHTML 和 outerText 属性获取的返回值，如表 13.4 所示。

表 13.4　outerHTML 属性和 outerText 属性返回值的区别

HTML 代码	outerHTML 属性	outerText 属性
\<div\>明日科技\</div\>	\<div\>明日科技\</div\>	"明日科技"
\<div id="clock"\>2013-\<b\>08\</b\>-30\</div\>	\<div id=clock\>2013-\<B\>08\</B\>-30\</div\>	"2013-08-30"
\<div id="clock"\>\<font color="red"\>\</font\>\</div\>	\<div id=clock\>\<font color=red\>\</font\>\</div\>	""

> **注意：**
> 在使用 outerHTML 和 outerText 属性后，原来的元素（如\<div\>标记）将被替换成指定的内容，这时应使用 document.getElementById()方法查找原来的元素（如\<div\>标记）时，会发现原来的元素（如\<div\>标记）已经不存在了。

【例 13.16】 在网页的合适位置显示分时问候。

👉 **实例位置：光盘\MR\Instance\13\13.16**

（1）在页面的适当位置添加两个\<div\>标记，这两个标记的 id 属性分别为 time 和 greet，代码如下：

```
<div id="time">显示当前时间</div>
<div id="greet">显示问候语</div>
```

（2）编写自定义函数 ShowTime()，用于在 id 为 time 的\<div\>标记中显示当前时间，在 id 为 greet 的\<div\>标记中显示问候语。ShowTime()函数的具体代码如下：

```
<script language="javascript">
function ShowTime(){
    var strgreet = "";
    var datetime = new Date();                          //获取当前时间
    var hour = datetime.getHours();                     //获取小时
    var minu = datetime.getMinutes();                   //获取分钟
    var seco = datetime.getSeconds();                   //获取秒钟
    strtime =hour+":"+minu+":"+seco+" ";                //组合当前时间
    if(hour >= 0 && hour < 8){                           //判断是否为早上
        strgreet ="早上好";
    }
    if(hour >= 8 && hour < 11){                          //判断是否为上午
        strgreet ="上午好";
    }
    if(hour >= 11 && hour < 13){                         //判断是否为中午
        strgreet = "中午好";
    }
    if(hour >= 13 && hour < 17){                         //判断是否为下午
        strgreet ="下午好";
    }
    if(hour >= 17 && hour < 24){                         //判断是否为晚上
        strgreet ="晚上好";
```

```
        }
        window.setTimeout("ShowTime()",1000);                //每隔 1 秒重新获取一次时间
        document.getElementById("time").innerHTML="现在是： <b>"+strtime+"</b>";
        document.getElementById("greet").innerText="<b>"+strgreet+"</b>";
    }
</script>
```

（3）在页面的载入事件中调用 ShowTime()函数，显示当前时间和问候语，具体代码如下：

```
window.onload=ShowTime;                                    //在页面载入后调用 ShowTime()函数
```

运行本实例，显示如图 13.23 所示的运行结果。

图 13.23   分时问候

从图 13.23 中，可以看出当前的时间（15:50:6）和问候语（下午好）虽然都使用了<b>标记括起来，但是由于问候语使用的是 innerText 属性设置的，所以<b>标记将被作为普通文本输出，而不能实现其本来的效果（文字加粗显示）。从本实例中，可以清楚地看到 innerHTML 属性和innerText 属性的区别。

13.3　DOM 与 XML 编程

DOM 的全称是 Document Object Model，即文档对象模型。DOM 将文档看做包含元素及其他数据的节点树，树中的元素可以是 HTML 元素，也可以 XML 元素。用户可以访问这些元素，也可以将其显示和编辑。要实现 XML、DOM 与 JavaScript 的应用，必须要了解 JavaScript 中 DOM 的属性和方法。

在通过 DOM 操作 XML 的过程中需要首先要了解 DOM 元素的属性，如表 13.5 所示。

表 13.5   DOM 元素的属性和说明

属　　性	说　　明
ChildNodes	返回当前元素所有子元素的数组
FirstChild	返回当前元素的第一个下级子元素
LastChild	返回当前元素的最后一个元素
NextSibling	返回紧跟在当前元素后面的元素
NodeValue	指定表示元素值的读/写属性
ParentNode	返回元素的父节点
previousSibling	返回紧邻当前元素之前的元素

其次还要了解遍历 XML 文档的 DOM 元素的方法，如表 13.6 所示。

表 13.6 DOM 元素的方法和说明

方 法	说 明
getElementById(id)	获取有指定唯一 ID 属性值文档中的元素
getElementsByTagName(name)	返回当前元素中有指定标记名的子元素的数组
hasChildNodes()	返回一个布尔值,指示元素是否有子元素
getAttribute(name)	返回元素的属性值,属性由 name 指定

最后还要掌握创建动态 DOM 的属性和方法,如表 13.7 所示。

表 13.7 创建动态 DOM 的属性和方法

方 法	说 明
document.createElement(tagName)	文档对象上的 createElement()方法。创建由 tagName 指定的元素。如果以字符串作为方法参数,就会生成一个 div 元素
document.createTextNode(text)	文档对象的 createTextNode()方法。创建一个包含静态文本的节点
<element>.appendChild(childNode)	appendChild()方法将指定的节点增加到当前元素的子节点列表(作为一个新的子节点)。例如,可以增加一个 option 元素,作为 select 元素的子节点
<element>.getAttribute(name)	获得和设置元素中 name 属性的值
<element>.setAttribute(name,value)	获得和设置元素中 name 属性和值
<element>.insertBefore(newNode,targetNode)	将节点 newNode 作为当前元素的子节点插到 targetNode 元素前面
<element>.removeAttribute(name)	从元素中删除属性 name
<element>.removeChild(childNode)	从元素中删除子元素 childNode
<element>.replaceChild(newNode,oldNode)	将节点的 oldNode 替换为节点 newNode
<element>.hasChildnodes()	返回一个布尔值,指示元素是否有子元素

13.4 综 合 应 用

13.4.1 通过 JavaScript 操作 XML 实现分页

【例 13.17】 应用 JavaScript 操作 XML 文档分页显示。在页面中将显示第一篇从 XML 文档中获取的评论:单击"下一篇"超链接,即可查看下一篇评论;单击"上一篇"超链接,即可查看上一篇评论。

☞ 实例位置:光盘\MR\Instance\13\13.17

本实例主要通过 XML 数据岛的 recordset 对象的 absoluteposition 属性、recordcount 属性、movenext()方法和 moveprevious()方法实现数据的分页导航功能。

(1)首先使用一个 XML 数据岛(id=d)载入 index.xml 文档,然后使用<span>标记的 datasrc 属性与 id 为 d 的 XML 数据岛进行绑定,再使用<span>标记的 datafld 属性与 XML 文档对应的 XML 元素进行绑定。关键代码如下:

Note

```
<xml id="d" src="index.xml" async="false"></xml>
    <table width="90%" border="1" cellpadding="0" cellspacing="0" bordercolor="#FFFFFF"
    bordercolordark="#FFFFFF" bordercolorlight="#999999">
     <tr>
        <td height="25" colspan="2">评论员 ID 号：<span datasrc="#d" datafld="id"></span></td>
        <td width="35%">作者：<span datasrc="#d" datafld="author"></span></td>
        <td width="43%">发表日期：<span datasrc="#d" datafld="datetime"></span></td>
     </tr>
     <tr>
        <td height="25" colspan="4">评论主题：<span datasrc="#d" datafld="topic"></span></td>
     </tr>
     <tr>
        <td width="11%" height="25">评论内容</td>
        <td height="25" colspan="3"><span datasrc="#d" datafld="content"></span></td>
     </tr>
    </table>
```

（2）编写自定义的 JavaScript 函数 moveNext()，用于向后移动一条记录，代码如下：

```
<script type="text/javascript">
function moveNext(){
x=d.recordset;
if (x.absoluteposition < x.recordcount){
x.movenext();
    }
}
```

（3）编写自定义的 JavaScript 函数 movePrevious()，用于向前移动一条记录，代码如下：

```
function movePrevious(){
x=d.recordset;
if (x.absoluteposition > 1){
x.moveprevious();
    }
}
</script>
```

（4）在页面的适当位置添加"上一篇"和"下一篇"超链接，并应用 onClick 事件调用相应方法，代码如下：

```
<a href="#" onClick="movePrevious()">上一篇</a> 
<a href="#" onClick="moveNext()">下一篇</a>
```

运行结果如图 13.24 所示。

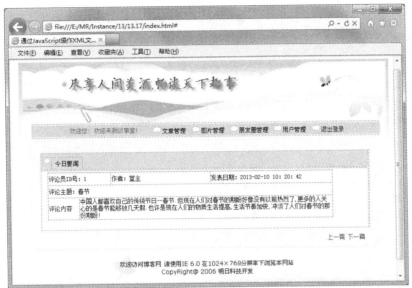

图 13.24　通过 JavaScript 操作 XML 实现分页

13.4.2　通过操作 XML 数据岛实现添加、删除留言信息

【例 13.18】 通过操作 XML 数据岛实现添加、删除留言信息。运行程序，在"留言人"文本框中输入 wgh，在"表情"文本框中输入"微笑"，在"电话"文本框中输入"495****"，在"留言内容"文本框中输入"祝大家新年快乐！"，单击"添加留言"按钮，在页面中将以列表形式显示留言信息。单击"删除第一条留言"按钮，将删除第一条留言信息；单击"删除最后一条留言"超链接，即可删除最后一条留言信息。

☞ **实例位置：光盘\MR\Instance\13\13.18**

本实例主要通过 XML DOM 对象实现，XML DOM 定义了访问和操作 XML 文档的标准方式。本例中用到的主要方法有 createElement()方法、createAttribute()方法、createNode()方法、createTextNode()方法、insertBefore()方法、removeChild()方法、appendChild()方法和 hasChildNodes()方法。

（1）编写 board.xml 文件，在该文件中创建一个 boards 根元素，该元素由多个 board 元素组成。代码如下：

```xml
<?xml version="1.0" encoding="gb2312"?>
<boards>
<board>
    <person>杨过</person>
    <humor>微笑</humor>
    <tel>1363666****</tel>
    <message>你现在还好吗？一别就是十六年，不知道你还记不记得我！</message>
</board>
</boards>
```

Note

（2）使用一个 XML 数据岛（id=board）载入 board.xml 文档，并将其绑定到 HTML 表格（datasrc=# board）上，再将<span>标记的 datafld 属性和 XML 文档对应的 XML 元素相互绑定，关键代码如下：

```
<xml id="board" src="board.xml"></xml>
<table width="100%" border="1" cellpadding="0" cellspacing="0" datasrc="#board"
    bordercolor="#FFFFFF" bordercolordark="#FFFFFF" bordercolorlight="#96E2FA">
<thead>
<tr>
<th width="12%" height="27" bgcolor="#6AC7EC">留言人</th>
<th width="12%" bgcolor="#6AC7EC">表情</th>
<th width="21%" bgcolor="#6AC7EC">电话</th>
<th width="55%" bgcolor="#6AC7EC">留言内容</th>
</tr>
</thead>
<tr>
<td height="27"><span datafld="person"></span></td>
<td><span datafld="humor"></span></td>
<td><span datafld="tel"></span></td>
<td><span datafld="message"></span></td>
</tr>
</table>
```

（3）编写自定义的 JavaScript 函数 addElement()，用于在 id 为 board 的 XML 数据岛中添加一条留言信息。代码如下：

```
<script language="javascript">
xmldoc = board;
//添加留言信息
function addElement(){
var rootElement = xmldoc.documentElement;
//创建留言元素
var newBoard = xmldoc.createElement('board');
//添加留言人子元素
var person = xmldoc.createElement('person');
var personF = xmldoc.createTextNode(document.myform.person.value);
person.appendChild(personF);
newBoard.appendChild(person);
//添加表情子元素
var humor = xmldoc.createElement('humor');
var humorF = xmldoc.createTextNode(document.myform.humor.value);
humor.appendChild(humorF);
newBoard.appendChild(humor);
//添加电话子元素
var tel = xmldoc.createElement('tel');
var telF = xmldoc.createTextNode(document.myform.tel.value);
tel.appendChild(telF);
newBoard.appendChild(tel);
//添加留言信息子元素
```

```
var message = xmldoc.createElement('message');
var messageF = xmldoc.createTextNode(document.myform.message.value);
message.appendChild(messageF);
newBoard.appendChild(message);
//向文档中追加一条留言信息
rootElement.appendChild(newBoard);
}
</script>
```

（4）编写自定义的 JavaScript 函数 deleteFirstElement()，用于删除第一个节点。代码如下：

```
<script language="javascript">
function deleteFirstElement(){                              //删除第一个节点
var rootElement = xmldoc.documentElement;
if (rootElement.hasChildNodes())
rootElement.removeChild(rootElement.childNodes.item(0));    //删除第一个节点
}
</script>
```

（5）编写自定义的 JavaScript 函数 deleteLastElement()，用于删除最后一个节点。代码如下：

```
<script language="javascript">
function deleteLastElement(){                               //删除最后一个节点
var rootElement = xmldoc.documentElement;
if (rootElement.hasChildNodes())
rootElement.removeChild(rootElement.lastChild);            //删除最后一个节点
}
</script>
```

（6）在页面的适当位置添加用于收集留言信息的表单，在该表单中添加"添加留言"按钮、"删除第一条留言"按钮和"删除最后一条留言"按钮，并在这 3 个按钮的 onClick 事件中调用相应方法。代码如下：

```
<form action="" method="post" id="myform" name="myform">
<table width="70%" height="131" border="0" cellpadding="0" cellspacing="0">
<tr>
<td width="24%" height="27" align="center">留 言 人：</td>
<td width="76%"><input type="text" name="person" id="person" size="50"/></td>
</tr>
<tr>
<td height="27" align="center">表    情：</td>
<td><input type="text" name="humor" id="humor" size="30"/></td>
</tr>
<tr>
<td height="27" align="center">电    话：</td>
<td><input type="text" name="tel" id="tel" size="20"/></td>
</tr>
<tr>
<td align="center">留言内容：</td>
<td><textarea name="message" cols="50" rows="5" id="message"></textarea></td>
```

```
</tr>
<tr>
<td height="40" colspan="2" align="center"><input name="button" type="button"
class="btn_grey" onClick="check(myform);" value="添加留言"/>
 
<input name="button22" type="button" class="btn_grey"
onClick="deleteFirstElement();" value="删除第一条留言"/>
 
<input name="button2" type="button" class="btn_grey"
onClick="deleteLastElement();" value="删除最后一条留言"/>
 </td>
</tr>
</table>
</form>
```

运行结果如图 13.25 所示。

图 13.25 通过操作 XML 数据岛实现添加、删除留言信息

13.5 本章常见错误

13.5.1 getElementById()方法无法获取指定元素

使用 getElementById()方法可以获取指定 ID 属性值文档中的元素，但有一点需要注意，在 JavaScript 脚本中使用 getElementById()方法时，如果 getElementById()方法不是定义在函数里，

则一定要把该方法所在的脚本放在指定 ID 属性值的元素的后面，否则无法获取该指定的元素。

13.5.2 getElementsByName()方法无法获取元素

getElementsByName()方法是查询元素的 name 属性，而不是 id 属性；该方法的返回值是一个数组，而不是一个元素。如果想通过 name 属性获取页面中唯一的元素，可以通过获取返回数组中下标值为 0 的元素进行获取。例如，获取 name 属性值为"user"的文本框的值可以使用"getElementsByName('user')[0]"，如果只写成"getElementsByName('user')"是获取不到文本框的值的。

13.6 本 章 小 结

本章主要讲解了 JavaScript 中的 XML DOM 编程技术，首先介绍了 XML 含义及如何创建、载入和读取 XML，然后讲解了文档对象模型的节点、级别及如何获取文档中的元素和与 DHTML 相对应的 DOM 等相关内容。通过本章的学习，读者可以掌握 XML 技术在程序开发中的应用，并掌握页面中元素的层次关系，大大提高读者 JavaScript 与 XML DOM 编程的能力。

13.7 跟 我 上 机

👉 **参考答案：光盘\MR\跟我上机**

应用 appendChild()和 getElementById()方法实现年月日的联动功能。改变"年"菜单和"月"菜单的值时，"日"菜单值的范围也会相应地改变。代码如下：

```
<script language="javascript">
    function append(d,v){
        var option=document.createElement("option");        //创建元素 option
        option.value=v;                                     //把参数 v 作为元素的值
        option.innerText=v+"日";                            //把参数 v 作为元素的显示内容
        d.appendChild(option);                              //把元素 option 作为参数 d 的子节点
    }
    function getday(){
        var y=form1.year.value;                             //取得年份的值
        var m=form1.month.value;                            //取得月份的值
        var d=document.getElementById("day");               //定位到 id=day 的节点
        d.innerHTML="";                                     //把 id=day 节点的内容清空
        if(m==4 || m==6 || m==9 || m==11){                  //如果月份的值是 4、6、9 或 11
            for(j=1;j<=30;j++){
                append(d,j);                                //把 1～30 循环加到天数当中
            }
```

Note

```
        }else if(m==2){                                   //如果月份的值是2
            if(y%4==0 || y%400==0 && y%100!=0){            //如果年份是闰年
                for(j=1;j<=29;j++){
                    append(d,j);                           //把 1~29 循环加到天数当中
                }
            }else{
                for(j=1;j<=28;j++){
                    append(d,j);                           //不是闰年，就把 1~28 循环加到天数当中
                }
            }
        }else{                                             //否则，如果月份的值是 1、3、5、7、8、10 或 12
            for(j=1;j<=31;j++){
                append(d,j);                               //把 1~31 循环加到天数当中
            }
        }
    }
}
</script>
<form id="form1" name="form1" method="post" action="">
    <select name="year" id="year" onchange="getday()">
    <script language="javascript">
        var mydate=new Date();
        for(i=1970;i<=mydate.getFullYear();i++){
            document.write("<option value='"+i+"' "+(i==1986?"selected":"")+">"+i+"年</option>");
        }
    </script>
    </select>
      <select name="month" id="month" onchange="getday()">
    <script language="javascript">
        for(i=1;i<=12;i++){
            document.write("<option value='"+i+"' "+(i==1?"selected":"")+">"+i+"月</option>");
        }
    </script>
      </select>
      <select name="day" id="day">
    <script language="javascript">
        for(i=1;i<=31;i++){
            document.write("<option value='"+i+"' "+(i==1?"selected":"")+">"+i+"日</option>");
        }
    </script>
    </select>
</form>
```

第14章

Cookie 应用

（ 视频讲解：28 分钟 ）

HTTP 最早不保存访问网页的静态信息，不需要记录不同访客的独特需求。尽管这样的设计是高效的，但它存在着一定的弊端，因为服务器不记录每个用户的信息，所以 Web 浏览器将每一次访问都看做是一个全新的会话，也就是说，在浏览器和服务器之间完成一次会话后，就丢弃了连接，浏览器和服务器都不会保持两次会话之间的状态。这样影响到了用户与网站之间的交互。现在的 Web 浏览器多用 Cookie 来维护用户的状态信息，Cookie 是唯一一种在无序的页面中保护用户状态的方法。本章将详细介绍如何使用 Cookie 保存网页的状态。

本章能够完成的主要范例（已掌握的在方框中打勾）

☐ 实现将表单注册信息写入 Cookie 中
☐ 实现读取写入 Cookie 中的注册信息
☐ 实现删除 Cookie 的功能
☐ 页面重定向中使用 Cookie
☐ 弹出的窗口之 Cookie 控制

Note

14.1　Cookie 基础

14.1.1　Cookie 概述

　　Cookie 是 Web 服务器保存在用户计算机上的文本文件的小块用户信息，每当用户访问 Web 服务器时，保存在用户计算机上的相关 Cookie 由客户端读取到服务器端，服务器端根据 Cookie 信息为用户制定服务，例如，访客访问某网站时在页面中体现用户登录次数等。从本质上讲，Cookie 可以看做身份证。但它不能作为代码执行，也不会传送病毒，且为用户所专有，并只能由提供它的服务器读取。Cookie 保存的信息片断以"名/值"对的形式储存，一个网站只能取得它放在用户计算机中的信息，无法从其他的 Cookie 文件中取得信息，也无法得到用户计算机上的其他任何信息。所以，从这点上来讲 Cookie 本身不存在安全隐患。

　　同时，Cookie 是浏览器提供的一种机制，它将 Document 对象的 cookie 属性提供给 JavaScript。可以由 JavaScript 对其进行控制，而 Cookie 并非 JavaScript 本身的性质。不同的浏览器对 Cookie 的实现也不一样，但其性质是相同的。

　　Cookie 是与 Web 站点，而不是某个具体页面相关联的，所以无论用户访问该站点的任何一个页面，浏览器和 Web 服务器都交换 Cookie 信息，用户访问其他站点时，每个站点都可能向用户发送一个 Cookie，而浏览器会将这些 Cookie 分别保存。

　　Cookie 包括临时和永久两种方式，临时的 Cookie 只对当前的浏览器会话可用，永久的 Cookie 在客户计算机上将自动生成一个文本文件，所以在当前浏览器之外也可以使用。永久的 Cookie 是存于用户硬盘的一个文件，这个文件通常对应于一个域名，当浏览器再次访问这个域名时，便使这个 Cookie 可用。因此，Cookie 可以跨越一个域名下的多个网页，但不能跨越多个域名使用。

　　通过 IE 浏览器访问 Web 网站时，Web 服务器会自动以"（用户名@网站域名[数字].txt）"格式生成 Cookie 文本文件，并存储在用户硬盘的指定位置。Cookie 文件通常是以 user@domain 格式命名的，user 是本地用户名，domain 是所访问的网站的域名。例如，一个名称为 administrator@D__MR_第 1 章_01_[2].txt 文件的内容如下：

```
visit
6
~~local~~/D:\MR\第 1 章\01\
1088
1281425024
29915956
2126719888
29910122
*
```

其中，visit 为 Cookie 名称，6 为 Cookie 值，local 代表是本地文件。

1. Cookie 的形式

Cookie 是由 name=value 形式成对存在的，一个 Cookie 字符串最多可以存储20对 name=value；Cookie 字符串必须以分号作为结束符；Cookie 除了 name 属性之外还存在其他 4 个相关属性。

设置 Cookie 的语法如下：

```
set-Cookie:name=value;[expirse=date];[path=dir];[domain=domainname];[secure]
```

上述代码中方括号的内容是可选属性，只有 name 属性为必需属性。例如：

```
set-Cookie:test=test;expires=Fri,16-Aug-13 16:19:00 GMT;domain=test.com;
```

2. Cookie 的主要用途

Cookie 可以帮助 Web 服务器保存有关访客的信息，简单地说，Cookie 是一种保持 Web 服务器连续的方法。在大多数情况下，当用户浏览器向 Web 服务器提出请求时，有必要让 Web 服务器在用户请求某个页面时对用户进行身份识别，这里使用 Cookie 尤为方便，它提供了相关的标识信息，可以帮助服务器确定如何处理浏览器的请求。

Cookie 主要用于如下场合：

☑ 记录访客的某些信息

例如，可以利用 Cookie 记录用户访问网页的次数，或者记录访客曾经输入过的信息。另外，可以将登录成功的用户相关信息存储在 Cookie 中，此用户下次访问时可以不需要再重新登录。Cookie 还可以设置过期时间，当超过时间期限后，Cookie 就会自动消失，提示用户登录的时间也可以进行限制。

☑ 跟踪用户行为

有一些网站可以根据访客的信息进行不同的处理，例如，可以根据用户的 IP 地址报告当前此用户所在地的天气情况等。

☑ 创建购物车

在一些商务网站中，Cookie 可以记录用户曾经浏览过的商品的相关信息，最后在结账时可以统一提交。

☑ 实施民意测验

一个实施民意测验的站点可以利用 Cookie 来表示此用户是否已经参加了投票，可以设置 Cookie 的值为一个布尔类型的值，初始值为 false，如果该访客已经进行投票，则设置 Cookie 值为 true，这样可以避免该用户进行重复投票。但是，如果用户删除本地的 Cookie 值，用户依然可以进行重复投票操作。

3. Cookie 的优缺点

Cookie 最大的优点在于它的持久性，当一个 Cookie 在用户的浏览器上被设置时，可以存留几天、几个月，甚至几年，这样便于保存访问信息和用户状态，当此用户每次返回站点时，页面设置更加人性化。同时，Cookie 可以保持访客状态，可以存储用户在一个站点上已经访问的页面及其次数、查看过的广告等。

Cookie 经常与 JavaScript 语言一起使用。JavaScript 语言中可以编写读取、写入、编辑 Cookie

Note

的函数，使得 Cookie 在 JavaScript 语言中操作非常简便，同时两者的结合可以使网页更具动态效果。

Cookie 除了具有以上优点之外，其缺点也是有目共睹的，例如，它不能在不同浏览器中共享，如果用户使用不同的浏览器浏览相同页面时，不可以共享 Cookie。所以，不同浏览器之间的 Cookie 是不能相互访问的。例如，如果一个用户正使用 Firefox 浏览器浏览某个网页，当该用户切换到 IE 浏览器时，即使浏览同一页面，Cookie 依然不可使用。

14.1.2 Cookie 的传递流程

要了解 Cookie 的传递流程，首先要知道它的工作原理。

Cookie 是在浏览器访问 Web 服务器的某个资源时，由 Web 服务器在 HTTP 响应消息头文件中附带传递给浏览器的一些数据。如果浏览器保存了这些数据，当它每次访问该 Web 服务器时，都应在 HTTP 请求头文件中将这些数据回传给 Web 服务器。Web 服务器将这些数据在 HTTP 请求头文件中使用 Set-Cookie 响应头字段将 Cookie 信息发送给浏览器，浏览器则通过在 HTTP 请求消息中增加 Cookie 请求字段将 Cookie 回传给 Web 服务器，一个 Cookie 只能标识一种信息。一个 Web 服务器可以给浏览器发送多个 Cookie，这样 Web 服务器和浏览器之间可以使用多个 Cookie 传递多种信息。

例如，如果此时创建了一个名称为 test 的 Cookie 包含访问者的信息，服务器端的 HTTP 响应消息头文件代码如

```
Set-Cookie:test=test;path=/;domain=***.com;
expires=Monday,19-Aug-13 00:00:01 GMT
```

所示，这里假设访问者的注册名是 test，同时还对所创建的 Cookie 的 path、domain、expires 属性等进行了指定。

下面简要说明 Cookie 的传递流程。

当用户在浏览器地址栏中输入一个 Web 服务器的 URL 时，浏览器向 Web 服务器发送一个读取网页的请求，Web 服务器将返回结果给浏览器，并将页面显示在浏览器上，同时该 Web 服务器在用户的计算机上寻找相应的 Cookie 文件，如果找到，浏览器会将 Cookie 文件中的字符串连同前面用户输入的 URL 一起发送到 Web 服务器中，服务器收到 Cookie 数据后检索此用户的相关信息，并增加相应的内容，写入 Cookie 中；如果 Web 服务器在用户的计算机上没有找到相应的 Cookie 文件，说明用户是第一次访问此网站，则浏览器只向服务器发送 URL，不发送 Cookie 数据，服务器没有接收到 Cookie 数据，将 Cookie 数据放入网页的头文件中传递给客户端，浏览器会将此 Cookie 数据保存在本地计算机中。

14.1.3 Cookie 的常用属性

Cookie 主要包括 name、expires、path、domain 和 secure 5 个属性，其中 name 属性是必需属性，而其余 4 个属性为可选属性。下面简要介绍这 5 个属性。

☑ name 属性

Cookie 属性中唯一必须设置的属性为 name 属性，表示 Cookie 的名称。

☑　expires 属性

Cookie 的 expires 属性指定 Cookie 在删除之前要在客户机上保持多长时间。如果不使用 expires 属性，Cookie 只对当前浏览器会话有用。当用户关闭当前浏览时，Cookie 就会自动消失。

☑　path 属性

path 属性决定 Cookie 对于服务器上的其他网页的可用性，在一般情况下，Cookie 对于同一目录下的所有页面都可用。设置 path 属性后，Cookie 只对指定路径及子路径下的所有网页有效。

☑　domain 属性

许多服务器都由多台服务器组成，domain 属性主要设置相同域的多台服务器共享一个 Cookie，例如，如果 Web 服务器 w1 需要与 Web 服务器 w2 共享 Cookie，那么需要将 w1 的 Cookie 的 domain 属性设置为 w2，这样 w1 创建的 Cookie 就可以应用于 w2 和 w2 域的其他 Web 服务器。

☑　secure 属性

Internet 连接本身是不安全的，为了保证 Internet 上的数据安全，会使用 SSL 协议加密数据并使用安全连接传输数据，一般支持 SSL 的网站以 HTTPS 开头，Cookie 的 secure 属性表示 Cookie 只能通过使用 HTTPS 或其他安全协议的 Internet 连接来传输。如果 secure 属性不出现，这就表明 Cookie 是在网络上未加密发送。

14.2　JavaScript 中的 Cookie 应用

使用 JavaScript 可以非常方便地对 Cookie 进行操作，包括 Cookie 的读取、写入和删除等。

14.2.1　Cookie 的设置

如果使用 IE 浏览器访问 Web 服务器，就可以看到保存在客户端机器硬盘上的 Cookie，Cookie 在 Windows XP 系统中存放在 C:\windows\cookies 路径下，在 Windows 2000 系统中则存放在 C:\Documents and Settings\用户名\Cookies 路径下。存储 Cookie 的文件都是简单的文本文件，双击该文件即可以查看 Cookie 的内容。

使用 Cookie 可以使网页更具有人性化，它能够存储访客的相关信息等，但也会相应带来一些安全隐患，如果用户不喜欢使用 Cookie，可以在 IE 浏览器将 Cookie 删除，也可以在浏览器中禁止 Cookie 的使用。

1. 在 IE 中设置 Cookie

具体设置如下：

（1）首先选择浏览器菜单栏的"工具"/"Internet 选项"命令，然后在"常规"选项卡中单击"删除"按钮，在弹出的"删除浏览的历史记录"对话框中选中 Cookie 复选框，即可将磁盘中的 Cookie 删除，具体设置如图 14.1 所示。

（2）可以选择"隐私"选项卡，调整隐私设置划块，设置 IE 浏览器对 Cookie 允许使用的程度。具体设置如图 14.2 所示。

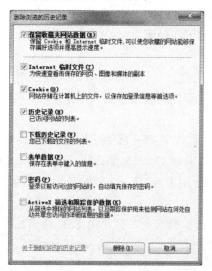

图 14.1　在 IE 浏览器中设置删除 Cookie

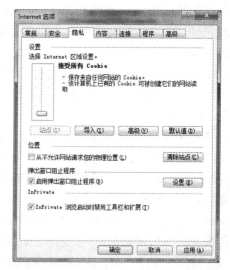

图 14.2　在 IE 浏览器中设置是否允许使用 Cookie

（3）如果只是为了禁止个别网站的 Cookie，可以在"隐私"选项卡中单击"站点"按钮，弹出"每个站点的隐私操作"对话框，将要屏蔽的网站添加到列表中，然后单击"阻止"按钮，即可禁用个别网站的 Cookie，具体设置如图 14.3 所示。

（4）可以在 IE 浏览器中对第一方 Cookie 和第三方的 Cookie 进行设置，第一方 Cookie 是指用户正在浏览的网站的 Cookie，第三方 Cookie 是指非正在浏览的网站发给用户的 Cookie，具体设置是在"Internet 选项"对话框中选择"隐私"选项卡，然后单击"高级"按钮，这时弹出"高级隐私设置"对话框，如图 14.4 所示，选中"替代自动 cookie 处理"复选框，然后对第三方 Cookie 选中"阻止"单选按钮。

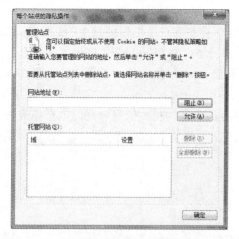

图 14.3　在 IE 浏览器中设置阻止个别网站的 Cookie

图 14.4　设置第一、三方 Cookie

2. 在注册表中设置 Cookie 禁用

有一些特殊的 Cookie 不是以文本文件形式存在，而是保存在内存中。这类 Cookie 通常是用户在访问某些特殊网站时由系统自动在内存中生成的，一旦访问者离开该网站，又自动将 Cookie 从内存中删除。上述这种情况可以在注册表中设置 Cookie 禁用。

设置步骤如下：

（1）在"开始"中输入 regedit，然后单击"确定"按钮，打开"注册表编辑器"窗口。

（2）在"注册表编辑器"窗口中依次展开 HKEY_LOCAL_MACHINE/SOFTWARE/Microsoft /Windows/CurrentVersion/Internet Settings/Cache/Special Paths/Cookies 分支，右击 Cookies 分支，然后选择下拉菜单中的"删除"，相应弹出的"确认项删除"对话框，单击"是"按钮即可将 Cookie 禁用，具体设置如图 14.5 所示。

图 14.5　在注册表中设置 Cookie 禁用

（3）最后关闭"注册表编辑器"窗口。

14.2.2　Cookie 的写入和读取

1. Cookie 的写入

Cookie 存储在 Document 对象的 cookie 属性中，它实际上是一个字符串，页面载入时自动生成。Cookie 的一组信息由分号和一个空格隔开，每个信息都由 Cookie 名称和 Cookie 值组成，例如：

```
name1=value1;name2=value2;name3=value3;name4=value4;
```

Cookie 写入时，首先将 Cookie 的名称和 Cookie 值放入一个变量中。

语法：

```
var cookiename="name5";
var cookievalue="value5";
var totalcookie=cookiename+"="+cookievalue;
```

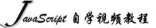

Note

☑ cookiename：Cookie 名称。

☑ cookievalue：Cookie 值。

然后将该变量赋给 Document 对象的 cookie 属性即可。

语法：

```
document.cookie=totalcookie;
```

当用户将 Cookie 写入后，新的 Cookie 字符串并不覆盖原来的字符串，而是自动添加到原来 Cookie 字符串的后面。例如：

```
name1=value1;name2=value2;name3=value3;name4=value4;name5=value5
```

在一般情况下，Cookie 本身不能包括分号、逗号或空格等专用字符，但是这些字符可以使用编码的形式进行传输，也就是将文本字符串中的专用字符转换成对应的十六进制 ASCII 值。在 JavaScript 中可以使用 encodeURI()函数将文本字符串编辑为一个有效的 URI。要读取编辑后字符串，需要使用 decodeURI()函数进行解码操作。

Cookie 中的 expires 属性写入 Cookie 的方式是 expires=date，其中 name=value 和 expires=date 之间以分号和空格隔开。例如：

```
var date=new Date();
name=value; expires=date.toUTCString();
```

不要使用 encodeURI()函数来编码 expires 属性，JavaScript 不能识别 URI 中的编码格式，如果使用 encodeURI()函数来编辑 expires 属性，则 JavaScript 不能正确设置 Cookie 的过期时间。

Date 对象的每个部分，包括星期、月份、年份、小时、分钟、秒数都可以通过相应的函数来获取，例如，取星期使用 getDate()方法，这些函数包括对应的 setXXX()函数与 getXXX()函数。如果需要获取下一星期的时间，可以通过 setDate()与 getDate()取得，例如：

```
var date=new Date();
date.setDate(date.getDate()+7);
```

如果写入一个名称为 test，过期时间为一个星期的 Cookie 时，需要使用如下代码：

```
var date=new Date();
date.setDate(date.getDate()+7);
document.cookie=encodeURI("test=value")+";expires="+date.toUTCString();
```

使用 path 属性指定 Cookie 作用的范围，假如使名称为 test 的 Cookie 可用于 test 路径及其子路径下，可以使用如下代码：

```
document.cookie="test=value"+";path=/test";
```

在开发 Cookie 的 JavaScript 程序中，如果目录中还存在其他设置 Cookie 的程序，则 JavaScript 程序不能正常运行，这时需要设置 path 属性使 Cookie 在某一个范围内有效。

在 Cookie 的写入过程中，同样可以使用 domain 属性设置相同域以共享同一个 Cookie。如果 Web 服务器的域名在 9 个顶级域名之内，那么在设置 domain 属性时需要使用两个句点的域名，例如，.test*.com；如果 Web 服务器的域名不在 9 个顶级域名之内，那么需要使用 3 个句点的域名。下面的代码用于实现名称为 test，域名为 test*.test*.com 的 Web 服务器的 Cookie 共享于域为 test*.com 的所有 Web 服务器：

```
document.cookie="test=value; domain=test*.com";
```

在使用 JavaScript 客户端时，secure 属性一般都会被忽略。如果需要使用这个属性，可以使用布尔型值设置 Cookie 的 secure 属性。如果一个名称 test 用 Cookie 的 secure 属性激活，则可以使用如下代码：

```
document.cookie="test=value;secure=true";
```

可以将 Cookie 的写入操作封装在一个 JavaScript 函数中，例如：

```javascript
function setCookie(name, value, expires, path, domain, secure){
    document.cookie = name + "=" + encodeURI(value) +
    ((expires) ? "; expires=" + expires : "") +
    ((path) ? "; path=" + path : "") +
    ((domain) ? "; domain=" + domain : "") +
    ((secure) ? "; secure" : "");
}
```

上述函数中共有 6 个参数，分别设置 Cookie 中的 5 个属性，其中参数 value 为 name 属性的值，除了必须设置的 name 属性之外，其他属性的值都使用三目运算符进行设置。如果参数值为空，则不进行此参数的设置；如果参数值不为空，则需要对 Cookie 的相应属性进行设置。

【例 14.1】 本实例主要实现将表单注册信息写入 Cookie 中。

☞ 实例位置：光盘\MR\Instance\14\14.1

首先在页面中创建注册表单，同时对表单中一些关键文本框进行 JavaScript 表单验证，关键代码如下：

```html
<table width="800" height="689" border="0" align="center">
<form action="" method="post" name="form1">
  <tr>
    <td background="博客用户注册.jpg">
      <table width="800" height="451" border="0">
        <tr>
          <td width="113" rowspan="3"> </td>
          <td width="491" height="140"> </td>
          <td width="182" rowspan="3"> </td>
        </tr>
        <tr>
          <td height="175" valign="top"><table width="100%" border="0">
            <tr>
              <td width="30%" class="zi"><div align="right">用户名：</div></td>
              <td width="70%" align="center">
                <div align="left">
                  <input name="username" type="text" size="40">
```

```
</div></td></tr>
    <tr>
      <td class="zi"><div align="right">密码：</div></td>
      <td>
        <div align="left">
          <input name="password1" type="password" size="20" oncopy="return false"
oncut="return false" onpaste="return false" style="font-family: Wingdings">
        </div></td></tr>
    <tr>
      <td class="zi"><div align="right">重复密码：</div></td>
      <td>
        <div align="left">
          <input name="password2" type="password" size="20" oncopy="return false"
oncut="return false" onpaste="return false" style="font-family: Wingdings">
        </div></td></tr>
    <tr>
      <td class="zi"><div align="right">姓名：</div></td>
      <td>
        <div align="left">
          <input name="realname" type="text" size="40">
        </div></td></tr>
    <tr>
      <td class="zi"><div align="right">性别：</div></td>
      <td>
        <div align="left">
          <input type="radio" name="radiobutton" value="radiobutton" checked>
          <span class="zi">男</span>
          <input type="radio" name="radiobutton" value="radiobutton">
          <span class="zi">女</span>
        </div></td></tr>
    <tr>
      <td class="zi"><div align="right">QQ 号码：</div></td>
      <td>
        <div align="left">
          <input name="qqnum" type="text" size="40">
        </div></td></tr>
    <tr>
      <td class="zi"><div align="right">主页：</div></td>
      <td>
        <div align="left">
          <input name="zy" type="text" size="40">
        </div></td></tr>
    <tr>
      <td class="zi"><div align="right">兴趣：</div></td>
      <td>
        <div align="left">
          <input name="xq" type="text" size="40">
        </div></td></tr>
    <tr>
      <td class="zi"><div align="right">Email：</div></td>
```

```
            <td>
              <div align="left">
                <input name="mail" type="text" size="40">
                </div></td></tr>
          </table></td>
        </tr>
        <tr>
          <td valign="top"><table width="100%" border="0">
            <tr>
              <td width="33%"> </td>
              <td width="14%"><input type="image" src="1.gif" width="51" height="20" onClick="return
submit2();"></td>
                <td width="14%"><input type="image" src="2.gif" width="51" height="20" onClick=
"javascript:reset();"></td>
                <td width="22%"><input type="image" src="3.gif" width="51" height="20" onClick=
"javascript:window.close();"></td>
                <td width="17%"> </td>
              </tr>
            </table></td>
          </tr>
        </table></td>
    </tr>
    </form>
</table>
```

然后定义 JavaScript 函数，用于将用户在表单中输入的数据写入 Cookie 中，关键代码如下：

```
function writeCookie(){
    document.cookie=encodeURI("username="+document.form1.username.value);
    document.cookie=encodeURI("password="+document.form1.password1.value);
}
```

提交表单后，如果用户在表单中输入的所有信息都符合表单验证规则，则将弹出"提交成功"对话框，因为在表单提交时调用了 writeCookie()函数，所以此时完成了 Cookie 写入的操作。在 Cookie 写入的过程中，需要使用 JavaScript 中的 encodeURI()函数将所要写入 Cookie 的文本框中的数据进行编码操作。

注意，将单选按钮的值放入 Cookie 中，需要遍历页面中所有的单选按钮。用户选中了此单选按钮，则将此单选按钮的值放入 Cookie 中。关键代码如下：

```
function testRadio(){
    var charactergroup=document.forms[0].elements["sex"];
    for(var i=0;i<charactergroup.length;i++){
        if(charactergroup[i].checked==true){
            document.cookie=encodeURI("sex="+charactergroup[i].value);
        }
    }
}
function writeCookie(){
    document.cookie=encodeURI("username="+document.form1.username.value);
```

```
    document.cookie=encodeURI("password="+document.form1.password1.value);
    testRadio();
}
```

运行结果如图 14.6 所示。

图 14.6　Cookie 的写入

2.　Cookie 的读取

特定网页的 Cookie 保存在 Document 对象的 cookie 属性中，所以可以使用 document.cookie 语句来获取 Cookie，存在 Web 服务器中的 Cookie 由一连串的字符串组成，而且在 Cookie 写入的过程中曾经使用 encodeURI()函数对这些字符串进行编码操作，所以获取 Cookie 首先需要对这些字符串进行解码操作，可以调用 decodeURI()函数，然后调用 String 对象的方法来提取相应的字符串。例如：

```
var cookieString=decodeURI(document.cookie);
var cookieArray=cookieString.split(";");
```

上述代码使用 String 对象的 split()函数，将 Web 服务器中的 Cookie 以分号和空格隔开，然后将字符串中所有的字符放入相应数组中；可以循环遍历此数组的所有值，然后对数组中的所有值使用 slipt()函数以等号进行分隔；可以取得 Cookie 的名称和值。例如：

```
for(var i=0;i<cookieArray.length;i++){
    var cookieNum=cookieArray[i].split("=");
    var cookieName=cookieNum[0];
    var cookieValue=cookieNum[1];
}
```

【例 14.2】　本实例实现读取实例 14.1 中写入 Cookie 中的注册信息。

☞ 实例位置：光盘\MR\Instance\14\14.2

定义一个 JavaScript 函数，用于读取写入的 Cookie 值，关键代码如下：

```
function readCookie(){
    var cookieString=decodeURI(document.cookie);
    var cookieArray=cookieString.split(";");
    for(var i=0;i<cookieArray.length;i++){
        var cookieNum=cookieArray[i].split("=");
        var cookieName=cookieNum[0];
        var cookieValue=cookieNum[1];
        alert("Cookie 名称为:"+cookieName+" Cookie 值为:"+cookieValue);
    }
}
```

在上述代码中，可以使用 String 对象的 split()函数将获取出的 Cookie 字符串以等号进行分隔，可以分别获取 Cookie 的名称与 Cookie 的值。

为了方便 Cookie 的读取，在页面中添加了一个"读取 Cookie"的按钮，在该按钮的 onClick 事件中调用上述函数，关键代码如下：

```
<td width="39%"><input type="image" src="4.gif" width="65" height="20" onClick= "readCookie();"></td>
```

除了可以使用上述方法获取 Cookie 值之外，同样还可以通过 Cookie 名称查询到相应的值，只需要修改上述函数即可。例如：

```
function readCookie(value){
var cookieString=decodeURI(document.cookie);
    var cookieArray=cookieString.split(";");
    for(var i=0;i<cookieArray.length;i++){
        var cookieNum=cookieArray[i].split("=");
        var cookieName=cookieNum[0];
        var cookieValue=cookieNum[1];
        if(cookieValue==value){
            return cookieValue;
        }
        return false;
    }
}
```

使用上述函数就可以查询相应的 Cookie 值。在循环中判断当前的参数值是否与 Cookie 中的值一致，如果相同，返回此值。同时，也可以根据 Cookie 名称查询 Cookie 值，只需要将上述代码中的参数替换成 Cookie 名称即可。如果 Cookie 名称与当前函数参数相同，则返回此 Cookie 的值，代码如下：

```
function readCookie(name){
var cookieString=decodeURI(document.cookie);
    var cookieArray=cookieString.split(";");
    for(var i=0;i<cookieArray.length;i++){
        var cookieNum=cookieArray[i].split("=");
        var cookieName=cookieNum[0];
        var cookieValue=cookieNum[1];
        if(cookieName==name){
```

```
        return cookieValue;
    }
    return false;
    }
}
```

运行结果如图 14.7、图 14.8 和图 14.9 所示。

图 14.7 Cookie 的读取 1

图 14.8 Cookie 的读取 2

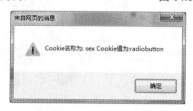

图 14.9 Cookie 的读取 3

因此，当用户重新打开一个 Web 浏览器时，直接单击"读取 Cookie"按钮，并不能获取 Cookie 的名称和值，只有重新写入 Cookie，才能获取 Cookie 值。即使 Cookie 值已经写入过，关闭浏览器后重新打开浏览器，单击"读取 Cookie"按钮，依然获取不到 Cookie 值，这是因为默认 Cookie 设置在浏览器关闭时自动失效，为使 Cookie 在浏览器关闭后依然可以获取，需要设置 Cookie 的过期时间。这方面的内容在后面的章节中进行介绍。

14.2.3 删除 Cookie

Cookie 除了可以在浏览器中存储信息之外，还可以使用代码进行删除，可以根据 Cookie 的名称删除指定的 Cookie，例如：

```
function deleteCookie(name){
    var date=new Date();
    date.setTime(date.getTime()-1000); //删除一个 cookie，就是将其过期时间设定为一个过去的时间
    document.cookie=name+"=删除"+"; expires="+date.toGMTString();
}
```

从上述代码中可以看出，删除一个 Cookie 的操作实质上是使 Cookie 值过期。

【例 14.3】 本实例实现删除 Cookie 的功能，代码如下：

👉 实例位置：光盘\MR\Instance\14\14.3

```
<script language="javascript">
setCookie("test","test");//创建 Cookie
```

```
alert("删除 Cookie 之前"+document.cookie);
deleteCookie("test");
alert("删除 Cookie 之后"+document.cookie);
function setCookie(name, value, expires, path, domain, secure){
    document.cookie = name + "=" + encodeURI(value) +
    ((expires) ? "; expires=" + expires : "") +
    ((path) ? "; path=" + path : "") +
    ((domain) ? "; domain=" + domain : "") +
    ((secure) ? "; secure" : "");
}
function deleteCookie(name){
var date=new Date();
date.setTime(date.getTime()-1000); //删除一个 cookie，就是将其过期时间设定为一个过去的时间
document.cookie=name+"=删除"+"; expires="+date.toGMTString();
}
</script>
```

运行结果如图 14.10 和图 14.11 所示。

图 14.10　删除 Cookie 前

图 14.11　删除 Cookie 后

　　从上述代码中可以看到，首先使用自定义函数 setCookie()创建一个 Cookie，使用 alert 语句将 Cookie 值弹出，然后调用 deleteCookie()函数删除指定的 Cookie 值。实际上，删除 Cookie 的操作就是将 Cookie 的 expires 属性重新设置为当前时间的过去时间，这样再次使用 alert 语句将 Cookie 值弹出时，对话框中的值将为空值。

14.3　Cookie 的安全问题

　　随着互联网应用的日益增长，人们开始使用购物网购买各种商品，此时在购物网站中记录用户的相关信息尤为重要，越来越多的 Web 服务器使用 Cookie 技术来记录用户的相关信息，同时使用 Cookie 技术后网络的安全隐患也越来越明显。

　　Cookie 在网络上记载着用户的 ID、密码之类的信息，如果 Cookie 使用明码在网络上传递，将会出现安全隐患，所以 Cookie 在网络上通常会使用 MD5 方式进行加密，这样即使 Cookie 被人截取，也不会存在安全问题，因为截取人获取的只是一些无意义的数字和字母。

　　虽然使用 MD5 加密 Cookie 可以解决一些安全问题，但是 Cookie 欺骗的方式同样会出现安全隐患问题，截取 Cookie 的人无须知道这些 Cookie 值的具体含义，只要将 Cookie 发送给服务器端，并且在服务器端通过验证，那么就可以冒充别人的身份，Cookie 欺骗的前提条件是冒充

者需要获取 Cookie 信息。服务器端排除 Cookie 欺骗是比较困难的，一些 Flash 和一些 HTML 代码都可以收集计算机上的 Cookie，这样不法分子就可以在网络上获取 Cookie，从而进行 Cookie 欺骗。例如，Flash 中有一个 getURL()函数，Flash 可以调用这个函数自动打开指定的网页，可能当用户在访问某个包含 Flash 的网站时，Flash 已经悄悄打开一个带有恶意代码的网页，该网页可以获取此用户计算机中的 Cookie，然后进行一些不法操作。

Cookie 的安全问题是不可避免的，所以在本地浏览网页时需要打开防火墙，尽量浏览一些大型知名网站。总之，在某种程度上虽然 Cookie 欺骗给网络应用带来不安全的因素，但 Cookie 文件本身并不会造成用户隐私泄露，只要合理使用，Cookie 会给广大网络用户带来便利。

14.4 综 合 应 用

14.4.1　页面重定向中使用 Cookie

【例 14.4】　实际开发时，通常会遇到限制某个网页一天只能被加载一次的情况，为了实现该功能，首先需要检查页面是否被加载，如果没有加载，那么使浏览器链接到指定的页面，如果页面已经被加载，则给予相应的提示信息。

👉 **实例位置：光盘\MR\Instance\14\14.4**

页面重定向并不难，难点在于如何判断页面是否被加载过，在这里将使用 Cookie 进行判断。如果页面被加载，将 Cookie 值和 Cookie 的过期时间写入 Cookie，以判断 Cookie 是否为空来确定页面是否被加载：如果为空，则说明没有被加载过，将重定向指定页面；如果不为空，则弹出相应的提示对话框。

（1）首先定义 index.html 页面，在 JavaScript 代码中判断 Cookie 是否为空：如果为空，重设 Cookie，并且将页面重定向到 index2.html 页面中；如果不为空，弹出"页面已经被加载过"的提示对话框。代码如下：

```
<script language="javascript">
function cookietest(){
    var cookiedate=new Date();
    cookiedate.setDate(cookiedate.getDate()+1);
    if(document.cookie.length!=0){
        alert("页面已经被加载过");
    }else{
        document.cookie="test=test;expires="+cookiedate.toUTCString();
        window.location.href="index2.html";
    }
}
</script>
```

（2）在<body>标记的 onLoad 事件中调用上述函数，这样每次页面被加载时将调用上述函数。代码如下：

```
<body onLoad="cookietest();">
</body>
```

（3）创建 index2.html 页面，代码如下：

```
<html>
<head>
<meta http-equiv="Content-Type" content="text/html; charset=utf-8">
<title>页面重定向中使用 Cookie</title>
</head>
<body>
本页面是重定向页面
</body>
</html>
```

运行结果如图 14.12、图 14.13 所示。

图 14.12　页面重定向中使用 Cookie 之一

图 14.13　页面重定向中使用 Cookie 之二

14.4.2　弹出的窗口之 Cookie 控制

【例 14.5】　在很多网站中都使用了弹出窗口显示广告信息，每次访问网站都会弹出相同的广告窗口，久而久之就会让人产生厌倦。为了解决该问题，本实例介绍一种只有第一次访问网站时才弹出广告窗口的方法，关闭浏览器后再次运行，广告窗口将不再自动弹出。

☞ 实例位置：光盘\MR\Instance\14\14.5

本实例主要借助 Cookie 实现一个网站只在首次浏览时显示广告窗口的功能，这主要是通过设置 Cookie 的有效时间实现的。

（1）在需要弹出公告窗口的页面中，判断客户端浏览器中是否存在指定的 Cookie，如果不存在，则弹出新窗口显示公告信息，否则不弹出公告窗口，代码如下：

```
<script language="javascript">
function openWindow(){
    window.open("placard.htm","","width=352,height=193")
}
function GetCookie(name){
    var search = name + "=";
    var returnvalue = "";
```

Note

```
        var offset,end;
        if(document.cookie.length>0){
            offset = document.cookie.indexOf(search);
            if(offset != -1){
                offset += search.length;
                end = document.cookie.indexOf(";",offset);
                if(end == -1) end = document.cookie.length;
                returnvalue = unescape(document.cookie.substring(offset,end));
            }
        }
        return returnvalue;
    }
    function LoadPop(){
        if(GetCookie("pop")==""){
            openWindow();
            var today = new Date()
            var time="Sunday,1-jan-"+today.getYear()+1+" 23:59:59 GMC";
            document.cookie="pop=yes;expires="+time;
        }
    }
</Script>
```

（2）在需要弹出广告窗口页面的 onLoad 事件中调用弹出广告窗口的函数，代码如下：

```
<body onLoad="LoadPop()">
```

运行结果如图 14.14 所示。

图 14.14　弹出的窗口之 Cookie 控制

14.5　本章常见错误

14.5.1　expires 属性用 encodeURI()进行编码

因为 JavaScript 不能识别 URI 中的编码格式，所以 expires 属性不能用 encodeURI()方法进行编码，如果使用 encodeURI()函数来编码 expires 属性，JavaScript 将不能正确设置 Cookie 的过期时间。

14.5.2　浏览器重新打开后获取不到 Cookie 值

在浏览器重新打开后，页面中获取不到 Cookie 值，这是因为在页面中没有设置 Cookie 的过期时间，而 Cookie 的默认设置是在浏览器关闭时自动失效的，因此如果需要 Cookie 在浏览器关闭后依然可以获取，就需要设置 Cookie 的过期时间。

14.6　本　章　小　结

本章主要讲解了 Cookie 在 JavaScript 中的应用，Cookie 的优点、缺点、写入、读取、删除及 Cookie 的安全问题等相关内容。通过本章的学习，读者可以熟练掌握 Cookie 的应用，并能够在实际网站开发中使用 Cookie 技术。

14.7　跟　我　上　机

参考答案：光盘\MR\跟我上机

创建一个欢迎 Cookie 页面，第一次访问页面时弹出提示框提示用户输入用户名，输入完成单击"确定"按钮，完成 Cookie 写入，再次访问该页面时将弹出欢迎信息。代码如下：

```javascript
<script language="javascript">
function GetCookie(c_name){
    if(document.cookie.length>0){
        c_start = document.cookie.indexOf(c_name + "=");
        if(c_start != -1){
            c_start = c_start+c_name.length+1;
            c_end = document.cookie.indexOf(";",c_start);
            if(c_end == -1) c_end = document.cookie.length;
            return unescape(document.cookie.substring(c_start,c_end));
```

Note

```
            }
        }
        return "";
}
function SetCookie(c_name,value,expiredays){
        var exdate=new Date();
        exdate.setDate(exdate.getDate()+expiredays);
        document.cookie=c_name+"="+escape(value)+((expiredays=="")?"":";
expires="+exdate.toGMTString());
}

function checkCookie(){
        username=GetCookie('username');
        if(username!=null && username!=""){
            alert("欢迎回来"+username+"!");
        }else{
            username=prompt("请输入用户名：",""");
            if(username!=null && username!=""){
                SetCookie("username",username,365);
            }
        }
}
</Script>
<body onLoad="checkCookie()">

</body>
```

第 **15** 章

图 像 处 理

（ 📹 视频讲解：30 分钟 ）

　　图像是 Web 页面中非常重要的组成部分。一个网页用文本、表格及单一的颜色来表达是不够的，JavaScript 提供了图像处理的功能，可用于丰富网页的内容。本章将详细介绍这些功能。

本章能够完成的主要范例（已掌握的在方框中打勾）

- ☐ 使用图像预装载原理将图像在页面中以幻灯的形式显示
- ☐ 实现网页背景随机变化的功能
- ☐ 实现在页面中放置浮动广告的功能
- ☐ 实现随机生成图片验证码的功能
- ☐ 实现图片总置于顶端的功能
- ☐ 实现在网页显示进度条的功能
- ☐ 实现图片时钟的显示功能
- ☐ 实现图片渐隐渐现的效果
- ☐ 实现图片翻转效果
- ☐ 实现图片不断闪烁的功能
- ☐ 实现图片水波倒影
- ☐ 实现图片的无间断滚动

15.1 Image 对象

在网页中使用图片非常普遍，只需要在 HTML 文件中使用<img>标记即可，并将其中的 src 属性设置为希望显示图片的 URL 即可，网页中图片的属性如表 15.1 所示。

表 15.1 图片的属性

属 性	说 明
border	表示图片边界宽度，以像素为单位
height	表示图像的高度
hspace	表示图像与左边和右边的水平空间大小，以像素为单位
lowsrc	低分辨率显示候补图像的 URL
name	图片名称
src	图像 URL
vspace	表示上下边界垂直空间的大小
width	表示图片的宽度
alt	鼠标指针经过图片时显示的文字

因为 Web 页面中的所有<img>元素在 document.images[]数组中都可以索引到，所以要在 Web 页面中放置一幅图像，可以使用该数组。

document.images[]是一个数组，包含了所有页面中的图像对象，可以使用 document.images[0] 表示页面中第一个图像对象，document.images[1]表示页面中第二图像对象，依次类推。可以使用 document.images[imageName]来获取图像对象，其中 imageName 代表<img>标记内 name 特性定义的图像名称。

经常使用的图像对象属性与表 15.1 中<img>标记的特性基本相同，含义也相同，唯一不同的是图像对象属性多了一个 complete 属性，用于判断图像是否完全被加载，如果图像完全被加载，该属性将返回 true 值。

15.2 JavaScript 中的图像应用

15.2.1 图像的预装载

对于浏览器装载图像来说，只有在图像发送一个 HTTP 请求之后，才会被浏览器装载。在网页中制作幻灯图像时，在服务器上获取图像可能要浪费很多时间，网页打开缓慢会严重影响到访问量，有一些浏览器采用一些措施来解决这样的问题，例如，通过本地缓存存储图像，这种方式在图片第一次被调用时依然存在上述问题，在这里介绍一种图像预装载的方法来解决图像装载缓慢的问题。

预装载是在 HTTP 请求图像之前将其下载到缓存的一种方式，通过使用这一方式，当页面需要图像时，图像可以立即从缓存中取出，从而能将图像立即显示在页面上。

JavaScript 有一个内嵌 Image 类，使用该类可以进行图像的预装载：将图像的 URL 传递给该对象的 src 之后，浏览器将会进行装载请求，并将预装载的图像保存到 cache 中，如果有图像请求时，则调用 cache 内的图像，从而将图像立即显示，而不是重新装载。

例如，如下语法就是实例化一个图像对象，进行图片的预装载。

语法：

```
var preimg=new Image();
preimg.src="a.gif";
```

参数 preimg 表示 Image 对象。

可以将多个图像进行预装载，将这些图像放入数组中，然后使用循环将其放入缓存中。

语法：

```
var test=['img1','img2','img3'];
var test2=[];
for(var i=0;i<test.length;i++){
    test2[i]=new Image();
    test2[i].src=test[i]+".gif";
}
```

☑ test：定义图像名称的数组名称。

☑ test2：定义图像对象的数组名称。

【例 15.1】 使用图像预装载原理将图像在页面中以幻灯的形式显示。当页面被初始化时，图像以幻灯的形式显示在页面中。代码如下：

👉 实例位置：光盘\MR\Instance\15\15.1

```
<script language="javascript">
var j=0;
var img=new Array(15);
for(var i=0;i<=14;i++){
    img[i]=i;
}
var img2=[];
for(var i=0;i<img.length;i++){
    img2[i]=new Image();
    img2[i].src=img[i]+'.gif';
}
function showpic(){
    if(j==14)
        j=0;
    else;
        ++j;
    var imagestr=img2[j].src.split("/");
    var imagesrc=imagestr[imagestr.length-1];
```

```
    str="<img src='image/"+imagesrc+"'/>";
    div1.innerHTML=str;
}
</script>
</head>
<body onLoad="setInterval('showpic()',1000);">
<div id='div1' align="center"></div>
</body>
```

运行结果如图 15.1 所示。

图 15.1　使用预装载图像制作幻灯

从上述代码中可以看出，首先创建一个数组 img 用于存放图像的名称，再创建一个用于存放图像对象的数组 img 2，在循环中使用 new Image 语句创建图像对象赋给 img 2 数组，将图像名称赋给每个图像对象的 src 特性，即指定每个图像的 URL，这样就将多个图像预装载到 cache 中。由于图像对象的 URL 为绝对路径，所以在这里需要对此 URL 字符串进行处理，使用 split("/")函数将图像的绝对路径以"/"字符串进行分割，将子字符串分别放入数组中，其中数组的最后一个值即为需要的图像名称，然后将图像放入<div>标记中。

为了使页面具有幻灯效果，需要使用 setInterval()函数，该函数是在一定时间内执行相同的一段代码，这里设置的时间是 1000 毫秒（1000 毫秒=1 秒）。然后将此函数放置在<body>标记的 onLoad 事件中进行触发，当页面被初始化时，将间隔 1000 毫秒调用一次 showpic()函数。在 showpic()函数中，设置变量 j 初始值为 0（图像对象的第一个元素），然后进行递增操作，直到变量 j 为 14（图像对象的最后一个元素），它又会被重置为 0，这样一直循环。最后实现使用预装载图片制作幻灯的效果。

15.2.2　图片的随机显示

在网页中随机显示图片可以达到装饰和宣传的作用，例如，随机变化的网页背景和横幅广告图片等。使用随机显示图片的方式可以优化网站的整体效果。

为了可以实现图片随机显示的功能，可以用 Math 对象的 random()函数和 floor()函数。

random()函数用于返回 0～1 之间的随机数，如果需要返回 0 至某个数字的随机，数只需要使用 Math.random()乘以该数字的即可。例如，取 0～5 之间的随机数，可以使用 Math.random()*5 语句获得。floor()函数用于返回小于或等于指定数字的最大整数。可以使用如下代码定义随机显示图片：

```
var test=[
['小张','歌手'],
```

```
['小王','演员'],
['小李','工程师'],
['小赵','教师']
];
var n=Math.floor(Math.random()*test.length);
var img=document.getElementById('imgs');
img.src=test[n][0]+'.gif';
img.alt=test[n][1];
```

上述代码中首先定义一个二维数组，该二维数组的第一列代表名称，第二列代表图片的提示信息，然后取 0 到数组的长度的随机数赋予变量 n。使用 test[n][0]语句可以获取图片的名称，使用 test[n][1]可以获取图片的提示信息。

其中，imgs 是页面中<img>标记定义的 id 特性的值，使用 document.getElementById('imgs') 获取页面中的图像对象赋予变量 img，使用 img.src 表示图片的 URL，使用 img.alt 表示图片的提示信息。

说明：

在这里随机显示图片可以不使用预装载所要显示的图片组，因为每次显示只需要显示其中的一张。在图片随机显示的解决方案中，默认的图片大小应该与被切换的图片大小相同。

【例 15.2】 实现网页背景随机变化的功能，用户重复打开该网页可能会显示不同的页面背景，同时每隔一秒时间，图片随机变化一次。代码如下：

实例位置：光盘\MR\Instance\15\15.2

```
<script language="javascript">
function changebg(){
    var i = Math.floor(Math.random()*5);//取整并乘 5
    var src = "";
    switch(i){
        case 0 :
            src = "0.jpg";
            break;
        case 1:
            src = "1.jpg";
            break;
        case 2:
            src = "2.jpg";
            break;
        case 3:
            src = "3.jpg";
            break;
        case 4:
            src = "4.jpg";
            break;
    }
    document.body.background=src;
```

```
    setTimeout("changebg()",1000);
}
</script>
```

运行结果如图 15.2 和图 15.3 所示。

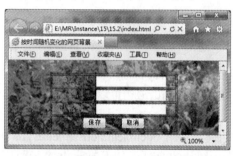

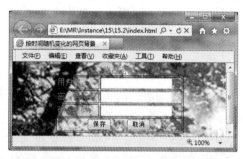

图 15.2 按时间随机变化的网页背景 1 图 15.3 按时间随机变化的网页背景 2

在上述代码中将 0～5 之间的随机数字取整，然后使用 switch 语句根据当前随机产生的值设置背景图片。最后使用 setTimeout 设置时间，每间隔 1000 毫秒调用一次 changebg ()函数。

> **注意:**
> setTimeout()函数与 setInterval()函数的区别在于前者在超过时间后只调用一次指定函数，而后者按一定的时间重复调用指定的函数。

15.2.3 浮动广告

浮动广告在网页中很常见，大多数网站的宽度都是为适合 800×600 的分辨率而设计的，因此在使用 1024×768 的分辨率时，有一侧或者两侧就会出现空闲，为了不浪费资源，有些网站会在两边加上浮动的广告，在网页中拖曳滚动条时，浮动的广告也随之移动。

【例 15.3】 实现在页面中放置浮动广告的功能。

 实例位置: 光盘\MR\Instance\15\15.3

定义<div>标记及设定其位置的函数代码如下:

```
<script language="JavaScript">
var delta=0.15
var layers;
function floaters() {
    this.items= [];
    this.addItem= function(id,x,y,content){
        document.write('<div id='+id+' style="z-index: 10; position: absolute;  width:80px; height:
60px;left:'+(typeof(x)=='string'?eval(x):x)+';top:'+(typeof(y)=='string'?eval(y):y)+'">'+content+'</div>');
        var newItem= {};
        newItem.object= document.getElementById(id);
```

```
            if(y>10) {y=0}
            newItem.x= x;
            newItem.y= y;
            this.items[this.items.length]= newItem;
        }
    this.play= function(){
            layers= this.items
            setInterval('play()',10);
        }
}
```

实现浮动效果的 JavaScript 函数代码如下：

```
function play(){
    for(var i=0;i<layers.length;i++){
        var obj= layers[i].object;
        var obj_x= (typeof(layers[i].x)=='string'?eval(layers[i].x):layers[i].x);
        var obj_y= (typeof(layers[i].y)=='string'?eval(layers[i].y):layers[i].y);
        if(obj.offsetLeft!=(document.body.scrollLeft+obj_x)){
            var dx=(document.body.scrollLeft+obj_x-obj.offsetLeft)*delta;
            dx=(dx>0?1:-1)*Math.ceil(Math.abs(dx));
            obj.style.left=obj.offsetLeft+dx;
        }
        if(obj.offsetTop!=(document.body.scrollTop+obj_y)){
            var dy=(document.body.scrollTop+obj_y-obj.offsetTop)*delta;
            dy=(dy>0?1:-1)*Math.ceil(Math.abs(dy));
            obj.style.top=obj.offsetTop+dy;
        }
        obj.style.display= '';
    }
}
var strfloat = new floaters();
strfloat.addItem("followDiv",6,80,"<img src='ad.jpg'  border='0'>");
strfloat.play();
</script>
```

运行结果如图 15.4 所示。

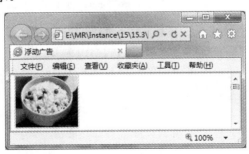

图 15.4 浮动广告

301

15.2.4 图片验证码

在开发网站时，经常会有随机显示验证码的情况，例如，在网站后台管理的登录页面中加入以图片方式显示的验证码，可以防止不法分子使用注册机攻击网站的后台登录。

【例 15.4】 实现随机生成登录验证码的功能，其中验证码为图片，运行本实例，将以图片方式显示一个 4 位的随机验证码。代码如下：

☞ **实例位置：光盘\MR\Instance\15\15.4**

```javascript
<script language="javascript">
var str="";
var img="";
var strsource=['明','天','日','科','技','会','更','好','创','新'];        //定义数组
for(var i=0;i<4;i++){                                                    //遍历数组
    var n=Math.floor(Math.random()*strsource.length);                   //随机生成一个数组元素的索引值
    str=str+strsource[n];
    img=img+"<img src='Images/checkcode/"+n+".gif' width='19' height='20'> ";
    div1.innerHTML=img;
}
</script>
```

运行结果如图 15.5 所示。

图 15.5 随机生成登录图片验证码

从上述代码可以看出，首先定义一个放置验证码内容的数组，其中数组每个元素的索引值与图片的名称相对应，即数组中第一个元素"明"的索引值为 0，相应"明"的图片 URL 为 Images/checkcode/0.gif。为了使图片随机，可以使图片名称随机产生，最后将随机产生的验证码图片放在指定<div>标记内。

15.2.5 图片置顶

在浏览网页时，经常会看到图片总是置于顶端的现象，不管怎样拖动滚动条，它相对于浏览器的位置都不会改变，这样图片既可以起到宣传的作用，还不遮挡网页中的主体内容。

可以通过 Document 对象<body>标记中的 scrollTop 和 scrollLeft 属性来获取当前页面中横纵向滚动条所卷去的部分值，然后使用该值定位放入层中的图片位置。

【例 15.5】 实现图片总置于顶端的功能，代码如下：

👉 **实例位置：光盘\MR\Instance\15\15.5**

```
<body>
<div id=Tdiv style="HEIGHT: 45px; LEFT: 0px; POSITION: absolute; TOP: 0px; WIDTH: 45px; Z-INDEX: 25">
<input name="image1" type="image" id="image1" src="mrsoft.jpg" width="52" height="249" border="0">
</div>
<script language="JavaScript">
var ImgW=parseInt(image1.width);
function permute(tfloor,Top,left){
    var RealTop=parseInt(document.body.scrollTop);
    buyTop=Top+RealTop;
    document.all[tfloor].style.top=buyTop;
    var buyLeft=parseInt(document.body.scrollLeft)+parseInt(document.body.clientWidth)-ImgW;
    document.all[tfloor].style.left=buyLeft-left;
}
setInterval('permute("Tdiv",2,2)',1);
</script>
<center>
<img src="gougo.jpg">
</center>
</body>
```

运行结果如图 15.6 所示。

图 15.6 图片总置于顶端

在上述代码可以看到，可以使用 scrollTop 属性值来修改层的<style>的 top 属性，使其总置于顶端。同时，可以取 scrollLeft 属性值与网页宽度（网页的宽度可以使用<body>的 clientWidth 属性来获取）的和，并且减去图片的宽度，使用所得的值来修改层的 style 样式中的 left 属性，这样就可以使图片总置于工作区的右面。最后使用 setInterval()函数循环执行 permute()函数。

15.2.6　进度条

当网页装载很多图片时，进度条很有用，它可以让用户看到装载图片的进度，从应用的角度来讲，进度条是一种很必要的工具。例如，在进入一些游戏网站时，通常会先进入一个程序加载页面，此时就用到了进度条。

实现进度条的显示功能可以通过改变<span>标记的 width 属性完成，同时还要对数字进行更新操作，这样可以使用户看到进度条的变化和上面数字的变化。

【例 15.6】　实现在网页显示进度条的功能，进度条在指定时间内增加 20%的进度，直到增长到 100%为止。

👉　实例位置：光盘\MR\Instance\15\15.6

为了在网页中体现进度条效果，首先需要创建 CSS 文件设置进度条的样式，关键代码如下：

```
#test{
width:200px;
border:1px solid #000;
background:#fff;
color:#000;
}
#progress{
display:block;
width:0px;
background:#6699ff;
}
```

设置完成进度条的样式之后，需要在网页中应用上述定义的样式，可以在<p>标记和<span>标记中使用，关键代码如下：

```
<p id="test"><span id="progress">10%</span></p>
```

为了达到进度条时时更改的功能，这里需要设置一个 JavaScript 函数，用于显示进度条上的百分比文本及进度条的进度，关键代码如下：

```
<script language="javascript">
function progressTest(n){
var prog=document.getElementById('progress');
prog.firstChild.nodeValue=n+"%";
prog.style.width=(n*2)+"px";
n+=20;
if(n>100){
    n=100;
}
setTimeout('progressTest('+n+')',1000);    // 1000 毫秒后调用一次 progressTest()函数
}
</script>
```

运行结果如图 15.7 和图 15.8 所示。

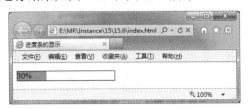

图 15.7　进度条的显示 1　　　　　　　　　图 15.8　进度条的显示 2

在上述代码中可以看出，使用 Document 对象的 getElementById('progress')语句获取<span>标记中 id 属性指定的样式，可以通过 prog.firstChild.nodeValue 语句指定<span>标记内部的值。通过 prog.style.width 语句设置进度条的宽度，这个宽度值是根据参数 n 值变化而变化的，参数 n 值在每次函数调用时自增 20，直到 100 为止。为了可以使进度条进度具有自动增长功能，需要使用 setTimeout()函数，可以使用 setTimeout('progressTest('+n+')',1000)语句在 1000 毫秒后执行一次 progressTest()函数。

15.2.7　图片时钟

在网页中可以有多种时间的显示方式，图片的时钟显示是其中的一种，使用这种方式显示时间非常实用，可以根据网站前台需要随时改变时间图片的风格。

在网页上实现时钟显示首先需要获取当前系统时间，可以使用 Date 对象来获取当前时间，然后将当前时间转换为单个的数字表示，可以将这些数字与图片对应起来，以实现时钟的功能。

由于图片的时钟显示需要图片快速地转换，所以这里使用了图像预处理技术，将所有数字图片放置在缓存中，这样才不会在数字图片转换时出现数字停顿的现象。可以使用如下代码设置图片预装载：

```
var imgs=[];
for(var i=0;i<10;i++){
    imgs[i]=new Image();
    imgs[i].src='img/'+i+'.jpg';
}
```

由于 img 文件夹中的图片名称与本身数字图片相对应，所以可以使用 imgs[i].src='img/'+i+'.jpg'设置图片的 src 属性。经过上述代码设置后，当需要这些图片时，直接对数组 imgs 进行操作即可。

【例 15.7】　实现图片时钟的显示功能，在网页中放置一组图片，这组图片随着系统时间的更改而变化。

👉 **实例位置：光盘\MR\Instance\15\15.7**

为了实现时钟的功能，首先创建一个函数来计算时间。关键代码如下：

```
function displayTime(){
    var now=new Date();
```

```
var time=[];
var hrs=now.getHours();
hrs=(hrs<10?'0':'')+hrs;
time[0]=hrs.charAt(0);
time[1]=hrs.charAt(1);
var mins=now.getMinutes();
mins=(mins<10?'0':'')+mins;
time[2]=mins.charAt(0);
time[3]=mins.charAt(1);
var secs=now.getSeconds();
secs=(secs<10?'0':'')+secs;
time[4]=secs.charAt(0);
time[5]=secs.charAt(1);
for(var i=0;i<time.length;i++){
    var img=document.getElementById('d'+i);
    img.src=imgs[time[i]].src;
    img.alt=time[i];
}
}
```

在上述代码中可以看到，首先实例化一个 Date 对象，分别取当前时间的小时、分钟、秒。可以使用 charAt 语句获取一个两位数字的字符串（如小时字符串）指定索引位置的字符值，然后将此字符值赋予 time 数组，最后根据 time 数组循环操作，以 time 数组中的每个值为索引调用预装载图像的 src 属性，赋给网页中显示时钟的图片的 src 属性，这样就可以根据时间调用不同的数字图片进行显示，实现了图片的时钟显示功能。

为了可以使时钟是动态的，需要多次调用 displayTime()函数，这时可以在页面的 onLoad 事件中使用 setInterval()函数每 1000 毫秒中调用一次 displayTime()函数。关键代码如下：

```
<body onLoad="setInterval('displayTime()',1000);" >
```

运行结果如图 15.9 所示。

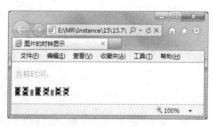

图 15.9　图片的时钟显示

15.3　特殊的图像效果

15.3.1　图片渐变

图片渐变在网页中有非常好的效果，同时实现这种效果需要结合一些非标准，以及标准的属性。通常使用 CSS 样式中滤镜 alpha 的 opacity 属性来实现图片渐变的效果。

【例 15.8】　本实例用于实现图片从模糊状态变为清晰状态，然后又从清晰状态变为模糊状态，重复执行此操作，最后使图片形成渐隐渐现的效果。

👉 **实例位置：光盘\MR\Instance\15\15.8**

首先在页面中设置一张图片，图片的初始样式滤镜值为 0，也就是不可见，关键代码如下：

```
<img src="1.jpg" name="myImage" border="1" style="filter:alpha(opacity=0)">
```

编写用于实现图片渐变效果的 JavaScript 函数，关键代码如下：

```
<script language="JavaScript">
var b = 1;
var c = true;
function latent(){
    if(document.all)
    if(c == true)
        b++;
    else
        b--;
    if(b==100){
    b--;
    c = false;
    }
    if(b==10){
    b++;
    c = true;
    }
    myImage.filters.alpha.opacity=b;
    setTimeout("latent()",25);
}
latent();
</script>
```

运行结果如图 15.10 和图 15.11 所示。

图 15.10　图片渐变效果 1

图 15.11　图片渐变效果 2

15.3.2　图片翻转

可以使用 JavaScript 脚本设置图片翻转效果，可以设置图片水平、垂直翻转效果，使用 CSS

样式中的滤镜技术实现图片翻转效果。

滤镜是 CSS 样式的一种扩充，使用滤镜可以在图片或文本容器中实现阴影、模糊、水平或垂直效果以及透明、波纹等特殊效果。通过 Filter 设置滤镜参数。

语法：

> Filter:滤镜名称（参数）

其中的参数用于指定滤镜的显示效果。

如果使用滤镜效果，可以在各个标记的<style>特性中设置滤镜。例如：

> <img src="*.gif" width="" height="" style=" Filter:filpH()">

有关滤镜的名称与参数说明如表 15.2 所示。

表 15.2　滤镜的名称与参数说明

滤镜名称	参数说明
alpha	设置滤镜的透明度： filter:alpha(opacity=0～100,finishOpacity=0～100,style=0～3,startX=0～100,startY=0～100, finshX=0～100,finishY=0～100) 滤镜参数说明： ☑　opacity：表示透明度。 ☑　finishOpacity：设置渐变透明度。 ☑　style：表示透明区域的形状。0 表示统一形状；1 表示线形；2 表示放射状；3 表示长方形。 ☑　startX、startY：表示透明度的开始横纵坐标。 ☑　finishX、finishY：表示透明度的结束横纵坐标
blendTrans	设置滤镜的淡入淡出效果 filter:blendTrans(duration=time) 参数说明： duration：表示效果持续的时间
blur	设置滤镜的模糊效果 filter:blur(add=true|false,direction=value,strength=value) 参数说明： ☑　add：确定图片是否为模糊效果。 ☑　direction：设置模糊效果的方向，以度数为单位。 ☑　strength：设置模糊效果的像素数
chroma	设置指定颜色为透明状态 filter:chroma(color=value) 参数说明： color：指定颜色的颜色值
dropShadow	设置滤镜的阴影效果 filter:dropShadow(color=value,offX=value,offY=value,positive=true|false) 参数说明： ☑　color：表示阴影的颜色。 ☑　offX、offY：表示阴影的偏移量，其值为像素。 ☑　positive：设置其值为 True 表示为透明的像素建立投影，设置为 False 表示不为透明的像素建立投影

Note

续表

滤 镜 名 称	参 数 说 明
flipH	设置滤镜为水平翻转效果 filter:flipH
flipV	设置滤镜为垂直翻转效果 filter:flipV
glow	设置滤镜为发光效果 filter:glow(color=value,strength=value) 参数说明： ☑ color：用于设置滤镜发光的颜色。 ☑ strength：用于设置发光的亮度，取值在 0～255 之间
gray	可视对象变为灰度显示 filter:gray
invert	翻转可视对象的色调和亮度，创建底片效果 filter:invert
Light	模拟光源在在可视对象上的投影 filter:Light
Mask	设置透明膜的效果 filter:Mask(color=value) 参数说明： color：表示透明膜的颜色
RevealTrans	设置滤镜转换效果，可以使可视化对象显示或隐藏
shadow	设置滤镜为立体式阴影效果 filter:shadow(color=value,direction=value) 参数说明： ☑ color：表示阴影颜色。 ☑ direction：表示阴影方向
wave	设置滤镜的波形效果 filter:wave(add=true|false,freq=value,lightStrength=0～100,phase=0～100,strength=value) 参数说明： ☑ add：表示是否按正弦波形显示。 ☑ freq：设置波形的频率。 ☑ lightStrength：设置波形的光影效果。 ☑ phase：设置波形开始时的偏移量。 ☑ strength：设置波形的振幅
xray	设置 X 光效果 filter:xray

实现图片翻转效果可以使用 filpH 与 filpV 滤镜。

【例 15.9】 实现图片翻转效果：单击 "水平翻转" 按钮时，图片水平翻转；单击 "垂直翻转" 按钮时，图片垂直翻转。

👉 **实例位置：光盘\MR\Instance\15\15.9**

定义水平翻转和垂直翻转的函数分别为 Hturn() 与 Vturn()，关键代码如下：

```
<script language="javascript">
function Hturn(){            //水平翻转
    image11.style.filter = image11.style.filter =="filph"?"":"filph";
}
function Vturn(){            //垂直翻转
    image22.style.filter = image22.style.filter =="filpV"?"":"filpV";
}
</script>
```

　　上述代码水平翻转函数中使用三目运算表达式设置图片水平翻转：当图片的滤镜值为 filpH 时，则使滤镜值为空；当图片滤镜值不为 filpH，则设置滤镜值为 filpH，从而实现图片水平翻转的功能。同理，图片垂直翻转也使用三目运算表达式：当图片的滤镜值为 filpV 时，则使滤镜值为空；当图片滤镜值不为 filpV，则设置滤镜值为 filp，从而实现图片垂直翻转的功能。

　　在"水平翻转"和"垂直翻转"按钮的 onClick 事件中调用上述函数。关键代码如下：

```
<table width="433" border="2" align="center" cellpadding="3" cellspacing="4" bordercolor= "#006699" bgcolor="#FFFFFF">
  <tr>
    <td colspan="2"><div align="center"><font color="#FF0000" size="6">水平翻转</font> </div></td>
  </tr>
  <tr>
    <td width="165"><font color="#FF9900" face="黑体" size="4">原图：</font></td>
    <td width="252"><font color="#FF9900" face="黑体" size="4">水平翻转执行结果：</font></td>
  </tr>
  <tr>
    <td><img src="test.jpg" border="0" id="image1"></td>
    <td><img src="test.jpg" border="0" id="image11"></td>
  </tr>
  <tr>
    <td colspan="2"><div align="center"><font color="#FF0000" size="6">垂直翻转</font> </div></td>
  </tr>
  <tr>
    <td><font color="#FF9900" face="黑体" size="4">原图：</font></td>
    <td><font color="#FF9900" face="黑体" size="4">垂直翻转执行结果：</font></td>
  </tr>
  <tr>
    <td><img src="test.jpg" border="0" id="image2"></td>
    <td><img src="test.jpg" border="0" id="image22"></td>
  </tr>
</table>
<p>
<center>
<input type="button" name="button1" value="水平翻转" onClick="Hturn()">
     
<input type="button" name="button2" value="垂直翻转" onClick="Vturn()">
</center>
</p>
```

运行结果如图 15.12 所示。

图 15.12 图片翻转效果

15.3.3 图片闪烁

在一些招商的网站中，为了引起浏览者的注意，有时会需要使用特效将重要内容表现出来，可以使用 JavaScript 脚本给图片加入不断闪烁的效果。

上述功能可以使用"层"的概念，在网页中设置层使用<div>标记，可以将需要闪烁的图片放入该层内，在 JavaScript 函数中通过三目运算符设置图片的显示或隐藏状态，然后在页面的 onLoad 事件中重复调用此函数，以达到图片不断闪烁的效果。

【例 15.10】 实现图片不断闪烁的功能。

实例位置：光盘\MR\Instance\15\15.10

编写使图片不断闪烁的 JavaScript 代码，关键代码如下：

```javascript
<script language="JavaScript">
var counter = 0;
function glint(){
    div1.style.visibility = (div1.style.visibility == "hidden") ? "visible" : "hidden";
    counter += 1;
    setTimeout("glint()", 200);                    //每隔 200 毫秒调用一次 glint()函数
}
</script>
```

在页面中添加层，并在层中设置图片，关键代码如下：

```html
<body onload="glint();">
<div id="div1" style="position:absolute; left:150; top:0">
    <a href="http://www.mingrisoft.com" target="_blank">
```

```
        <p></p>
            <img name="image1" src="Temp.jpg">
        <p></p>
        </a>
    </div>
</body>
```

运行结果如图 15.13 所示。

图 15.13　不断闪烁的图片

从上述代码中可以看出，在页面中设置了层，在 glint()函数中使用 div1.style.visibility 设置层中定义的内容是否显示，这里的 div1 为层的 id 属性值。使用三目运算表达式设置层中的内容是否显示；当层中的内容不可见时，设置此内容可见；当层中内容可见时，设置此内容不可见。最后使用 setTimeout("glint()", 200)语句每隔 200 毫秒调用一次 glint()函数。

15.4　综　合　应　用

15.4.1　图片水波倒影

【例 15.11】　图片有水波倒影的显示效果会让人感到很新颖，例如，一些博客网站的首页制作中会将一些图片设置成这样的效果。本实例介绍如何实现上述功能。

👉 **实例位置：光盘\MR\Instance\15\15.11**

实现本实例，首先在页面中添加图片，然后通过 JavaScript 脚本动态创建一幅图片，最后在自定义函数中将动态创建的图片的滤镜设置为水波倒影效果。关键代码如下：

```
<body>
<center>
<img id="mappedimg" src="MRsoft.jpg">
</center>
<br>
<script language="JavaScript">
    function mapped (){
        setInterval("img1.filters.wave.phase+=10",100);
    }
```

```
    if (document.all){
        document.write('<Center><img id=img1 src="'+document.all.mappedimg.src+'" style= "filter:
wave(strength=3,freq=3,phase=0,lightstrength=30)    blur() flipv()"></Center>');
        window.onload = mapped;
    }
</script>
</body>
```

运行程序，结果如图 15.14 所示。

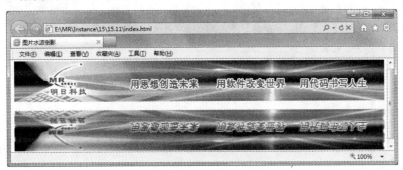

图 15.14　图片水波倒影

15.4.2　图片无间断滚动

【例 15.12】　在网页设计中，通常需要考虑页面的美观程度及下载速度，这时可以对图片进行无间断循环滚动显示，这样不但可以提高页面的下载速度，而且可以简化页面，同时达到宣传的效果。本实例使用 JavaScript 脚本实现不间断图片滚动的效果。

👉 实例位置：光盘\MR\Instance\15\15.12

本实例主要通过 JavaScript 脚本创建的 move()函数实现，在 move()函数中，变量 n 的数值用来控制图片滚动的速度，同时在页面中应用层来实现图片的显示与隐藏功能。关键代码如下：

```
<script language="javascript">
var n=5;
//数值越大，图片滚动得越快
td2.innerHTML=td1.innerHTML;
var Mycheck;
function move(){
    if(td2.offsetWidth-div1.scrollLeft<=0){
        div1.scrollLeft-=td1.offsetWidth;
    }else{
        div1.scrollLeft++;
    }
    Mycheck=setTimeout(move,n);
}
div1.onmouseover=function() {clearTimeout(Mycheck)};
div1.onmouseout=function() {Mycheck=setTimeout(move,n)};
```

```
move();
</script>
```

运行结果如图 15.15 所示。

图 15.15　不间断的图片滚动效果

15.5　本章常见错误

15.5.1　图像文件路径不正确

在进行图像的预装载时，Image 对象的 src 属性是设置图像文件的 URL 地址，如果该路径地址不正确，那么图像就不能正常显示到浏览器中，所以在进行图像的预装载时一定要确保图像文件路径是正确的。

15.5.2　document.images[]获取图像不正确

在页面中可以使用 document.images[]来获取图像对象，document.images[]是数组，包含所有页面中的图像对象，注意该数组下标是从 0 开始的，document.images[0]表示的是页面中第一个图像对象，document.images[1]表示的是页面中第二个图像对象，以此类推。

15.6　本　章　小　结

本章主要讲解了在 JavaScript 中如何使用图像处理对象，网页上视觉效果最好的部分就是图像，所以，图像在网页中是不可缺少的内容。掌握图像处理技术在 Web 程序开发中是非常重要的。通过本章的学习，读者应该熟练掌握常用的图像处理方法，并能应用于实际网站开发中。

15.7 跟我上机

参考答案：光盘\MR\跟我上机

使用 JavaScript 实现当鼠标指针经过图片时显示图片。这里通过设置 CSS 样式中的滤镜 opacity 改变图片的透明度：当用户将鼠标指针移动到图片上时，图片会从模糊状态变为清晰状态；当用户将鼠标指针从图片上移开时，图片会从清晰状态变为模糊状态。代码如下：

```
<script language="JavaScript">
function makevisible(cur,which){
    if (which==0)
        cur.filters.alpha.opacity=100;
    else
        cur.filters.alpha.opacity=20;
}
</script>
<body>
<img src="ad.jpg" style="filter:alpha(opacity=20)" onMouseOver="makevisible(this,0)" onMouseOut=
"makevisible(this,1)" width= "114" height="87">
</body>
```

第**16**章

文件处理和页面打印

（ 📹 视频讲解：**82**分钟）

在网站开发过程中，经常需要对文件及文件夹进行操作，这些操作可以借用 JavaScript 中的文件处理对象实现。另外，用户还可以使用 JavaScript 实现常用的打印功能。本章将对 JavaScript 中的文件处理技术及页面打印技术进行详细讲解。

本章能够完成的主要范例（已掌握的在方框中打勾）

- [ ] 获取当前驱动器的类型和系列号
- [ ] 实现文件的复制、删除和移除的操作
- [ ] 读取指定文件中的信息，并显示在文本框中
- [ ] 获取指定文件是只读、隐藏，还是系统文件等
- [ ] 获取指定文件的大小，并显示当前路径中文件的名称及类型
- [ ] 利用 Window 对象的 print() 方法来打印指定框架中的内容
- [ ] 在打印时清空页眉页脚和恢复页眉页脚的操作
- [ ] 表格导出到 Word 并打印

16.1 文件处理对象

16.1.1 FileSystemObject 对象

在 JavaScript 中实现文件操作功能主要依靠 FileSystemObject 对象。该对象用来创建、删除和获得有关信息，以及通常用来操作驱动器、文件夹和文件的方法和属性。该对象所包含的对象和集合说明如表 16.1 所示，下面详细说明。

表 16.1 FileSystemObject 对象的对象或集合

对象/集合	说　　　明
FileSystemObject	主对象。包含用来创建、删除和获得有关信息，以及通常用来操作驱动器、文件夹和文件的方法和属性
Drive	对象。包含用来收集信息的方法和属性，这些信息是关于连接在系统上的驱动器的，如驱动器的共享名和可用空间。需要注意的是，Drive 并非必须是硬盘，也可以是 RAM 磁盘等；并非必须把驱动器实物地连接到系统上，也可以通过网络在逻辑上被连接起来
Drives	集合。提供驱动器的列表，这些驱动器实物地或在逻辑上与系统相连接。Drives 集合包括所有驱动器，与类型无关。要可移动的媒体驱动器在该集合中显现，不必把媒体插入到驱动器中
File	对象。包含用来创建、删除或移动文件的方法和属性，也用来向系统询问文件名、路径和多种其他属性
Files	集合。提供包含在文件夹内的所有文件的列表
Folder	对象。包含用来创建、删除或移动文件夹的方法和属性，也用来向系统询问文件夹名、路径和多种其他属性
Folders	集合。提供在 Folder 内的所有文件夹的列表
TextStream	对象。用来读写文本文件

1. 动态创建 FileSystemObject 对象

要对文件进行相应的操作，必须对 FileSystemObject 对象进行实例化，也就是动态创建 FileSystemObject 对象。

语法：

```
fso = new ActiveXObject("Scripting.FileSystemObject");
```

参数 fso 是 FileSystemObject 对象的一个实例。

在动态实例化 FileSystemObject 对象后，便可以用实例化变量 fso 对 Drive 对象、Drives 集合、File 对象、Files 集合、Folder 对象、Folders 集合和 TextStream 对象进行相应的操作。

2．FileSystemObject 对象的方法

（1）GetAbsolutePathName()方法

GetAbsolutePathName()方法根据提供的路径返回明确完整的路径，也就是说如果路径提供了从指定驱动器的根开始的完整引用，那么它就是明确和完整的。如果路径指定的是映射驱动器的根文件夹，那么完整的路径将只能由一个路径分隔符"\"结束。

语法：

```
object.GetAbsolutePathName(pathspec)
```

- ☑ object：必选项。FileSystemObject 对象的名称。
- ☑ pathspec：必选项。要变为明确完整路径的路径说明。该参数相应设置如表 16.2 所示。

表 16.2　pathspec 参数的设置

pathspec	说　明
"c:"	返回当前的完整路径
"c:.."	返回当前路径的上一级路径
"c:\\"	返回当前路径根目录
"c:*.*\\myfile"	在当前路径后加上"*.*\myfile"
"myfile"	在当前路径后加上"\myfile"
"c:\\..\\..\\myfile"	返回当前路径以 myfile 文件名为结尾

在表 16.2 中，为了便于读者的理解，pathspec 参数中的 c 指的并不是 c 盘，而是服务器端当前路径的盘符。假设当前路径为 d:\word\javascript，下面对 GetAbsolutePathName()方法的应用进行说明。

例如，获取当前路径的上一级目录，代码如下：

```
var fso=new ActiveXObject("Scripting.FileSystemObject");
var driv=fso.GetAbsolutePathName("d:..");
```

运行结果：d:\word。

例如，获取当前路径的下一个文件夹 nn 的完整路径，代码如下：

```
var fso=new ActiveXObject("Scripting.FileSystemObject");
var driv=fso.GetAbsolutePathName("nn");
```

运行结果：d:\word\javascript\nn。

（2）GetBaseName()方法

GetBaseName()方法将以字符串的形式返回指定路径中最后成分中的基本名称，不包含文件扩展名。

语法：

```
object.GetBaseName(path)
```

- ☑ object：必选项。FileSystemObject 对象的名称。

☑　path：必选项。返回其最后成分中的基本名称的指定路径。当路径与 path 参数不匹配时，GetBaseName()方法将返回长度为 0 的空字符串。

> **注意：**
> GetBaseName()方法只作用于所提供的 path 字符串。它不试图解析路径，也不检查指定路径是否存在。该方法所获取的最后成分的基本名称并不一定是文件名，也可以是文件夹的名称。

例如，获取 d:\word\javascript\mycolor.htm 路径中的最后成分的文件名称 mycolor，代码如下：

```
<script language="javascript">
function ShowBaseName(filespec)
{
    var fso, s = "";
    fso = new ActiveXObject("Scripting.FileSystemObject");
    s += fso.GetBaseName(filespec);
    alert(s);
}
ShowBaseName("d:\\word\\javascript\\mycolor.htm");
</script>
```

（3）GetDriveName()方法

该方法根据指定路径返回包含驱动器名称的字符串。

语法：

object.GetDriveName(path)

☑　object：必选项。FileSystemObject 的名称。

☑　path：必选项。路径说明，将根据其中成分返回驱动器名称。

> **注意：**
> GetDriveName()方法不试图解析路径，也不检查指定路径是否存在。该方法无法确定驱动器时返回一个指定字符串。

（4）GetDrive()方法

该方法用于返回指定路径中驱动器的 Drive 对象。

语法：

object.GetDrive(drivespec);

☑　object：必选项。FileSystemObject 的名称。

☑　drivespec：必选项。该参数可以是驱动器号（c）、带冒号的驱动器号（c:）、带冒号和路径分隔符的驱动器号（c:\），或者任意网络共享的说明（\\computer2\share1）。

例如，获取 d:\word\javascript 路径中的盘符 d:，并以驱动器的 D:形式进行显示。代码如下：

Note

```
<script language="javascript">
function GetDriveLetter(path)
{
    var fso, s ="";
    fso = new ActiveXObject("Scripting.FileSystemObject");
    s += fso.GetDrive(fso.GetDriveName(path));
    alert(s);
}
GetDriveLetter("d:\\word\\javascript");
</script>
```

（5）GetExtensionName()方法

GetExtensionName()方法用于返回指定路径中最后成分扩展名的字符串。

语法：

object.GetExtensionName(path)

☑ object：必选项。FileSystemObject 的名称。

☑ path：必选项。返回其扩展名的指定路径。

> **注意：**
>
> 对于网络驱动器，根目录"\\"将被认为是一个成分。如果没有和 path 参数匹配的成分，那么 GetExtensionName()方法将返回长度为 0 的空字符串。

例如，获取 d:\word\javascript\nn.text 目录中 nn 文件的扩展名 text，代码如下：

```
<script language="javascript">
function ShowExtensionName(filespec)
{
    var fso, s = "";
    fso = new ActiveXObject("Scripting.FileSystemObject");
    s += fso.GetExtensionName(filespec);
    alert(s);
}
ShowExtensionName("d:\\word\\javascript\\nn.text");
</script>
```

（6）GetFileName()方法

GetFileName()方法返回指定路径的最后成分，但指定的路径不能只是驱动器说明，也可以是共享路径。

语法：

object.GetFileName(pathspec)

☑ object：必选项。FileSystemObject 的名称。

☑ pathspec：必选项。指定文件的路径（绝对或相对路径）。

例如，获取 d:\word\javascript\nn.text 路径中的文件名称 nn.text，代码如下：

```javascript
<script language="javascript">
function ShowFileName(filespec)
{
    var fso, s = "";
    fso = new ActiveXObject("Scripting.FileSystemObject");
    s += fso.GetFileName(filespec);
    alert(s);
}
ShowFileName("d:\\word\\javascript\\nn.text");
</script>
```

（7）GetParentFolderName()方法

GetParentFolderName()方法根据指定路径中的最后成分返回其父文件夹名称的字符串。

语法：

object.GetParentFolderName(path)

☑ object：必选项。FileSystemObject 的名称。

☑ path：必选项。文件名所在的完整路径。

 注意：

GetParentFolderName()方法只作用于所提供的 path 字符串。它不试图解析路径，也不检查指定路径是否存在。该方法所获取的最后成分没有父文件夹时，将返回长度为 0 的空字符串。

（8）GetSpecialFolder()方法

该方法返回指定的特殊文件夹对象。

语法：

object.GetSpecialFolder(folderspec)

☑ object：必选项。FileSystemObject 的名称。

☑ folderspec：必选项。要返回的特殊文件夹的名称。该参数的设置如表 16.3 所示。

表 16.3　folderspec 参数的相关设置

常　数	值	说　明
WindowsFolder	0	Windows 文件夹，包含了由 Windows 操作系统安装的文件
SystemFolder	1	包含库、字体，以及设备驱动程序的 System 文件夹
TemporaryFolder	2	用于存储临时文件的 Temp 文件夹。这个路径可以在 TMP 环境变量中找到

（9）GetTempName()方法

该方法返回一个随机产生的临时文件或文件夹名，有助于执行那些需要临时文件或文件夹的操作。

语法：

321

Note

```
object.GetTempName();
```

参数 object 为必选，表示 FileSystemObject 的名称。

> **说明：**
> GetTempName()方法并不创建文件。它只提供一个临时文件名，可以通过 CreateTextFile 来创建文件。

【例 16.1】 通过 GetTempName()方法来随机创建一个文件名称，然后用 GetTempName() 方法获取临时文件夹的路径，最后用 CreateTextFile()方法在临时文件夹中创建一个临时文件。代码如下：

👉 **实例位置：光盘\MR\Instance\16\16.1**

```
<script language="javascript">
<!--
var fso, tempfile;
fso = new ActiveXObject("Scripting.FileSystemObject");
function CreateTempFile(){
    var tfolder, tfile, tname, fname, TemporaryFolder=2;
    tfolder = fso.GetSpecialFolder(TemporaryFolder);
    tname = fso.GetTempName();
    tfile = tfolder.CreateTextFile(tname);
    return tfile;
}
tempfile = CreateTempFile();
tempfile.close();
//-->
</script>
```

16.1.2 Drive 对象

Drive 对象负责收集系统中的物理或逻辑驱动器资源内容，如驱动器的共享名和有多少可用空间。在使用该对象时，不一定非要把驱动器实物地连接到系统上，也可以通过网络在逻辑上连接起来。需要说明的是，在这里所说的驱动器不一定非是硬盘，也可以是 RAM 磁盘等。

1．动态创建 Drive 对象

为使用 Drive 对象来获取驱动器的相关信息，必需首先创建 Drive 对象。该对象是通过 FileSystemObject 对象的 GetDrive()方法来创建的。

例如，对 C 盘驱动器创建一个 Drive 对象，代码如下：

```
var fso=new ActiveXObject("Scripting.FileSystemObject");
var s=fso.GetDrive("C:\\");
```

2．Drive 对象的属性

（1）FreeSpace 属性

向用户返回指定驱动器或网络共享上的可用空间的大小，只读。

语法：

---
object.FreeSpace

说明：

　　在典型情况下，由 FreeSpace 属性返回的值和由 AvailableSpace 属性返回的值是相同的。对于支持 quotas 的计算机系统来说，两者有可能不同。

（2）IsReady 属性

如果指定驱动器已就绪，则返回 True，否则返回 False。

语法：

---
object.IsReady

说明：

　　对于可移动媒体的驱动器和 CD-ROM 驱动器来说，IsReady 只有在插入了适当的媒体并已准备好访问时才返回 True。

（3）TotalSize 属性

以字节为单位返回驱动器或网络共享的所有空间大小。

语法：

---
object.TotalSize

【例 16.2】 通过 Drive 对象的 IsReady 属性来判断当前驱动器是否可用。当驱动器存在时，用 TotalSize 和 FreeSpace 属性来计算驱动器的大小及可用空间。代码如下：

👉 实例位置：光盘\MR\Instance\16\16.2

```
<form id="form1" name="form1" method="post" action="">
   盘符：
<input type="text" name="text1"/>
   <input type="button" name="button1" value="磁盘空间" onclick="DriveSize (document. form1.text1)"/>
</form>
<script language="javascript">
<!--
function DriveSize(Drivename){
      var fso=new ActiveXObject("Scripting.FileSystemObject");
      var s=fso.GetDrive(Drivename.value);
      if (s.IsReady){
            var str,str1,AllSize=0.0;
            str="当前驱动器的名称为:"+s.DriveLetter+"\n";
            AllSize=s.TotalSize/1024/1024/1024;
```

```
        str=str+"当前驱动器的大小为:"+parseInt(AllSize*10)/10+"\n";
        AllSize=s.FreeSpace/1024/1024/1024;
        str=str+"当前驱动器的可用空间为:"+parseInt(AllSize*10)/10;
        alert(str);
    }else
        alert("该驱动器无效。")
}
//-->
</script>
```

运行结果如图 16.1 所示。

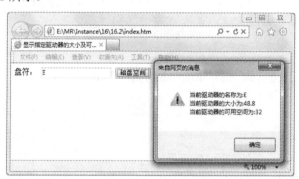

图 16.1　显示指定驱动器的大小及可用空间

（4）DriveType 属性

返回一个值，表示所指定驱动器的类型。

语法：

```
object.DriveType
```

（5）SerialNumber 属性

返回连续的十进制数字，用于唯一标识磁盘卷。

语法：

```
object.SerialNumber
```

 说明：

可以使 SerialNumber 属性来确保在带有可移动媒体的驱动器中插入正确的磁盘。

【例 16.3】　通过 Drive 对象的 DriveType 属性获取当前驱动器的类型，用 SerialNumber 属性获取驱动器的系列号。代码如下：

 实例位置：光盘\MR\Instance\16\16.3

```
<form name="form1" method="post" action="">
    驱动器名称:
    <input type="text" name="text1">
      
```

```
    <input type="button" name="Button1" value="驱动器类型" onclick="dtype(document.form1. text1)">
</form>
<script language="javascript">
function dtype(Drivename){
    var fso=new ActiveXObject("Scripting.FileSystemObject");
    var s=fso.GetDrive(Drivename.value);
    var t="",n="";
    switch(s.DriveType){
        case 0: t="找不到该驱动器";break;
        case 1: t="移动硬盘";break;
        case 2: t="固定硬盘";break;
        case 3: t="网络资源";break;
        case 4: t="CD-ROM";break;
        case 5: t="RAM";break;
    }
    if (s.IsReady)
        n="系列号为:"+s.SerialNumber;
    alert(t+"\n"+n);
}
</script>
```

运行结果如图 16.2 所示。

图 16.2 显示指定驱动器的类型及系列号

（6）AvailableSpace 属性

返回在所指定的驱动器或网络共享上可用的空间的大小。

语法：

object.AvailableSpace

在典型情况下，AvailableSpace 属性所返回的值与 FreeSpace 属性所返回的值是一样的。但是，对于支持 quotas 的两个计算机系统之间返回值可能会有所不同。

（7）FileSystem 属性

返回指定驱动器所使用的文件系统的类型。

语法：

object.FileSystem

可能的返回类型包括 FAT、NTFS 和 CDFS。

（8）Path 属性

返回指定文件、文件夹或驱动器的路径。

语法：

---

object.Path

驱动器字母后不包括根驱动器。例如，C 驱动器的路径是"C:"，而不是"C:\"。

（9）RootFolder 属性

返回一个 Folder 对象，表示指定驱动器的根文件夹，只读。

语法：

---

object.RootFolder

可以通过返回的 Folder 对象访问驱动器上的所有文件和文件夹。

（10）ShareName 属性

返回指定驱动器的网络共享名。

语法：

---

object.ShareName

如果 object 不是网络驱动器，那么 ShareName 属性返回长度为 0 的字符串（""）。

（11）VolumeName 属性

设置或返回指定驱动器的卷名，读/写。

语法：

---

object.VolumeName[= newname]

- ☑ object：必选项。总是为 Drive 对象的名称。
- ☑ newname：可选项。如果提供了这个部分，那么 newname 就将成为指定的 object 的新
  名称。

16.1.3　File 对象

File 对象可以获取服务器端指定文件的相关属性，如文件的创建、修改、访问时间，也可以对文件或文件夹进行复制、移除或删除操作。

1．动态创建 File 对象

为使用 File 对象对指定文件的所有属性进行访问，必须首先创建 File 对象，该对象是通过 FileSystemObject 对象的 GetFile()方法创建的。

GetFile()方法根据指定路径中的文件返回相应的 File 对象。

语法：

---

object.GetFile(filespec)

☑ object：必选项。FileSystemObject 的名称。

☑ filespec：必选项。指定文件的路径（绝对或相对路径）。

 说明：

　如果指定的文件不存在则出错。

例如，将 qq.txt 文件以 File 对象进行实例化，代码如下：

```
Var fso=new ActiveXObject("Scripting.FileSystemObject");
Var s=fso.GetFile("E:\\word\\JavaScript\\qq.txt");
```

2．File 对象的方法

（1）Copy()方法

Copy()方法对由单个 File 或 Folder 所产生的结果和使用 FileSystemObject.CopyFile 或 FileSystemObject.CopyFolder 所执行的操作结果一样。其中，后者把由 object 所引用的文件或文件夹作为参数传递。但是，后两种替换方法能够复制多个文件或文件夹。

将指定文件或文件夹从一个位置复制到另一位置。

语法：

```
object.Copy( destination[, overwrite] );
```

☑ object：必选项。应为 File 或 Folder 对象的名称。

☑ destination：必选项。复制文件或文件夹的目的位置。不允许通配字符。

☑ overwrite：可选项。Boolean 值，如果要覆盖已有文件或文件夹，则为 True（默认），
否则为 False。

（2）Delete()方法

删除指定的文件或文件夹。

语法：

```
object.Delete( force );
```

☑ object：必选项。应为 File 或 Folder 对象的名称。

☑ force：可选项。Boolean 值，如果要删除设置了只读属性的文件或文件夹，则为 True，
否则为 False（默认）。

 说明：

　（1）如果指定的文件或文件夹不存在，那么会产生一个错误。

　（2）Delete()方法对于单个 File 或 Folder 产生的结果和使用 FileSystemObject.DeleteFile 或 FileSystemObject.DeleteFolder 所执行的操作结果一样。

　（3）Delete()方法对于包含内容和不包含内容的文件夹不区分。删除指定的文件夹时不考虑是否包含了内容。

（3）Move()方法

将指定文件或文件夹从一个位置移动到另一个位置。

语法：

```
object.Move( destination );
```

☑ object：必选项。应为 File 或 Folder 对象的名称。

☑ destination：必选项。移动文件或文件夹的目的位置，不允许通配字符。

> **说明：**
>
> Move()方法对于由单个 File 或 Folder 产生的结果和使用 FileSystemObject.MoveFile 或 FileSystemObject.MoveFolder 所执行的操作结果一样。但是，后两种替换方法都能够移动多个文件或文件夹。

【例 16.4】 通过 File 对象的 Copy()、Delete()和 Move()方法实现文件的复制、删除和移除的操作。代码如下：

👉 **实例位置：光盘\MR\Instance\16\16.4**

```
<table width="341" border="1">
  <tr>
    <td width="331" height="50">
     <form name="form1" method="post" action="">
      <p>
        原文件路径：  
        <input type="text" name="text1" value="E:\Source\qq.txt">
      </p>
      <p>
        目的文件路径：
        <input type="text" name="text2" value="E:\Destination\hh.txt">
        <input type="button" name="Button" value="复制" onclick="filecopy(document.form1.text1,
document.form1.text2)">
      </p>
     </form></td>
  </tr>
  <tr>
    <td height="28">
     <form name="form2" method="post" action="">
       文件路径：
       <input type="text" name="text3" value="E:\Destination\hh.txt">
       <input type="button" name="Button" value="删除" onclick="filedelete(document.form2.text3.
value)">
     </form></td>
  </tr>
  <tr>
    <td height="88">
     <form name="form3" method="post" action="">
       <p>原文件路径：  
```

```
                <input type="text" name="text4" value="E:\Source\qq.txt">
            </p>
            <p>目的文件路径：
                <input type="text" name="text5" value="E:\Destination\hh.txt">
                <input   type="button"name="Submit2"value=" 移 动 "onClick="filemove(document.form3.
text4.value,document.form3.text5.value)">
            </p>
        </form></td>
    </tr>
</table>
<script language="javascript">
<!--
function filecopy(sname,dname){
    var fso, f;
    fso = new ActiveXObject("Scripting.FileSystemObject");
    f = fso.GetFile(sname.value);
    f.Copy(dname.value);
    alert("文件复制成功");
}
function filedelete(fname){
    var fso, f;
    fso = new ActiveXObject("Scripting.FileSystemObject");
    f = fso.GetFile(fname);
    f.Delete();
    alert("文件删除成功");
}
function filemove(fname,mname){
    var fso, f;
    fso = new ActiveXObject("Scripting.FileSystemObject");
    f = fso.GetFile(fname);
    f.Move(mname);
    alert("文件移动成功");
}
//-->
</script>
```

运行结果如图 16.3 所示。

图 16.3　将文件进行复制、删除或移动的操作

Note

（4）OpenAsTextStream()方法

打开指定的文件并返回一个 TextStream 对象，可以通过这个对象对文件进行读、写或追加。
语法：

object.OpenAsTextStream([iomode, [format]])

☑ object：必选项。应为 File 对象的名称。

☑ iomode：可选项。指明输入/输出的模式，可以是 3 个常数之一：ForReading、ForWriting
或 ForAppending。

☑ format：可选项。使用三态值中的一个来指明打开文件的格式。如果忽略，文件将以
ASCII 格式打开。

iomode 参数可以是表 16.4 设置中的任一种。

表 16.4　iomode 参数

常　　数	值	描　　述
ForReading	1	以只读方式打开文件。不能写这个文件
ForWriting	2	以写方式打开文件。如果存在同名的文件，那么它以前的内容将被覆盖
ForAppending	8	打开文件并从文件末尾开始写

format 参数可以是表 16.5 设置中的任一种。

表 16.5　format 参数

常　　数	值	描　　述
TristateUseDefault	-2	使用系统默认值打开文件
TristateTrue	-1	以 Unicode 方式打开文件
TristateFalse	0	以 ASCII 方式打开文件

 说明：

由 OpenAsTextStream()方法提供的功能和 FileSystemObject 的 OpenTextFile()方法一样。另
外，OpenAsTextStream()方法可以用来写文件。

【例 16.5】　通过 File 对象的 OpenAsTextStream()方法读取指定文件中的信息，并显示在文
本框中，也可以通过该方法用指定文本信息修改或追加指定路径下的文件。代码如下：

👉 实例位置：光盘\MR\Instance\16\16.5

```
<table width="392" border="1">
  <tr>
    <td height="24" colspan="2"><form name="form5" method="post" action="">
    文件路径：<input name="text1" type="textfield" value="E:\text2.txt" size="40">
        </form></td>
  </tr>
  <tr>
    <td width="207" height="163"><form name="form3" method="post" action="">
    <textarea name="textarea1" cols="30" rows="10"></textarea>
```

```html
</form></td>
  <td width="169"><form name="form4" method="post" action="">
    <textarea name="textarea2" rows="10"></textarea>
  </form></td>
</tr>
<tr>
  <td height="28"><form name="form1" method="post" action="">
    <input type="button" name="Button" value="读取" onclick="run(0)">
  </form></td>
  <td><form name="form2" method="post" action="">
    <input type="button" name="Submit2" value="写入" onclick="run(1)">
    <input type="button" name="Button" value="添加" onclick="run(2)">
  </form></td>
</tr>
</table>
<script language="javascript">
<!--
function TextStreamTest(fname,Addname,n){
    var fso, f, ts, s;
    var ForRWA=0, ForReading=1, ForWriting=2, ForAppending=8;
    var TristateUseDefault=-2, TristateTrue=-1, TristateFalse=0;
    fso = new ActiveXObject("Scripting.FileSystemObject");
    var s1=Addname.innerHTML;
    if(fname.value!=""){
        f = fso.GetFile(fname.value);
        switch(n){
            case 1: ForRWA=ForWriting;break;          //修改文件
            case 2: ForRWA=ForAppending;break;        //追加文件
        }
        if(n>0){          //执行修改或向文件中追加信息
            ts = f.OpenAsTextStream(ForRWA, TristateUseDefault);
            var s1=Addname.innerHTML;
            ts.Write(s1);
            ts.Close();
        }
        ts = f.OpenAsTextStream(ForReading, TristateUseDefault);
        s = ts.ReadLine();                            //读取文件中的信息
        ts.Close();
    }
    return(s);
}
function run(n){
    document.form3.textarea1.innerHTML=TextStreamTest(document.form5.text1,document.form4.textarea2,n);
}
//-->
</script>
```

运行结果如图 16.4 所示。

图 16.4 对文件进行读取、写入和追加操作

3．File 对象的属性

（1）Attributes 属性

设置或返回文件或文件夹的属性。根据不同属性为读/写或只读。

语法：

object.**Attributes** [= newattributes]

- ☑ object：必选项。应为 File 或 Folder 对象的名称。
- ☑ newattributes：可选项。如果提供了这个部分，那么 newattributes 将成为指定的 object 的新属性值。newattributes 参数可以是表 16.6 中的值或者这些值的任意逻辑组合。

表 16.6 newattributes 参数值

常 数	值	描 述
Normal	0	普通文件。不设置属性
ReadOnly	1	只读文件。属性为读/写
Hidden	2	隐藏文件。属性为读/写
System	4	系统文件。属性为读/写
Volume	8	磁盘驱动器卷标。属性为只读
Directory	16	文件夹或目录。属性为只读
Archive	32	文件在上次备份后已经修改。属性为读/写
Alias	64	链接或者快捷方式。属性为只读
Compressed	128	压缩文件。属性为只读

【例 16.6】 通过 File 对象的 Attributes 属性来获取指定文件是只读、隐藏，还是系统文件等。为只读文件时，通过确定提示框将其改为可写文件。代码如下：

👉 实例位置：光盘\MR\Instance\16\16.6

```
<form name="form1" method="post" action="">
    文件路径:
    <input type="text" name="text1" value="E:\test.txt">
```

332

```
    <input type="button" name="Button1" value="文件类型" onclick="ShowFileInfo(document.form1. text1.
value)">

</form>
<script language="javascript">
<!--
function ShowFileInfo(filespec){
    var fso, f, s;
    fso = new ActiveXObject("Scripting.FileSystemObject");
    f = fso.GetFile(filespec);
    switch(f.Attributes){
        case 0: s="普通文件";break;
        case 1: s="只读文件";break;
        case 2: s="隐藏文件";break;
        case 4: s="系统文件";break;
        case 32: s="文件在上次备份后已经修改";break;
        case 33: s="只读文件(已修改)";break;
        case 34: s="隐藏文件(已修改)";break;
        case 128: s="压缩文件";break;
    }
    if (f.Attributes==1 || f.Attributes==33){
        if (confirm("当前文件为"+s+"\n 是否将其改为可写文件")){
            f.Attributes=f.Attributes-1;
        }
    }else
        alert("当前文件为:"+s);
}
//-->
</script>
```

运行结果如图 16.5 所示。

图 16.5　将只读文件改为可写文件

（2）DateCreated 属性

返回指定文件或文件夹的创建日期和时间，只读。

语法：

object.DateCreated

（3）DateLastAccessed 属性

返回最后访问指定文件或文件夹的日期和时间，只读。

语法：

---

object.DateLastAccessed

注意：

该方法的操作依赖底层的操作系统。如果操作系统不支持提供时间信息，那么将不会返回任何信息。

（4）DateLastModified 属性

返回最后修改指定文件或文件夹的日期和时间，只读。

语法：

---

object.DateLastModified

【例 16.7】 通过 File 对象的 DateCreated、DateLastAccessed 和 DateLastModified 属性获取指定文件的创建、修改和访问日期，然后用 Date 对象的 toLocaleString()方法将日期转换成标准形式，并显示在提示框中。代码如下：

👉 **实例位置：光盘\MR\Instance\16\16.7**

```
<form name="form1" method="post" action="">
    文件路径:
    <input type="text" name="text1" value="E:\test.txt">
    <input type="button" name="Button1" value="文件的相关日期" onclick="ShowFileData(document.
form1.text1.value)">
</form>
<script language="javascript">
<!--
function ShowFileData(filespec){
    var fso, f, s;
    fso=new ActiveXObject("Scripting.FileSystemObject");
    f=fso.GetFile(filespec);
    var d=f.DateCreated;
    Cdate=new Date(d);
    d=f.DateLastModified;
    Mdate=new Date(d);
    d=f.DateLastAccessed;
    Adate=new Date(d);
    s=" 当前文件的创建时间为:"+Cdate.toLocaleString()+"\n 当前文件的修改时间为:"+Mdate.
toLocaleString()+"\n当前文件的访问时间为:"+Adate.toLocaleString();
    alert(s);
}
//-->
</script>
```

运行结果如图 16.6 所示。

Note

图16.6 获取指定文件的创建、修改及访问时间

> **说明：**
> 以上实例也可以显示 E:\word\JavaScript\qq.txt 路径中 JavaScript 文件夹的创建、修改和访问日期，不过要在 var d=f.DateCreated 语句的上面添加 f=f.ParentFolder 语句，用于获取当前路径的父级文件夹对象。再执行代码时，获取的是 JavaScript 文件夹中的日期。

（5）Name 属性

设置或返回指定文件或文件夹的名称，读/写。

语法：

object.**Name** [= newname]

- ☑ object：必选项。应为 File 或 Folder 对象的名称。
- ☑ newname：可选项。如果提供了这个部分，newname 将成为指定的 object 的新名称。

（6）Size 属性

对于文件，以字节为单位返回指定文件的大小。对于文件夹，以字节为单位返回文件夹中包含的所有文件和子文件夹的大小。

语法：

object.Size

（7）Type 属性

返回关于文件或文件夹类型的信息。例如，对于以.txt 结尾的文件将返回"文本文档"。

语法：

object.Type

【例 16.8】 通过 File 对象的 Size 属性获取指定文件的大小，并用 Name 和 Type 属性来显示当前路径中文件的名称及类型。代码如下：

☞ **实例位置：光盘\MR\Instance\16\16.8**

```
<form name="form1" method="post" action="">
  文件路径:
```

335

```
<input type="text" name="text1" value="E:\test.txt">
<input type="button" name="Button1" value="文件的相关日期" onclick="ShowFileData(document.
form1.text1.value)">
</form>
<script language="javascript">
<!--
function ShowFileData(filespec){
    var fso, f, s;
    fso = new ActiveXObject("Scripting.FileSystemObject");
    f = fso.GetFile(filespec);
    s=f.type+"类型的"+f.name+"文件的大小为："+(f.size)+"b";
    alert(s);
}
//-->
</script>
```

运行结果如图 16.7 所示。

（8）ShortName 属性

返回短名称，这些短名称由需要以前的 8.3 节命名规范的程序使用。

语法：

object.ShortName

（9）Drive 属性

返回指定文件或文件夹所在驱动器的驱动器号，只读。

语法：

object.Drive

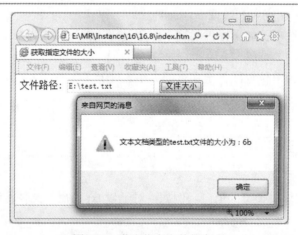

图 16.7　获取指定文件的大小

（10）ParentFolder 属性

返回指定文件或文件夹的父文件夹对象，只读。

语法：

object.ParentFolder

（11）Path 属性

返回指定文件、文件夹或驱动器的路径。

语法：

---

object.Path

驱动器字母后不包括根驱动器。例如，C 驱动器的路径是"C:"，而不是"C:\"。

（12）ShortPath 属性

返回短路径名，这些短路径名由需要以前的 8.3 节文件命名规范的程序使用。

语法：

---

object.ShortPath

16.1.4 Folder 对象

Folder 对象可以获取服务器端指定文件夹的相关属性，它与 File 对象的实现过程基本相同。只是 Folder 对象针对的是文件夹，File 对象针对的是文件。

1．动态创建 Folder 对象

使用 Folder 对象对指定文件夹的所有属性进行访问，必须创建 Folder 对象，该对象是通过 FileSystemObject 对象的 GetFolder()方法创建的。

GetFolder()方法根据指定路径中的文件返回相应的 Folder 对象。

语法：

---

object.GetFolder(filespec)

☑ object：必选项。FileSystemObject 的名称。

☑ filespec：必选项。指定文件夹的路径（绝对或相对路径）。

例如，将 qq.txt 文件以 File 对象进行实例化，代码如下：

```
Var fso=new ActiveXObject("Scripting.FileSystemObject");
Var s=fso.GetFolder("E:\\word\\JavaScript");
```

2．Folder 对象的方法与属性

Folder 对象的属性和方法与 File 对象中的属性和方法基本相同，只是其功能针对的不是文件而是文件夹。在 Folder 对象中有两个属性是 File 对象所没有的，下面对其进行介绍。

（1）Files 属性

返回一个 Files 集合，由指定文件夹中包含的所有 File 对象组成，包括设置了隐藏和系统文件属性的文件。

语法：

---

object.Files

例如，获取 E:\word\JavaScript 路径下的所有文件名称（name1、name2 和 qq），代码如下：

```
<script language="javascript">
Var fso=new ActiveXObject("Scripting.FileSystemObject");
Var s=fso.GetFolder("E:\\word\\JavaScript");
var fn=new Enumerator(s.files);
var s="";
for (; !fn.atEnd(); fn.moveNext())
    s=s+fn.item()+"\n";
alert(s);
</script>
```

（2）IsRootFolder 属性

如果指定的文件夹是根文件夹，则返回 true，否则返回 false。

语法：

```
object.IsRootFolder
```

例如，判断当前文件夹是否为根文件夹，代码如下：

```
<script language="javascript">
Var fso=new ActiveXObject("Scripting.FileSystemObject");
Var s=fso.GetFolder("E:\\word\\JavaScript");
if (s.IsRootFolder)
    alert(s.name+"文件夹为根文件夹");
else
    alert(s.name+"文件夹不为根文件夹");
</script>
```

运行结果：JavaScript 文件夹不为根文件夹。

16.2　页　面　打　印

16.2.1　使用 execWB 方法进行打印

对页面进行打印主要是通过 WebBrowser 组件的 execWB()方法来实现的，可以通过该方法来实现 IE 浏览器中菜单的相应功能。WebBrowser 组件是 IE 内置的浏览器控件，用户无须下载。其优点是客户端独立完成打印目标文档，减轻服务器负荷；缺点是源文档的分析操作复杂，并且要对源文档中要打印的内容进行约束。

在使用 WebBrowser 组件时，首先要在<body>标记的下面用<object>…</object>标记声明 WebBrowser 组件。代码如下：

```
<object id="Web" width=0 height=0 classid="CLSID:8856F961-340A-11D0-A96B-00C04FD705A2"> </object>
```

下面给出 execWB()方法的语法。

语法：

WebBrowser.ExecWB(nCmdID, nCmdExecOpt [, pvaIn] [,pvaOut])

☑ WebBrowser：必选项。WebBrowser 控件的名称。

☑ nCmdID：必选项。执行操作功能的命令。参数常用取值如表 16.7 所示。

☑ nCmdExecOpt：必选项。执行相应的选项，通常值为 1。参数常用取值如表 16.8 所示。

表 16.7 nCmID 参数的常用取值

常 数	值	说 明
OLECMDID_OPEN	1	打开窗体
OLECMDID_NEW	2	关闭现在所有的 IE 窗口，并打开一个新窗口
OLECMDID_SAVEAS	4	保存网页
OLECMDID_PRINT	6	打印
OLECMDID_PRINTPREVIEW	7	打印预览
OLECMDID_PAGESETUP	8	页面设置
OLECMDID_PROPERTIES	10	当前页面的属性
OLECMDID_CUT	11	剪切
OLECMDID_COPY	12	复制
OLECMDID_PASTE	13	粘贴
OLECMDID_UNDO	15	撤销
OLECMDID_REDO	16	重做
OLECMDID_selectALL	17	全选
OLECMDID_REFRESH	22	刷新
OLECMDID_STOP	23	停止

表 16.8 nCmdExecOpt 参数的常用取值

常 数	值	说 明
OLECMDEXECOPT_DODEFAULT	0	默认选项
OLECMDEXECOPT_PROMPTUSER	1	用户提示
OLECMDEXECOPT_DONTPROMPTUSER	2	非用户提示
OLECMDEXECOPT_SHOWHELP	3	显示帮助

下面给出在 IE 浏览器中 WebBrowser 组件的 execWB()方法的一些常用功能。

```
WebBrowser.ExecWB(1,1)      //打开
WebBrowser.ExecWB(2,1)      //关闭现在所有的 IE 窗口，并打开一个新窗口
WebBrowser.ExecWB(4,1)      //保存网页
WebBrowser.ExecWB(6,1)      //打印
WebBrowser.ExecWB(7,1)      //打印预览
WebBrowser.ExecWB(8,1)      //打印页面设置
WebBrowser.ExecWB(10,1)     //查看页面属性
WebBrowser.ExecWB(15,1)     //撤销
WebBrowser.ExecWB(17,1)     //全选
```

```
WebBrowser.ExecWB(22,1)      //刷新
WebBrowser.ExecWB(45,1)      //关闭窗体无提示
```

【例 16.9】 在页面中设置 4 个超链接，分别是"打印预览"、"打印"、"直接打印"和"页面设置"，用于实现页面打印等功能，这些功能都是用 WebBrowser 组件的 execWB()方法实现的。关键代码如下：

实例位置：光盘\MR\Instance\16\16.9

```html
<body>
<object id="WebBrowser" classid="CISID:8856F961-340A-11D0-A96B-00C04Fd705A2" width="0" height="0">
</object>
<table width="650" height="34" border="0" align="center" cellpadding="0" cellspacing="0">
...
</table>
  <table width="647" align="center">
      <tr align="center" bgcolor="#FFFFFF">
    <td height="27" colspan="3" align="right"><a href="#" onClick="webprint(0)">打印预览</a> <a href="#"
onClick="webprint(1)">打印</a> <a href="#" onClick="webprint(2)">直接打印</a></td>
  </tr>
</table>
<script language="javascript">
<!--
function webprint(n){
    switch(n){
        case 0:document.all.WebBrowser.Execwb(7,1);break;      //打印
        case 1:document.all.WebBrowser.Execwb(6,1);break;      //打印预览
        case 2:document.all.WebBrowser.Execwb(6,6);break;      //直接打印
    }
}
//-->
</script>
</body>
```

运行结果如图 16.8 所示。

图 16.8 利用 WebBrowser 打印

16.2.2　打印页面局部内容

在打印页面时，有时只需要打印网页中的部分内容，可以将要打印的内容以框架的形式进行显示，然后用 Window 对象的 print() 方法打印框架。

在打印页面中的框架时，首先需要将要打印的框架获得焦点，可以用内置变量 parent 来实现。

内置变量 parent 指的是包含当前分割窗口的父窗口，也就是在一窗口内如果有分割窗口，而在其中一个分割窗口中又包含分割窗口，则第二层的分割窗口可以用 parent 变量引用包含它的父分割窗口。

语法：

```
parent.mainFrame.fcous();
```

参数 mainFrame 表示框架的名称。

【例 16.10】利用 Window 对象的 print() 方法打印指定框架中的内容，以实现局部页面的打印功能。代码如下：

👉 **实例位置：光盘\MR\Instance\16\16.10**

```html
<table width="780" height="532" border="0" align="center" cellpadding="0" cellspacing="0" background="bg.jpg">
  <tr>
    <td width="32" height="189"> </td>
    <td colspan="2"> </td>
    <td width="24"> </td>
  </tr>
  <tr>
    <td height="264" rowspan="2"> </td>
    <td width="666" height="25" class="word_orange">当前位置：系统查询 &gt; 借阅信息打印 &gt;&gt;&gt;</td>
    <td width="58" align="center" class="word_Green"><a href="#" onClick="parent.contentFrame.focus();window.print();">打印</a></td>
    <td rowspan="2"> </td>
  </tr>
  <tr>
    <td height="240" colspan="2" align="center" valign="top" bgcolor="#FFFFFF"><iframe name="contentFrame" src="content.htm" frameborder="0" width="100%" height="100%"></iframe></td>
  </tr>
  <tr>
    <td> </td>
    <td colspan="2"> </td>
    <td> </td>
  </tr>
</table>
```

运行结果如图 16.9 所示。

图 16.9　打印指定框架中的内容

16.2.3　设置页眉页脚

　　设置页眉页脚主要通过 WshShell 对象的相关方法实现。WshShell 对象是 WSH（WSH 是 Windows Scripting Host 的缩写）内嵌于 Windows 操作系统的脚本语言工作环境的内建对象，主要负责程序的本地运行、处理注册表、创建快捷方式、获取系统文件夹信息及处理环境变量等工作。WshShell 对象的相关方法如表 16.9 所示。

表 16.9　WshShell 对象的相关方法

方　　　法	说　　　明
CreateShortcut()	创建并返回 WshShortcut 对象
ExpandEnvironmentStrings()	扩展 Process 环境变量并返回结果字符串
Popup()	显示包含指定消息的消息窗口
RegDelete()	从注册表中删除指定的键或值
RegRead()	从注册表中返回指定的键或值
RegWrite()	在注册表中设置指定的键或值
Run()	创建新的进程，该进程用指定的窗口样式执行指定的命令

　　设置页眉页脚主要应用 WshShell 对象的 RegWrite()方法。RegWrite()方法用于在注册表中设置指定键或值。
　　语法：

WshShell.RegWrite(strName, anyValue [, strType])

☑ strName：用于指定注册表的键或值，若 strName 以一个反斜杠（在 JavaScript 中为 "\\"）结束，则该方法设置键，否则设置值。strName 参数必须以根键名 HKEY_CURRENT_USER、HKEY_LOCAL_MACHINE、HKEY_CLASSES_ROOT、HKEY_USERS 或以 HKEY_ CURRENT_CONFIG 开头。

☑ anyValue：用于指定注册表的键或值的值。当 strType 为 REG_SZ 或 REG_EXPAND_SZ 时，RegWrite()方法自动将 anyValue 转换为字符串。若 strType 为 REG_DWORD，则 anyValue 被转换为整数。若 strType 为 REG_BINARY，则 anyValue 必须是一个整数。

☑ strType：用于指定注册表的键或值的数据类型。RegWrite()方法支持的数据类型为 REG_SZ、REG_EXPAND_SZ、REG_DWORD 和 REG_BINARY。若其他的数据类型作为 strType 传递，RegWrite 返回 E_INVALIDARG。

【例 16.11】 用 WshShell 对象的 RegWrite()方法在打印时清空页眉页脚和恢复页眉页脚的操作，代码如下：

👉 **实例位置：光盘\MR\Instance\16\16.11**

```javascript
<script language="JavaScript">
<!--
var HKEY_RootPath="HKEY_CURRENT_USER\\Software\\Microsoft\\Internet Explorer\\ PageSetup \\";
function PageSetup_del(){
    try{
        var WSc=new ActiveXObject("WScript.Shell");
        HKEY_Key="header";
        WSc.RegWrite(HKEY_RootPath+HKEY_Key,"");
        HKEY_Key="footer";
        WSc.RegWrite(HKEY_RootPath+HKEY_Key,"");
    }catch(e){}
}
function PageSetup_set(){
    try{
        var WSc=new ActiveXObject("WScript.Shell");
        HKEY_Key="header";
        WSc.RegWrite(HKEY_RootPath+HKEY_Key,"&w&b 页码,&p/&P");
        HKEY_Key="footer";
        WSc.RegWrite(HKEY_RootPath+HKEY_Key,"&u&b&d");
    }catch(e){}
}
//-->
</script>
```

运行结果如图 16.10 所示。

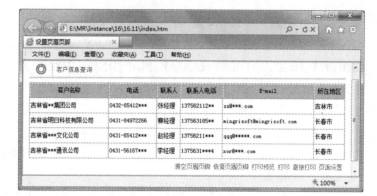

图 16.10　设置页眉页脚

16.2.4　分页打印

在打印页面时，可以利用 CSS 样式中的 page-break-before（在对象前分页）或 page-break-after（在对象后分页）属性进行分页打印，并利用<thead>和<tfoot>标记在打印的每一个页面中都显示表头和表尾。

（1）<thead>标记

thead 用于设置表格的表头。

（2）<tfoot>标记

tfoot 用于设置表格的表尾。

（3）page-break-after 属性

该属性在打印文档时发生作用，用于进行分页打印，但是对于
和<hr>标记不起作用。

语法：

page-break-after：auto | always | avoid | left | right | null

page-break-after 属性语法中各参数的说明如表 16.10 所示。

表 16.10　page-break-after 属性的参数说明

参　　数	描　　述
after	设置对象后出现页分割符。设置为 always 时，始终在对象之后插入页分割符
auto	在对象之后自动插入页分割符（当对象前没有多余空间时插入分割符）
always	始终在对象之后插入页分割符
avoid	不支持。避免在对象后面插入分割符
left	不支持。在对象后面插入页分割符，直到它到达一个空白的左页边
right	不支持。在对象后面插入页分割符，直到它到达一个空白的右页边
null	空白字符串。取消分割符设置

【例 16.12】　利用 CSS 样式中的 page-break-after 属性在指定位置的对象前进行分页，并在分页打印的每一页前面都显示表头信息。代码如下：

实例位置： 光盘\MR\Instance\16\16.12

```html
<body>
<object    id="WebBrowser"    classid="CISID:8856F961-340A-11D0-A96B-00C04Fd705A2"    width="0"
height="0">
</object>
<table width="700" height="34" border="0" align="center" cellpadding="0" cellspacing="0" class= "noprint">
  <tr>
    <td align="center"><img src="images/bg.jpg" width="650" height="46"></td>
  </tr>
</table>
<table width="700" border="1" cellpadding="0" align="center" cellspacing="0" bgcolor="#FE7529" id="pay"
bordercolor="#FE7529"    bordercolordark="#FE7529"    bordercolorlight ="#FFFFFF"    style="border
-bottom-style:none;">
  <thead style="display:table-header-group;font-weight:bold">
  <tr align="center" bgcolor="#8BBCF1">
    <td width="155" height="30">客户名称</td>
    <td width="59" >联系人</td>
    <td width="84">联系人电话</td>
    <td width="175">E-mail</td>
    <td width="64">所在地区</td>
  </tr>
  </thead>
  …      //省略了显示客户其他信息的 HTML 代码
  <tr>
    <td height="30" bgcolor="#FFFFFF" style="page-break-after:always">鑫***有限公司</td>
    <td align="center" bgcolor="#FFFFFF">王经理</td>
    <td bgcolor="#FFFFFF">13756211***</td>
    <td bgcolor="#FFFFFF">qqqqq027@*****.com</td>
    <td bgcolor="#FFFFFF">长春市</td>
  </tr>
  …      //省略了显示客户其他信息的 HTML 代码
<tfoot style="display:table-footer-group; border:none;"><tr><td></td></tr></tfoot>
</table>
  <table width="700" align="center" class="noprint">
    <tr align="center" bgcolor="#FFFFFF">
    <td  height="27"  colspan="3"  align="right"><a  href="#"  onClick="document.all.WebBrowser.
Execwb(7,1)">打印预览</a><a  href="#"onClick="document.all.WebBrowser.Execwb(6,1)">打印</a><a
href="#" onClick="document.all.WebBrowser.Execwb(8,1)">页面设置</a></td>
  </tr>
</table>
</body>
```

运行结果如图 16.11 和图 16.12 所示。

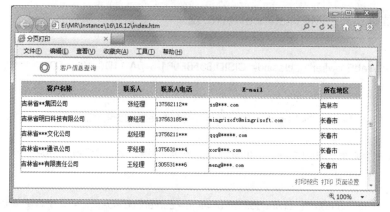

图 16.11　分页打印

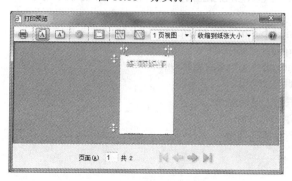

图 16.12　打印预览效果

16.3　综合应用

16.3.1　表格导出到 Word 并打印

【例 16.13】　开发动态网站时，经常会遇到打印页面中指定表格的情况，这时可以将要打印的表格导出到 Word 中，然后再打印。本实例将介绍如何将页面中的订单列表导出到 Word 并打印。运行程序，在页面中显示订单信息列表，单击"打印"超链接后，把 Web 页中的数据导出到 Word 的新建文档中，并保存在 Word 的默认文档保存路径中，最后调用打印机打印该文档。

☞ 实例位置：光盘\MR\Instance\16\16.13

本实例主要应用 JavaScript 的 ActiveXObject()构造函数创建一个 OLE Automation(ActiveX)对象的实例，并应用该实例的相关方法实现。

（1）将显示订单信息的表格的 id 设置为 order，因为要打印该表格中的数据。代码如下：

```
<table id="order" width="100%" height="48" border="1" cellpadding="0" cellspacing="0" bordercolor=
"#FFFFFF" bordercolordark="#CCCCCC" bordercolorlight="#FFFFFF">
```

（2）编写自定义 JavaScript 函数 outDoc()，用于将 Web 页面中的订单信息导出到 Word 中，并进行自动打印。代码如下：

```javascript
<script language="javascript">
function outDoc(){
 var table=document.all.order;
 row=table.rows.length;
 column=table.rows(1).cells.length;
 var wdapp=new ActiveXObject("Word.Application");
 wdapp.visible=true;
 wddoc=wdapp.Documents.Add();                              //添加新的文档
 thearray=new Array();
//将页面中表格的内容存放在数组中
for(i=0;i<row;i++){
    thearray[i]=new Array();
    for(j=0;j<column;j++){
        thearray[i][j]=table.rows(i).cells(j).innerHTML;
    }
}
var range = wddoc.Range(0,0);
range.Text="订单信息列表"+"\n";
wdapp.Application.Activedocument.Paragraphs.Add(range);
wdapp.Application.Activedocument.Paragraphs.Add();
rngcurrent=wdapp.Application.Activedocument.Paragraphs(3).Range;
var objTable=wddoc.Tables.Add(rngcurrent,row,column)      //插入表格
for(i=0;i<row;i++){
    for(j=0;j<column;j++){
    objTable.Cell(i+1,j+1).Range.Text = thearray[i][j].replace(" ","");
    }
}
//保存到 Word 的默认文档保存路径中
wdapp.Application.ActiveDocument.SaveAs("orderInfo.doc",0,false,"",true,"",false,false,false,false,false);
wdapp.Application.Printout();                             //自动打印
wdapp=null;
}
</script>
```

> **技巧：**
> 在 Word 中查看并修改默认文档保存路径的方法为选择"工具"/"选项"命令，在弹出的对话框中选择"文件位置"选项卡，然后在该选项卡中选择"文档"列表项，之后单击"更改"按钮，在弹出的对话框中选择默认文档保存路径，再连续单击"确定"按钮即可。

（3）通过单击"打印"超链接，调用自定义 JavaScript 函数 outDoc()。代码如下：

```html
<a href="#" onClick="outDoc();">打印</a>
```

运行结果如图 16.13 所示。

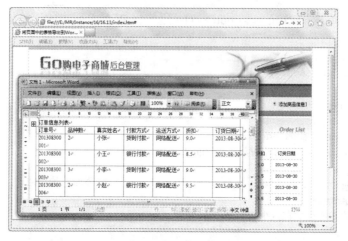

图 16.13　将页面中的表格导出到 Word 并打印

16.3.2　将 Web 页面中的数据导出到 Excel

【例 16.14】 为了方便用户操作，有时需要将页面中的数据导出到 Excel 中进行处理，处理后还可以利用其强大的打印功能实现页面数据的打印。本实例将介绍如何将页面中的数据导出到 Excel。运行程序，页面显示 2013 年 8 月份工资报表，单击"导出到 Excel"超链接，可以将工资报表导出到 Excel 中（用户可以对导入后的数据进行处理），数据处理后通过 Excel 自身的打印功能实现数据打印。

👉 **实例位置：光盘\MR\Instance\16\16.14**

本实例主要应用 JavaScript 的 ActiveXObject()构造函数创建一个 Excel.Application 对象的实例，并应用该实例的相关方法实现。

（1）将显示工资信息的表格的 id 设置为 wage，因为要将该表格中的数据导出到 Excel 中。代码如下：

```
<table width="90%" border="0" cellspacing="1" bgcolor="#000000" id="wage">
```

（2）编写自定义 JavaScript 函数 outExcel()，用于将 Web 页面中的工资信息列表导出到 Excel。代码如下：

```
<script language="javascript">
function outExcel(){
    var table=document.all.wage;
    row=table.rows.length;
    column=table.rows(1).cells.length;
    var excelapp=new ActiveXObject("Excel.Application");
    excelapp.visible=true;
    objBook=excelapp.Workbooks.Add();                          //添加新的工作簿
    var objSheet = objBook.ActiveSheet;
    title=objSheet.Range("D1").MergeArea;                       //合并单元格
    title.Cells(1,0).Value =doctitle.innerHTML.replace(" ","");   //输出标题
```

```
    title.Cells(1,1).Font.Size =16;
    for(i=1;i<row+1;i++){
        for(j=0;j<column;j++){
            objSheet.Cells(i+1,j+1).value=table.rows(i-1).cells(j).innerHTML.replace(" ","");
        }
    }
    excelapp.UserControl = true;
}
</script>
```

（3）通过单击"导出到 Excel"超链接调用自定义 JavaScript 函数 outExcel()，代码如下：

```
<p align="center"><a href="#" onClick="outExcel();">导出到 Excel</a></p>
```

运行结果如图 16.14、图 16.15 所示。

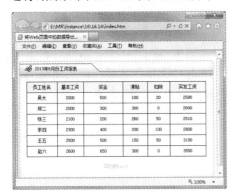

图 16.14　将 Web 页面中的数据导出到 Excel

图 16.15　导出到 Excel 中的结果

16.4　本章常见错误

16.4.1　GetFile()方法指定的文件不存在

在动态创建 File 对象时，GetFile()方法会根据指定路径中的文件返回相应的 File 对象。在应用 GetFile()方法创建 File 对象时一定要确保指定的文件存在，如果指定的文件不存在，则会出错。

16.4.2　Delete()方法删除的文件不存在

应用 Delete()方法删除文件或文件夹时要注意，如果指定的文件或文件夹不存在，就会产生错误，所以一定要确保指定的文件或文件夹存在。

Note

16.5 本 章 小 结

本章主要讲解 JavaScript 中的文件处理对象及页面打印技术。具体讲解时，首先通过几个典型的实例讲解了 4 个主要文件处理对象的应用，然后讲解了使用 JavaScript 脚本实现页面打印的方法。通过本章的学习，读者应该熟练掌握常见的文件处理对象的应用，并可以独立实现常用的打印功能。打印页面在数据统计类网站中经常用到，所以要熟练掌握。

16.6 跟 我 上 机

☞ **参考答案：光盘\MR\跟我上机**

实现打开指定的 Word 文档并打印该文档的功能。在页面中单击"浏览"按钮，打开"选择文件"对话框，在该对话框中选择要打印的 Word 文档，单击"打开"按钮，然后单击页面中的"打开 Word 并打印"按钮，将调用 Word 并自动打印选择的文档。代码如下：

```javascript
<script language="javascript">
function openWord(filename){
  try  {
      var wrd=new ActiveXObject("word.Application");
      wrd.visible=true;
      wrd.Documents.Open(filename);
      wrd.Application.Printout();
      wrd=null;
  }
  catch(e){}
}
</script>
<input name="file1" type="file" class="textarea" id="file1" size="35">
<input name="Submit2" type="button" class="btn_grey" onClick="openWord(file1.value)"
value="打开 Word 并打印">
```

第 17 章

嵌入式插件

（ 📹 视频讲解：22 分钟）

在 Web 上除了 JavaScript 脚本外，还有种各样的技术。例如，使用 Flashs、Java applet 和 ActiveX 等。这些嵌入式对象可以在不妨碍 HTML 的情况下使网页更加生动。本章详细介绍嵌入式对象。

本章能够完成的主要范例（已掌握的在方框中打勾）

☐ 通过"单击"按钮，将文本框中的文字添加到 ActiveX 控件中

☐ 通过单击"修改 applet 显示内容"按钮，将文本框中的文本添加到 applet 小程序中

☐ 通过 3 个按钮来控制 Flash 的播放、暂停和重新播放这 3 个功能

☐ 为网页设置背景音乐

☐ 插入背景透明的 Flash 动画

17.1 嵌入对象标记<object>

在 HTML 中将对象嵌入到页面中使用的是<object>标记。<object>标记可以编写在<head>标记或<body>标记内。在<object>与</object>标记之间可以编写提示文本，如果访问者当前的浏览器不支持嵌入的对象，提示文本可以给出提示。<object>标记常用的属性及说明如表 17.1 所示。

表 17.1   <object>标记常用的属性及说明

属　　性	说　　明
align	设置围绕该对象的文本对齐方式
archive	设置档案文件的 URL 列表，多个 URL 使用空格分隔。档案文件包含与对象相关的资源
border	设置对象周围的边框
classid	设置嵌入 Windows Registry 中或某个 URL 中类的 id 值
codebase	设置在何处可找到对象所需的代码，提供一个基准 URL
codetype	设置 classid 属性所引用的代码的 MIME 类型
data	设置引用对象数据的 URL。如果有需要对象处理的数据文件，要用 data 属性指定这些数据文件
height	设置对象的高度
hspace	设置对象周围水平方向的空白
standby	设置当对象正在加载时所显示的文本
name	为对象设置唯一的名称，以方便脚本中使用
type	设置在 data 属性中指定的文件的 MIME 类型
usemap	规定与对象一同使用的客户端图像映射的 URL
vspace	设置对象垂直方向的空白
width	设置对象的宽度

用<object>标记在页面中嵌入对象之后，有时需要向该对象或者控件传递参数，可以使用<param>标记，该标记没有结束标记</param>，并且只在<object>标记内部有效，该标记有 4 个属性，属性及说明如表 17.2 所示。

表 17.2   <param>标记的属性参数及说明

属　　性	说　　明
name	设置参数名
value	设置参数值
valuetype	设置怎样表示参数的值
type	设置媒体类型

例如，设置 Flash 对象在页面中不自动播放，可使用如下代码：

```
<object    align="texttop"    data="mrsoft.swf"    width="200"    height="200"    type="application/
x-shockwave-flash" id="f1">
<param name="Play" value="false">
</object>
```

17.2　MIME 类型

在<object>标记中指定对象的类型使用的就是 MIME 类型。为了更好地使用<object>标记，首先应该简单了解 MIME 类型。

多功能因特网邮件扩展（Multipurpose Internet Mail Extensions，MIME）原来是为判断电子邮件附件的格式而设计的一个字符串，后来演变为网络文档及企业网和 Internet 上其他应用程序文件格式的规范。MIME 类型由一个媒体类型和一个子类型组成。媒体类型和子类型用一个斜杠（/）分隔开，例如 text/css，表明该文件是一个纯文本文件，也是一个 CSS 样式表。每一个媒体类型都表示一种文件类型，媒体类型及说明如表 17.3 所示。

表 17.3　媒体类型及说明

媒 体 类 型	说　　明
text	用来表示文本文件
multipart	多类型，表示此信息包括多种信息，不止一种类型
message	用来表示不同类型的消息
application	用来表示应用类型
image	图像，用来表示图形文件
audio	声音，用来表示声音文件
video	影像，用来表示视频文件

MIME 类型有很多种，下面列举出几种常用 MIME 类型，如表 17.4 所示。

表 17.4　MIME 类型

文 件 名	扩 展 名	类　　型
超文本标记语言文本	.html	text/html
普通文本	.txt	text/plain
RTF 文本	.rtf	application/rtf
GIF 图形	.gif	image/gif
JPEG 图形	.jpeg，.jpg	image/jpeg
MIDI 音乐文件	.mid，.midi	audio/midi,audio/x-midi
RealAudio 音乐文件	.ra，.ram	audio/x-pn-realaudio
MPEG 文件	.mpg，.mpeg	video/mpeg
AVI 文件	.avi	video/x-msvideo
GZIP 文件	.gz	application/x-gzip
TAR 文件	.tar	application/x-tar
Microsoft Word 文档	.doc	application/msword
Microsoft Windows	.wav	audio/x-wav
MacroMedia Flash	.swf	application/x-shockwave-flash
application/x-java-applet	.class	application/x-java-applet

文 件 名	扩 展 名	类 型
Microsoft Powerpoint	.ppt	application/powerpoint
CSS 样式表	.css	text/css
Adobe Acrobat	.pdf	application/pdf

MIME 类型是由一个名为 IANA 组织对其进行制订的。IANA 是 Internet 编号分配机构负责分配和规划 IP 地址，以及对 TCP/UDP 公共服务的端口进行定义。IANA 的工作现已被互联网域名及规约编号指配组织（简称 ICANN）接手。但由于 Internet 发展得太快，很多应用程序来不及将其定义为 MIME 类型的标准类型，因此在类别中以 x-开头的方法标识这种类别还没有成为标准，例如，application/x-tar 类型等。

17.3　ActiveX 控件

ActiveX 是 Microsoft 对于一系列面向对象程序技术和工具的统称，其中主要的技术是组件对象模型（COM）。在创建包括 ActiveX 程序时，主要的工作就是创建组件，一个可以自由地在 ActiveX 网络（现在的网络主要包括 Windows 和 Mac）中任意运行的程序。这个组件就是 ActiveX 控件。ActiveX 是 Microsoft 为抗衡 Sun Microsystems 的 JAVA 技术而提出的。

17.3.1　创建 ActiveX

ActiveX 组件可以通过很多语言来创建，也可以在网上下载，网上有很多 ActiveX 控件的下载资源。创建 ActiveX 控件一般使用 VC，但是由于 VC 较难掌握，因此使用 VC 创建 ActiveX 控件不是很普及，微软从 VB 5 开始可以创建 ActiveX 控件，即生成 OCX 文件，并可以打包成自解压 CAB 文件，使用户在浏览器上能够自动下载与安装。下面通过使用 VB 创建一个简单的 ActiveX 控件，代码如下：

```
Public Property Let Text(ByVal vNewValue As Variant)
    Text1.Text = vNewValue                    //向控件中写入信息
End Property
```

17.3.2　嵌入 ActiveX

在 HTML 中嵌入 ActiveX 控件可以使用<object>标记来实现，<object>标记在 17.1 节中已经介绍，使用<object>标记嵌入 ActiveX 控件必须指定 classid 参数，该参数是用来指定 ActiveX 控件的唯一标识（ClassID）。ActiveX 控件的唯一标识通过注册 ActiveX 控件后可以获取。注册

ActiveX 控件的步骤如下：

（1）将需要注册的 ActiveX 控件复制到 "\WINDOWS\system32" 或 "\WINDOWS\system" 目录下。

（2）在 "开始" 菜单中的 "运行" 中输入 regsvr32 加上需要注册的 ActiveX 控件名称，中间需要使用空格间隔。

注册完成 ActiveX 控件后可以在注册表中查找到 ActiveX 控件的 ClassID。除在注册表中寻找 ActitiveX 控件的 ClassID 外，还可以在网上下载一些工具来查找 ActiveX 控件的 ClassID。

使用<object>标记嵌入 ActiveX 控件的代码如下：

```
<object classid="clsid:8C3014E9-3CE3-4142-A3A9-FC767987EA76"
width="200" height="60" id="con1">
</object>
```

17.3.3 JavaScript 与 ActiveX 交互

实现 JavaScript 与 ActiveX 交互，首先应当了解编写 ActiveX 控件的属性和方法。本实例通过修改 ActiveX 控件的 Text 属性来改变文本框中的内容。

【例 17.1】 本实例通过 "单击" 按钮，将文本框中的文字添加到 ActiveX 控件中。代码如下：

实例位置：光盘\MR\Instance\17\17.1

```
<head>
<title>JavaScript 与 ActiveX 交互</title>
<script type="text/javascript">
<!--
    function setText(){                          //修改文本框内容
        var at=document.getElementById("coun1");
        at.text=txt.value;
    }
-->
</script>
</head>
<body>
<object classid="clsid:8C3014E9-3CE3-4142-A3A9-FC767987EA76"
width="300" height="80" id="coun1">
</object>
<input type="text" id="txt"/>
<input type="button" value="单击" onclick="setText()"/>
</body>
```

程序运行结果如图 17.1 和图 17.2 所示。

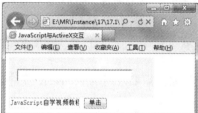

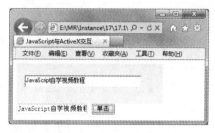

图 17.1　在文本框中输入文字　　　　图 17.2　将文字添加到 ActiveX 控件中

17.4　Java applet 对象

Java applet 是用 Java 编写的小程序，通常嵌入到网页中，用来产生特殊的页面效果，也可以实现人机交互功能。在以前，Web 页面中只能嵌入 Java applet 小程序，开发人员通过将开发出来的 Java applet 小程序嵌入到页面中，从而实现更多的功能。由于技术不断发展，新的插件不断增多，Java applet 已经不常使用。

17.4.1　创建 Java applet

创建 Java applet 需要使用 Java 的开发工具或使用文本编辑器。选择 Java 开发工具后还需要安装 JDK。目前，JDK 的最高版本为 6.0，JDK 可以在 http://java.sun.com 上下载。现创建一个 Java applet 的简单实例，代码如下：

```java
import java.applet.Applet;
import java.awt.Graphics;
import java.awt.HeadlessException;
  public class ExampleApplet extends Applet{
      private String txt = "你好！";
      public ExampleApplet () throws HeadlessException{
          super();
      }
      public void paint(Graphics g){
          g.drawString(txt, 20, 20);
      }
      public void setTxt(String txt){
          this.txt = txt;
          repaint();
      }
  }
```

17.4.2　嵌入 Java applet

在 HTML 中嵌入 Java applet 可以使用<applet>标记和<object>标记。下面分别使用这两种标记将 applet 嵌入到 HTML 中。

（1）<applet>标记

<applet>标记是用来在页面中插入 Java 小程序的专用标记，该标记的语法格式如下：

```
<applet 参数=参数值></applet>
```

该标记有很多参数，现列出了比较常用的参数及说明，如表 17.5 所示。

表 17.5　常用参数及说明

参　　　数	说　　　明
code	该属性指定了 Java applet 的编译完成的 class 文件名，code 和 object 两个参数必须有一个存在
object	该属性指定了 Java applet 序列化表示的文件名。code 和 object 两个参数必须有一个存在
alt	该属性指定在浏览器中能识别<applet>标记，但不能运行 Java applet 时显示的提示文本
archive	该属性指定一个或多个包含有将要"预加载"的类或其他资源的存档
name	该属性指定 Java applet 的名字，使在相同页上可以根据 Java applet 的 name 参数进行查找
width	该属性指定了 Java applet 显示区域的初始宽度（单位为像素）
height	该属性指定了 Java applet 显示区域的初始高度（单位为像素）
align	该可选属性指定 Java applet 的对齐方式

使用<applet>标记嵌入 Java applet 的代码如下：

```
<applet code="testApplet.class" width="111" height="28">
</applet>
```

（2）<object>标记

使用<object>标记将 applet 嵌入到 HTML 中，需要指定 applet 的 MIME 类型，applet 的类型为 application/x-java-applet。嵌入 applet 的代码如下：

```
<object border="1" type="application/x-java-applet" width="100" height="100" code="testApplet.class" id="app">
</object>
```

17.4.3　在 IE 中执行 Java applet

在 IE 浏览器中执行 Java applet 需要先安装 Java 虚拟机（简称为 JVM）。不安装 JVM 在 IE 浏览器中将不会显示 Java applet 执行的效果，JVM 可以在 www.oracle.com 上下载。安装 JVM 后还需要在 IE 浏览器的安全设置中启用 Java applet。在 IE 浏览器的安全设置中启用 Java applet 方法如下：

（1）在 IE 浏览器的菜单栏中选择"工具"/"Internet 选项"命令，弹出"Internet 选项"对话框，如图 17.3 所示。

（2）在"Internet 选项"对话框中，选择"安全"选项卡，在安全设置中选择 Internet 选项。如图 17.4 所示。

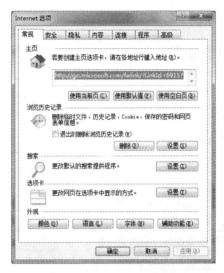

图 17.3　"Internet 选项"对话框　　　　　　图 17.4　选择 Internet 选项

（3）选择 Internet 选项后，单击"自定义级别"按钮，弹出"安全设置"对话框，拖动滚动条找到设置"脚本"项，将"Java 小程序脚本"中的"启用"单选按钮选中，如图 17.5 所示。最后单击"确定"按钮完成 IE 浏览器的安全设置。

图 17.5　安全设置

17.4.4　JavaScript 与 Java applet 交互

实现 JavaScript 与 Java applet 交互，首先应当了解 Java applet 小程序中的方法和属性。通过使用 JavaScript 中的 getElementById()方法获得 Java applet 的引用，通过引用来修改 Java applet 的属性或调用某个方法。下面的实例将实现使用 JavaScript 调用 Java applet 的方法。

【例 17.2】本实例通过单击"修改 applet 显示内容"按钮，将文本框中的文本添加到 applet 小程序中。代码如下：

👉 **实例位置：光盘\MR\Instance\17\17.2**

```
<title>修改 applet 显示文本</title>
<script language="javascript">
    <!--
        function setAppletTxt(){
            var sApplet=document.getElementById("testApplet");
            var txtValue=document.getElementById("txt");
            sApplet.setTxt(txtValue.value);
        }
    -->
</script>
</head>
<body>
<object border="1" type="application/x-java-applet" width="100" height="100" code= "ExampleApplet.
class" id="testApplet">
您的浏览器不支持！
</object><br>
输入 applet 显示内容：<input type="text" id="txt" size="10"/><br>
<input type="button" value="修改 applet 显示内容" onclick="setAppletTxt()"/>
</body>
</html>
```

程序运行结果如图 17.6 和图 17.7 所示。

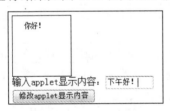

图 17.6　修改文本前

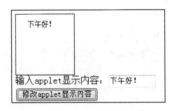

图 17.7　修改文本后

17.5　使用 Flash 动画

　　Macromedia Flash 起初是作为嵌入到网页上的小型动画而诞生的，现在已经成长为一个可以制作整个网站和 Web 应用的开发环境。Flash 已经不再是单纯的动画制作工具，而是完整的针对Web 应用的开发环境。

　　Flash 动画是使用 Macromedia 特有的 Flash 和 Flash MX 开发环境创建的。由于其普通适用，现在大部分浏览器都搭载 Flash 插件，也就是说大部分用户无需手工下载和安装就可以观看。

17.5.1　嵌入 Flash 动画

　　在 HTML 中嵌入 Flash 可以使用<embed>标记和<object>标记来实现。

Note

（1）<embed>标记

该标记可以在网页中嵌入多媒体文件，包括音频文件和视频文件。使用<embed>标记嵌入 Flash 的代码如下：

```
<embed src="mrsoft.swf" width="300" height="300" id="flashTest" >
</embed>
```

（2）<object>标记

使用<object>标记将 Flash 嵌入到 HTML 中，需要指定 applet 的 MIME 类型，Applet 的类型为 application/x-shockwave-flash。嵌入 applet 的代码如下：

```
<object align="texttop" data="mrsoft.swf" width="200" height="200" type="application/x-shockwave-flash" id="f1">
<param name="movie" value="mrsoft.swf"/>
</object>
```

通过使用<param>标记设置 Flash 参数以实现 Flash 的部分功能。<param>标记设置 Flash 部分参数及说明如表 17.6 所示。

表 17.6　<param>标记设置 Flash 部分参数及说明

参　　数	说　　明
movie	指定要加载的 Flash 文件的名称
play	指定 Flash 在页面中是否自动播放。设置为 false 为禁止自动播放，设置为 true 为自动播放，默认值为 true
loop	指定 Flash 是否为循环播放。设置为 false 为循环播放，如果忽略此属性，默认值为 true
quality	指定 Flash 播放时使用的消除锯齿的级别。消除锯齿需要处理器对 Flash 文件的每一帧进行平滑处理。参数值如表 17.7 所示。默认值为 high
bgcolor	指定 Flash 的背景色。可以覆盖在 Flash 文件中设置的背景色，不会影响 HTML 页面的背景色
menu	指定当浏览者在浏览器中右击 Flash 时，弹出的菜单类型。设置为 true 时将显示为完整的菜单。设置为 false 时菜单中只包含"关于 Macromedia Flash Player 7"选项和"设置"选项

quality 参数的参数值及说明如表 17.7 所示。

表 17.7　quality 参数的参数值及说明

属　　性	说　　明
low	使回放速度优先于外观，而且从不使用消除锯齿功能
autolow	优先考虑速度，但是也会尽可能改善外观。回放开始时，消除锯齿功能处于关闭状态。如果 Flash Player 检测到处理器可以处理消除锯齿功能，就会打开该功能
autohigh	在开始时是回放速度和外观两者并重，但在必要时不考虑外观而只保证回放速度。回放开始时，消除锯齿功能处于打开状态。如果实际帧频降到指定帧频之下，就会关闭消除锯齿功能以提高回放速度。使用此设置可模拟 Flash 中的"消除锯齿"命令（"查看"/"预览模式"/"消除锯齿"）
medium	应用一些消除锯齿功能，但并不会平滑位图。该设置生成的图像品质要高于 Low 设置生成的图像品质，但低于 High 设置生成的图像品质

续表

属　　性	说　　明
high	使外观优先于回放速度，它始终应用消除锯齿功能。如果 SWF 文件不包含动画，则会对位图进行平滑处理；如果 SWF 文件包含动画，则不会对位图进行平滑处理
best	提供最佳的显示品质，而不考虑回放速度。对所有输出都进行消除锯齿处理，并且对所有位图都进行平滑处理

17.5.2　使用 JavaScript 控制 Flash

JavaScript 也可以控制在页面中嵌入的 Flash，Flash 提供给 JavaScript 可以访问的标准方法，如表 17.8 所示。

表 17.8　Flash 提供给 JavaScript 可以访问的标准方法

方　　法	说　　明
getVariable()	获取 Flash 动画变量的值
gotoFrame()	将当前的 Flash 帧设置到指定的帧数
isPlaying()	表示是否播放 Flash 动画
loadMovie()	将指定 URL 上的 Flash 动画载入到指定的 Flash 层上
pan()	将放大的动画平移到指定坐标。Mode 参数是 0，表示坐标单位为像素，或者为 1，表示坐标为百分比
percentLoaded()	返回 Flash 动画已经载入的比例
play()	播放 Flash 动画
rewind()	将动画重置到第一帧
setVariable()	设置 Flash 动画变量的值
setZoomrect()	设置放大的区域
stopPlay()	停止 Flash 动画播放
totalFrames()	返回 Flash 动画中帧的总数
zoom()	放大给定的百分比

【例 17.3】　本实例在页面中可以通过 3 个按钮来控制 Flash 的播放、暂停和重新播放这 3 个功能。代码如下：

☞ 实例位置：光盘\MR\Instance\17\17.3

```
<head>
<title>JavaScript 与 Flash 交互</title>
<script language="javascript">
    <!--
        function play(){
            var dv=document.getElementById("demo");      //获取 Flash 引用
            if(!dv.IsPlaying()){                          //判断当前是否播放
                dv.Play();                                //设置 Flash 播放
            }else{
```

```
                alert("Flash 已经运行！")
            }
        }
        function stop(){
            var dv=document.getElementById("demo");      //获取 Flash 引用
            if(dv.IsPlaying()){                          //判断当前是否播放
                dv.StopPlay();                           //设置 Flash 暂停
            }else{
                alert("Flash 已经暂停！")
            }
        }
        function resetD(){
            var dv=document.getElementById("demo");      //获取 Flash 引用
            dv.Rewind();                                 //将 Flash 重置到第一帧
            dv.Play();
        }
    -->
</script>
</head>
<body>
<object align="texttop" border="1" data="mrsoft.swf" width="200" height="200" type= "application/
x-shockwave-flash" id="demo">
<param name="movie" value="mrsoft.swf"/>
<param name="Play" value="false">
<param name="quality" value="best">
<param name="Menu" value="true">
</object><br/>
<input type="button" value="播放" onclick="play();"/>
<input type="button" value="暂停" onclick="stop();"/>
<input type="button" value="重新播放" onclick="resetD();"/>
</body>
```

程序运行结果如图 17.8 所示。

图 17.8 使用 JavaScript 控制 Flash

17.6 综合应用

17.6.1 为网页设置背景音乐

【例 17.4】 程序员在进行网络程序开发时，经常喜欢在网页中添加一些特殊的效果。例如，为网页设置背景音乐，当浏览者登录网站时，设置的背景音乐将会响起，本实例便实现了这一功能。

👉 **实例位置：光盘\MR\Instance\17\17.4**

本实例主要使用<bgsound>标记实现为网页设置背景音乐的效果，通过该标记可以嵌入多种格式的音乐文件。

<bgsound>标记的语法格式如下：

```
<BGSOUND SRC="file_name" LOOP=loop_value>
```

☑ SRC：背景音乐的路径。

☑ LOOP：播放的循环次数，取值为-1 或者 Infinite 时表示无限次循环。

（1）首先应用<bgsound>标记向指定的网页中添加背景音乐，代码如下：

```
<bgsound src="py.MP3" loop="-1">
```

（2）根据实际情况的需要为指定网页添加表格或表单元素，代码如下：

```
<table width="775" height="741" border="0" align="center" cellpadding="0" cellspacing="0">
  <tr>
    <td width="775" height="433" background="ht_2.jpg"> </td>
  </tr>
</table>
```

运行结果如图 17.9 所示。

图 17.9 为网页设置背景音乐

Note

17.6.2 插入背景透明的 Flash 动画

【例 17.5】 在网页中插入 Flash 会使网页更具有表现力，如果在网页中插入背景透明的 Flash，则会使网站的整体效果更加和谐统一，达到更完美的效果。运行本实例，可以看到该网站顶部企业文化的背景动画就是插入透明背景的 Flash。

👉 **实例位置：** 光盘\MR\Instance\17\17.5

本实例主要通过设置<object></object>或<embed></embed>标记的 wmode 属性实现。

（1）将 Flash 动画文件添加到页面中的代码如下：

```
<object        classid="clsid:D27CDB6E-AE6D-11cf-96B8-444553540000"        codebase="http://download.
macromedia.com/pub/shockwave/cabs/flash/swflash.cab#version=7,0,19,0" width="551" height ="143">
        <param name="movie" value="tm.swf"/>
        <param name="quality" value="high"/>
        <embed        src="tm.swf"        quality="high"        pluginspage="http://www.macromedia.com/go/
getflashplayer" type="application/x-shockwave-flash" width="551" height="143"></embed>
</object>
```

（2）设置 Flash 的背景透明效果，代码如下：

```
<object        classid="clsid:D27CDB6E-AE6D-11cf-96B8-444553540000"        codebase="http://download.
macromedia.com/pub/shockwave/cabs/flash/swflash.cab#version=7,0,19,0" width="551" height ="143">
        <param name="movie" value="tm.swf"/>
        <param name="quality" value="high"/>
        <param name="wmode" value="transparent">
        <embed        src="tm.swf"        quality="high"        pluginspage="http://www.macromedia.com/
go/getflashplayer"        type="application/x-shockwave-flash"        width="551"        height="143"        wmode=
"transparent"></embed>
</object>
```

运行结果如图 17.10 所示。

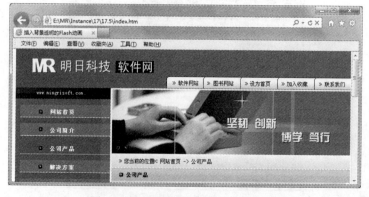

图 17.10 插入背景透明的 Flash 动画

17.7　本章常见错误

17.7.1　无法向注册表中注册 ActiveX 控件

有时可能遇到无法向注册表中注册 ActiveX 控件的情况，这时应考虑到权限的问题，因为只有系统管理员才能向注册表中注册 ActiveX 控件，解决方法：在"开始"/"所有程序"/"附件"中找到"命令提示符"，右击并在弹出的快捷菜单中选择"以管理员身份运行"，然后在"命令提示符"窗口中输入命令"regsvr32 ActiveX 控件名称"即可。

17.7.2　使用<object>标记嵌入 Flash 未指定 MIME 类型

使用<object>标记将 Flash 嵌入到 HTML 中时，一定要指定 applet 的 MIME 类型为 application/x-shockwave-flash，否则不能正常播放 Flash。

17.8　本章小结

本章主要讲解了嵌入式对象，通过本章的学习，读者可以了解 object 嵌入对象的各种标记、JavaScript 与 ActiveX 和 Java applet 交互技术，以及在 HTML 及 JavaScript 中嵌入 Flash 动画的方法。

17.9　跟我上机

👉 **参考答案：光盘\MR\跟我上机**

在网页中插入<embed>标记，通过该标记实现 WMV 文件的播放。将<embed>标记中的 loop 属性值设为 True 时，表示指定的 WMV 文件进行循环播放；将 autostart 属性值设为 True 时，表示指定的 WMV 文件可以自动播放。代码如下：

```
<embed src="Wildlife.wmv" width="385" height="265" loop="True" autostart="True">
</embed>
```

第18章

AJAX 技术

（ 📹 视频讲解：38 分钟）

AJAX 是 Asynchronous JavaScript And XML 的缩写，意思是"异步的 JavaScript 和 XML"。AJAX 并不是一门新的语言或技术，它是 JavaScript、XML、CSS、DOM 等多种已有技术的组合，可以实现客户端的异步请求操作，从而实现在不需要刷新页面的情况下与服务器进行通信，减少了用户的等待时间，减轻了服务器和带宽的负担，提供更好的服务响应。本章将对 AJAX 的应用领域、技术特点，以及所使用的技术进行介绍。

本章能够完成的主要范例（已掌握的在方框中打勾）

☐　使用 AJAX 技术检测用户名是否被占用

☐　使用 AJAX 技术删除图书管理系统中的数据

18.1 AJAX 概述

18.1.1 什么是 AJAX

AJAX 是 JavaScript、XML、CSS、DOM 等多种已有技术的组合，可以实现客户端的异步请求操作，这样可以实现在不需要刷新页面的情况下与服务器进行通信，从而减少了用户的等待时间。AJAX 是由 Jesse James Garrett 创造的，是 Asynchronous JavaScript And XML 的缩写，即异步 JavaScript 和 XML 技术。AJAX 是增强的 JavaScript，是一种可以调用后台服务器获得数据的客户端 JavaScript 技术，支持更新部分页面的内容而不重载整个页面。

18.1.2 AJAX 应用案例

随着 Web 2.0 时代的到来，越来越多的网站开始应用 AJAX。例如，百度地图和 Google 地图。下面就来了解哪些网站在用 AJAX，从而更好地了解 AJAX 的用途。

1. 百度搜索提示

在百度首页的搜索文本框中输入要搜索的关键字时，下方会自动给出相关提示。如果给出的提示有符合要求的内容，可以直接选择，这样可以方便用户。例如，输入"明日科"后，在下面将显示如图 18.1 所示的提示信息。

图 18.1 百度搜索提示页面

2. 淘宝新会员免费注册

在淘宝网新会员免费注册时，采用 AJAX 实现不刷新页面检测输入数据的合法性。例如，在"会员名"文本框中输入"明日"，将鼠标指针移动到"登录密码"文本框后，显示如图 18.2

所示的页面。

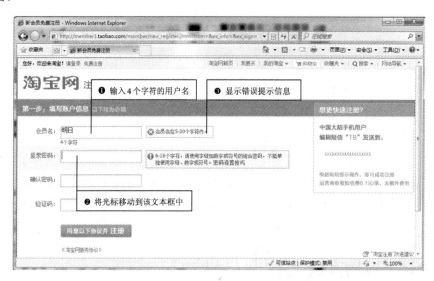

图 18.2 淘宝网新会员免费注册页面

3．明日科技编程词典服务网

进入明日科技编程词典服务网的首页，鼠标指针移动到各个栏目名称上时，将显示详细的工具提示。例如，鼠标指针移动"编程竞技场"上，将显示如图 18.3 所示的效果。

图 18.3 明日科技编程词典服务网首页

18.1.3 AJAX 的开发模式

在 Web 2.0 时代以前，多数网站都采用传统的开发模式，而随着 Web 2.0 时代的到来，越来越多的网站开始采用 AJAX 开发模式。为了让读者更好地了解 AJAX 开发模式，下面对 AJAX 开发模式与传统开发模式进行比较。

在传统的 Web 应用模式中，页面中用户的每一次操作都将触发一次返回 Web 服务器的 HTTP 请求，服务器进行相应的处理（获得数据、运行与不同的系统会话）后，返回一个 HTML 页面给客户端，如图 18.4 所示。

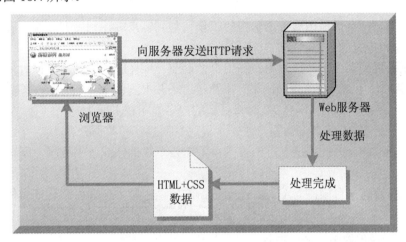

图 18.4 Web 应用的传统开发模式

在 AJAX 应用中，页面中用户的操作通过 AJAX 引擎与服务器端进行通信，然后将返回结果提交给客户端页面的 AJAX 引擎，再由 AJAX 引擎来决定将这些数据插入到页面的指定位置，如图 18.5 所示。

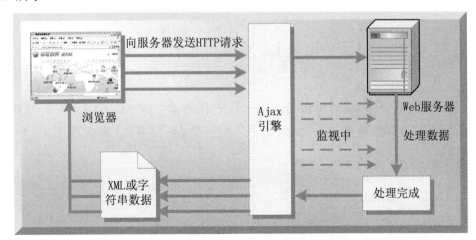

图 18.5 Web 应用的 AJAX 开发模式

从图 18.4 和图 18.5 中可以看出，对于每个用户的行为，在传统的 Web 应用模式中，生成一次 HTTP 请求，而在 AJAX 应用开发模式中，变成对 AJAX 引擎的一次 JavaScript 调用。在 AJAX 应用开发模式中通过 JavaScript 实现在不刷新整个页面的情况下，对部分数据进行更新，从而降低网络流量，给用户带来更好的体验。

18.1.4 AJAX 的优点

与传统的 Web 应用不同，AJAX 在用户与服务器之间引入一个中间媒介（AJAX 引擎），消除网络交互过程中的处理—等待—处理—等待的缺点，从而大大改善网站的视觉效果。下面介绍 AJAX 的优点。

（1）可以把一部分以前由服务器负担的工作转移到客户端，利用客户端闲置的资源进行处理，减轻服务器和带宽的负担，节约空间和成本。

（2）不刷新更新页面，从而使用户不用再像以前一样在服务器处理数据时只能在白屏前焦急地等待。AJAX 使用 XMLHttpRequest 对象发送请求并得到服务器响应，在不需要重新载入整个页面的情况下，就可以通过 DOM 及时将更新的内容显示在页面上。

（3）可以调用 XML 等外部数据，进一步促进页面显示和数据分离。

（4）基于标准化，并被广泛支持的技术，不需要下载插件或者小程序，即可轻松实现桌面应用程序的效果。

（5）AJAX 没有平台限制。AJAX 把服务器的角色由原本传输内容转变为传输数据，而数据格式则可以是纯文本格式和 XML 格式，这两种格式没有平台限制。

同样，AJAX 也不尽是优点，也有一些缺点，具体表现在以下几个方面：

☑ 大量的 JavaScript 不易维护。
☑ 可视化设计上比较困难。
☑ 打破"页"的概念。
☑ 给搜索引擎带来困难。

18.2 AJAX 的技术组成

AJAX 是 XMLHttpRequest 对象和 JavaScript、XML 语言、DOM、CSS 等多种技术的组合。其中，只有 XMLHttpRequest 对象是新技术，其他的均为已有技术。下面就对 AJAX 使用的技术进行简要介绍。

18.2.1 XMLHttpRequest 对象

在 AJAX 使用的技术中，最核心的技术就是 XMLHttpRequest。它是一个具有应用程序接口的 JavaScript 对象，能够使用超文本传输协议（HTTP）连接一个服务器，是微软公司为了满足开发者的需要，于 1999 年在 IE 5.0 浏览器中率先推出的。现在，许多浏览器都对其提供技术支持，不过实现方式与 IE 有所不同。关于 XMLHttpRequest 对象的使用将在下面进行详细介绍。

18.2.2 XML 语言

XML 是 Extensible Markup Language（可扩展的标记语言）的缩写，它提供用于描述结构化数据的格式，适用于不同应用程序间的数据交换，而且这种交换不以预先定义的一组数据结构为前提，增强了可扩展性。XMLHttpRequest 对象与服务器交换的数据通常采用 XML 格式。下面将对 XML 进行简要介绍。

1. XML 文档结构

XML 是一套定义语义标记的规则，也是用来定义其他标识语言的元标识语言。使用 XML 时，首先要了解 XML 文档的基本结构，然后再根据该结构创建所需的 XML 文档。下面先通过一个简单的 XML 文档来说明 XML 文档的结构。placard.xml 文件的代码如下：

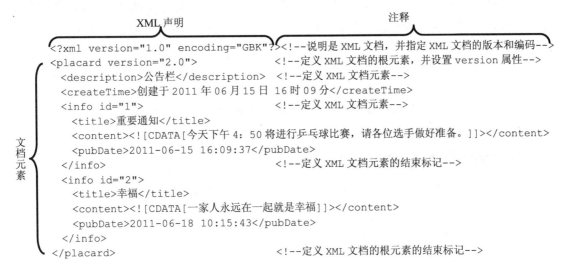

```
<?xml version="1.0" encoding="GBK"?>      <!--说明是 XML 文档，并指定 XML 文档的版本和编码-->
<placard version="2.0">                   <!--定义 XML 文档的根元素，并设置 version 属性-->
  <description>公告栏</description>        <!--定义 XML 文档元素-->
  <createTime>创建于 2011 年 06 月 15 日 16 时 09 分</createTime>
  <info id="1">                           <!--定义 XML 文档元素-->
    <title>重要通知</title>
    <content><![CDATA[今天下午 4：50 将进行乒乓球比赛，请各位选手做好准备。]]></content>
    <pubDate>2011-06-15 16:09:37</pubDate>
  </info>                                 <!--定义 XML 文档元素的结束标记-->
  <info id="2">
    <title>幸福</title>
    <content><![CDATA[一家人永远在一起就是幸福]]></content>
    <pubDate>2011-06-18 10:15:43</pubDate>
  </info>
</placard>                               <!--定义 XML 文档的根元素的结束标记-->
```

在上面的 XML 文档中，第一行是 XML 声明，用于说明这是一个 XML 文档，并且指定版本号及编码。除第一行以外的内容均为元素。在 XML 文档中，元素以树型分层结构排列，其中 <placard> 为根元素，其他的都是该元素的子元素。

> **说明：**
> 在 XML 文档中，如果元素的文本中包含标记符，可以使用 CDATA 段将元素中的文本括起来。使用 CDATA 段括起来的内容都会被 XML 解析器当作普通文本，所以任何符号都不会被认为是标记符。CDATA 的语法格式如下：
>
> ```
> <![CDATA[文本内容]]>
> ```

> **注意:**
>
> CDATA 段不能进行嵌套，即 CDATA 段中不能再包含 CDATA 段。另外，在字符串 "]]>" 之间不能有空格或换行符。

2. XML 语法要求

了解了 XML 文档的基本结构后，接下来还需要熟悉创建 XML 文档的语法要求。创建 XML 文档的语法要求如下：

（1）XML 文档必须有一个顶层元素，其他元素必须嵌入在顶层元素中。

（2）元素嵌套要正确，不允许元素间相互重叠或跨越。

（3）每一个元素必须同时拥有起始标记和结束标记。这点与 HTML 不同，XML 不允许忽略结束标记。

（4）起始标记中的元素类型名必须与相应结束标记中的名称完全匹配。

（5）XML 元素类型名区分大小写，而且开始和结束标记必须准确匹配。例如，分别定义起始标记<Title>、结束标记</title>，由于起始标记的类型名与结束标记的类型名不匹配，说明元素是非法的。

（6）元素类型名称中可以包含字母、数字及其他字母元素类型，也可以使用非英文字符。名称不能以数字或符号 "-" 开头，名称中不能包含空格符和冒号 ":"。

（7）元素可以包含属性，但属性值必须用单引号或双引号括起来，前后两个引号必须一致，不能一个是单引号，一个是双引号。在一个元素节点中，属性名不能重复。

3. 为 XML 文档中的元素定义属性

在一个元素的起始标记中，可以自定义一个或者多个属性。属性是依附于元素存在的。属性值用单引号或者双引号括起来。

例如，给元素 info 定义属性 id，用于说明公告信息的 ID 号：

```
<info id="1">
```

给元素添加属性是为元素提供信息的一种方法。当使用 CSS 样式表显示 XML 文档时，浏览器不会显示属性，以及其属性值。若使用数据绑定、HTML 页中的脚本或者 XSL 样式表显示 XML 文档，则可以访问属性及属性值。

> **注意:**
>
> 相同的属性名不能在元素起始标记中出现多次。

4. XML 的注释

注释是为了便于阅读和理解，在 XML 文档添加的附加信息。注释是对文档结构或者内容的解释，不属于 XML 文档的内容，所以 XML 解析器不会处理注释内容。XML 文档的注释以字符串 "<!--" 开始，以字符串 "-->" 结束。XML 解析器忽略注释中的所有内容，这样可以在 XML

文档中添加注释说明文档的用途，或者临时注释没有准备好的文档部分。

> **注意：**
> 在 XML 文档中，解析器将"-->"看做一个注释结束符号，所以字符串"-->"不能出现在注释的内容中，只能作为注释的结束符号。

18.2.3 JavaScript 脚本语言

JavaScript 是一种解释型的基于对象的脚本语言，其核心已经嵌入到目前主流的 Web 浏览器中。虽然平时应用最多的是通过 JavaScript 实现一些网页特效及表单数据验证等功能，但 JavaScript 可以实现的功能远不止这些。JavaScript 是一种具有丰富的面向对象特性的程序设计语言，利用它能执行许多复杂的任务，例如，AJAX 就是利用 JavaScript 将 DOM、XHTML（或 HTML）、XML 及 CSS 等技术综合起来，并控制它们的行为。因此，要开发一个复杂高效的 AJAX 应用程序，就必须对 JavaScript 有深入的了解。

JavaScript 不是 Java 语言的精简版，并且只能在某个解释器或"宿主"上运行，如 ASP、PHP、JSP、Internet 浏览器或者 Windows 脚本宿主。

JavaScript 是一种宽松类型的语言，即不必显式定义变量的数据类型。此外，在大多数情况下，JavaScript 将根据需要自动进行转换。例如，如果将一个数值添加到由文本组成的某项（一个字符串），该数值将被转换为文本。

18.2.4 DOM

DOM 是 Document Object Model（文档对象模型）的缩写，它为 XML 文档的解析定义了一组接口。解析器读入整个文档，然后构建一个驻留内存的树结构，最后通过 DOM 遍历树以获取来自不同位置的数据，可以添加、修改、删除、查询和重新排列树及其分支。另外，还可以根据不同类型的数据源来创建 XML 文档。在 AJAX 应用中，通过 JavaScript 操作 DOM，可以达到在不刷新页面的情况下实时修改用户界面的目的。

18.2.5 CSS

CSS 是 Cascading Style Sheet（层叠样式表）的缩写，是用于控制网页样式并允许将样式信息与网页内容分离的一种标记语言。在 AJAX 中，通常使用 CSS 进行页面布局，并通过改变文档对象的 CSS 属性控制页面的外观和行为。CSS 是一种 AJAX 开发人员所需要的重要工具，提供了从内容中分离应用样式和设计的机制。虽然 CSS 在 AJAX 应用中扮演至关重要的角色，但它也是构建创建跨浏览器应用的一大阻碍，因为不同的浏览器厂商支持不同的 CSS 级别。

18.3　XMLHttpRequest 对象

　　XMLHttpRequest 是 AJAX 中最核心的技术，是一个具有应用程序接口的 JavaScript 对象，能够使用超文本传输协议（HTTP）连接一个服务器，是微软公司为了满足开发者的需要，于 1999 年在 IE 5.0 浏览器中率先推出的。现在，许多浏览器都对其提供技术支持，不过实现方式与 IE 有所不同。使用 XMLHttpRequest 对象，AJAX 可以像桌面应用程序一样只同服务器进行数据层面的交换，而不用每次都刷新页面，也不用每次都将数据处理的工作交给服务器，这样既减轻服务器负担，又加快响应速度，也缩短用户等待的时间。

18.3.1　XMLHttpRequest 对象的初始化

　　在使用 XMLHttpRequest 对象发送请求和处理响应之前，首先需要初始化该对象，由于 XMLHttpRequest 不是一个 W3C 标准，所以对于不同的浏览器，初始化的方法也是不同的。在通常情况下，初始化 XMLHttpRequest 对象只需要考虑两种情况，一种是 IE 浏览器，另一种是非 IE 浏览器，下面分别进行介绍。

　　☑　IE 浏览器

　　IE 浏览器把 XMLHttpRequest 实例化为一个 ActiveX 对象。具体方法如下：

```
var http_request = new ActiveXObject("Msxml2.XMLHTTP");
```

或者

```
var http_request = new ActiveXObject("Microsoft.XMLHTTP");
```

　　在上面的语法中，Msxml2.XMLHTTP 和 Microsoft.XMLHTTP 是针对 IE 浏览器的不同版本而进行设置的，目前比较常用的是这两种。

　　☑　非 IE 浏览器

　　非 IE 浏览器（例如，Firefox、Opera、Mozilla、Safari）把 XMLHttpRequest 对象实例化为一个本地 JavaScript 对象。具体方法如下：

```
var http_request = new XMLHttpRequest();
```

　　为了提高程序的兼容性，可以创建一个跨浏览器的 XMLHttpRequest 对象。创建一个跨浏览器的 XMLHttpRequest 对象其实很简单，只需要判断不同浏览器的实现方式，如果浏览器提供 XMLHttpRequest 类，则直接创建一个该类的实例，否则实例化一个 ActiveX 对象。具体代码如下：

```
if(window.XMLHttpRequest){                        //非 IE 浏览器
    http_request = new XMLHttpRequest();
}else if(window.ActiveXObject){                   //IE 浏览器
```

```
     try{
         http_request = new ActiveXObject("Msxml2.XMLHTTP");
     }catch (e){
         try{
             http_request = new ActiveXObject("Microsoft.XMLHTTP");
         }catch (e) {}
     }
}
```

在上面的代码中，调用 window.ActiveXObject 将返回一个对象，或是 null，在 if 语句中，会把返回值看做 true 或 false（如果返回的是一个对象，则为 true，否则返回 null，则为 false）。

 说明：

　　由于 JavaScript 具有动态类型特性，而且 XMLHttpRequest 对象在不同浏览器上的实例是兼容的，所以可以用同样的方式访问 XMLHttpRequest 实例的属性的方法，不需要考虑创建该实例的方法是什么。

18.3.2　XMLHttpRequest 对象的常用属性

　　XMLHttpRequest 对象提供了一些常用属性，通过这些属性可以获取服务器的响应状态及响应内容等。下面对 XMLHttpRequest 对象的常用属性进行介绍。

1．指定状态改变时所触发的事件处理器的属性

　　XMLHttpRequest 对象提供了用于指定状态改变时所触发的事件处理器的属性 onreadystatechange。在 AJAX 中，每个状态改变时都会触发这个事件处理器，通常会调用一个 JavaScript 函数。

　　例如，通过下面的代码可以实现当指定状态改变时所要触发的 JavaScript 函数，这里为 getResult()。

```
http_request.onreadystatechange = getResult();
```

 注意：

　　在指定所触发的事件处理器时，所调用的 JavaScript 函数不能添加小括号及指定参数名，不过可以使用匿名函数。例如，要调用带参数的函数 getResult()，可以使用下面的代码：

```
http_request.onreadystatechange = function(){
        getResult("添加的参数");           //调用带参数的函数
    };                                    //通过匿名函数指定要带参数的函数
```

Note

2. 获取请求状态的属性

XMLHttpRequest 对象提供了用于获取请求状态的属性 readyState，该属性共包括 5 个属性值，如表 18.1 所示。

表 18.1　readyState 属性的属性值

值	意　义	值	意　义
0	未初始化	1	正在加载
2	已加载	3	交互中
4	完成		

在实际应用中，该属性经常用于判断请求状态，当请求状态等于 4，即为完成时，再判断请求是否成功，如果成功将开始处理返回结果。

3. 获取服务器的字符串响应的属性

XMLHttpRequest 对象提供了用于获取服务器响应的属性 responseText，表示为字符串。例如，获取服务器返回的字符串响应，并赋值给变量 h 可以使用下面的代码：

```
var h=http_request.responseText;
```

在上面的代码中，http_request 为 XMLHttpRequest 对象。

4. 获取服务器的 XML 响应的属性

XMLHttpRequest 对象提供了用于获取服务器响应的属性 responseXML，表示为 XML。这个对象可以解析为一个 DOM 对象。例如，获取服务器返回的 XML 响应，并赋值给变量 xmldoc 可以使用下面的代码：

```
var xmldoc = http_request.responseXML;
```

在上面的代码中，http_request 为 XMLHttpRequest 对象。

5. 返回服务器的 HTTP 状态码的属性

XMLHttpRequest 对象提供了用于返回服务器的 HTTP 状态码的属性 status。该属性的语法格式如下：

```
http_request.status
```

☑　http_request：XMLHttpRequest 对象。
☑　返回值：长整型的数值，代表服务器的 HTTP 状态码。常用的状态码如表 18.2 所示。

表 18.2　status 属性的状态码

值	意　义	值	意　义
100	继续发送请求	200	请求已成功
202	请求被接受，但尚未成功	400	错误的请求
404	文件未找到	408	请求超时
500	内部服务器错误	501	服务器不支持当前请求所需要的某个功能

Note

status 属性常用于当请求状态为完成时，判断当前的服务器状态是否成功。例如，当请求完成时，判断请求是否成功的代码如下：

```
if (http_request.readyState == 4) {          //当请求状态为完成时
    if (http_request.status == 200) {        //请求成功，开始处理返回结果
        alert("请求成功！");
    } else{                                   //请求未成功
        alert("请求未成功！");
    }
}
```

18.3.3　XMLHttpRequest 对象的常用方法

XMLHttpRequest 对象提供了一些常用的方法，通过这些方法可以对请求进行操作。下面对 XMLHttpRequest 对象的常用方法进行介绍。

1. 创建新请求的方法

open()方法用于设置进行异步请求目标的 URL、请求方法及其他参数信息，具体语法如下：

```
open("method","URL"[,asyncFlag[,"userName"[, "password"]]])
```

open()方法的参数说明如表 18.3 所示。

表 18.3　open()方法的参数说明

参 数 名 称	参 数 描 述
method	用于指定请求的类型，一般为 GET 或 POST
URL	用于指定请求地址，可以使用绝对地址或者相对地址，并且可以传递查询字符串
asyncFlag	为可选参数，用于指定请求方式，异步请求为 true，同步请求为 false，默认情况下为 true
userName	为可选参数，用于指定请求用户名，没有时可省略
password	为可选参数，用于指定请求密码，没有时可省略

例如，设置异步请求目标为 deal.jsp，请求方法为 GET，请求方式为异步的代码如下：

```
http_request.open("GET","deal.jsp",true);
```

2. 向服务器发送请求的方法

send()方法用于向服务器发送请求。如果请求声明为异步，该方法将立即返回，否则将等到接收到响应为止。send()方法的语法格式如下：

```
send(content)
```

Note

参数 content 用于指定发送的数据，可以是 DOM 对象的实例、输入流或字符串。如果没有参数需要传递，可以设置为 null。

例如，向服务器发送一个不包含任何参数的请求，可以使用下面的代码：

```
http_request.send(null);
```

3. 设置请求的 HTTP 头的方法

setRequestHeader()方法用于为请求的 HTTP 头设置值。setRequestHeader()方法的具体语法格式如下：

```
setRequestHeader("header", "value")
```

- ☑ header：用于指定 HTTP 头。
- ☑ value：用于为指定的 HTTP 头设置值。

 说明：

setRequestHeader()方法必须在调用 open()方法之后才能调用。

例如，在发送 POST 请求时，需要设置 Content-Type 请求头的值为 application/x-www-form-urlencoded，这时就可以通过 setRequestHeader()方法进行设置。具体代码如下：

```
http_request.setRequestHeader("Content-Type","application/x-www-form-urlencoded");
```

4. 停止或放弃当前异步请求的方法

abort()方法用于停止或放弃当前异步请求。其语法格式如下：

```
abort()
```

例如，要停止当前异步请求可以使用下面的语句：

```
http_request.abort()
```

5. 返回 HTTP 头信息的方法

XMLHttpRequest 对象提供了两种返回 HTTP 头信息的方法，分别是 getResponseHeader()和getAllResponseHeaders()方法。下面分别进行介绍。

- ☑ getResponseHeader()方法

getResponseHeader()方法用于以字符串形式返回指定的 HTTP 头信息。其语法格式如下：

```
getResponseHeader("headerLabel")
```

参数 headerLabel 用于指定 HTTP 头，包括 Server、Content-Type 和 Date 等。

例如，要获取 HTTP 头 Content-Type 的值，可以使用以下代码：

```
http_request.getResponseHeader("Content-Type")
```

上面的代码将获取到以下内容：

text/html;charset=GBK

☑　getAllResponseHeaders()方法

getAllResponseHeaders()方法用于以字符串形式返回完整的 HTTP 头信息,其中包括 Server、Date、Content-Type 和 Content-Length。getAllResponseHeaders()方法语法格式如下:

getAllResponseHeaders()

例如,应用下面的代码调用 getAllResponseHeaders()方法,弹出如图 18.6 所示的对话框,以显示完整的 HTTP 头信息:

alert(http_request.getAllResponseHeaders());

图 18.6　获取的完整 HTTP 头信息

18.4　AJAX 的重构

AJAX 的实现主要依赖 XMLHttpRequest 对象,但是在调用其进行异步数据传输时,由于 XMLHttpRequest 对象的实例在处理事件完成后就会被销毁,所以如果不对该对象进行封装处理,在下次需要调用时须重新构建,而且每次调用都需要写一大段的代码,使用起来很不方便。虽然现在很多开源的 AJAX 框架都提供了对 XMLHttpRequest 对象的封装方案,但是如果应用这些框架,通常需要加载很多额外的资源,这势必会浪费很多服务器资源。不过,JavaScript 脚本语言支持 OO 编码风格,通过它可以将 AJAX 所必需的功能封装在对象中。

AJAX 重构大致可以分为以下 3 个步骤。

（1）创建一个单独的 JavaScript 文件,名称为 AjaxRequest.js,并且在该文件中编写重构 AJAX 所需的代码,具体代码如下:

```
var net=new Object();                        //定义一个全局的变量
//编写构造函数
net.AjaxRequest=function(url,onload,onerror,method,params){
    this.req=null;
    this.onload=onload;
```

```
    this.onerror=(onerror) ? onerror : this.defaultError;
    this.loadDate(url,method,params);
}
//编写用于初始化 XMLHttpRequest 对象并指定处理函数，最后发送 HTTP 请求的方法
net.AjaxRequest.prototype.loadDate=function(url,method,params){
    if (!method){
        method="GET";                                              //设置默认的请求方式为 GET
    }
    if (window.XMLHttpRequest){                                    //非 IE 浏览器
        this.req=new XMLHttpRequest();                             //创建 XMLHttpRequest 对象
    } else if (window.ActiveXObject){                              //IE 浏览器
            try {
                    this.req=new ActiveXObject("Microsoft.XMLHTTP"); //创建 XMLHttpRequest 对象
            } catch (e) {
                    try {
                            this.req=new ActiveXObject("Msxml2.XMLHTTP");   //创建 XMLHttpRequest 对象
                    } catch (e) {}
            }
    }
    if (this.req){
        try{
            var loader=this;
            this.req.onreadystatechange=function(){
                net.AjaxRequest.onReadyState.call(loader);
            }
            this.req.open(method,url,true);                        //建立对服务器的调用
            if(method=="POST"){                                   //如果提交方式为 POST
                this.req.setRequestHeader("Content-Type","application/x-www-form-urlencoded");   //设置请
求的内容类型
                this.req.setRequestHeader("x-requested-with", "ajax");     //设置请求的发出者
            }
            this.req.send(params);                                //发送请求
        }catch (err){
            this.onerror.call(this);                              //调用错误处理函数
        }
    }
}
//重构回调函数
net.AjaxRequest.onReadyState=function(){
    var req=this.req;
    var ready=req.readyState;                                      //获取请求状态
    if (ready==4){                                                 //请求完成
            if (req.status==200 ){                                //请求成功
                this.onload.call(this);
            }else{
                this.onerror.call(this);                          //调用错误处理函数
            }
    }
}
//重构默认的错误处理函数
```

```
net.AjaxRequest.prototype.defaultError=function(){
    alert("错误数据\n\n 回调状态:" + this.req.readyState + "\n 状态: " + this.req.status);
}
```

（2）在需要应用 AJAX 的页面中应用以下的语句，包括步骤（1）中创建的 JavaScript 文件：

```
<script language="javascript" src="AjaxRequest.js"></script>
```

（3）在应用 AJAX 的页面中编写错误处理的方法、实例化 AJAX 对象的方法和回调函数，具体代码如下：

```
<script language="javascript">
/****************错误处理的方法*****************************/
function onerror(){
    alert("您的操作有误！");
}
/*****************实例化 AJAX 对象的方法******************************/
function getInfo(){
    var   loader=new   net.AjaxRequest("check.php?nocache="+new   Date().getTime(),deal_getInfo,
onerror,"GET");
}
/*********************回调函数******************************/
function deal_getInfo(){
    document.getElementById("showInfo").innerHTML=this.req.responseText;
}
</script>
```

18.5　AJAX 开发注意事项

在应用 AJAX 时，需要注意浏览器兼容性问题、安全问题和性能问题，下面进行具体介绍。

18.5.1　浏览器兼容性问题

AJAX 使用了大量的 JavaScript 和 AJAX 引擎，而这些内容需要浏览器提供足够的支持。目前，提供这些支持的浏览器主要分为两大类，一类是 IE 浏览器，在 IE 浏览器中，只有 IE 5.0 及以上版本才支持；另一类是非 IE 浏览器，例如，Firefox、Mozilla 1.0、Savari 1.2 及以上版本。虽然 IE 浏览器和非 IE 浏览器都支持 AJAX，但是它们提供的创建 XMLHttpRequest 对象的方式不一样，所以使用 AJAX 的程序必须测试针对各个浏览器的兼容性。

18.5.2　安全问题

随着网络的普及，安全问题已经是一个不可忽略的重要问题。由于 Web 本身就是不安全的，所以尽可能降低 AJAX 的安全风险尤为重要。AJAX 应用主要面临以下安全问题。

☑　JavaScript 本身的安全

虽然 JavaScript 的安全系数已逐步提高，提供了很多受限功能，包括访问浏览器的历史记录、上传文件、改变菜单栏等。但是，在 Web 浏览器中执行 JavaScript 代码时，用户允许任何人编写的代码运行在自己的机器上，这就为移动代码自动跨越网络来运行提供方便条件，从而给网站带来安全隐患。为了解决这一潜在的危险，浏览器厂商在一个 sandbox（沙箱）中执行 JavaScript 代码，沙箱是一个只能访问很少计算机资源的密闭环境，从而使 AJAX 应用不能读取或写入本地文件系统。虽然这会给程序开发带来困难，但是提高了客户端 JavaScript 的安全程度。

☑　数据在网络上传输的安全问题

采用普通的 HTTP 请求时，请求参数的所有代码都是以明码的方式在网络上传输的。对于一些不太重要的数据，采用普通的 HTTP 请求即可满足要求，但是如果涉及特别机密的信息，这样是不行的，因为某些恶意的路由可能读取传输的内容。为了保证 HTTP 传输数据的安全，可以对传输的数据进行加密，这样即使被看到，危险也是不大的。虽然对传输的数据进行加密，可能会使服务器的性能有所降低，但对于敏感数据，以性能换取更高的安全，还是值得的。

☑　客户端调用远程服务的安全问题

虽然 AJAX 允许客户端完成部分服务器的工作，并可以通过 JavaScript 来检查用户的权限，但是通过客户端脚本控制权限并不可取，一些解密高手可以轻松绕过 JavaScript 的权限检查，直接访问业务逻辑组件，从而对网站造成威胁。在 AJAX 应用中，通常应该将所有的 AJAX 请求都发送到控制器，由控制器负责检查调用者是否有访问资源的权限。

18.5.3　性能问题

由于 AJAX 将大量的计算从服务器移到了客户端，使得浏览器将承受更大的负担，而不再是只负责简单的文档显示。由于 AJAX 的核心语言是 JavaScript，而 JavaScript 并不以高性能知名。另外，JavaScript 对象也不是轻量级的，特别是 DOM 元素耗费大量的内存。因此，如何提高 JavaScript 代码的性能对于 AJAX 开发者来说尤为重要。下面介绍几种优化 AJAX 应用执行速度的方法：

☑　尽量使用局部变量，而不使用全局变量。
☑　优化 for 循环。
☑　尽量少用 eval，每使用 eval 都需要消耗大量的时间。
☑　将 DOM 节点附加到文档上。
☑　尽量减少点 "." 号操作符的使用率。

18.5.4　解决中文乱码问题

AJAX 不支持多种字符集，它默认的字符集是 UTF-8，所以在应用 AJAX 技术的程序中应及时进行编码转换，否则程序中出现的中文字符将变成乱码。在一般情况下，有以下两种情况可以产生中文乱码。

（1）PHP 发送中文、AJAX 接收只需在 PHP 顶部添加如下语句：

```
header('Content-type: text/html;charset=GB2312');                        //指定发送数据的编码格式
```

XMLHttp 会正确解析其中的中文。

（2）AJAX 发送中文、PHP 接收比较复杂，AJAX 先用 encodeURIComponent 对要提交的中文进行编码。在 PHP 页添加如下代码：

```
$GB2312string=iconv( 'UTF-8', 'gb2312//IGNORE' , $RequestAjaxString);
```

PHP 选择 MySQL 数据库时，应用如下语句设置数据库的编码类型：

```
mysql_query("set names gb2312");
```

18.6　综　合　应　用

18.6.1　应用 AJAX 技术检测用户名

【例 18.1】 应用 PHP 与 AJAX 结合，在用户注册表单中，使用 AJAX 技术检测用户名是否被占用。

☞ **实例位置：** 光盘\MR\Instance\18\18.1

本实例的实现步骤如下：

（1）建立 fun.js 脚本文件，该文件中的代码用于检测使用 AJAX 技术通过 GET()方法向 chk.php 文件中发送注册表单中在用户名文本框中所录入的用户名，并根据返回值判断该用户名是否被其他用户占用。代码如下：

```
function chkUsername(username){
    if(username==''){                         //判断用户名是否为空
        alert('请输入用户名！');
    }else{
        var xmlObj;                           //定义 XMLHttpRequest 对象
        if(window.ActiveXObject){             //如果浏览器支持 ActiveXObext，则创建 ActiveXObject 对象
            xmlObj = new ActiveXObject("Microsoft.XMLHTTP");
        }else if(window.XMLHttpRequest){          //如果浏览器支持 XMLHttpRequest 对象，则创建
                                                  XMLHttpRequest 对象
            xmlObj = new XMLHttpRequest();
        }
        xmlObj.onreadystatechange = callBackFun;       //指定回调函数
        xmlObj.open('GET', 'chk.php?username='+username, true);  //使用 GET 方法调用 chk.php 并
                                                                   传递 username 参数的值
        xmlObj.send(null);            //不发送任何数据，因为数据已经使用请求 URL 通过 GET 方法发送
        function callBackFun(){       //回调函数
```

Note

```
        if(xmlObj.readyState == 4 && xmlObj.status == 200){   //如果服务器已经传回信息并未发生错误
            if(xmlObj.responseText=='y'){   //如果服务器传回的内容为 y，则表示用户名已经被占用
                alert('该用户名已被他人使用！');
            }else{                          //不为 y，则表明用户名未被占用
                alert('恭喜，该用户未被使用！');
            }
        }
    }
  }
}
```

在上述代码中，首先判断表单中用户名文本框的值是否为空，如果为空，则弹出提示对话框要求用户输入用户名，然后判断浏览器所支持的组件类型创建 XMLHttpRequest 对象，最后创建回调函数 callBackFun()，该函数用于获取 chk.php 文件输出的内容，并根据该内容提示用户所录入的用户名是否被占用。

（2）建立一个基本的用户注册表单，为了说明问题，在表单中只包含用户名录入文本框和用户名是否为空检测按钮。代码如下：

```
<form name="form_register">
用户名：<input type="text" id="username" name="username" size="20"/> 
<input type="button" value="查看用户名是否被占用"
onclick="javascript:chkUsername(form_register.username.value)"/>
</form>
```

（3）建立与 MySQL 数据库的连接，选择数据库并设置字符集。代码如下：

```
<?php
$host = '127.0.0.1';                            //MySQL 数据库服务器地址
$userName = 'root';                             //用户名
$password = 'root';                             //密码
$connID = mysql_connect($host, $userName, $password);   //建立与数据库的连接
mysql_select_db('db_database18', $connID);      //选择数据库
mysql_query('set names gbk');                   //设置字符集
?>
```

（4）建立 chk.php 文件，该文件中的代码用于判断客户端通过 GET()方法提交的用户名的值，并判断该值是否存在，如果存在则返回 y，否则返回 n。代码如下：

```
<?php
require_once 'conn.php';                        //包含数据库连接文件
$sql = mysql_query("select id, username from tb_user where username='".trim($_GET ['username'])."'",
$connID);                                       //执行查询
$result = mysql_fetch_array($sql);
if ($result) {                                  //判断用户名是否存在
    echo 'y';
} else {
    echo 'n';
}
```

```
?>
```

运行上述实例，结果如图 18.7 所示，在"用户名"文本框中输入一个用户名，然后单击"查看用户名是否被占用"按钮，在不刷新页面的情况下即可弹出该用户名是否被占用的提示信息。

图 18.7　检测用户名是否被占用

18.6.2　应用 AJAX 技术删除数据

【例 18.2】　使用 AJAX 技术删除图书管理系统中的数据。

👉 **实例位置：光盘\MR\Instance\18\18.2**

本实例的实现步骤如下：

（1）在根目录下新建一个文件夹 conn，在 conn 文件夹下创建 conn.php 文件用来建立与 MySQL 数据库的连接，选择数据库并设置字符集。conn.php 文件的代码如下：

```php
<?php
    $conn = mysql_connect("localhost", "root", "111") or die("连接数据库服务器失败！".mysql_error()); //连接 MySQL 服务器
    mysql_select_db("db_database18",$conn);              //选择数据库 db_database18
    mysql_query("set names utf8");                       //设置数据库编码格式 utf8
?>
```

（2）在根目录下创建 index.php 脚本文件，首先在文件中载入数据库的连接文件 conn.php，然后查询数据库中的数据并应用 while 语句循环输出查询的结果。代码如下：

```php
<table width="798" border="0" cellpadding="0" cellspacing="0">
    <tr>
     <td height="112" background="images/banner.jpg"> </td>
    </tr>
</table>
<?php
include_once("conn/conn.php");                  //载入数据库连接文件
?>
<table width="780" border="0" cellpadding="0" cellspacing="0">
<form name="form1" id="form1" method="post" action="deletes.php">
  <tr>
     <td height="20" width="5%" class="top"> </td>
```

```
        <td width="5%" class="top">id</td>
        <td width="30%" class="top">书名</td>
        <td width="10%" class="top">价格</td>
        <td width="20%" class="top">出版时间</td>
        <td width="10%" class="top">类别</td>
        <td width="10%" class="top">操作</td>
    </tr>
<?php
    $sqlstr1 = "select * from tb_demo02 order by id";       //按 id 的升序查询表 tb_demo02 的数据
    $result = mysql_query($sqlstr1,$conn);                  //执行查询语句
    while ($rows = mysql_fetch_array($result)){             //循环输出查询结果
?>
    <tr>
        <td height="25" align="center" class="m_td">
        <input type=checkbox name="chk[]" id="chk" value=".$rows['id'].">
        </td>
        <td height="25" align="center" class="m_td"><?php echo $rows['id'];?></td>
        <td height="25" align="center" class="m_td"><?php echo $rows['bookname'];?></td>
        <td height="25" align="center" class="m_td"><?php echo $rows['price'];?></td>
        <td height="25" align="center" class="m_td"><?php echo $rows['f_time'];?></td>
        <td height="25" align="center" class="m_td"><?php echo $rows['type'];?></td>
        <td class="m_td"><a href="#" onClick="del(<?php echo $rows['id'];?>)">删除</a></td>
    </tr>
<?php
    }
?>
    <tr>
        <td height="25" colspan="7" class="m_td" align="left">  </td>
    </tr>
</form>
</table>
<table width="798" border="0" cellpadding="0" cellspacing="0">
    <tr>
        <td height="48" background="images/bottom.jpg"> </td>
    </tr>
</table>
```

（3）建立 index.js 脚本文件，该文件中的代码用于使用 AJAX 技术通过 GET()方法向 del.php 文件中发送图书的 id 号并根据发送的 id 号进行相应的删除操作，然后根据返回值判断图书是否删除成功。代码如下：

```
function del(id){
    var xml;
    if(window.ActiveXObject){                  //如果浏览器支持 ActiveXObjext，则创建 ActiveXObject 对象
        xml=new ActiveXObject('Microsoft.XMLHTTP');
    }else if(window.XMLHttpRequest){           //如果浏览器支持 XMLHttpRequest 对象，则创建
                                               //XMLHttpRequest 对象
        xml=new XMLHttpRequest();
    }
```

```
    xml.open("GET","del.php?id="+id,true);           //使用 GET 方法调用 del.php 并传递参数的值
    xml.onreadystatechange=function(){               //当服务器准备就绪，执行回调函数
        if(xml.readystate==4 && xml.status==200){    //如果服务器已经传回信息，并未发生错误
            var msg=xml.responseText;                //把服务器传回的值赋给变量 msg
            if(msg==1){                              //如果服务器传回的值为 1，则提示删除成功
                alert("删除成功！");
            location.reload();
            }else{                                   //否则提示删除失败
                alert("删除失败！");
                return false;
            }
        }
    }
    xml.send(null); //不发送任何数据，因为数据已经使用请求 URL 通过 GET 方法发送
}
```

（4）建立 del.php 文件，该文件中的代码用于执行对指定图书的删除操作，如果删除成功则返回 1，失败则返回 0。代码如下：

```php
<?php
    include_once("conn/conn.php");                   //包含数据库连接文件
    $id=$_GET['id'];                                 //把传过来的参数值赋给变量$i
    $sql=mysql_query("delete from tb_demo02 where id=".$id);//根据参数值执行相应的删除操作
    if($sql){                                        //如果操作的返回值为 true
        $reback=1;                                   //把变量$reback 的值设为 1
    }else{
        $reback=0;                                    //否则变量$reback 的值设为 0
    }
    echo $reback;                                    //输出变量$reback 的值
?>
```

在浏览器中运行 index.php 文件，将输出数据库中的图书信息，如图 18.8 所示。单击"删除"超链接即可将相应的图书信息删除，如图 18.9 所示。

图 18.8　输出图书信息　　　　　　　　　　图 18.9　提示删除成功

18.7 本章常见错误

18.7.1 在应用 AJAX 过程中出现乱码

AJAX 不支持多种字符集，它默认的字符集是 UTF-8，所以在应用 AJAX 技术的程序中应及时进行编码转换，否则程序中出现的中文字符将变成乱码。一般来说，以下两种情况会产生中文乱码。

☑ PHP 发送中文、AJAX 接收。只需在 PHP 顶部添加如下语句：

```
header('Content-type: text/html;charset=GB2312');   //指定发送数据的编码格式
```

XMLHttp 会正确解析其中的中文。

☑ AJAX 发送中文、PHP 接收，比较复杂。AJAX 先用 encodeURIComponent 对要提交的中文进行编码，在 PHP 页中添加如下代码：

```
$GB2312string=iconv( 'UTF-8', 'gb2312//IGNORE' , $RequestAjaxString);
```

PHP 选择 MySQL 数据库时，应用如下语句设置数据库的编码类型：

```
mysql_query("set names gb2312");
```

18.7.2 不能及时获取最新数据

AJAX 的缓存是由浏览器维持的，对于发向服务器的某个 URL，AJAX 只在第一次请求时与服务器交互信息。在之后的请求中，AJAX 不再向服务器提交请求，而是直接从缓存中读取数据。在某些情况下，需要每一次都从服务器得到更新后的数据，因此为了防止从缓存中读取数据，可以采取以下两种方法来解决这个问题。

（1）在请求的 URL 后加上一个随机数，使每次请求的 URL 都不同，代码如下：

```
url+'&random='+Math.random();
```

（2）在向服务器发送请求之前加入如下代码：

```
xmlHttp.setRequestHeader("if-Modified-Since","0");
```

18.8 本章小结

本章主要从 AJAX 基础到 XMLHttpRequest 对象，以及 AJAX 的重构等方面对 AJAX 技术进行介绍，并结合了常用的实例进行讲解。通过本章的学习，可以对 AJAX 技术有个全面了解，并能够掌握 AJAX 开发程序的具体过程，做到融会贯通。

18.9　跟 我 上 机

👉 **参考答案：光盘\MR\跟我上机**

在商品管理的后台页面使用 AJAX 技术制作商品分类的下拉列表框，实现商品分类的联动功能。实现步骤如下所述。

（1）在根目录下新建一个文件夹 conn，在 conn 文件夹下创建 conn.php 文件，用来建立与 MySQL 数据库的连接，选择数据库并设置字符集。conn.php 文件的代码如下：

```php
<?php
    $conn = mysql_connect("localhost", "root", "111") or die("连接数据库服务器失败！".mysql_error());
                                                    //连接 MySQL 服务器
    mysql_select_db("db_database18",$conn);        //选择数据库 db_database18
    mysql_query("set names utf8");                  //设置数据库编码格式为 utf8
?>
```

（2）在根目录下创建 index.php 脚本文件，在文件中添加表单及表单元素，并且在下拉列表中循环输出数据库中商品父类的名称，再通过 onchange 事件调用自定义函数，从而动态改变商品子类的输出。代码如下：

```html
<script language="javascript" src="index.js"></script>
<form name="form" method="post" action="">
  <table width="419" border="0" align="center" cellspacing="1" bgcolor="#9999CC">
    <tr>
      <td height="36" colspan="3" bgcolor="#FFFFFF"><font color="#0066CC" size="+2">添加商品</font></td>
    </tr>
    <tr>
      <td width="122" height="26" bgcolor="#FFFFFF" align="right">商品名称：</td>
      <td height="26" colspan="2" bgcolor="#FFFFFF"><input type="text" name="name"/></td>
    </tr>
    <tr>
      <td height="26" bgcolor="#FFFFFF" align="right">商品类别：</td>
      <td width="64" height="26" bgcolor="#FFFFFF"><select name="ptype" id="ptype" onchange="changetype(this.value)">
      <?php
          include_once("conn/conn.php");                      //包含数据库连接文件
          $sql=mysql_query("select * from tb_commotype group by ptype");//按大类分组查询
          while($row=mysql_fetch_array($sql)){                 //循环输出下拉列表框选项
            echo "<option value='".$row['ptype']."'>".$row['ptype']."</option>";
          }
      ?>
      </select></td>
      <td width="219" height="26" bgcolor="#FFFFFF" id="showtype"></td>
```

```
    </tr>
    <tr>
      <td height="26" bgcolor="#FFFFFF" align="right">商品价格：</td>
      <td height="26" colspan="2" bgcolor="#FFFFFF"><input type="text" name="price"/></td>
    </tr>
    <tr>
      <td height="26" bgcolor="#FFFFFF"> </td>
      <td height="26" colspan="2" bgcolor="#FFFFFF"><input type="submit" name="Submit" value="提
交"/></td>
    </tr>
  </table>
</form>
<script language="javascript">
    changetype(form.ptype.value);                    //页面载入即执行函数，显示子类内容
</script>
```

（3）建立 index.js 脚本文件，该文件中的代码用于使用 AJAX 技术通过 GET 方法向 type.php 文件中发送商品类别的值并根据发送的值进行相应的查询操作。代码如下：

```
function changetype(v){
    var xml;
    if(window.ActiveXObject){            //如果浏览器支持 ActiveXObjext，则创建 ActiveXObject 对象
      xml=new ActiveXObject('Microsoft.XMLHTTP');
    }else if(window.XMLHttpRequest){    //如果浏览器支持XMLHttpRequest对象，则创建XMLHttpRequest
                                        对象
      xml=new XMLHttpRequest();
    }
    xml.open("GET","type.php?ptype="+v,true);    //使用 GET 方法调用 type.php 并传递参数的值
    xml.onreadystatechange=function(){            //当服务器准备就绪，执行回调函数
      if(xml.readystate==4 && xml.status==200){   //如果服务器已经传回信息并未发生错误
        var msg=xml.responseText;                 //把服务器传回的值赋给变量 msg
        showtype.innerHTML=msg;                   //把传回的值显示在 id=showtype 的元素中
      }
    }
    xml.send(null);         //不发送任何数据，因为数据已经使用请求 URL 通过 GET 方法发送
}
```

（3）建立 type.php 文件，该文件中的代码用于执行对商品类别的查询操作，并把查询出来的结果作为下拉列表框的选项输出。代码如下：

```
<?php
include_once("conn/conn.php");                      //包含数据库连接文件
$ptype=iconv("gb2312","utf-8",$_GET['ptype']);      //把参数值做编码转换
$sql=mysql_query("select stype from tb_commotype where ptype='".$ptype."'");//查询子类内容
echo "<select name='stype' id='stype'>";            //输出 HTML
while($row=mysql_fetch_array($sql)){                //循环输出列表框选项中子类内容
echo "<option value='".$row['stype']."'>".$row['stype']."</option>";
}
echo "</select>";                                   //输出 HTML
?>
```

第 19 章

JQuery 脚本库

（ 📹 视频讲解：95 分钟 ）

随着目前互联网的快速发展，一批优秀的 JS 脚本库陆续涌现，例如 ExtJs、prototype、Dojo 等，这些脚本库让开发人员从复杂繁琐的 JavaScript 中解脱出来，将开发的重点从实现细节转向功能需求，提高了项目开发的效率。其中 JQuery 是继 prototype 之后又一个优秀的 JavaScript 脚本库。本章将对 JQuery 的特点，以及 JQuery 常用技术进行介绍。

本章能够完成的主要范例（已掌握的在方框中打勾）

☐ 通过单击按钮获取在文本输入框中输入的值

☐ 为表单的直接子元素 input 换肤

☐ 筛选页面中 div 元素的同辈元素

☐ 获取页面上隐藏和显示的 input 元素的值

☐ 利用表单过滤器匹配表单中相应的元素

☐ 获取和设置元素的文本内容与 HTML 内容

☐ 实现自动隐藏式菜单

☐ 实现伸缩式导航菜单

☐ 实现图片传送带

19.1 JQuery 概述

JQuery 是一套简洁、快速、灵活的 JavaScript 脚本库，是由 John Resig 于 2006 年创建的，帮助用户简化 JavaScript 代码。JavaScript 脚本库类似于 Java 的类库，将一些工具方法或对象方法封装在类库中，以便用户使用。JQuery 因为简便易用，已被大量的开发人员推崇。

> **注意：**
> JQuery 是脚本库，而不是框架。"库"不等于"框架"，例如，"System 程序集"是类库，而 Spring MVC 是框架。

脚本库能够帮助用户完成编码逻辑，实现业务功能。使用 JQuery 将极大地提高编写 JavaScript 代码的效率，让写出来的代码更加简洁，更加健壮。同时，网络上丰富的 JQuery 插件也让开发人员的工作变得更为轻松，让项目的开发效率有了质的提升。

> **说明：**
> JQuery 除了为开发人员提供灵活的开发环境外，而且是开源的，在其背后有许多强大的社区和程序爱好者的支持。

19.1.1 JQuery 主要特点

JQuery 是一个简洁快速的 JavaScript 脚本库，能让用户在网页上简单地操作文档、处理事件、运行动画效果或者添加异步交互。JQuery 的设计会改变用户写 JavaScript 代码的方式，提高编程效率。JQuery 主要特点如下：

☑ 代码精致小巧

JQuery 是一个轻量级的 JavaScript 脚本库，其代码非常小巧，最新本版的 JQuery 库文件压缩之后只有 20K 左右。在网络盛行的今天，提高网站用户的体验显的尤为重要，小巧的 JQuery 完全可以做到这一点。

☑ 强大的功能函数

过去在写 JavaScript 代码时，如果没有良好的基础，很难写出复杂的 JavaScript 代码，而且 JavaScript 是不可编译的语言，在复杂的程序结构中调试错误是一件非常繁琐的事情，大大降低了开发效率。使用 JQuery 的功能函数，能够帮助开发人员快速地实现各种功能，而且会让代码优雅简洁，结构清晰。

☑ 跨浏览器

关于 JavaScript 代码的浏览器兼容问题一直为 Web 开发人员困扰，经常出现一个页面在 IE 浏览器下运行正常，但在 Firefox 下却出现问题的情况，开发人员往往要在一个功能上针对不同的浏览器编写不同的脚本代码，对于开发人员来讲无疑加大了工作量。JQuery 将开发人员从中解脱出来，它具有良好的兼容性，兼容各大主流浏览器，支持的浏览器包括 IE 6.0+, Firefox 1.5+, Safari 2.0+, Opera 9.0+。

☑ 链式的语法风格

JQuery 可以对元素的一组操进行统一的处理，不需要重新获取对象。也就是说可以基于一个对象进行一组操作，这种方式精简了代码量，减小了页面体积，有助于浏览器快速加载页面，提高用户的体验。

☑ 插件丰富

除了 JQuery 本身带有的一些特效外，可以通过插件实现更多的功能，如表单验证、拖放效果、Tab 导航条、表格排序、树型菜单，以及图像特效等。网上的 JQuery 插件很多，可以直接下载使用，而且插件将 JavaScript 代码和 HTML 代码完全分离，便于维护。

19.1.2 JQuery 案例展示

过去只有 Flash 才能实现的动画效果现在 JQuery 也可以实现，而且丝毫不逊于 Flash，让开发人员感受到了 Web 2.0 时代的魅力。而且 JQuery 也广受著名网站的青睐，例如，人民网、京东网上商城和中国网络电视台等许多网站都应用了 JQuery。下面是网络上 JQuery 实现绚丽的效果示例。

☑ 人民网应用的 JQuery 效果

访问人民网的首页时，有一个以幻灯片轮播形式显示的图片新闻，如图 19.1 所示，此效果就是应用 JQuery 的幻灯片轮播插件实现的。

☑ 京东网上商城应用的 JQuery 效果

访问京东网上商城的首页时，在右侧有一个为手机和游戏充值的栏目，这里应用 JQuery 实现了标签页的效果，将鼠标指针移动到"手机充值"栏目上时，标签页将显示为手机充值的相关内容，如图 19.2 所示，将鼠标指针移动到"游戏充值"栏目上时，将显示为游戏充值的相关内容。

图 19.1 人民网应用的 JQuery 效果

图 19.2 京东网上商城应用的 JQuery 效果

☑ 中国网络电视台应用的 JQuery 效果

访问中国网络电视台的电视直播页面后，在央视频道栏目中就应用了 JQuery 实现鼠标指针移入移出效果。将鼠标指针移动到某个频道上时，该频道内容将添加一个圆角矩形的灰背景，如图 19.3 所示，用于突出显示频道内容，将鼠标指针移出该频道后，频道内容将恢复为原来的样式。

图 19.3 中国网络电视台应用的 JQuery 效果

 说明：

JQuery 不仅适合于网页设计师、开发者及编程爱好者，同样适合用于商业开发，因此 JQuery 适合任何应用 JavaScript 的情况。

19.2 JQuery 下载与配置

要想应用 JQuery 脚本库，需要下载并配置它。下面介绍如何下载与配置 JQuery。

19.2.1 JQuery 下载

JQuery 是一个开源的脚本库，可以从官方网站 http://jquery.com 中下载。下面介绍具体的下载步骤。

（1）在浏览器的地址栏中输入 http://jquery.com，并按 Enter 键，进入 JQuery 官方网站首页，如图 19.4 所示。

（2）在 JQuery 官方网站的首页中，可以下载最新版本的 JQuery 库，选中 PRODUCTION 单选按钮，单击 Download 按钮，弹出如图 19.5 所示的下载对话框。

（3）单击"保存"按钮，将 JQuery 库下载到本地计算机上。下载后的文件名为 jquery-1.6.1.min.js。

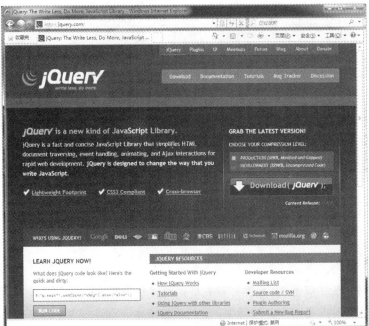

图 19.4 JQuery 官方网站的首页

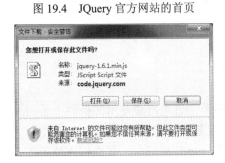

图 19.5 下载 jquery-1.6.1.min

此时，下载的文件为压缩后的版本（主要用于项目与产品）。如果想下载完整不压缩的版本，可以在图 19.4 中选中 DEVELOPMENT 单选按钮，并单击 Download 按钮。下载后的文件名为 jquery-1.6.1.js。

说明：
在项目中通常使用压缩后的文件，即 jquery-1.6.1.min.js。

19.2.2 JQuery 配置

将 JQuery 库下载到本地计算机后，还需要在项目中进行配置，即将下载后的 jquery-1.6.1.min.js 文件放置到项目的指定文件夹中，通常放置在 JS 文件夹中，然后在需要应用 JQuery 的页面中引用 jquery-1.6.1.min.js 文件。代码如下：

```
<script language="javascript" src="JS/jquery-1.6.1.min.js"></script>
```

或者

```
<script type="text/javascript" src="JS/jquery-1.6.1.min.js"></script>
```

 注意：

　　引用 JQuery 的<script>标记必须放在所有的自定义脚本文件的<script>之前，否则在自定义的脚本代码中应用不到 JQuery 脚本库。

19.3　JQuery 的插件

　　JQuery 具有强大的扩展能力，允许开发人员使用或是创建 JQuery 插件来扩展 JQuery 的功能，这些插件可以帮助开发人员提高开发效率，节约项目成本。而且一些比较著名的插件也受到了开发人员的追捧，插件又将 JQuery 的功能提升了一个新的层次。下面介绍插件的使用和目前比较流行的插件。

19.3.1　插件的使用

　　JQuery 插件的使用比较简单，首先将要使用的插件下载到本地计算机中，然后按照下面的步骤操作，就可以使用插件实现效果：

　　（1）把下载的插件包含到<head>标记内，并确保它位于主 JQuery 源文件之后。

　　（2）包含一个自定义的 JavaScript 文件，并在其中使用插件创建或扩展的方法。

19.3.2　流行的插件

　　在 JQuery 官方网站中，有一个 Plugins（插件）超链接，单击该超链接，将进入 JQuery 的插件分类列表页面，如图 19.6 所示。

　　在该页面中，单击分类名称，可以查看每个分类下的插件概要信息及下载超链接。用户也可以在上面的搜索（Search Plugins）文本框中输入指定的插件名称，搜索所需插件。

 说明：

　　该网站中提供的插件多数都是开源的，可以在此网站中下载所需要的插件。

　　下面对比较常用的插件进行简要介绍。

图 19.6　JQuery 的插件分类列表页面

☑　Facelist 插件

使用 JQuery 的 Facelist 插件可以实现如图 19.7 所示类似 Google Suggest 的自动完成效果。当用户在输入框中输入一个或几个关键字后，下方将显示该关键字相关的内容提示。这时，用户可以直接选择所需的关键字，方便输入。

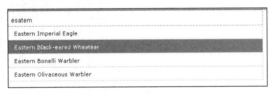

图 19.7　Facelist 插件实现类似 Google Suggest 的自动完成效果

☑　easyslide 插件

使用 JQuery 的 easyslide 插件实现如图 19.8 所示的图片轮显效果。当页面运行时，要显示的多张图片轮流显示，同时显示所对应的图片说明内容。在新闻类的网站中，可以使用该插件显示图片新闻。

☑　jcarousel 插件

使用 JQuery 的 jcarousel 插件用于实现如图 19.9 所示的图片传送带效果。单击左、右两侧的箭头可以向左或向右翻看图片。到达第一张图片时，左侧的箭头将变为不可用状态；到达最后一张图片时，右侧的箭头变为不可用状态。

☑　mb menu 插件

使用 JQuery 的 mb menu 插件可以实现如图 19.10 所示的多级菜单。当用户将鼠标指针指向或单击某个菜单项时，显示该菜单项的子菜单。如果某个子菜单项还有子菜单，将鼠标指针移动到该子菜单项时，显示它的子菜单。

图 19.8　easyslide 插件实现的图片轮显效果

图 19.9　jcarousel 插件实现的图片传送带效果

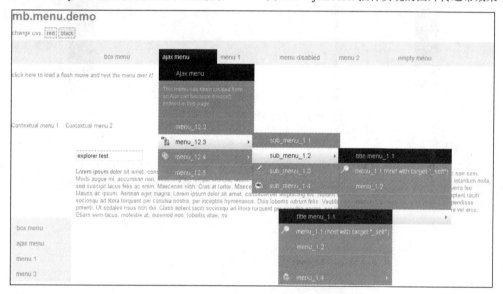

图 19.10　mb menu 插件实现多级菜单

19.4　JQuery 选择器

　　开发人员在实现页面的业务逻辑时，必须操作相应的对象或是数组，这时就需要利用选择器选择匹配的元素，以便进行下一步的操作，所以选择器是一切页面操作的基础，没有它开发人员将无所适从。在传统的 JavaScript 中，只能根据元素的 id 和 TagName 来获取相应的 DOM 元素。但是，JQuery 提供许多功能强大的选择器帮助开发人员获取页面上的 DOM 元素，获取的每个对象都将以 JQuery 包装集的形式返回。本节将介绍如何应用 JQuery 的选择器选择匹配的元素。

19.4.1 JQuery 的工厂函数

在介绍 JQuery 的选择器前，先介绍 JQuery 的工厂函数 "$"。在 JQuery 中，无论使用哪种类型的选择符都需要从一个 "$" 符号和一对 "()" 开始。在 "()" 中通常使用字符串参数，参数可以包含任何 CSS 选择符表达式。下面介绍几种比较常见的用法。

☑ 在参数中使用标记名

$("div")：用于获取文档中全部的 <div>。

☑ 在参数中使用 id

$("#user")：用于获取文档中 id 属性值为 user 的一个元素。

☑ 在参数中使用 CSS 类名

$(".main")：用于获取文档中使用 CSS 类名为 main 的所有元素。

19.4.2 基本选择器

基本选择器在实际应用中比较广泛，建议重点掌握 JQuery 的基本选择器。它是其他类型选择器的基础，是 JQuery 选择器中最为重要的部分。JQuery 基本选择器包括 ID 选择器、元素选择器、类名选择器、多种匹配条件（复合）选择器和通配符选择器。下面进行详细介绍。

1. ID 选择器（#id）

ID 选择器 "#id"，顾名思义就是利用 DOM 元素的 id 属性值来查询匹配的元素，并以 JQuery 包装集的形式返回给对象。就像一个学校中每个学生都有自己的学号，学生的姓名是可以重复的，但是学号却是不可以的，根据学生的学号就可以获取指定学生的信息。

ID 选择器的使用方法如下：

```
$("#id");
```

其中，id 为要查询元素的 id 属性值。例如，要查询 id 属性值为 username 的元素，可以使用下面的 JQuery 代码：

```
$("#username");
```

> 注意：
> 如果页面中出现了两个相同的 id 属性值，程序运行时页面会报出 JavaScript 运行错误的对话框，所以在页面中设置 id 属性值时要确保该属性值在页面中是唯一的。

【例 19.1】 在页面中添加一个 id 属性值为 test 的文本输入框和一个按钮，通过单击按钮来获取在文本输入框中输入的值。

☞ **实例位置：光盘\MR\Instance\19\19.1**

（1）创建一个名称为 index.html 的文件，在该文件的\<head>标记中应用下面的语句引入 JQuery 库：

```
<script type="text/javascript" src="JS/jquery-1.6.1.min.js"></script>
```

（2）在页面的\<body>标记中，添加一个 id 属性值为 test 的文本输入框和一个按钮，代码如下：

```
<input type="text" id="test" name="test" value=""/>
<input type="button" value="查看输入的值"/>
```

（3）在引入 JQuery 库的代码下方编写 JQuery 代码，实现单击按钮获取在文本输入框中输入的值，代码如下：

```
<script type="text/javascript">
    $(document).ready(function(){
        $("input[type='button']").click(function(){        //为按钮绑定单击事件
            var inputValue = $("#test").val();              //获取文本输入框的值
            alert(inputValue);
        });
    });
</script>
```

在上面的代码中，第 3 行使用 JQuery 中的属性选择器匹配文档中的按钮，并且为按钮绑定单击事件。关于属性选择器的详细介绍参见 19.4.5 小节；为按钮绑定单击事件，参见 19.6.3 小节。

 说明：

ID 选择器是以 "#id" 的形式获取对象的，在这段代码中用$("#test")获取一个 id 属性值为 test 的 JQuery 包装集，然后调用包装集的 val()方法取得文本输入框的值。这里还用 $(document).ready()方法，当页面元素载入就绪时就会自动执行程序，自动为按钮绑定单击事件。

在 IE 浏览器中运行本实例，在文本框中输入 "Hello JavaScript!"，如图 19.11 所示，单击 "查看输入的值" 按钮，弹出提示对话框显示输入的文字，如图 19.12 所示。

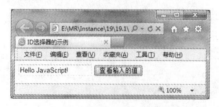

图 19.11　在文本框中输入文字

图 19.12　弹出的提示对话框

JQuery 中的 ID 选择器相当于传统的 JavaScript 中的 document.getElementById()方法，JQuery 用更简洁的代码实现相同的功能。虽然两者都获取了指定的元素对象，但是两者调用的方法是不同的。利用 JavaScript 获取的对象只能调用 DOM 方法，而 JQuery 获取的对象既可以使用 JQuery 封装的方法，也可以使用 DOM 方法。但是，JQuery 在调用 DOM 方法时需要进行特殊的处理，也就是需要将JQuery对象转换为DOM对象。

2. 元素选择器（element）

元素选择器是根据元素名称匹配相应的元素。通俗地讲，元素选择器指向的是DOM元素的标记名，也就是说元素选择器是根据元素的标记名选择的。可以把元素的标记名理解成学生的姓名，在一个学校中可能有多个姓名为"李伟"的学生，但是姓名为"张晓"的学生也许只有一个，所以通过元素选择器匹配到的元素可能有多个，也可能是一个。在多数情况下，元素选择器匹配的是一组元素。

元素选择器的使用方法如下：

```
$("element");
```

其中，element为要查询元素的标记名。例如，要查询全部div元素，可以使用下面的JQuery代码：

```
$("div");
```

【例19.2】 在页面中添加两个<div>标记和一个按钮，通过单击按钮来获取这两个<div>，并修改它们的内容。

👉 **实例位置：光盘\MR\Instance\19\19.2**

（1）创建一个名称为 index.html 的文件，在该文件的<head>标记中应用下面的语句引入JQuery库：

```
<script type="text/javascript" src="JS/jquery-1.6.1.min.js"></script>
```

（2）在页面的<body>标记中，添加两个<div>标记和一个按钮。代码如下：

```
<div><img src="images/strawberry.jpg"/>这里种了一棵草莓</div>
<div><img src="images/fish.jpg"/>这里养了一条鱼</div>
<input type="button" value="几年后"/>
```

（3）在引入JQuery库的代码下方编写JQuery代码，实现单击按钮来获取全部<div>元素，并修改其内容。具体的代码如下：

```
<script type="text/javascript">
    $(document).ready(function(){
        $("input[type='button']").click(function(){    //为按钮绑定单击事件
            $("div").eq(0).html("<img src='images/strawberry1.jpg'/>这里长出了一片草莓");
//获取第一个 div 元素
            $("div").get(1).innerHTML="<img src='images/fish1.jpg'/>这里的鱼没有了";
    //获取第二个 div 元素
        });
    });
</script>
```

在上面的代码中，使用元素选择器获取一组div元素的JQuery包装集，它是一组Object对象，存储方式为[Object Object]，但是这种方式并不能显示出单独元素的文本信息，需要通过索引器来确定选取哪个 div 元素，在这里分别使用两个不同的索引器 eq()和 get()。索引器是从 0 开始计数的。

Note

> **说明：**
>
> 在本实例中使用了两种方法设置元素的文本内容，html()方法是 JQuery 的方法，innerHTML()方法是 DOM 对象的方法。

> **注意：**
>
> eq()方法返回的是一个 JQuery 包装集，所以只能调用 JQuery 的方法，而 get()方法返回的是一个 DOM 对象，所以只能用 DOM 对象的方法。eq()方法与 get()方法默认都是从 0 开始计数。
>
> $("#test").get(0)等效于$("#test")[0]。

在 IE 浏览器中运行本实例，首先显示如图 19.13 所示的页面，单击"几年后"按钮，显示如图 19.14 所示的页面。

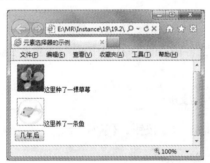

图 19.13　单击按钮前

图 19.14　单击按钮后

3. 类名选择器（.class）

类名选择器是通过元素拥有的 CSS 类的名称查找匹配的 DOM 元素。在一个页面中，一个元素可以有多个 CSS 类，一个 CSS 类又可以匹配多个元素，如果元素中有一个匹配的类名称就可以被类名选择器选取到。

类名选择器很好理解，类似于大学选课，可以把 CSS 类名理解为课程名称，元素理解成学生，学生可以选择多门课程，而一门课程又可以被多名学生所选择。CSS 类与元素的关系既可以是多对多的关系，也可以是一对多或多对一的关系。简单地说，类名选择器就是以元素具有的 CSS 类名称查找匹配的元素。

类名选择器的使用方法如下：

```
$(".class");
```

其中，class 为要查询元素所用的 CSS 类名。例如，要查询使用 CSS 类名为 mybook 的元素，可以使用下面的 JQuery 代码：

```
$(".mybook");
```

【例 19.3】　在页面中，首先添加两个<div>标记，并为其中的一个设置 CSS 类，然后通过 JQuery 的类名选择器选取设置了 CSS 类的<div>标记，并设置其 CSS 样式。

　实例位置：光盘\MR\Instance\19\19.3

（1）创建一个名称为 index.html 的文件，在该文件的<head>标记中应用下面的语句引入 JQuery 库：

```
<script type="text/javascript" src="JS/jquery-1.6.1.min.js"></script>
```

（2）在页面的<body>标记中，添加两个<div>标记，一个使用 CSS 类 myClass，另一个不设置 CSS 类。代码如下：

```
<div class="myClass">更改后的样式</div>
<div>默认的样式</div>
```

> **说明：**
> 这里添加了两个<div>标记是为了对比效果，默认的背景颜色都是蓝色的，文字颜色都是黑色的。

（3）在引入 JQuery 库的代码下方编写 JQuery 代码，实现按 CSS 类名选取 DOM 元素，并更改其样式（这里更改了背景颜色和文字颜色）。具体的代码如下：

```
<script type="text/javascript">
    $(document).ready(function(){
        $(".myClass").css("background-color","#C50210");    //选取 Dom 元素并设置背景颜色
        $(".myClass").css("color","#FFF");                  //选取 Dom 元素并设置文字颜色
    });
</script>
```

在上面的代码中，只为其中的一个<div>标记设置 CSS 类名称，但是由于程序中并没有名称为 myClass 的 CSS 类，所以这个类是没有任何属性的。类名选择器返回一个名为 myClass 的 JQuery 包装集，利用 css()方法可以为对应的 div 元素设定 CSS 属性值，这里将元素的背景颜色设置为深红色，文字颜色设置为白色。

在 IE 浏览器中运行本实例，显示如图 19.15 所示的页面。其中，左面的 DIV 为更改样式后的效果，右面的 DIV 为默认的样式。由于使用了$(document).ready()方法，所以选择元素并更改样式在 DOM 元素加载就绪时就已经自动执行完毕。

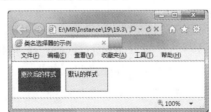

图 19.15　通过类名选择器选择元素并更改样式

4. 复合选择器（selector1,selector2,selectorN）

复合选择器将多个选择器（可以是 ID 选择器、元素选择或是类名选择器）组合在一起，两个选择器之间以逗号"，"分隔，只要符合其中的任何一个筛选条件就会被匹配，返回的是一个集合形式的 JQuery 包装集，利用 JQuery 索引器可以取得集合中的 JQuery 对象。

> 📢 **注意：**
>
> 多种匹配条件的选择器并不是匹配同时满足这几个选择器的匹配条件的元素，而是将每个选择器匹配的元素合并后一起返回。

复合选择器的使用方法如下：

```
$(" selector1,selector2,selectorN");
```

- ☑ selector1：为一个有效的选择器，可以是 ID 选择器、元素选择器或类名选择器等。
- ☑ selector2：为另一个有效的选择器，可以是 ID 选择器、元素选择器或类名选择器等。
- ☑ selectorN：（可选择）为任意多个选择器，可以是 ID 选择器、元素选择器或类名选择器等。

例如，要查询文档中全部的<span>标记和使用 CSS 类 myClass 的<div>标记，可以使用下面的 JQuery 代码：

```
$("span,div.myClass");
```

【**例 19.4**】 在页面中添加 3 种不同元素并统一设置样式。使用复合选择器筛选<div>元素和 id 属性值为 span 的元素，并为它们添加新的样式。

👉 **实例位置：光盘\MR\Instance\19\19.4**

（1）创建一个名称为 index.html 的文件，在该文件的<head>标记中应用下面的语句引入 JQuery 库：

```
<script type="text/javascript" src="JS/jquery-1.6.1.min.js"></script>
```

（2）在页面的<body>标记中，添加一个<div>标记、一个<p>标记、一个 id 为 span 的<span>标记和一个按钮，并为除按钮以外的 3 个标记指定 CSS 类名。代码如下：

```
<div class="default">div 元素</div>
<p class="default">p 元素</p>
<span class="default" id="span">id 为 span 的元素</span>
<input type="button" value="为 div 元素和 id 为 span 的元素换肤"/>
```

（3）在引入 JQuery 库的代码下方编写 JQuery 代码，实现单击按钮来获取<div>元素和 id 属性值为 span 的元素，并修改它们的样式。具体的代码如下：

```
<script type="text/javascript">
$(document).ready(function(){
    $("input[type=button]").click(function(){           //绑定按钮的单击事件
```

```
        $("div,#span").addClass("change");              //添加所使用的 CSS 类
    });
});
</script>
```

运行本实例，显示如图 19.16 所示的页面，单击"为 div 元素和 id 为 span 的元素换肤"按钮，将为 div 元素和 id 为 span 的元素换肤，如图 19.17 所示。

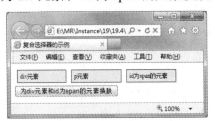

图 19.16　单击按钮前

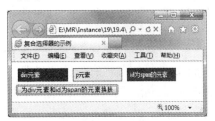

图 19.17　单击按钮后

5. 通配符选择器（*）

所谓通配符，就是指符号"*"，它代表页面上的每一个元素，也是说如果使用 $("*")，将取得页面上所有的 DOM 元素集合的 JQuery 包装集。通配符选择器比较好理解，这里就不再给予示例程序。

19.4.3　层级选择器

所谓的层级选择器，就是根据页面 DOM 元素之间的父子关系作为匹配的筛选条件。首先应理解什么是页面上元素的关系。例如，下面的代码是最为常用，也是最简单的 DOM 元素结构。

```
<html>
    <head>  </head>
    <body>  </body>
</html>
```

在这段代码所示的页面结构中，html 元素是页面上其他所有元素的祖先元素，那么 head 元素就是 html 元素的子元素，同时 html 元素也是 head 元素的父元素。页面上的 head 元素与 body 元素就是同辈元素。也就是说 html 元素是 head 元素和 body 元素的"爸爸"，head 元素和 body 元素是 html 元素的"儿子"，head 元素与 body 元素是"兄弟"。具体关系如图 19.18 所示。

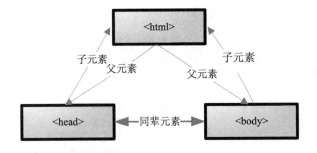

图 19.18　元素层级关系示意图

在了解了页面上元素的关系后，再来介绍 JQuery 提供的层级选择器。JQuery 提供了 ancestor descendant 选择器、parent > child 选择器、prev + next 选择器和 prev ～ siblings 选择器。下面进行详细介绍。

1．ancestor descendant 选择器

ancestor descendant 选择器中的 ancestor 代表祖先，descendant 代表子孙，用于在给定的祖先元素下匹配所有的后代元素。ancestor descendant 选择器的使用方法如下：

```
$("ancestor descendant");
```

☑ ancestor：指任何有效的选择器。

☑ descendant：用以匹配元素的选择器，并且是 ancestor 所指定元素的后代元素。

例如，要匹配 ul 元素下的全部 li 元素，可以使用下面的 JQuery 代码：

```
$("ul li");
```

【例 19.5】 通过 JQuery 为版权列表设置样式。

👉 实例位置：光盘\MR\Instance\19\19.5

（1）创建一个名称为 index.html 的文件，在该文件的\<head>标记中应用下面的语句引入 JQuery 库：

```
<script type="text/javascript" src="JS/jquery-1.6.1.min.js"></script>
```

（2）在页面的\<body>标记中，首先添加一个\<div>标记，并在该\<div>标记内添加一个\<ul>标记及其子标记\<li>，然后在\<div>标记的后面再添加一个\<ul>标记及其子标记\<li>。代码如下：

```
<div id="bottom">
<ul>
    <li>技术服务热线：400-675-1066 传真：0431-84972266 企业邮箱：mingrisoft@mingrisoft. com</li>
    <li>Copyright &copy; www.mrbccd.com All Rights Reserved!</li>
</ul>
</div>
<ul>
    <li>技术服务热线：400-675-1066 传真：0431-84972266 企业邮箱：mingrisoft@mingrisoft. com</li>
    <li>Copyright &copy; www.mrbccd.com All Rights Reserved!</li>
</ul>
```

（3）编写 CSS 样式，通过 ID 选择符设置\<div>标记的样式，并且编写一个类选择符 copyright，用于设置\<div>标记内的版权列表的样式。关键代码如下：

```
<style type="text/css">
#bottom{
    background-image:url(images/bg_bottom.jpg);        /*设置背景*/
    width:800px;                                        /*设置宽度*/
    height:58px;                                        /*设置高度*/
    clear: both;                                        /*设置左右两侧无浮动内容*/
    text-align:center;                                 /*设置居中对齐*/
```

```
    padding-top:10px;                              /*设置顶边距*/
    font-size:9pt;                                 /*设置字体大小*/
}
.copyright{
    color:#FFFFFF;                                 /*设置文字颜色*/
    list-style:none;                               /*不显示项目符号*/
    line-height:20px;                              /*设置行高*/
}
</style>
```

（4）在引入 JQuery 库的代码下方编写 JQuery 代码，匹配 div 元素的子元素 ul，并为其添加 CSS 样式。具体的代码如下：

```
<script type="text/javascript">
$(document).ready(function(){
    $("div ul").addClass("copyright");             //为 div 元素的子元素 ul 添加样式
});
</script>
```

运行本实例，显示如图 19.19 所示的效果，其中上面的版权信息是通过 JQuery 添加样式的效果，下面的版权信息为默认的效果。

图 19.19　通过 JQuery 为版权列表设置样式

2．parent > child 选择器

parent > child 选择器中的 parent 代表父元素，child 代表子元素，用于在给定的父元素下匹配所有的子元素。使用该选择器只能选择父元素的直接子元素。parent > child 选择器的使用方法如下：

```
$("parent > child");
```

☑　parent：指任何有效的选择器。

☑　child：用以匹配元素的选择器，并且它是匹配元素的选择器，还是 parent 元素的子元素。

例如，要匹配表单中所有的子元素 input，可以使用下面的 JQuery 代码：

```
$("form > input");
```

【例 19.6】　为表单的直接子元素 input 换肤。

　实例位置：光盘\MR\Instance\19\19.6

（1）创建一个名称为 index.html 的文件，在该文件的<head>标记中应用下面的语句引入

JQuery 库：

```
<script type="text/javascript" src="JS/jquery-1.6.1.min.js"></script>
```

（2）在页面的<body>标记中，添加一个表单，并在该表单中添加 6 个 input 元素，并且将"换肤"按钮用<span>标记括起来。关键代码如下：

```
<form id="form1" name="form1" method="post" action="">
    姓  名： <input type="text" name="name" id="name"/>
    <br/>
    籍  贯： <input name="native" type="text" id="native"/>
    <br/>
    生  日： <input type="text" name="birthday" id="birthday"/>
    <br/>
    <span>
    <input type="button" name="change" id="change" value="换肤"/>
    </span>
    <input type="button" name="default" id="default" value="恢复默认"/>
    <br/>
</form>
```

（3）编写 CSS 样式，用于指定 input 元素的默认样式，并且添加一个用于改变 input 元素样式的 CSS 类。具体的代码如下：

```
<style type="text/css">
input{
    margin:5px;                          /*设置 input 元素的外边距为 5 像素*/
}
.input {
    font-size: 12pt;                     /*设置文字大小*/
    font-weight:bolder;                  /*设置文字加粗*/
    background-color:#cef;               /*设置背景颜色*/
    border: 1px solid #000000;           /*设置边框*/
}
</style>
```

（4）在引入 JQuery 库的代码下方编写 JQuery 代码，实现匹配表单元素的直接子元素并为其添加和移除 CSS 样式。具体的代码如下：

```
<script type="text/javascript">
$(document).ready(function(){
    $("#change").click(function(){              //绑定"换肤"按钮的单击事件
        $("form > input").addClass("input");    //为表单元素的直接子元素 input 添加样式
    });
    $("#default").click(function(){             //绑定"恢复默认"按钮的单击事件
        $("form > input").removeClass("input"); //移除为表单元素的直接子元素 input 添加的样式
    });
});
</script>
```

> **说明：**
>
> 在上面的代码中，addClass()方法用于为元素添加 CSS 类，removeClass()方法用于移除为元素添加的 CSS 类。

运行本实例，显示如图 19.20 所示的效果；单击"换肤"按钮，显示如图 19.21 所示的效果；单击"恢复默认"按钮，再次显示如图 19.20 所示的效果。

图 19.20　默认的效果

图 19.21　单击"换肤"按钮之后的效果

在图 19.21 中，虽然"换肤"按钮也是 form 元素的子元素 input，但由于该元素不是 form 元素的直接子元素，所以在执行换肤操作时，该按钮的样式并没有改变。如果将步骤（4）中的第 4 行和第 7 行的代码中的$("form > input")修改为$("form input")，那么单击"换肤"按钮后将显示如图 19.22 所示的效果，即"换肤"按钮也将被添加 CSS 类。这也就是 parent > child 选择器和 ancestor descendant 选择器的区别。

图 19.22　为"换肤"按钮添加 CSS 类的效果

3．prev + next 选择器

prev + next 选择器用于匹配所有紧接在 prev 元素后的 next 元素。其中，prev 和 next 是两个相同级别的元素。prev + next 选择器的使用方法如下：

```
$("prev + next");
```

☑　prev：指任何有效的选择器。

☑　next：一个有效选择器并紧接 prev 选择器。

例如，要匹配<div>标记后的<img>标记，可以使用下面的 JQuery 代码：

```
$("div + img");
```

【例 19.7】 筛选紧跟在<lable>标记后的<p>标记并改匹配元素的背景颜色为淡蓝色。

👉 **实例位置：光盘\MR\Instance\19\19.7**

（1）创建一个名称为 index.html 的文件，在该文件的<head>标记中应用下面的语句引入 JQuery 库：

```
<script type="text/javascript" src="JS/jquery-1.6.1.min.js"></script>
```

（2）在页面的<body>标记中，首先添加一个<div>标记，并在该<div>标记中添加两个<label>标记和<p>标记，其中第二对<label>标记和<p>标记用<fieldset>括起来，然后在<div>标记的下方再添加一个<p>标记。关键代码如下：

```
<div>
    <label>第一个 label 标记</label>
    <p>第一个 p 标记</p>
    <fieldset>
        <label>第二个 label 标记</label>
        <p>第二个 p 标记</p>
    </fieldset>
</div>
<p>div 外面的 p 标记</p>
```

（3）编写 CSS 样式，用于设置 body 元素的字体大小，并且添加一个用于设置背景的 CSS 类。具体的代码如下：

```
<style type="text/css">
    .background{background:#cef;}
    body{font-size:12px;}
</style>
```

（4）在引入 JQuery 库的代码下方编写 JQuery 代码，实现匹配 label 元素的同级元素 p，并为其添加 CSS 类。具体的代码如下：

```
<script type="text/javascript" charset="GBK">
    $(document).ready(function() {
        $("label+p").addClass("background");          //为匹配的元素添加 CSS 类
});
</script>
```

运行本实例，显示如图 19.23 所示的效果。在图中可以看到"第一个 p 标记"和"第二个 p 标记"的段落被添加了背景，而"div 外面的 p 标记"由于不是 label 元素的同级元素，所以没有被添加背景。

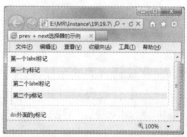

图 19.23　将 label 元素的同级元素 p 的背景设置为淡蓝色

4. prev ～ siblings 选择器

prev ～ siblings 选择器用于匹配 prev

元素之后的所有 siblings 元素。其中，prev 和 siblings 是两个同辈元素。prev ～ siblings 选择器的使用方法如下：

```
$("prev ～ siblings");
```

☑ prev：指任何有效的选择器。

☑ siblings：一个有效选择器并紧接 prev 选择器。

例如，要匹配 span 元素的同辈元素 ul，可以使用下面的 JQuery 代码：

```
$("span ～ ul");
```

【例 19.8】 筛选页面中 div 元素的同辈元素。

☞ **实例位置：光盘\MR\Instance\19\19.8**

（1）创建一个名称为 index.html 的文件，在该文件的<head>标记中应用下面的语句引入 JQuery 库：

```
<script type="text/javascript" src="JS/jquery-1.6.1.min.js"></script>
```

（2）在页面的<body>标记中，首先添加一个<div>标记，并在该<div>标记中添加两个<p>标记，然后在<div>标记的下方再添加一个<p>标记。关键代码如下：

```
<div>
    <p>第一个 p 标记</p>
    <p>第二个 p 标记</p>
</div>
<p>div 外面的 p 标记</p>
```

（3）编写 CSS 样式，用于设置 body 元素的字体大小，并且添加一个用于设置背景的 CSS 类。具体的代码如下：

```
<style type="text/css">
    .background{background:#cef}
    body{font-size:12px;}
</style>
```

（4）在引入 JQuery 库的代码下方编写 JQuery 代码，实现匹配 div 元素的同辈元素 p，并为其添加 CSS 类。具体的代码如下：

```
<script type="text/javascript" charset="GBK">
    $(document).ready(function(){
        $("div～p").addClass("background");          //为匹配的元素添加 CSS 类
    });
</script>
```

运行本实例，显示如图 19.24 所示的效果。在图中可以看到"div 外面的 p 标记"被添加了背景，而"第一个 p 标记"和"第二个 p 标记"的段落由于不是 div 元素的同辈元素，所以没有被添加背景。

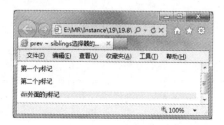

图 19.24　为 div 元素的同辈元素设置背景

19.4.4　过滤选择器

过滤选择器包括简单过滤器、内容过滤器、可见性过滤器、表单对象属性过滤器和子元素选择器等。下面进行详细介绍。

1．简单过滤器

简单过滤器是指以冒号开头，通常用于实现简单过滤效果的过滤器。例如，匹配找到的第一个元素等。JQuery 提供的过滤器如表 19.1 所示。

表 19.1　JQuery 的简单过滤器

过 滤 器	说 明	示 例
:first	匹配找到的第一个元素，与选择器结合使用	$("tr:first")　//匹配表格的第一行
:last	匹配找到的最后一个元素，与选择器结合使用	$("tr:last")　//匹配表格的最后一行
:even	匹配所有索引值为偶数的元素，索引值从 0 开始计数	$("tr:even")　//匹配索引值为偶数的行
:odd	匹配所有索引值为奇数的元素，索引从 0 开始计数	$("tr:odd")　//匹配索引值为奇数的行
:eq(index)	匹配一个给定索引值的元素	$("div:eq(1)")　//匹配第二个 div 元素
:gt(index)	匹配所有大于给定索引值的元素	$("div:gt(0)")　//匹配第二个及以上的 div 元素
:lt(index)	匹配所有小于给定索引值的元素	$("div:lt(2)")　//匹配第二个及以下的 div 元素
:header	匹配如 h1, h2, h3……之类的标题元素	$(":header")　//匹配全部的标题元素
:not(selector)	去除所有与给定选择器匹配的元素	$("input:not(:checked)")　//匹配没有被选中的 input 元素
:animated	匹配所有正在执行动画效果的元素	$(":animated ")　//匹配所有正在执行的动画

【例 19.9】　实现一个带表头的双色表格。

　实例位置：光盘\MR\Instance\19\19.9

（1）创建一个名称为 index.html 的文件，在该文件的<head>标记中应用下面的语句引入 JQuery 库：

```
<script type="text/javascript" src="JS/jquery-1.6.1.min.js"></script>
```

（2）在页面的<body>标记中，添加一个 5 行 5 列的表格，关键代码如下：

```
<table width="80%" border="0" align="center" cellpadding="0" cellspacing="1" bgcolor ="#3F873B">
    <tr>
        <td width="11%" height="27">编号</td>
        <td width="28%">书名</td>
        <td width="18%">价格</td>
        <td width="21%">日期</td>
        <td width="22%">类别</td>
    </tr>
    <tr>
        <td height="27">1</td>
        <td>JavaScript 编程宝典</td>
        <td>56 元</td>
        <td>2012-10-27</td>
        <td>JavaScript</td>
    </tr>
    <tr>
        <td height="27">2</td>
        <td>JavaScript 从入门到精通</td>
        <td>65 元</td>
        <td>2012-12-20</td>
        <td>JavaScript</td>
    </tr>
    <tr>
        <td height="27">3</td>
        <td>JavaScript 范例大全</td>
        <td>80 元</td>
        <td>2012-11-25</td>
        <td>JavaScript</td>
    </tr>
    <tr>
        <td height="27">4</td>
        <td>JavaScript 网页特效</td>
        <td>88 元</td>
        <td>2012-12-12</td>
        <td>JavaScript</td>
    </tr>
</table>
```

（3）编写 CSS 样式，通过元素选择符设置单元格的样式，并且编写 th、even 和 odd 共 3 个类选择符，用于控制表格中相应行的样式。具体的代码如下：

```
<style type="text/css">
    td{
        font-size:12px;                 /*设置单元格的样式*/
        padding:3px;                    /*设置内边距*/
    }
    .th{
        background-color:#B6DF48;       /*设置背景颜色*/
        font-weight:bold;               /*设置文字加粗显示*/
        text-align:center;              /*文字居中对齐*/
```

Note

```
    }
    .even{
        background-color:#E8F3D1;            /*设置偶数行的背景颜色*/
    }
    .odd{
        background-color:#F9FCEF;            /*设置奇数行的背景颜色*/
    }
</style>
```

（4）在引入 JQuery 库的代码下方编写 JQuery 代码，具体的代码如下：

```
<script type="text/javascript">
    $(document).ready(function(){
        $("tr:even").addClass("even");          //设置奇数行所用的 CSS 类
        $("tr:odd").addClass("odd");            //设置偶数行所用的 CSS 类
        $("tr:first").removeClass("even");      //设置第一行移除 even 类
        $("tr:first").addClass("th");           //设置第一行添加 th 类
    });
</script>
```

在上面的代码中，为表格的第一行添加 th 类时，需要先将该行应用的 even 类移除，然后再进行添加，否则，新添加的 CSS 类将不起作用。

运行本实例，显示如图 19.25 所示的效果。其中，第一行为表头，编号为 1 和 3 的行采用的是偶数行样式，编号为 2 和 4 的行采用的是奇数行的样式。

图 19.25　带表头的双色表格

2．内容过滤器

内容过滤器就是通过 DOM 元素包含的文本内容及是否含有匹配的元素进行筛选的。内容过滤器共包括:contains(text)、:empty、:has(selector)和:parent，如表 19.2 所示。

表 19.2　JQuery 的内容过滤器

过　滤　器	说　　明	示　　例
:contains(text)	匹配包含给定文本的元素	$("li:contains('DOM')")　　//匹配含有 DOM 文本内容的 li 元素
:empty	匹配所有不包含子元素或者文本的空元素	$("td:empty")　　//匹配不包含子元素或者文本的单元格

续表

过　滤　器	说　　明	示　　例
:has(selector)	匹配含有选择器所匹配元素的元素	$("td:has(p)")　　//匹配表格的单元格中含有<p>标记的单元格
:parent	匹配含有子元素或者文本的元素	$("td: parent")　　//匹配不为空的单元格，即在该单元格中还包括子元素或者文本

【例 19.10】 应用内容过滤器匹配为空的单元格、不为空的单元格和包含指定文本的单元格。

👉 实例位置：光盘\MR\Instance\19\19.10

（1）创建一个名称为 index.html 的文件，在该文件的<head>标记中应用下面的语句引入 JQuery 库：

```
<script type="text/javascript" src="JS/jquery-1.6.1.min.js"></script>
```

（2）在页面的<body>标记中添加一个 5 行 5 列的表格，关键代码如下：

```
<table width="80%" border="0" align="center" cellpadding="0" cellspacing="1" bgcolor= "#3F873B">
    <tr>
        <td width="11%" height="27">编号</td>
        <td width="28%">书名</td>
        <td width="18%">价格</td>
        <td width="21%">日期</td>
        <td width="22%">类别</td>
    </tr>
    <tr>
        <td height="27">1</td>
        <td>JavaScript 编程宝典</td>
        <td>56 元</td>
        <td>2012-10-27</td>
        <td>JavaScript</td>
    </tr>
    <tr>
        <td height="27">2</td>
        <td>JavaScript 从入门到精通</td>
        <td>65 元</td>
        <td>2012-12-20</td>
        <td>JavaScript</td>
    </tr>
    <tr>
        <td height="27">3</td>
        <td>JavaScript 范例大全</td>
        <td>80 元</td>
        <td>2012-11-25</td>
        <td>JavaScript</td>
    </tr>
    <tr>
        <td height="27">4</td>
        <td>JavaScript 网页特效</td>
```

```
        <td></td>
        <td>2012-12-12</td>
        <td>JavaScript</td>
    </tr>
</table>
```

（3）在引入 JQuery 库的代码下方编写 JQuery 代码，具体的代码如下：

```
<script type="text/javascript">
    $(document).ready(function(){
        $("td:parent").css("background-color","#E8F3D1");      //为不为空的单元格设置背景颜色
        $("td:empty").html("暂无内容");                         //为空的单元格添加默认内容
        $("td:contains('JavaScript')").css("color","red");      //将含有文本 JavaScript 的单元格的文字
颜色设置为红色
    });
</script>
```

运行本实例，显示如图 19.26 所示的效果。其中，内容为 JavaScript 的单元格元素被标记为红色，编号为 4 的行中"价格"在设计时为空，这里应用 JQuery 为其添加文本"暂无内容"，除该单元格外的其他单元格的背景颜色均被设置为#E8F3D1。

图 19.26　匹配为空的单元格、不为空的单元格和包含指定文本的单元格

3. 可见性过滤器

元素的可见状态有两种，分别是隐藏状态和显示状态。可见性过滤器就是利用元素的可见状态匹配元素。因此，可见性过滤器也有两种，一种是匹配所有可见元素的:visible 过滤器；另一种是匹配所有不可见元素的:hidden 过滤器。

 说明：

　在应用:hidden 过滤器时，display 属性是 none 及 input 元素的 type 属性为 hidden 的元素都会被匹配到。

【例 19.11】　获取页面上隐藏和显示的 input 元素的值。

实例位置：光盘\MR\Instance\19\19.11

（1）创建一个名称为 index.html 的文件，在该文件的<head>标记中应用下面的语句引入

416

JQuery 库：

```
<script type="text/javascript" src="JS/jquery-1.6.1.min.js"></script>
```

（2）在页面的<body>标记中添加 3 个 input 元素，其中第一个为显示的文本框，第二个为不显示的文本框，第 3 个为隐藏域。关键代码如下：

```
<input type="text" value="显示的 input 元素">
<input type="text" value="不显示的 input 元素" style="display:none">
<input type="hidden" value="隐藏域">
```

（3）在引入 JQuery 库的代码下方编写 JQuery 代码，具体的代码如下：

```
<script type="text/javascript">
    $(document).ready(function(){
        var visibleVal = $("input:visible").val();          //取得显示的 input 的值
        var hiddenVal1 = $("input:hidden:eq(0)").val();     //取得第一个隐藏的 input 的值
        var hiddenVal2 = $("input:hidden:eq(1)").val();     //取得第二个隐藏的 input 的值
        alert(visibleVal+"\n\r"+hiddenVal1+"\n\r"+hiddenVal2);  //弹出取得的信息
    });
</script>
```

运行本实例，显示如图 19.27 所示的效果。

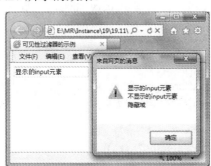

图 19.27　弹出隐藏和显示的 input 元素的值

4．表单对象的属性过滤器

表单对象的属性过滤器通过表单元素的状态属性（例如，选中、不可用等状态）匹配元素，包括:checked 过滤器、:disabled 过滤器、:enabled 过滤器和:selected 过滤器 4 种，如表 19.3 所示。

表 19.3　JQuery 的表单对象的属性过滤器

过　滤　器	说　明	示　例
:checked	匹配所有选中的被选中元素	$("input:checked")　　//匹配 checked 属性为 checked 的 input 元素
:disabled	匹配所有不可用元素	$("input:disabled")　　//匹配 disabled 属性为 disabled 的 input 元素
:enabled	匹配所有可用的元素	$("input:enabled ")　　//匹配 enabled 属性为 enabled 的 input 元素
:selected	匹配所有选中的 option 元素	$("select option:selected")　　//匹配 select 元素中被选中的 option

【例 19.12】　利用表单过滤器匹配表单中相应的元素。

417

👉 **实例位置：光盘\MR\Instance\19\19.12**

（1）创建一个名称为 index.html 的文件，在该文件的<head>标记中应用下面的语句引入
JQuery 库：

```
<script type="text/javascript" src="JS/jquery-1.6.1.min.js"></script>
```

（2）在页面的<body>标记中添加一个表单，并在该表单中添加 3 个复选框、一个不可用按
钮和一个下拉列表框，其中，前两个复选框为选中状态。关键代码如下：

```
<form>
    复选框 1：  <input type="checkbox" checked="checked" value="复选框 1"/>
    复选框 2：  <input type="checkbox" checked="checked" value="复选框 2"/>
    复选框 3：  <input type="checkbox" value="复选框 3"/><br/>
    不可用按钮：  <input type="button" value="不可用按钮" disabled><br/>
    下拉列表框：
    <select onchange="selectVal()">
      <option value="列表项 1">列表项 1</option>
      <option value="列表项 2">列表项 2</option>
      <option value="列表项 3">列表项 3</option>
    </select>
</form>
```

（3）在引入 JQuery 库的代码下方编写 JQuery 代码，实现匹配表单中被选中的 checkbox 元
素、不可用元素和被选中的 option 元素的值。具体的代码如下：

```
<script type="text/javascript">
    $(document).ready(function(){
        $("input:checked").css("background-color","blue");      //设置选中的复选框的背景颜色
        $("input:disabled").val("被禁用的按钮");                 //为灰色不可用按钮赋值
    })
    function selectVal(){                                        //下拉列表框变化时执行的方法
        alert($("select option:selected").val());               //显示选中的值
    }
</script>
```

运行本实例，选中下拉列表框中的列表项 3，弹出提示对话框显示选中列表项的值，如图 19.28
所示。在该图中，选中的两个复选框的背景为蓝色，另外的一个复选框没有设置背景颜色，不可
用按钮的 value 值被修改为"被禁用的按钮"。

图 19.28 利用表单过滤器匹配表单中相应的元素

5. 子元素选择器

子元素选择器就是筛选给定某个元素的子元素，具体的过滤条件由选择器的种类而定。JQuery 提供的子元素选择器如表 19.4 所示。

表 19.4 JQuery 的子元素选择器

选 择 器	说 明	示 例
:first-child	匹配所有给定元素的第一个子元素	$("ul li:first-child") //匹配 ul 元素中的第一个子元素 li
:last-child	匹配所有给定元素的最后一个子元素	$("ul li:last-child") //匹配 ul 元素中的最后一个子元素 li
:only-child	匹配元素中唯一的子元素	$("ul li:only-child") //匹配只含有一个 li 元素的 ul 元素中的 li
:nth-child(index/even/odd/equation)	匹配其父元素下的第 index 个子元素或奇偶元素，index 从 1 开始，而不是从 0 开始	$("ul li:nth-child(even)") //匹配 ul 中索引值为偶数的 li 元素 $("ul li:nth-child(3)") //匹配 ul 中第 3 个 li 元素

19.4.5 属性选择器

属性选择器就是通过元素的属性作为过滤条件筛选对象。JQuery 提供的属性选择器如表 19.5 所示。

表 19.5 JQuery 的属性选择器

选 择 器	说 明	示 例
[attribute]	匹配包含给定属性的元素	$("div[name]") //匹配含有 name 属性的 div 元素
[attribute=value]	匹配给定的属性是某个特定值的元素	$("div[name='test']") //匹配 name 属性是 test 的 div 元素
[attribute!=value]	匹配所有含有指定的属性，但属性不等于特定值的元素	$("div[name!='test']") //匹配 name 属性不是 test 的 div 元素
[attribute*=value]	匹配给定的属性是以包含某些值的元素	$("div[name*='test']") //匹配 name 属性中含有 test 值的 div 元素
[attribute^=value]	匹配给定的属性是以某些值开始的元素	$("div[name^='test']") //匹配 name 属性以 test 开头的 div 元素
[attribute$=value]	匹配给定的属性是以某些值结尾的元素	$("div[name$='test']") //匹配 name 属性以 test 结尾的 div 元素
[selector1][selector2][selectorN]	复合属性选择器，需要同时满足多个条件时使用	$("div[id][name^='test']") //匹配具有 id 属性并且 name 属性是以 test 开头的 div 元素

19.4.6 表单选择器

表单选择器是匹配经常在表单内出现的元素。但是，匹配的元素不一定在表单中。JQuery 提供的表单选择器如表 19.6 所示。

表 19.6 JQuery 的表单选择器

选 择 器	说 明	示 例
:input	匹配所有的 input 元素	$(":input") //匹配所有的 input 元素 $("form :input") //匹配\<form>标记中的所有 input 元素，需要注意，在 form 和:之间有一个空格
:button	匹配所有的普通按钮，即 type="button"的 input 元素	$(":button") //匹配所有的普通按钮
:checkbox	匹配所有的复选框	$(":checkbox") //匹配所有的复选框
:file	匹配所有的文件域	$(":file") //匹配所有的文件域
:hidden	匹配所有的不可见元素，或者 type 为 hidden 的元素	$(":hidden") //匹配所有的隐藏域
:image	匹配所有的图像域	$(":image") //匹配所有的图像域
:password	匹配所有的密码域	$(":password") //匹配所有的密码域
:radio	匹配所有的单选按钮	$(":radio") //匹配所有的单选按钮
:reset	匹配所有的重置按钮，即 type=" reset "的 input 元素	$(":reset") //匹配所有的重置按钮
:submit	匹配所有的提交按钮，即 type=" submit "的 input 元素	$(":submit") //匹配所有的提交按钮
:text	匹配所有的单行文本框	$(":text") //匹配所有的单行文本框

【例 19.13】 匹配表单中相应的元素并实现不同的操作。

👉 实例位置：光盘\MR\Instance\19\19.13

（1）创建一个名称为 index.html 的文件，在该文件的\<head>标记中应用下面的语句引入 JQuery 库：

```
<script type="text/javascript" src="JS/jquery-1.6.1.min.js"></script>
```

（2）在页面的\<body>标记中添加一个表单，并在该表单中添加复选框、单选按钮、图像域、文件域、密码域、文本框、普通按钮、提交按钮、重置按钮和隐藏域等 input 元素。关键代码如下：

```
<form>
    复选框：<input type="checkbox"/>
    单选按钮：<input type="radio"/>
    图像域：<input type="image"/><br>
    文件域：<input type="file"/><br>
    密码域：<input type="password" width="150px"/><br>
```

```
文本框：<input type="text" width="150px"/><br>
按　钮：<input type="button" value="按钮"/><br>
提　交：<input type="submit" value=""><br>
重　置：<input type="reset" value=""/><br>
隐藏域：<input type="hidden" value="这是隐藏的元素">
  <div id="testDiv"><font color="blue">隐藏域的值：</font></div>
</form>
```

（3）在引入 JQuery 库的代码下方编写 JQuery 代码，实现匹配表单中的各个表单元素，并实现不同的操作。具体的代码如下：

```
<script type="text/javascript">
$(document).ready(function(){
        $(":checkbox").attr("checked","checked");              //选中复选框
        $(":radio").attr("checked","true");                    //选中单选框
        $(":image").attr("src","images/fish1.jpg");            //设置图片路径
        $(":file").hide();                                     //隐藏文件域
        $(":password").val("123");                             //设置密码域的值
        $(":text").val("文本框");                               //设置文本框的值
        $(":button").attr("disabled","disabled");              //设置按钮不可用
        $(":submit").val("提交按钮");                           //设置提交按钮的值
        $(":reset").val("重置按钮");                            //设置重置按钮的值
        $("#testDiv").append($("input:hidden:eq(1)").val());   //显示隐藏域的值
    });
</script>
```

运行本实例，显示如图 19.29 所示的页面。

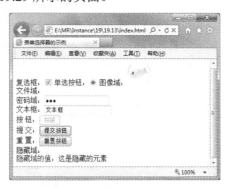

图 19.29　利用表单选择器匹配表单中相应的元素

19.5　JQuery 操作元素

19.5.1　操作元素内容和值

JQuery 提供对元素的内容和值进行操作的方法，其中，元素的值是元素的一种属性，大部

分元素的值都对应 value 属性。下面对元素的内容进行介绍。

元素的内容是指定义元素的起始标记和结束标记中间的内容，又可分为文本内容和 HTML 内容。那么什么是元素的文本内容和 HTML 内容？通过下面这段代码来说明：

```
<div>
    <p>测试内容</p>
</div>
```

在这段代码中，div 元素的文本内容就是"测试内容"，文本内容不包含元素的子元素，只包含元素的文本内容。"<p>测试内容</p>"就是<div>元素的 HTML 内容，HTML 内容不仅包含元素的文本内容，而且还包含元素的子元素。

1．对元素内容的操作

由于元素内容可分为文本内容和 HTML 内容，那么，对元素内容的操作也可以分为对文本内容操作和对 HTML 内容进行操作。下面分别进行详细介绍。

（1）对文本内容进行操作

JQuery 提供了 text()和 text(val)两个方法用于对文本内容操作，其中 text()用于获取全部匹配元素的文本内容，text(val)用于设置全部匹配元素的文本内容。例如，在一个 HTML 页面中，包括下面 3 行代码：

```
<div>
<span id="clock">当前时间：2013-08-30 星期五 13:20:10</span>
</div>
```

要获取 div 元素的文本内容，可以使用下面的代码：

```
$("div").text();
```

得到的结果为：
当前时间：2013-08-30 星期五 13:20:10。

 说明：

　　text()方法取得的结果是所有匹配元素包含的文本组合起来的文本内容，这个方法对 XML 文档也有效，可以用 text()方法解析 XML 文档元素的文本内容。

要重新设置 div 元素的文本内容，可以使用下面的代码：

```
$("div").text("通过 text()方法设置的文本内容");
```

这时，再应用"$("div").text();"获取 div 元素的文本内容时，将得到以下内容：通过 text()方法设置的文本内容。

 注意：

　　使用 text()方法重新设置div元素的文本内容后，div元素原来的内容被新设置的内容替换，包括 HTML 内容。

（2）对 HTML 内容进行操作

JQuery 提供了 html()和 html(val)两个方法用于对 HTML 内容进行操作，其中 html()用于获取第一个匹配元素的 HTML 内容，text(val)用于设置全部匹配元素的 HTML 内容。例如，在一个 HTML 页面中，包括下面 3 行代码：

```
<div>
<span id="clock">当前时间：2013-08-30 星期五 13:20:10</span>
</div>
```

要获取 div 元素的 HTML 内容，可以使用下面的代码：

```
$("div").html();
```

要重新设置 div 元素的 HTML 内容，可以使用下面的代码：

```
$("div").html("<span style='color:#FF0000'>通过 html()方法设置的 HTML 内容</span>");
```

> **注意：**
> html()方法与 html(val)不能用于 XML 文档，但是可以用于 XHTML 文档。

下面通过一个具体的实例，说明对元素的文本内容与 HTML 内容操作的区别。

【例 19.14】 获取和设置元素的文本内容与 HTML 内容。

👉 **实例位置：光盘\MR\Instance\19\19.14**

（1）创建一个名称为 index.html 的文件，在该文件的<head>标记中应用下面的语句引入 JQuery 库：

```
<script type="text/javascript" src="JS/jquery-1.6.1.min.js"></script>
```

（2）在页面的<body>标记中添加两个<div>标记，这两个<div>标记除了 id 属性不同外，其他均相同。关键代码如下：

```
应用 text()方法设置的内容
<div id="div1">
<span id="clock">当前时间：2013-08-30 星期五 13:20:10</span>
</div>
<br/>应用 html()方法设置的内容
<div id="div2">
<span id="clock">当前时间：2013-08-30 星期五 13:20:10</span>
</div>
```

（3）在引入 JQuery 库的代码下方编写 JQuery 代码，实现为<div>标记设置文本内容和 HTML 内容。具体的代码如下：

```
<script type="text/javascript">
    $(document).ready(function(){
```

```
$("#div1").text("<span style='color:#FF0000'>我是通过 text()方法设置的文本内容</span>");
$("#div2").html("<span style='color:#FF0000'>我是通过 html()方法设置的 HTML 内容</span>");
});
</script>
```

运行本实例，显示如图 19.30 所示的运行结果。从该运行结果中可以看出，在应用 text()设置文本内容时，即使内容中包含 HTML 代码，也将被认为是普通文本，并不能作为 HTML 代码被浏览器解析，而应用 html()设置的 HTML 内容中包括的 HTML 代码就可以被浏览器解析。

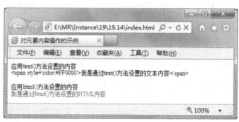

图 19.30　设置元素的文本内容与 HTML 内容

2. 对元素值操作

JQuery 提供 3 种对元素值操作的方法，如表 19.7 所示。

表 19.7　对元素的值进行操作的方法

方　　法	说　　明	示　　例
val()	用于获取第一个匹配元素的当前值，返回值可能是一个字符串，也可能是一个数组。例如，当 select 元素有两个选中值时，返回结果就是一个数组	$("#username").val();　//获取 id 为 username 的元素的值
val(val)	用于设置所有匹配元素的值	$("input:text").val("新值")　//为全部文本框设置值
val(arrVal)	用于为 checkbox、select 和 radio 等元素设置值，参数为字符串数组	$("select").val(['列表项 1','列表项 2']);　//为下拉列表框设置多选值

【例 19.15】　为多行列表框设置并获取值。

实例位置：光盘\MR\Instance\19\19.15

（1）创建一个名称为 index.html 的文件，在该文件的<head>标记中应用下面的语句引入 JQuery 库：

```
<script type="text/javascript" src="JS/jquery-1.6.1.min.js"></script>
```

（2）在页面的<body>标记中添加一个包含 4 个列表项的可多选的多行列表框，默认为第二项和第四项被选中。代码如下：

```
<select name="like" size="4" multiple="multiple" id="like">
  <option>列表项 1</option>
  <option selected="selected">列表项 2</option>
  <option>列表项 3</option>
  <option selected="selected">列表项 4</option>
```

```
</select>
```

（3）在引入 JQuery 库的代码下方编写 JQuery 代码，应用 JQuery 的 val(arrVal)方法将其第一个和第三个列表项设置为选中状态，并应用 val()方法获取该多行列表框的值。具体的代码如下：

```
<script type="text/javascript">
    $(document).ready(function(){
            $("select").val(['列表项 1','列表项 3']);
            alert($("select").val());
    });
</script>
```

运行后显示如图 19.31 所示的效果。

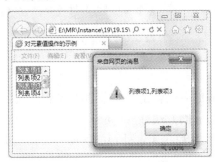

图 19.31　获取到的多行列表框的值

19.5.2　操作 DOM 节点

了解 JavaScript 的读者应该知道，通过 JavaScript 可以实现对 DOM 节点的操作，例如，查找节点、创建节点、插入节点、复制节点或是删除节点，不过比较得复杂。JQuery 为了简化开发人员的工作，也提供对 DOM 节点进行操作的方法。下面进行详细介绍。

1．查找节点

通过 JQuery 提供的选择器可以轻松实现查找页面中的任何节点。关于 JQuery 的选择器已经在 19.4 节中进行了详细介绍，读者可以参考相关内容实现查找节点。

2．创建节点

创建元素节点包括两个步骤，一是创建新元素；二是将新元素插入到文档中（即父元素中）。例如，要在文档的 body 元素中创建一个新的段落节点可以使用下面的代码：

```
<script type="text/javascript">
    $(document).ready(function(){
        //方法一
        var $p=$("<p></p>");
        $p.html("<span style='color:#FF0000'>方法一添加的内容</span>");
```

```
        $("body").append($p);
        //方法二
        var $txtP=$("<p><span style='color:#FF0000'>方法二添加的内容</span></p>");
        $("body").append($txtP);
        //方法三
        $("body").append("<p><span style='color:#FF0000'>方法三添加的内容</span></p>");
        //弹出新添加的段落节点 p 的文本内容
        alert($("p").text());
    });
</script>
```

说明:

在创建节点时,浏览器会将所添加的内容视为 HTML 内容进行解释执行,无论是否是使用 html()方法指定的 HTML 内容。上面所使用的 3 种方法都将在文档中添加一个颜色为红色的段落文本。

3. 插入节点

在创建节点时,应用 append()方法将定义的节点内容插入到指定的元素。实际上,该方法是用于插入节点的方法,除了 append()方法外,JQuery 还提供几种插入节点的方法。在 JQuery 中,插入节点可以分为在元素内部插入和在元素外部插入两种,下面分别进行介绍。

（1）在元素内部插入

在元素内部插入就是向一个元素中添加子元素和内容。JQuery 提供如表 19.8 所示的在元素内部插入的方法。

表 19.8　在元素内部插入的方法

方　　法	说　　明	示　　例
append(content)	为所有匹配的元素的内部追加内容	$("#B").append("<p>A</p>"); //向 id 为 B 的元素中追加一个段落
appendTo(content)	将所有匹配元素添加到另一个元素的元素集合中	$("#B").appendTo("#A"); //将 id 为 B 的元素追加到 id 为 A 的元素后面,也就是将 B 元素移动到 A 元素的后面
prepend(content)	为所有匹配的元素的内部前置内容	$("#B").prepend("<p>A</p>"); //向 id 为 B 的元素内容前添加一个段落
prependTo(content)	将所有匹配元素前置到另一个元素的元素集合中	$("#B").prependTo("#A"); //将 id 为 B 的元素添加到 id 为 A 的元素前面,也就是将 B 元素移动到 A 元素的前面

从表中可以看出,append()方法与 prepend()方法类似,所不同的是 prepend()方法是将添加的内容插入到原有内容的前面。

appendTo()实际上是颠倒了 append()方法,例如:

```
$("<p>A</p>").appendTo("#B");                    //将指定内容添加到 id 为 B 的元素中
```

等同于:

$("#B").append("<p>A</p>");	//将指定内容添加到 id 为 B 的元素中

不过，append()方法并不能移动页面上的元素，而 appendTo()方法是可以的，例如：

$("#B").appendTo("#A");	//移动 B 元素到 A 元素的后面

append()方法是无法实现该功能的，注意两者的区别。

（2）在元素外部插入

在元素外部插入就是将要添加的内容添加到元素之前或元素之后。JQuery 提供如表 19.9 所示的在元素外部插入的方法。

表 19.9　在元素外部插入的方法

方　　法	说　　明	示　　例
after(content)	在每个匹配的元素之后插入内容	$("#B").after("<p>A</p>");　//向 id 为 B 的元素后面添加一个段落
insertAfter(content)	将所有匹配的元素插入到另一个指定元素的元素集合的后面	$("<p>test</p>").insertAfter("#B");　//将要添加的段落插入到 id 为 B 的元素后面
before(content)	在每个匹配的元素之前插入内容	$("#B").prepend("<p>A</p>");　//向 id 为 B 的元素内容前添加一个段落
insertBefore(content)	把所有匹配的元素插入到另一个指定元素的元素集合的前面	$("#B").prependTo("#A");　//将 id 为 B 的元素添加到 id 为 A 的元素前面，也就是将 B 元素移动到 A 元素的前面

4．删除、复制与替换节点

在页面上只执行插入和移动元素的操作是远远不够的，在实际开发的过程中还经常需要删除、复制和替换相应的元素。下面介绍如何应用 JQuery 实现删除、复制和替换节点。

☑　删除节点

JQuery 提供两种删除节点的方法，分别是 empty()和 remove([expr])方法，其中，empty()方法用于删除匹配的元素集合中所有的子节点，并不删除该元素；remove([expr])方法用于从 DOM 中删除所有匹配的元素。例如，在文档中存在下面的内容：

```
div1:
<div id="div1"><span style="color:#900">窈窕淑女，君子好逑</span></div>
div2:
<div id="div2"><span style="color:#900">窈窕淑女，君子好逑</span></div>
```

使用下面的 JQuery 代码可以实现删除操作：

```
<script type="text/javascript">
    $(document).ready(function(){
        $("#div1").empty();          //调用 empty()方法删除 id 为 div1 的所有子节点
        $("#div2").remove();         //调用 remove()方法删除 id 为 div2 的元素
    });
</script>
```

☑ 复制节点

JQuery 提供 clone()方法用于复制节点，该方法有两种形式，一种是不带参数，用于克隆匹配的 DOM 元素并且选中这些克隆的副本。另一种是带有一个布尔型的参数：当参数为 true 时，表示克隆匹配的元素，以及其所有的事件处理并且选中这些克隆的副本；当参数为 false 时，表示不复制元素的事件处理。

例如，在页面中添加一个按钮，并为该按钮绑定单击事件，在单击事件中复制该按钮，但不复制它的事件处理，可以使用下面的 JQuery 代码：

```
<script type="text/javascript">
    $(function(){
        $("input").bind("click",function(){          //为按钮绑定单击事件
            $(this).clone().insertAfter(this);        //复制自己但不复制事件处理
        });
    });
</script>
```

运行上面的代码，单击页面上的按钮时，会在该元素之后插入复制后的元素副本，但是复制的按钮没有复制事件。如果需要同时复制元素的事件处理，可用 clone(true)方法代替。

☑ 替换节点

JQuery 提供两个替换节点的方法，分别是 replaceAll(selector)和 replaceWith(content)。其中，replaceAll(selector)方法用于使用匹配的元素替换所有 selector 匹配到的元素；replaceWith(content)方法用于将所有匹配的元素替换成指定的 HTML 或 DOM 元素。这两种方法的功能相同，只是两者的表现形式不同。

例如，使用 replaceWith()方法替换页面中 id 为 div1 的元素，以及使用 replaceAll()方法替换 id 为 div2 的元素可以使用下面的代码：

```
<script type="text/javascript">
    $(document).ready(function(){
        $("#div1").replaceWith("<div>replaceWith()方法的替换结果</div>");//替换 id 为 div1 的<div>元素
        $("<div>replaceAll()方法的替换结果</div>").replaceAll("#div2");//替换 id 为 div2 的<div>元素
    });
</script>
```

19.5.3　操作元素属性

JQuery 提供了如表 19.10 所示的对元素属性进行操作的方法。

表 19.10　对元素属性进行操作的方法

方　　法	说　　明	示　　例
attr(name)	获取匹配的第一个元素的属性值（无值时返回 undefined）	$("img").attr('title');　//获取页面中第一个 img 元素的 title 属性的值
attr(key,value)	为所有匹配的元素设置一个属性值（value 是设置的值）	$("img").attr("title","新闻");　//为图片添加一标题属性，属性值为"新闻"

方　　法	说　　明	示　　例
attr(key,fn)	为所有匹配的元素设置一个函数返回的属性值（fn 代表函数）	$("#fn").attr("value", function(){ return this.name ;　//返回元素的名称 });　　　　//将元素的名称作为其 value 属性值
attr(properties)	为所有匹配元素以集合（{名:值,名:值}）形式同时设置多个属性	//为图片同时添加两个属性，分别是 src 和 title $("img").attr({src:"test.gif",title:"图片示例"});
removeAttr(name)	为所有匹配元素删除一个属性	$("img"). removeAttr("title");//移除所有图片的 title 属性

在表 19.10 所列的方法中，key 和 name 都代表元素的属性名称，properties 代表一个集合。

19.5.4　操作元素的 CSS 样式

在 JQuery 中，对元素的 CSS 样式操作可以通过修改 CSS 类或者 CSS 的属性来实现。下面进行详细介绍。

1. 通过修改 CSS 类实现

在网页中，为改变一个元素的整体效果，例如，在实现网站换肤时，就可以通过修改该元素所使用的 CSS 类来实现。JQuery 提供如表 19.11 所示的几种用于修改 CSS 类的方法。

表 19.11　修改 CSS 类的方法

方　　法	说　　明	示　　例
addClass(class)	为所有匹配的元素添加指定的 CSS 类名	$("div").addClass("user red");　//为全部 div 元素添加 user 和 red 两个 CSS 类
removeClass(class)	从所有匹配的元素中删除全部或者指定的 CSS 类	$("div").removeClass("line");　//删除全部 div 元素中添加的 CSS 类 line
toggleClass(class)	如果存在（不存在）就删除（添加）一个 CSS 类	$("div").toggleClass("blue");　//若匹配的 div 元素中存在 CSS 类 blue，则删除该类，否则添加该 CSS 类
toggleClass(class,switch)	如果 switch 参数为 true，则加上对应的 CSS 类，否则就删除。通常 switch 参数为一个布尔型的变量	$("img").toggleClass("show",true);　//为 img 元素添加 CSS 类 show $("img").toggleClass("show",false);　//为 img 元素删除 CSS 类 show

说明：

　　使用 addClass()方法添加 CSS 类时，并不会删除现有的 CSS 类。同时，在使用上表所列的方法时，其 class 参数都可以设置多个类名，类名与类名之间用空格分开。

2. 通过修改 CSS 属性实现

如果需要获取或修改某个元素的具体样式（即修改元素的 style 属性），JQuery 也提供相应的方法，如表 19.12 所示。

表 19.12 获取或修改 CSS 属性的方法

方　法	说　明	示　例
css(name)	返回第一个匹配元素的样式属性	$("div").css("color");　　//获取第一个匹配的 div 元素的 color 属性值
css(name,value)	为所有匹配元素的指定样式设置值	$("img").css("border","1px solid #000000"); //为全部 img 元素设置边框样式
css(properties)	以{属性：值，属性：值，……}的形式为所有匹配的元素设置样式属性	$("tr").css({ 　　　"background-color":"#0000FF",//设置背景颜色 　　　"font-size":"16px",　　　　//设置字体大小 　　　"color":"#FFFFFF"　　　　//设置字体颜色 });

说明：

　　使用 css()方法设置属性时，既可以解释连字符形式的 CSS 表示法（如 background-color），也可以使解释大小写形式的 DOM 表示法（如 backgroundColor）。

19.6　JQuery 的事件处理

　　事件使页面具有动态性和响应性，如果没有事件将很难完成页面与用户之间的交互。在传统的 JavaScript 中内置一些事件响应的方式，JQuery 增强、优化并扩展基本的事件处理机制。

19.6.1　页面加载响应事件

　　$(document).ready()方法是事件模块中最重要的一个函数，它极大地提高 Web 响应速度。$(document)是获取整个文档对象，从 ready()方法名称来理解，就是获取文档就绪时的内容。方法的书写格式为：

```
$(document).ready(function(){
        //在这里写代码
});
```

可以简写成：

```
$().ready(function(){
        //在这里写代码
});
```

当$()不带参数时，默认的参数就是 document，所以$()是$(document)的简写形式。

还可以进一步简写成：

```
$(function(){
        //在这里写代码
});
```

虽然语法可以更短一些，但是不提倡使用简写的方式，因为较长的代码更具有可读性，也可以防止与其他方法混淆。

通过上面的介绍可以看出，在 JQuery 中，可以使用$(document).ready()方法代替传统的 window.onload()方法，不过两者之间还是有些细微的区别的，主要表示在以下两方面。

在一个页面上可以无限制地使用$(document).ready()方法，各个方法间并不冲突，按照在代码中的顺序依次执行，而一个页面中只能使用一个 window.onload()方法。

在一个文档完全下载到浏览器时（包括所有关联的文件，例如图片、横幅等）就会响应 window.onload()方法，而$(document).ready()方法是在所有的 DOM 元素完全就绪以后就可以调用，不包括关联的文件。例如，在页面上还有图片没有加载完毕，但是 DOM 元素已经完全就绪，这样就会执行$(document).ready()方法。在相同条件下，window.onload()方法是不会执行的，它会继续等待图片加载，直到图片及其他的关联文件都下载完毕时才执行。所以，$(document).ready()方法优于 window.onload()方法。

19.6.2　JQuery 中的事件

只有页面加载显然是不够的，程序在其他的时候也需要完成某个任务。例如，鼠标单击（onclick）事件，敲击键盘（onkeypress）事件，以及失去焦点（onblur）事件等。在不同的浏览器中事件名称是不同的，例如，在 IE 中的事件名称大部分都含有 on，如 onkeypress()事件，但是在火狐浏览器却没有这个事件名称。JQuery 统一所有事件的名称，各事件如表 19.13 所示。

表 19.13　JQuery 中的事件

方　　法	说　　明
blur()	触发元素的 blur 事件
blur(fn)	在每一个匹配元素的 blur 事件中绑定一个处理函数，在元素失去焦点时触发，既可以是鼠标行为，也可以是使用 Tab 键离开的行为
change()	触发元素的 change 事件
change(fn)	在每一个匹配元素的 change 事件中绑定一个处理函数，在元素的值改变并失去焦点时触发
chick()	触发元素的 chick 事件
click(fn)	在每一个匹配元素的 click 事件中绑定一个处理函数，在元素上单击时触发
dblclick()	触发元素的 dblclick 事件
dblclick(fn)	在每一个匹配元素的 dblclick 事件中绑定一个处理函数，在某个元素上双击触发
error()	触发元素的 error 事件
error(fn)	在每一个匹配元素的 error 事件中绑定一个处理函数，当 JavaSprict 发生错误时，会触发 error() 事件

方　　法	说　　明
focus()	触发元素的 focus 事件
focus(fn)	在每一个匹配元素的 focus 事件中绑定一个处理函数，当匹配的元素获得焦点时触，通过鼠标单击或者 Tab 键触发
keydown()	触发元素的 keydown 事件
keydown(fn)	在每一个匹配元素的 keydown 事件中绑定一个处理函数，按下键盘按键时触发
keyup()	触发元素的 keyup 事件
keyup(fn)	在每一个匹配元素的 keyup 事件中绑定一个处理函数，在按键释放时触发
keypress()	触发元素的 keypress 事件
keypress(fn)	在每一个匹配元素的 keypress 事件中绑定一个处理函数，敲击按键时触发（即按下并抬起同一个按键）
load(fn)	在每一个匹配元素的 load 事件中绑定一个处理函数，匹配的元素内容完全加载完毕后触发
mousedown(fn)	在每一个匹配元素的 mousedown 事件中绑定一个处理函数，鼠标在元素上单击后触发
mousemove(fn)	在每一个匹配元素的 mousemove 事件中绑定一个处理函数，鼠标在元素上移动时触发
mouseout(fn)	在每一个匹配元素的 mouseout 事件中绑定一个处理函数，鼠标从元素上离开时触发
mouseover(fn)	在每一个匹配元素的 mouseover 事件中绑定一个处理函数，鼠标指针移入对象时触发
mouseup(fn)	在每一个匹配元素的 mouseup 事件中绑定一个处理函数，鼠标单击对象释放时触发
resize(fn)	在每一个匹配元素的 resize 事件中绑定一个处理函数，当文档窗口改变大小时触发
scroll(fn)	在每一个匹配元素的 scroll 事件中绑定一个处理函数，当滚动条发生变化时触发
select()	触发元素的 select 事件
select(fn)	在每一个匹配元素的 select 事件中绑定一个处理函数，当用户在文本框（包括 input 和 textarea）选中某段文本时触发
submit()	触发元素的 submit 事件
submit(fn)	在每一个匹配元素的 submit 事件中绑定一个处理函数，表单提交时触发
unload(fn)	在每一个匹配元素的 unload 事件中绑定一个处理函数，在元素卸载时触发该事件

这些都是对应的 JQuery 事件，和传统的 JavaScript 中的事件几乎相同，只是名称不同。方法中的 fn 参数表示一个函数，事件处理程序就写在这个函数中。

19.6.3　事件绑定

在页面加载完毕时，程序可以通过为元素绑定事件完成相应的操作。在 JQuery 中，事件绑定通常可以分为为元素绑定事件、移除绑定和绑定一次性事件处理 3 种情况，下面分别进行介绍。

1．为元素绑定事件

在 JQuery 中，为元素绑定事件可以使用 bind()方法，该方法的语法结构如下：

```
bind(type,[data],fn)
```

☑　type：事件类型。

☑　data：可选参数，作为 event.data 属性值传递给事件对象的额外数据对象。大多数的情况下不使用该参数。

☑ fn：绑定的事件处理程序。

例如，为普通按钮绑定一个单击事件，用于在单击该按钮时，弹出提示对话框，可以使用下面的代码：

```
$("input:button").bind("click",function(){alert('您单击了按钮');});
```

2．移除绑定

在 JQuery 中，为元素移除绑定事件可以使用 unbind()方法，该方法的语法结构如下：

```
unbind([type],[data])
```

☑ type：可选参数，用于指定事件类型。

☑ data：可选参数，用于指定要从每个匹配元素的事件中反绑定的事件处理函数。

说明：

在 unbind()方法中，两个参数都是可选的，如果不填参数，将会删除匹配元素上所有绑定的事件。

例如，要移除为普通按钮绑定的单击事件，可以使用下面的代码：

```
$("input:button").unbind("click");
```

3．绑定一次性事件处理

在 JQuery 中，为元素绑定一次性事件处理可以使用 one()方法，该方法的语法结构如下：

```
one(type,[data],fn)
```

☑ type：用于指定事件类型。

☑ data：可选参数，作为 event.data 属性值传递给事件对象的额外数据对象。

☑ fn：绑定到每个匹配元素的事件上面的处理函数。

例如，要实现只有当用户第一次单击匹配的 div 元素时，弹出提示对话框显示 div 元素的内容，可以使用下面的代码：

```
$("div").one("click", function(){
    alert($(this).text());          //在弹出的提示对话框中显示 div 元素的内容
});
```

19.6.4 模拟用户操作事件

JQuery 提供模拟用户的操作触发事件、模仿悬停事件和模拟鼠标连续单击事件 3 种模拟用户操作的方法。下面分别进行介绍。

1. 模拟用户的操作触发事件

在 JQuery 中一般常用 triggerHandler()方法和 trigger()方法来模拟用户的操作触发事件。这两个方法的语法格式完成相同，所不同的是：triggerHandler()方法不会导致浏览器同名的默认行为被执行，而 trigger()方法会导致浏览器同名的默认行为执行，例如，使用 trigger()触发一个名称为 submit 的事件，同样会导致浏览器执行提交表单的操作。要阻止浏览器的默认行为，只需返回 false。另外，使用 trigger()方法和 triggerHandler()方法还可以触发 bind()绑定的自定义事件，并且还可以为事件传递参数。

【例 19.16】 在页面载入完成就执行按钮的 click 事件，并不需要用户操作。

👉 实例位置：光盘\MR\Instance\19\19.16

```
<script type="text/javascript" src="JS/jquery-1.6.1.min.js"></script>
<script type="text/javascript">
$(document).ready(function(){
    $("input:button").bind("click",function(event,msg1,msg2){
        alert(msg1+msg2);                                //弹出提示对话框
    }).trigger("click",["JavaScript","自学视频教程"]);      //页面加载触发单击事件
});
</script>
```

执行上面的代码，弹出如图 19.32 所示的对话框。

图 19.32　页面加载时触发按钮的单击事件

> **注意：**
> trigger()方法触发事件时会触发浏览器的默认行为，但是 triggerHandler()方法不会触发浏览器的默认行为。

2. 模仿悬停事件

模仿悬停事件是指模仿鼠标指针移动到一个对象上又从该对象上移出的事件，可以通过 JQuery 提供的 hover(over,out)方法实现。hover()方法的语法结构如下：

```
hover(over,out)
```

☑　over：用于指定当鼠标指针在移动到匹配元素上时触发的函数。

☑ out：用于指定当鼠标指针在移出匹配元素上时触发的函数。

3．模拟鼠标连续单击事件

模拟鼠标连续单击事件实际上是为每次单击鼠标时设置一个不同的函数，从而实现用户每次单击鼠标时都会得到不同的效果，可以通过 JQuery 提供的 toggle()方法实现。toggle()方法会在第一次单击匹配的元素时触发指定的第一个函数，下次单击这个元素时会触发指定的第二个函数，按此规律直到最后一个函数。随后的单击会按照原来的顺序循环触发指定的函数。toggle()方法的语法格式如下：

```
toggle(odd,even)
```

☑ odd：用于指定奇数次单击按钮时触发的函数。

☑ even：用于指定当偶数次单击按钮时触发的函数。

例如，要实现单击页面上的工具图片（id 为 tool 的 img 元素），显示工具提示，再次单击时，隐藏工具提示可以使用下面的代码：

```
$("#tool").toggle(
    function(){$("#tool").css("display","");},
    function(){$("#tool").css("display","none");}
);
```

> 说明：
>
> toggle()方法属于 JQuery 中的 click 事件，所以在程序中可以用 unbind('click')方法删除该方法。

19.6.5 事件捕获与事件冒泡

事件捕获和事件冒泡都是一种事件模型。DOM 标准规定应该同时使用这两个模型：首先，事件要从 DOM 树顶层的元素到 DOM 树底层的元素进行捕获,然后再通过事件冒泡返回到 DOM 树的顶层。

在标准事件模型中,事件处理程序既可以注册到事件捕获阶段,也可以注册到事件冒泡阶段。但是并不是所有的浏览器都支持标准的事件模型，大部分浏览器默认把事件注册在事件冒泡阶段，所以 JQuery 始终会在事件冒泡阶段注册事件处理程序。

1．什么是事件捕获与事件冒泡

下面就通过一个实例展示什么是事件冒泡，什么是事件捕获，以及事件冒泡与事件捕获的区别。

【例 19.17】 通过一个形象的元素结构展示事件冒泡模型。

👉 **实例位置：光盘\MR\Instance\19\19.17**

在下面这个页面结构中，<span>是<p>的子元素，而<p>又是<div>的子元素。

Note

```
<body>
    <div class="test1">
        <b>div 元素</b>
        <p class="test2">
            <b>p 元素</b>
            <span><b>span 元素</b></span>
        </p>
</div>
</body>
```

为元素添加 CSS 样式，这样就能使页面的层次结构更清晰：

```
<style type="text/css">
        .redBorder{/*红色边框*/
        border:1px solid red;
        }
        .test1{          /*div 元素的样式*/
            width:240px;
            height:150px;
            background-color:#cef;
            text-align:center;
        }
        .test2{          /*p 元素的样式*/
            width:160px;
            height:100px;
            background-color:#ced;
            text-align:center;
            line-height:20px;
            margin:10px auto;
        }
        span{         /*span 元素的样式*/
            width:100px;
            height:35px;
            background-color:#fff;
            padding:20px 20px 20px 20px;
        }
        body{font-size:12px;}
</style>
```

页面结构如图 19.33 所示。

为这 3 个元素添加 mouseout 和 mouseover 事件，当鼠标指针在元素上悬停时为元素加上红色边框，当鼠标指针离开时移除红色边框。如果鼠标指针悬停在<span>元素上时，会不会触发<p>元素和<div>元素的 mouseover 事件？毕竟鼠标的指针都在这 3 个元素之上。图 19.34～图 19.36 展示鼠标指针在不同元素上悬停时的效果。

图 19.33　页面结构

图 19.34　鼠标指针悬停在 span 元素上的效果

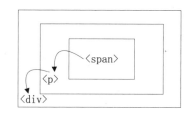

图 19.35　鼠标指针悬停在 p 元素上的效果

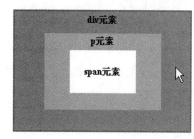

图 19.36　鼠标指针悬停在 div 元素上的效果

在上面的运行结果中可以看到，当鼠标指针在 span 元素上时，3 个元素都被加上红色边框。说明在响应 span 元素的 mouseover 事件时，其他两个元素的 mouseover 事件也被响应。触发 span 元素的事件时，在 IE 最先响应的是 span 元素的事件，其次是 p 元素，最后为 div 元素。在 IE 中事件响应的顺序如图 19.37 所示。这种事件的响应顺序是事件冒泡。事件冒泡是从 DOM 树的顶层向下进行事件响应。

另一种相反的策略就是事件捕获，事件捕获是从 DOM 树的底层向上进行事件响应，事件捕获的顺序如图 19.38 所示。

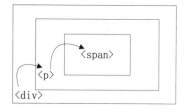

图 19.37　事件冒泡（由具体到一般）　　　　图 19.38　事件捕获（由一般到具体）

2．阻止事件冒泡

事件冒泡会经常导致一些令开发人员头疼的问题，所以必要时，需要阻止事件冒泡。要解决这个问题，就必须访问事件对象。事件对象是在元素获得处理事件时被传递给相应的事件处理程序的。在程序中的事件对象就是一个参数，例如：

```
$("span").mouseout(function(event){                    //这里的 event 就是事件对象
        $("span").removeClass("redBorder");
});
```

事件对象只有事件处理程序才能访问到，事件处理程序执行完毕，事件对象即被销毁。事件对象提供一个 stopPropagation()方法，使用该方法可以阻止事件冒泡。

注意:

stopPropagation()方法只能阻止事件冒泡,它相当于传统的 JavaScript 操作原始的 event 事件对象的 event.cancelBubble=true 来取消冒泡。

为阻止例 19.17 中程序的事件冒泡,可以在每个事件处理程序中加入一句代码,例如:

```
$(".test1").mouseover(function(event){
        $(".test1").addClass("redBorder");
        event.stopPropagation();                        //阻止事件冒泡
});
```

由于 stopPropagation()方法是跨浏览器的,所以不必考虑其兼容性。

添加了阻止事件冒泡代码的例 19.17 运行效果如图 19.39 所示。

当鼠标指针在 span 元素上时,只有 span 元素被加了红色边框,说明只有 span 元素响应 mouseover 事件,程序成功阻止事件冒泡。

图 19.39　阻止事件冒泡后的效果

3．阻止浏览器默认行为

在进行表单验证时,表单的某些内容没有通过验证,但是在单击提交按钮以后表单还是会提交。这时就需要阻止浏览器的默认操作。在 JQuery 中,应用 preventDefault()方法可以阻止浏览器的默认行为。

在事件处理程序中加入如下代码就可以阻止默认行为:

event. preventDefault ()	//阻止浏览器默认操作

为同时停止事件冒泡和浏览器默认行为,可以在事件处理程序中返回 false,即

return false;	//阻止事件冒泡和浏览器默认操作

这是同时调用 stopPropagation()和 preventDefault()方法的一种简要写法。

19.7　JQuery 动画

19.7.1　元素的隐藏和显示

元素的隐藏和显示是最基本的动画效果。JQuery 提供两种控制元素隐藏和显示的方法,一种是分别隐藏和显示匹配元素。另一种是切换元素的可见状态,即如果元素是可见的,切换为隐藏;如果元素是隐藏的,切换为可见。

1. 隐藏匹配元素

使用 hide()方法可以隐藏匹配的元素。hide()方法相当于将元素 CSS 样式属性 display 的值设置为 none，它会记住原来的 display 的值。hide()方法有两种语法格式，一种是不带参数的形式，用于实现不带任何效果的隐藏匹配元素，其语法格式如下：

hide()

例如，要隐藏页面中的全部图片，可以使用下面的代码：

$("img").hide();

另一种是带参数的形式，用于以优雅的动画隐藏所有匹配的元素，并在隐藏完成后可选地触发一个回调函数，其语法格式如下：

hide(speed,[callback])

☑ speed：用于指定动画的时长。可以是数字，也就是元素经过多少毫秒（1000 毫秒=1 秒）后完全隐藏；可以是默认参数 slow（600 毫秒）、normal（400 毫秒）和 fast（200 毫秒）。
☑ callback：可选参数，用于指定隐藏完成后要触发的回调函数。

例如，要在 600 毫秒内隐藏页面中的 id 为 book 的元素，可以使用下面的代码：

$("#book").hide(600);

说明：

JQuery 的任何动画效果都可以使用默认的 3 个参数：slow（600 毫秒）、normal（400 毫秒）和 fast（200 毫秒）。在使用默认参数时需要加引号，例如 hide ("fast")；使用自定义参数时，不需要加引号，例如 hide (300)。

2. 显示匹配元素

使用 show()方法可以显示匹配的元素。hide()方法相当于将元素 CSS 样式属性 display 的值设置为 block 或 inline 或除了 none 以外的值，它会恢复为应用 display:none 之前的可见属性。show()方法有两种语法格式，一种是不带参数的形式，用于实现不带任何效果的显示匹配元素，其语法格式如下：

show()

例如，要显示页面中的全部图片，可以使用下面的代码：

$("img").show();

另一种是带参数的形式，用于以优雅的动画显示所有匹配的元素，并在显示完成后可选择地触发一个回调函数，其语法格式如下：

show(speed,[callback])

☑ speed：用于指定动画的时长。可以是数字，也就是元素经过多少毫秒（1000 毫秒=1 秒）后完全显示；可以是默认参数 slow（600 毫秒）、normal（400 毫秒）和 fast（200 毫秒）。

☑ callback：可选参数，用于指定显示完成后要触发的回调函数。

例如，要在 600 毫秒内显示页面中 id 为 book 的元素，可以使用下面的代码：

```
$("#book").show(600);
```

3．切换元素的可见状态

使用 toggle()方法可以实现切换元素的可见状态，即如果元素是可见的，切换为隐藏；如果元素是隐藏的，切换为可见。toggle()方法的语法格式如下：

```
toggle()
```

例如，要实现通过单击普通按钮隐藏和显示全部 div 元素可以使用下面的代码：

```
$(document).ready(function(){
    $("input[type='button']").click(function(){
        $("div").toggle();                //切换所有 div 元素的显示状态
    });
});
```

等效于：

```
$(document).ready(function(){
    $("input[type='button']").toggle(function(){
        $("div").hide();                  //隐藏 div 元素
    },function(){
        $("div").show();                  //显示 div 元素
    });
});
```

4．实战模拟：自动隐藏式菜单

在设计网页时，可以在页面中添加自动隐藏式菜单，这种菜单简洁易用，在不使用时能自动隐藏，保持页面整洁。下面通过一个具体的例子来说明如何通过 JQuery 实现自动隐藏式菜单。

【例 19.18】 实现自动隐藏式菜单。

👉 实例位置：光盘\MR\Instance\19\19.18

（1）创建一个名称为 index.html 的文件，在该文件的<head>标记中应用下面的语句引入 JQuery 库：

```
<script type="text/javascript" src="JS/jquery-1.6.1.min.js"></script>
```

（2）在页面的<body>标记中，首先添加一个图片，id 属性为 flag，用于控制菜单显示，然后添加一个 id 为 menu 的<div>标记，用于显示菜单，最后在<div>标记中添加用于显示菜单项的<ul>和<li>标记。关键代码如下：

```
<img src="images/title.gif" width="30" height="80" id="flag" />
<div id="menu">
<ul>
    <li><a href="www.mingribook.com">图书介绍</a></li>
    <li><a href="www.mingribook.com">新书预告</a></li>
    …    <!--省略了其他菜单项的代码-->
    <li><a href="www.mingribook.com">联系我们</a></li>
</ul>
</div>
```

（3）编写 CSS 样式，用于控制菜单的显示样式，具体代码请参见光盘。

（4）在引入 JQuery 库的代码下方编写 JQuery 代码，应用 JQuery 的 mouseover 事件将菜单显示出来，然后应用 hover 事件将菜单隐藏。具体的代码如下：

```
<script type="text/javascript">
    $(document).ready(function(){
        $("#flag").mouseover(function(){
            $("#menu").show(300);                //显示菜单
        });
        $("#menu").hover(null,function(){
            $("#menu").hide(300);                //隐藏菜单
        });
    });
</script>
```

在上面的代码中，绑定鼠标指针的移出事件时，使用 hover()方法，而没有使用 mouseout()方法，这是因为使用 mouseout()方法时，当鼠标指针在菜单上移动，菜单将在显示与隐藏状态下反复切换，这是由于 JQuery 的事件捕获与事件冒泡造成的，hover()方法有效地解决了这一问题。

运行本实例，显示如图 19.40 所示的效果。鼠标指针移到"隐藏菜单"图片上时，显示如图 19.41 所示的菜单。鼠标指针从该菜单上移出后，又显示如图 19.40 所示的效果。

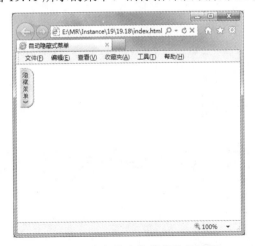

图 19.40 鼠标移出隐藏菜单的效果

图 19.41 鼠标移入隐藏菜单的效果

19.7.2　元素的淡入淡出

如果在显示或隐藏元素时不需要改变元素的高度和宽度，只单独改变元素的透明度时，就需要使用淡入淡出的动画效果。JQuery 提供如表 19.14 所示的实现淡入淡出动画效果的方法。

表 19.14　实现淡入淡出动画效果的方法

方　　法	说　　明	示　　例
fadeIn(speed,[callback])	通过增大不透明度实现匹配元素淡入的效果	$("img").fadeIn(600);　//淡入效果
fadeOut(speed,[callback])	通过减小不透明度实现匹配元素淡出的效果	$("img").fadeOut(600);　//淡出效果
fadeTo(speed,opacity,[callback])	将匹配元素的不透明度以渐进的方式调整到指定的参数	$("img").fadeTo(600,0.15);　//在 0.6 秒内将图片淡入淡出至 15% 不透明

这 3 种方法都可以为其指定速度参数，参数的规则与 hide()方法和 show()方法的速度参数一致。在使用 fadeTo()方法指定不透明度时，参数只能是 0～1 之间的数字，0 表示完全透明，1 表示完全不透明，数值越小图片的可见性就越差。

例如，为把例 19.18 的实例修改成带淡入淡出动画的隐藏菜单，可以将对应的 JQuery 代码修改为以下内容：

```
<script type="text/javascript">
    $(document).ready(function(){
        $("#flag").mouseover(function(){
            $("#menu").fadeIn(600);                //淡入效果
        });
        $("#menu").hover(null,function(){
            $("#menu").fadeOut(600);               //淡出效果
        });
    });
</script>
```

修改后的运行效果如图 19.42 所示。

图 19.42　采用淡入淡出效果的自动隐藏式菜单

19.7.3 元素的滑动效果

JQuery 提供 slideDown()方法（用于滑动显示匹配的元素）、slideUp()方法（用于滑动隐藏匹配的元素）和 slideToggle()方法（用于通过高度的变化动态切换元素的可见性）来实现滑动效果。下面分别进行介绍。

1. 滑动显示匹配的元素

使用 slideDown()方法可以向下增加元素高度动态显示匹配的元素。slideDown()方法会逐渐向下增加匹配的隐藏元素的高度，直到元素完全显示为止。slideDown()方法的语法格式如下：

slideDown(speed,[callback])

☑ speed：用于指定动画的时长。可以是数字，也就是元素经过多少毫秒（1000 毫秒=1 秒）后完全显示；可以是默认参数 slow（600 毫秒）、normal（400 毫秒）和 fast（200 毫秒）。

☑ callback：可选参数，用于指定显示完成后要触发的回调函数。

例如，要在 500 毫秒内滑动显示页面中 id 为 img 的元素，可以使用下面的代码：

$("#img").slideDown(500);

2. 滑动隐藏匹配的元素

使用 slideUp()方法可以向上减少元素高度动态隐藏匹配的元素。slideUp()方法会逐渐向上减少匹配的显示元素的高度，直到元素完全隐藏为止。slideUp()方法的语法格式如下：

slideUp(speed,[callback])

☑ speed：用于指定动画的时长。可以是数字，也就是元素经过多少毫秒（1000 毫秒=1 秒）后完全隐藏；可以是默认参数 slow（600 毫秒）、normal（400 毫秒）和 fast（200 毫秒）。

☑ callback：可选参数，用于指定隐藏完成后要触发的回调函数。

例如，要在 500 毫秒内滑动隐藏页面中 id 为 img 的元素，可以使用下面的代码：

$("#img").slideUp(500);

3. 通过高度的变化动态切换元素的可见性

通过 slideToggle()方法可以实现通过高度的变化动态切换元素的可见性。在使用 slideToggle()方法时，如果元素是可见的，就通过减小高度使元素全部隐藏；如果元素是隐藏的，就增加元素的高度使元素最终全部可见。slideToggle()方法的语法格式如下：

slideToggle(speed,[callback])

☑ speed：用于指定动画的时长。可以是数字，也就是元素经过多少毫秒（1000 毫秒=1 秒）后完全显示或隐藏；可以是默认参数 slow（600 毫秒）、normal（400 毫秒）和 fast（200 毫秒）。

☑ callback：可选参数，用于指定动画完成时触发的回调函数。

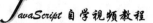

Note

例如，要实现单击 id 为 flag 的图片时，控制菜单的显示或隐藏（默认为不显示，奇数次单击时显示，偶数次单击时隐藏），可以使用下面的代码：

```
$("#flag").click(function(){
    $("#menu").slideToggle(500);          //显示/隐藏菜单
});
```

4．实战模拟：伸缩式导航菜单

下面通过一个具体的实例介绍应用 JQuery 实现滑动效果的具体应用。

【例 19.19】 实现伸缩式导航菜单。

实例位置：光盘\MR\Instance\19\19.19

（1）创建一个名称为 index.html 的文件，在该文件的\<head\>标记中应用下面的语句引入 JQuery 库：

```
<script type="text/javascript" src="JS/jquery-1.6.1.min.js"></script>
```

（2）在页面的\<body\>标记中，首先添加一个\<div\>标记，用于显示导航菜单的标题，然后添加一个自定义列表，用于添加主菜单项及其子菜单项，其中主菜单项由\<dt\>标记定义，子菜单项由\<dd\>标记定义，最后再添加一个\<div\>标记，用于显示导航菜单的结尾。关键代码如下：

```
<div id="top"></div>
<dl>
    <dt>用户管理</dt>
    <dd>
        <div class="item">添加用户</div>
        <div class="item">删除用息</div>
    </dd>
    <dt>商品管理</dt>
    <dd>
        <div class="item">添加商品</div>
        <div class="item">修改商品</div>
        <div class="item">删除商品</div>
    </dd>
    <dt>订单管理</dt>
    <dd>
        <div class="item">订单查询</div>
        <div class="item">删除订单</div>
    </dd>
    <dt class="title"><a href="#">退出系统</a></dt>
</dl>
<div id="bottom"></div>
```

（3）编写 CSS 样式，用于控制导航菜单的显示样式，具体代码请参见光盘。

（4）在引入 JQuery 库的代码下方编写 JQuery 代码，首先隐藏全部子菜单，然后再为每个包含子菜单的主菜单项添加模拟鼠标连续单击的事件 toggle()。具体的代码如下：

```
<script type="text/javascript">
$(document).ready(function(){
    $("dd").hide();                                                    //隐藏全部子菜单
    $("dt[class!='title']").toggle(
        function(){
        //   slideDown:通过高度变化（向下增长）来动态地显示所有匹配的元素
            $(this).css("backgroundImage","url(images/title_hide.gif)");    //改变主菜单的背景
            $(this).next().slideDown("slow");
    },
        function(){
        //   slideUp:通过高度变化（向上缩小）来动态地隐藏所有匹配的元素
            $(this).css("backgroundImage","url(images/title_show.gif)");    //改变主菜单的背景
            $(this).next().slideUp("slow");
    }
    );
});
</script>
```

运行本实例，显示如图 19.43 所示的效果。选择某个主菜单时，展开该主菜单下的子菜单，例如，选择"商品管理"主菜单，显示如图 19.44 所示的子菜单。在通常情况下，"退出系统"主菜单没有子菜单，所以单击"退出系统"主菜单将不展开对应的子菜单，而是激活一个超链接。

图 19.43　未展开任何菜单的效果　　　　图 19.44　展开"商品管理"主菜单的效果

19.7.4　自定义动画效果

前面的 3 小节已经介绍 3 种类型的动画效果，但有些时候，开发人员会需要一些更加高级的动画效果，这时候就需要采取高级的自定义动画来解决这个问题。在 JQuery 中，要实现自定义动画效果，主要应用 animate()方法创建自定义动画，应用 stop()方法停止动画。下面分别进行介绍。

1.　使用 animate()方法创建自定义动画

animate()方法的操作更加自由，可以随意控制元素的属性，实现更加绚丽的动画效果。animate()方法的基本语法格式如下：

Note

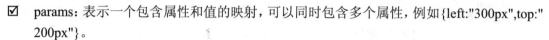

animate(params,speed,callback)

☑ **params**：表示一个包含属性和值的映射，可以同时包含多个属性，例如{left:"300px",top:"200px"}。

☑ **speed**：表示动画运行的速度，参数规则同其他动画效果的 speed 一致，它是一个可选参数。

☑ **callback**：表示一个回调函数，当动画效果运行完毕后执行该回调函数，它也是一个可选参数。

> **注意：**
>
> 在使用 animate()方法时，必须设置元素的定位属性 position 为 relative 或 absolute，元素才能动起来。如果没有明确定义元素的定位属性，并试图使用 animate()方法移动元素时，元素会静止不动。

例如，要实现将 id 为 fish 的元素在页面移动一圈并回到原点，可以使用下面的代码：

```
<script type="text/javascript">
$(document).ready(function(){
    $("#fish").animate({left:300},1000)
    .animate({top:200},1000)
    .animate({left:0},200)
    .animate({top:0},200);
});
</script>
```

上面的代码使用连缀方式的排队效果，这种排队效果只对 JQuery 的动画效果函数有效，对于 JQuery 其他的功能函数无效。

> **技巧：**
>
> 在 animate()方法中可以使用属性 opacity 来设置元素的透明度。如果在{left:"400px"}中的 400px 之前加上 "+=" 就表示在当前位置累加，"-=" 就表示在当前位置累减。

2．使用 stop()方法停止动画

stop()方法也属于自定义动画函数，可停止匹配元素正在运行的动画，并立即执行动画队列中的下一个动画。stop()方法的语法格式如下：

stop(clearQueue,gotoEnd)

☑ **clearQueue**：表示是否清空尚未执行完的动画队列（值为 true 时表示清空动画队列）。

☑ **gotoEnd**：表示是否让正在执行的动画直接到达动画结束时的状态（值为 true 时表示直接到达动画结束时状态）。

例如，需要停止某个正在执行的动画效果，清空动画序列并直接到达动画结束时的状态，只需在$(document).ready()方法中加入下面这句代码即可：

```
$("#btn_stop").click(function(){
     $("#fish").stop("true","true");                    //停止动画效果
});
```

 说明：

参数 gotoEnd 设置为 true 时，只能直接到达正在执行的动画的最终状态，并不能到达动画序列所设置的动画的最终状态。

3. 实战模拟：实现图片传送带

所谓图片传送带是指在页面的指定位置固定显示一定张数的图片（其他图片隐藏）：单击最左边的图片时，全部图片均向左移动一张图片的位置；单击最右边的图片时，全部图片均向右移动一张图片的位置。这样可以查看到全部图片，还能节省页面空间，比较实用。下面介绍如何通过 JQuery 实现图片传送带。

【例 19.20】 实现图片传送带。

☞ **实例位置：光盘\MR\Instance\19\19.20**

（1）创建一个名称为 index.html 的文件，在该文件的<head>标记中应用下面的语句引入 JQuery 库：

```
<script type="text/javascript" src="JS/jquery-1.6.1.min.js"></script>
```

（2）在页面的<body>标记中，首先添加一个<div>标记作为最外层的容器，然后在容器内部再添加一个<div>标记，用于放置全部图片。关键代码如下：

```
<div id="container">
<div class="box">
    <a href="images/01.jpg"><img height=60 src="images/01.jpg" width=80></a>
    <a href="images/02.jpg"><img height=60 src="images/02.jpg" width=80></a>
    <a href="images/03.jpg"><img height=60 src="images/03.jpg" width=80></a>
    <a href="images/04.jpg"><img height=60 src="images/04.jpg" width=80></a>
    <a href="images/05.jpg"><img height=60 src="images/05.jpg" width=80></a>
    <a href="images/06.jpg"><img height=60 src="images/03.jpg" width=80></a>
</div>
</div>
```

（3）编写 CSS 样式，用于控制图片传送带容器及图片的样式，具体代码请参见光盘。

（4）在引入 JQuery 库的代码下方编写 JQuery 代码，实现图片传送带效果。具体的代码如下：

```
<script type="text/javascript">
$(document).ready(function(){
    var spacing = 90;                        //定义保存间距的变量
    function createControl(src){             //定义创建控制图片的函数
       return $('<img/>')
         .attr('src', src)                   //设置图片的来源
```

```
      .attr("width",80)
      .attr("height",60)
      .addClass('control')
      .css('opacity', 0.6)                              //设置透明度
      .css('display', 'none');                          //默认为不显示
}
var $leftRollover = createControl('images/left.gif');   //创建向左移动的控制图片
var $rightRollover = createControl('images/right.gif'); //创建向右移动的控制图片
$('#container').css({                                    //改变图像传送带容器的 CSS 样式
  'width': spacing * 3,
  'height': '70px',
  'overflow': 'hidden'                                   //溢出时隐藏
}).find('.box a').css({
  'float': 'none',
  'position': 'absolute',                               //设置为绝对布局
  'left': 1000                                           //将左边距设置为 1000，目的是不显示
});
var setUpbox = function(){
  var $box = $('#container .box a');
  $box.unbind('click mouseenter mouseleave');           //移除绑定的事件
  /****************************左边的图片********************************/
  $box.eq(0)
    .css('left', 0)
    .click(function(event){
      $box.eq(0).animate({'left': spacing}, 'fast');     //为第 1 张图片添加动画
      $box.eq(1).animate({'left': spacing * 2}, 'fast'); //为第 2 张图片添加动画
      $box.eq(2).animate({'left': spacing * 3}, 'fast'); //为第 3 张图片添加动画
      $box.eq($box.length - 1)
        .css('left', -spacing)                           //设置左边距
        .animate({'left': 0}, 'fast', function(){
          $(this).prependTo('#container .box');
          setUpbox();
        });                                              //添加动画
      event.preventDefault();                            //取消事件的默认动作
    }).hover(function(){                                  //设置鼠标的悬停事件
      $leftRollover.appendTo(this).fadeIn(200);          //显示向左移动的控制图片
    }, function(){
      $leftRollover.fadeOut(200);                        //隐藏向左移动的控制图片
    });
  /****************************右边的图片********************************/
  $box.eq(2)
    .css('left', spacing * 2)                            //设置左边距
    .click(function(event){                              //绑定单击事件
      $box.eq(0)                                         //获取左边的图片，也就是第一张图片
        .animate({'left': -spacing}, 'fast', function(){
          $(this).appendTo('#container .box');
          setUpbox();
        });                                              //添加动画
      $box.eq(1).animate({'left': 0}, 'fast');           //添加动画
      $box.eq(2).animate({'left': spacing}, 'fast');     //添加动画
```

```
      $box.eq(3)
         .css('left', spacing * 3)                        //设置左边距
         .animate({'left': spacing * 2}, 'fast');         //添加动画
         event.preventDefault();                          //取消事件的默认动作
      }).hover(function(){                                 //设置鼠标的悬停事件
         $rightRollover.appendTo(this).fadeIn(200);       //显示向右移动的控制图片
      }, function(){
         $rightRollover.fadeOut(200);                     //隐藏向右移动的控制图片
      });
   /********************中间的图片*************************************/
      $box.eq(1).css('left', spacing);                    //设置中间图片的左边距
      };
   setUpbox();
   $("a").attr("target","_blank");                        //查看原图时，在新的窗口中打开
});
</script>
```

运行本实例，显示如图 19.45 所示的效果，将鼠标指针移动到左边的图片上，显示如图 19.46 所示的箭头，单击将向左移动一张图片；将鼠标指针移动到右边的图片上时，显示向右的箭头，单击将向右移动一张图片；单击中间位置的图片，可以打开新窗口查看该图片的原图。

图 19.45　鼠标指针不在任何图片上的效果　　　　图 19.46　将鼠标指针移动到第一张图片的效果

19.8　综 合 应 用

19.8.1　表格隔行换色

【例 19.21】　对于一些清单型数据，通常是利用表格展示到页面中。如果数据比较多，很容易看串行，这时，可以为表格添加隔行换色并且有鼠标指针指向行变色的功能。

　实例位置：光盘\MR\Instance\19\19.21

本实例实现的关键是如何使用 JQuery 库中的函数为表格中的行添加不同的样式，这主要用到 addClass()函数。

（1）创建一个名称为 index.html 的文件，在该文件的<head>标记中应用下面的语句引入 JQuery 库，代码如下：

```
<script type="text/javascript" src="JS/jquery-1.6.1.min.js"></script>
```

（2）在页面的<body>标记中，添加一个 5 行 3 列的表格，并使用<thead>标记将表格的标题行括起来，再使用<tbody>标记将表格的其他行括起来。关键代码如下：

```
<table>
  <thead>
    <tr>
      <th>产品名称</th>
      <th>产地</th>
      <th>厂商</th>
    </tr>
  </thead>
  <tbody>
    <tr>
      <td>爱美电视机</td>
      <td>福州</td>
      <td>爱美电子</td>
    </tr>
    …          <!--此处省略了其他 3 行的代码-->
  </tbody>
</table>
```

（3）编写 CSS 样式，用于控制表格整体样式、表头的样式、表格的单元格的样式，以及奇数行样式、偶数行样式和鼠标指针移到行的样式。具体的代码如下：

```
<style type="text/css">
table{ border:0;border-collapse:collapse;}               /*设置表格整体样式*/
td{font:normal 12px/17px Arial;padding:2px;width:100px;} /*设置单元格的样式*/
th{                                                       /*设置表头的样式*/
    font:bold 12px/17px Arial;
    text-align:left;
    padding:4px;
    border-bottom:1px solid #333;
}
.odd{background:#cef;}                                    /*设置奇数行样式*/
.even{background:#ffc;}                                   /*设置偶数行样式*/
.light{background:#00A1DA;}                               /*设置鼠标指针移到行的样式*/
</style>
```

（4）在引入 JQuery 库的代码下方编写 JQuery 代码，实现表格的隔行换色，并且实现让鼠标指针移到行变色的功能。具体的代码如下：

```
<script type="text/javascript">
$(document).ready(function(){
    $("tbody tr:even").addClass("odd");              //为偶数行添加样式
    $("tbody tr:odd").addClass("even");              //为奇数行添加样式
    $("tbody tr").hover(                             //为表格主体每行绑定 hover()方法
        function() {$(this).addClass("light");},
        function() {$(this).removeClass("light");}
    );
```

```
});
</script>
```

运行结果如图 19.47 所示。

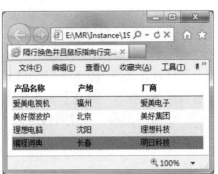

图 19.47　表格隔行换色

19.8.2　打造自己的开心农场

【例 19.22】　应用 JQuery 提供的对 DOM 节点进行操作的方法实现自己的开心农场。

👉 实例位置：光盘\MR\Instance\19\19.22

本实例主要使用 JQuery 库中的 remove()函数、prepend()函数、replaceWith()函数和 replaceAll()
函数，演示植物播种、生长、开花和结果的全过程。

（1）创建一个名称为 index.html 的文件，在该文件的<head>标记中应用下面的代码解决
PNG 图片背景不透明的问题。代码如下：

```
<!-- 使用 JQuery 解决 PNG 图片背景不透明的问题  -->
<script src="JS/jquery-1.3.2.min.js"></script>
<script src="JS/jquery.pngFix.js"></script>
<script src="JS/jquery.pngFix.pack.js"></script>
<script type="text/javascript">
    $(document).ready(function(){
        $("#bg").pngFix();
    });
</script>
<!-- ******************************** -->
```

> 说明：
>
> 在 JQuery 的新版本中，由于忽略了 IE 8 下 PNG 图片背景不透明的情况，所以要实现让
> PNG 图片在 IE 8 下背景透明，需要使用以前的 JQuery 版本 1.3.2。

（2）在页面的<body>标记中，添加一个显示农场背景的<div>标记，并且在该标记中添加 4
个<span>标记，用于设置控制按钮。代码如下：

```
<div id="bg">
    <span id="seed"></span>
    <span id="grow"></span>
    <span id="bloom"></span>
    <span id="fruit"></span>
</div>
```

（3）编写 CSS 代码，控制农场背景、控制按钮和图片的样式。具体的代码参见光盘。

（4）编写 JQuery 代码，分别为播种、生长、开花和结果按钮绑定单击事件，并在其单击事件中应用操作 DOM 节点的方法控制作物的生长。具体的代码如下：

```
<script type="text/javascript">
    $(document).ready(function(){
        $("#seed").bind("click",function(){          //绑定"播种"按钮的单击事件
            $("img").remove();                       //移除 img 元素
            $("#bg").prepend("<img src='images/seed.png'/>");
        });
        $("#grow").bind("click",function(){          //绑定"生长"按钮的单击事件
            $("img").remove();                       //移除 img 元素
            $("#bg").append("<img src='images/grow.png'/>");
        });
        $("#bloom").bind("click",function(){         //绑定"开花"按钮的单击事件
            $("img").replaceWith("<img src='images/bloom.png'/>");
        });
        $("#fruit").bind("click",function(){         //绑定"结果"按钮的单击事件
            $("<img src='images/fruit.png'/>").replaceAll("img");
        });
    });
</script>
```

运行程序，显示如图 19.48 所示的效果：单击"播种"按钮，显示如图 19.49 所示的效果；单击"生长"按钮，显示如图 19.50 所示的效果；单击"开花"按钮，显示如图 19.51 所示的效果；单击"结果"按钮，显示一棵结满果实的草莓秧。

图 19.48　页面的默认运行结果

图 19.49　单击"播种"按钮的结果

图 19.50 单击"生长"按钮的结果

图 19.51 单击"开花"按钮的结果

19.9 本章常见错误

19.9.1 两个元素的 id 属性值相同

如果在页面中把两个元素的 id 属性值设置为相同，则程序运行时页面会报出运行错误的对话框，所以在页面中要确保元素的 id 属性值是唯一的。

19.9.2 使用 animate()方法时未设置 position 定位属性

在使用 animate()方法时，必须设置元素的定位属性 position 为 absolute（绝对定位）或 relative（相对定位），元素才能动起来。如果没有明确定义元素的定位属性，则 animate()方法就不能起到使元素动起来的效果。

19.10 本 章 小 结

本章详细地介绍了 JQuery 技术，包括 JQuery 的下载、配置、插件、选择器、控制页面、事件处理等多方面内容。相对于传统的 JavaScript 而言，JQuery 选择对象的方法更多样、更简洁、更方便。本章内容比较全面，希望读者认真学习。不过一次记住 JQuery 众多内容是很困难的，只要先掌握一些基本的操作即可，至于其他的内容可以在用到时再查询，边用边学效果更好。

19.11 跟 我 上 机

参考答案：光盘\MR\跟我上机

使用 JQuery 实现一个显示全部资源与精简资源切换的功能。当用户进入页面时，图书列表默认是精简显示的（即不完整的图书列表），当用户单击图书列表下方的"显示全部资源"按钮时将会显示全部的图书。同时，列表会将推荐的图书的名字高亮显示，按钮里的文字也换成了"精简资源"。再次单击"精简资源"按钮，即可回到初始状态。关键代码如下：

```html
<style type="text/css">
*{ margin:0; padding:0}
body{ font-size:12px;}
ul{ list-style-type:none}
a{ text-decoration:none; color:#666; font-family:"宋体"}
a:hover{ text-decoration:underline; color:#903;}
.content{ width:600px; margin:40px auto 0 auto; border:1px solid #666; text-align:center}
.container{ border:5px solid #999; padding:10px;}
.content ul{ padding-left:15px; margin:0 auto;}
.content .container ul li{ float:left; width:170px; line-height:20px; margin-right:15px;}
.boxmore{ clear:both; margin-top:60px;}
.boxmore a{ display:block; border:1px solid #666; width:120px; height:30px; margin:0 auto; line-height:30px;
outline:none;}
.boxmore a{background:url(../images/arrow1.jpg) no-repeat right 5px;}
.change a{ color:#903; font-weight:bolder;}
</style>
<body>
<script type="text/javascript" src="js/jquery-1.3.2.js"></script>
<script type="text/javascript">
$(document).ready(function(){
    var it=$(".content ul li:gt(5):not(:last)");
    it.hide();
    $(".boxmore a").click(function(){
        if(it.is(":visible")){
            it.hide();
            $("ul li").removeClass("change");
            $(".boxmore a").text("显示全部资源");
        }else{
            it.show();
            $(".boxmore a").text("精简资源");
            $("ul li").filter(":contains('网页布局精讲'),:contains('PHP 视频教程')").addClass("change");
        }
    });
});
</script>
<div class="content">
    <div class="container">
        <ul>
        <li ><a href="#">XHTML 网页基础教程</a><span>(30440) </span></li>
        <li ><a href="#">DEDE 织梦 CMS 教程</a><span>(27220) </span></li>
        <li ><a href="#">网页布局精讲</a><span>(20808) </span></li>
        <li ><a href="#">Mysql 数据库视频教程</a><span>(17821) </span></li>
        <li ><a href="#">DreamWeaver CS5 教程</a><span>(12289) </span></li>
        <li ><a href="#">Photoshop 视频教程</a><span>(8242) </span></li>
```

```
        <li ><a href="#">PHP 视频教程</a><span>(14894) </span></li>
        <li ><a href="#">After Effects 视频教程</a><span>(9520) </span></li>
        <li ><a href="#">建站知识</a><span>(2195) </span></li>
        <li ><a href="#">Java 基础教程</a><span>(4114) </span></li>
        <li ><a href="#">JavaScript 自学教程</a><span>(12205) </span></li>
        <li ><a href="#">PHP 开发宝典</a><span>(1466) </span></li>
        <li ><a href="#">C 语言入门与实践</a><span>(3091) </span></li>
        <li ><a href="#">其他资源</a><span>(7275) </span></li>
    </ul>
    <div class="boxmore"><a href="#"><span>显示全部资源</span></a></div>
  </div>
</div>
</body>
```

第 3 篇

DESIGN

实战篇

- 第 20 章　JavaScript+AJAX+JQuery 开发企业门户网站

第20章

JavaScript+AJAX+JQuery 开发企业门户网站

（ 视频讲解：12分钟）

本章主要使用 JavaScript+AJAX+JQuery 技术相结合，开发吉林省明日科技有限公司官方网站，本网站主要介绍页面设计方面的技术，以及 JavaScript、AJAX 及 JQuery 技术结合开发网页技术。

本章能够完成的主要范例（已掌握的在方框中打勾）

☐ 使用 JavaScript 制作导航菜单

☐ 使用 JQuery 技术实现广告循环播放的网页特效

☐ 使用 AJAX 技术实现信息滚动显示效果

☐ 使用 JavaScript 实现浮动窗口

20.1 系 统 分 析

现在很多企业都拥有自己的官方网站，通过官方网站可以让更多的用户了解公司情况，对公司的产品推广有很大作用，并且拥有自己的官方网站也会提升公司的可信度。所以，一个企业拥有自己的官方网站是很有必要的。

20.2 系 统 设 计

20.2.1 系统目标

根据吉林省明日科技有限公司官方网站的需求和对实际情况的考察分析，该官网应该具有如下特点：

- ☑ 操作简单方便，界面简洁美观。
- ☑ 能够全面介绍公司企业文化及公司产品信息。
- ☑ 浏览速度快，尽量避免长时间打不开页面的情况发生。
- ☑ 商品信息部分有实物图例，图像清楚，文字醒目。
- ☑ 系统运行稳定，安全可靠。
- ☑ 易维护，并提供二次开发支持。

在制作项目时，项目的需求是十分重要的，需求就是项目要实现的目的。例如，我要去医院买药，去医院只是一个过程，好比是编写程序代码，目的就是去买药（需求）。

20.2.2 系统功能结构

吉林省明日科技有限公司官方网站的系统功能结构图如图 20.1 所示。

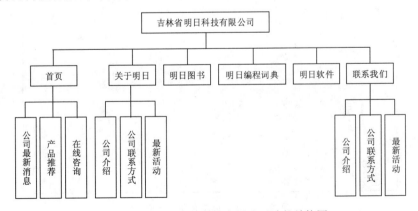

图 20.1 吉林省明日科技有限公司功能结构图

20.3 网 页 预 览

在设计吉林省明日科技有限公司官方网站的页面时，应用 CSS 样式、DIV 标记、JavaScript 和 JQuery 框架技术，打造一个更具有时代气息的网站。

☑ **首页**

首页主要用于显示展示公司图片、公司最新消息、推荐产品等信息，"首页"页面的运行结果如图 20.2 所示。

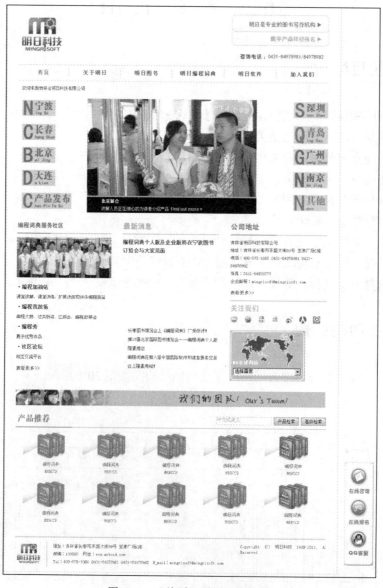

图 20.2 "首页"页面运行结果

☑ 关于明日

"关于明日"页面主要显示公司简介及最新活动信息，"关于明日"页面运行结果如图 20.3 所示。

图 20.3 "关于明日"页面运行结果

☑ 在线咨询

"在线资询"页面主要设计了"用户想要咨询问题"、"留言处"、"及了解用户是如何知道本公司的"，"在线咨询"页面运行结果如图 20.4 所示。

图 20.4　"在线咨询"页面运行结果

20.4　关　键　技　术

　　本章主要使用 JavaScript 脚本、AJAX、JQuery 等关键技术。下面对本章中用到的关键技术进行简单介绍。

20.4.1 JavaScript 脚本技术

使用 JavaScript 脚本实现的动态页面在 Web 上随处可见。例如，使用 JavaScript 脚本技术实现导航菜单、产品推荐页面，以及浮动窗口。

☑ 导航菜单设计

编写 JavaScript 代码，实现当鼠标指针经过主菜单时显示或隐藏子菜单，关键代码如下：

```
<script language="JavaScript" type="text/javascript">
function showadv(par,par2,par3)
{
document.getElementById("a0").style.display = "none";
document.getElementById("a0color").style.color = "";
document.getElementById("a0bg").style.backgroundImage="";
document.getElementById("a1").style.display = "none";
document.getElementById("a1color").style.color = "";
document.getElementById("a1bg").style.backgroundImage="";
document.getElementById("a2").style.display = "none";
document.getElementById("a2color").style.color = "";
document.getElementById("a2bg").style.backgroundImage="";
document.getElementById("a3").style.display = "none";
document.getElementById("a3color").style.color = "";
document.getElementById("a3bg").style.backgroundImage="";
document.getElementById("a4").style.display = "none";
document.getElementById("a4color").style.color = "";
document.getElementById("a4bg").style.backgroundImage="";
document.getElementById("a5").style.display = "none";
document.getElementById("a5color").style.color = "";
document.getElementById("a5bg").style.backgroundImage="";
document.getElementById(par).style.display = "";
document.getElementById(par2).style.color = "#ffffff";
document.getElementById(par3).style.backgroundImage = "url(../img/i13.gif)";
}
</script>
```

☑ 产品推荐页面设计

编写 JavaScript 代码，定义 Marquee()方法实现图片的滚动效果，关键代码如下：

```
<script>
var speed=30                 //定义滚动的速度
demo2.innerHTML=demo1.innerHTML
function Marquee(){           //定义方法
    if(demo2.offsetWidth-demo.scrollLeft<=0)
        demo.scrollLeft-=demo1.offsetWidth
    else{
        demo.scrollLeft++
    }
```

```
}
var MyMar=setInterval(Marquee,speed)
demo.onmouseover=function(){
    clearInterval(MyMar)
}
demo.onmouseout=function(){
    MyMar=setInterval(Marquee,speed)
}
</script>
```

☑ 浮动窗口设计

编写 JavaScript 代码，封装于 floatdiv.js 文件中，其关键代码如下：

```
function floaters() {
    this.items = [];
    this.addItem = function(id,x,y,content){
        document.write('<DIV id='+id+' style="Z-INDEX: 10; POSITION: absolute;width:80px; right:
30px;right:'+(typeof(x)=='string'?eval(x):x)+';top:'+(typeof(y)=='string'?eval(y):y)+'">'+content+'</DIV>');
        var newItem = {};
        newItem.object = document.getElementById(id);
        newItem.x = x;
        newItem.y = y;
        this.items[this.items.length] = newItem;
    }
    this.play = function(){
        collection = this.items
        setInterval('play()',10);
    }
}
function play(){
    var width = document.documentElement.clientWidth||document.body.clientWidth;
var height = document.documentElement.clientHeight||document.body.clientHeight;
if ( width > 200 )
    theFloaters.items[0].x = width -100;
if ( height > 300 )
    theFloaters.items[0].y = height -400;
    if(screen.width<=800){
        for(var i=0;i<collection.length;i++){
            collection[i].object.style.display = 'none';
        }
        return;
    }
    for(var i=0;i<collection.length;i++){
        var followObj = collection[i].object;
        var followObj_x = (typeof(collection[i]. x)=='string'?eval(collection[i]. x):collection[i].x);
        var followObj_y = (typeof(collection[i].y)=='string'?eval (collection[i].y): collection[i].y);
        if(followObj.offsetLeft!=(document.body.scrollLeft+followObj_x)){
            var dx=(document.body.scrollLeft+followObj_x-followObj.offsetLeft)*delta;
            dx=(dx>0?1:-1)*Math.ceil(Math.abs(dx));
            followObj.style.left=(followObj.offsetLeft+dx)+"px";
```

```
                }
            Var                     scrollTop=window.pageYOffset||document.documentElement.scrollTop||
document.body.scrollTop || 0;
            if(followObj.offsetTop!=(scrollTop+followObj_y)) {
                var dy=(scrollTop+followObj_y-followObj.offsetTop)*delta;
                dy=(dy>0?1:-1)*Math.ceil(Math.abs(dy));
                followObj.style.top=followObj.offsetTop+dy+"px";
                }
            followObj.style.display= '';
        }
    }
}
var theFloaters = new floaters();
theFloaters.addItem('followDiv2',30,80,html);
theFloaters.play();
```

20.4.2　AJAX 无刷新技术

在 AJAX 使用的技术中，最核心的技术就是 XMLHttpRequest，它是一个具有应用程序接口的 JavaScript 对象，能够使用超文本传输协议（HTTP）连接一个服务器，是微软公司为了满足开发者的需要，于 1999 年在 IE 5.0 浏览器中率先推出的。现在，许多浏览器都对其提供技术支持，不过实现方式与 IE 有所不同。下面对 XMLHttpRequest 对象的常用方法和属性进行简单介绍。

1．XMLHttpRequest 对象的常用方法

XMLHttpRequest 对象提供一些常用的方法，通过这些方法可以对请求进行操作。下面对 XMLHttpRequest 对象的常用方法进行介绍。

（1）open()方法

open()方法用于设置进行异步请求目标的 URL、请求方法及其他参数信息，具体语法如下：

```
open("method","URL"[,asyncFlag[,"userName"[, "password"]]])
```

open()方法的参数说明如表 20.1 所示。

表 20.1　open()方法的参数说明

参 数 名 称	参 数 描 述
method	用于指定请求的类型，一般为 GET 或 POST
URL	用于指定请求地址，可以使用绝对地址或者相对地址，并且可以传递查询字符串
asyncFlag	为可选参数，用于指定请求方式，异步请求为 true，同步请求为 false，默认情况下为 true
userName	为可选参数，用于指定请求用户名，没有时可省略
password	为可选参数，用于指定请求密码，没有时可省略

例如，设置异步请求目标为 deal.jsp，请求方法为 GET，请求方式为异步的代码如下：

```
http_request.open("GET","deal.jsp",true);
```

Note

（2）send()方法

send()方法用于向服务器发送请求。如果请求声明为异步，该方法将立即返回，否则将等到接收到响应为止。send()方法的语法格式如下：

send(content)

参数 content 用于指定发送的数据，可以是 DOM 对象的实例、输入流或字符串。如果没有参数需要传递，可以设置为 null。

例如，向服务器发送一个不包含任何参数的请求，可以使用下面的代码：

http_request.send(null);

（3）setRequestHeader()方法

setRequestHeader()方法用于为请求的 HTTP 头设置值。setRequestHeader()方法的具体语法格式如下：

setRequestHeader("header", "value")

☑　header：用于指定 HTTP 头。
☑　value：用于为指定的 HTTP 头设置值。

> 注意：
> setRequestHeader()方法必须在调用 open()方法之后才能调用。

例如，在发送 POST 之请求时，假设需要设置 Content-Type 请求头的值为 application/x-www-form-urlencoded，这时就可以通过 setRequestHeader()方法进行设置。具体代码如下：

http_request.setRequestHeader("Content-Type","application/x-www-form-urlencoded");

（4）abort()方法

abort()方法用于停止或放弃当前异步请求。其语法格式如下：

abort()

例如，要停止当前异步请求可以使用下面的语句：

http_request.abort()

（5）getResponseHeader()方法和 getAllResponseHeaders()方法

XMLHttpRequest 对象提供了两种返回 HTTP 头信息的方法，分别是 getResponseHeader()和 getAllResponseHeaders()方法。下面分别进行介绍。

☑　getResponseHeader()方法

getResponseHeader()方法用于以字符串形式返回指定的 HTTP 头信息。其语法格式如下：

getResponseHeader("headerLabel")

参数 headerLabel 用于指定 HTTP 头，包括 Server、Content-Type 和 Date 等。

例如，要获取 HTTP 头 Content-Type 的值，可以使用以下代码：

```
http_request.getResponseHeader("Content-Type")
```

上面的代码将获取到以下内容：

```
text/html;charset=GBK
```

☑ getAllResponseHeaders()方法

getAllResponseHeaders()方法用于以字符串形式返回完整的 HTTP 头信息，其中包括 Server、Date、Content-Type 和 Content-Length。getAllResponseHeaders()方法语法格式如下：

```
getAllResponseHeaders()
```

2．XMLHttpRequest 对象的常用属性

XMLHttpRequest 对象提供一些常用属性，通过这些属性可以获取服务器的响应状态及响应内容等。下面对 XMLHttpRequest 对象的常用属性进行介绍。

（1）onreadystatechange 属性

XMLHttpRequest 对象提供了用于指定状态改变时所触发的事件处理器的属性 onreadystatechange。在 AJAX 中，每个状态改变时都会触发这个事件处理器，通常会调用一个 JavaScript 函数。

例如，通过

```
http_request.onreadystatechange = getResult;
```

可以实现当指定状态改变时所要触发的 JavaScript 函数，这里为 getResult()。

> **注意：**
>
> 在指定所触发的事件处理器时，所调用的 JavaScript 函数不能添加小括号及指定参数名。此处可以使用匿名函数。例如，要调用带参数的函数 getResult()，可以使用下面的代码：
>
> ```
> http_request.onreadystatechange = function(){
>         getResult("添加的参数");            //调用带参数的函数
>     };                                      //通过匿名函数指定要带参数的函数
> ```

（2）readyState 属性

XMLHttpRequest 对象提供了用于获取请求状态的属性 readyState，该属性共包括 5 个属性值，如表 20.2 所示。

表 20.2 readyState 属性的属性值

值	意 义	值	意 义
0	未初始化	1	正在加载
2	已加载	3	交互中
4	完成		

Note

说明:

在实际应用中,该属性经常用于判断请求状态,当请求状态等于 4,即为完成时,再判断请求是否成功,如果成功将开始处理返回结果。

(3) responseText 属性

XMLHttpRequest 对象提供了用于获取服务器响应的属性 responseText,表示为字符串。例如,获取服务器返回的字符串响应,并赋值给变量 h 可以使用下面的代码:

```
var h=http_request. responseText;
```

在上面的代码中,http_request 为 XMLHttpRequest 对象。

(4) responseXML 属性

XMLHttpRequest 对象提供了用于获取服务器响应的属性 responseXML,表示为 XML。这个对象可以解析为一个 DOM 对象。例如,获取服务器返回的 XML 响应,并赋值给变量 xmldoc 可以使用下面的代码:

```
var xmldoc = http_request.responseXML;
```

在上面的代码中,http_request 为 XMLHttpRequest 对象。

(5) status 属性

XMLHttpRequest 对象提供了用于返回服务器的 HTTP 状态码的属性 status。该属性常用于当请求状态为完成时,判断当前的服务器状态是否成功。该属性的语法格式如下:

```
http_request.status
```

☑ http_request:XMLHttpRequest 对象。
☑ 返回值:长整型的数值,代表服务器的 HTTP 状态码。常用的状态码如表 20.3 所示。

表 20.3　status 属性的状态码

值	意　义	值	意　义
100	继续发送请求	200	请求已成功
202	请求被接受,但尚未成功	400	错误的请求
404	文件未找到	408	请求超时
500	内部服务器错误	501	服务器不支持当前请求所需要的某个功能

注意:

status 属性只能在 send()方法返回成功时才有效。

例如,在本程序中使用 AJAX 无刷新技术实现最新消息显示,创建一个单独的 JavaScript 文件,名称为 AJAXRequest.js,并且在该文件中编写重构 AJAX 所需的代码。关键代码如下:

```
var net=new Object();                                    //定义一个全局的变量
//编写构造函数
net.AJAXRequest=function(url,onload,onerror,method,params){
```

```
    this.req=null;
    this.onload=onload;
    this.onerror=(onerror) ? onerror : this.defaultError;
    this.loadDate(url,method,params);
}
//编写用于初始化 XMLHttpRequest 对象并指定处理函数，最后发送 HTTP 请求的方法
net.AJAXRequest.prototype.loadDate=function(url,method,params){
    if (!method){
        method="GET";                                          //设置默认的请求方式为 GET
    }
    if (window.XMLHttpRequest){                                //非 IE 浏览器
        this.req=new XMLHttpRequest();                         //创建 XMLHttpRequest 对象
    } else if (window.ActiveXObject){                          //IE 浏览器
            try{
                this.req=new ActiveXObject("Microsoft.XMLHTTP");    //创建 XMLHttpRequest 对象
            }catch (e){
                try{
                    this.req=new ActiveXObject("Msxml2.XMLHTTP");   //创建 XMLHttpRequest 对象
                }catch (e){}
            }
    }
    if (this.req){
        try{
            var loader=this;
            this.req.onreadystatechange=function(){
                net.AJAXRequest.onReadyState.call(loader);
            }
            this.req.open(method,url,true);                    //建立对服务器的调用
            if(method=="POST"){                                //如果提交方式为 POST
                this.req.setRequestHeader("Content-Type","application/x-www-form-urlencoded");   //设置请
求的内容类型
                this.req.setRequestHeader("x-requested-with", "ajax");   //设置请求的发出者
            }
            this.req.send(params);                             //发送请求
        }catch(err){
            this.onerror.call(this);                           //调用错误处理函数
        }
    }
}
//重构回调函数
net.AjaxRequest.onReadyState=function(){
    var req=this.req;
    var ready=req.readyState;                                  //获取请求状态
    if (ready==4){                                             //请求完成
            if (req.status==200){                              //请求成功
             this.onload.call(this);
            }else{
             this.onerror.call(this);                          //调用错误处理函数
            }
    }
```

```
}
//重构默认的错误处理函数
net.AJAXRequest.prototype.defaultError=function(){
     alert("错误数据\n\n 回调状态:" + this.req.readyState + "\n 状态: " + this.req.status);
}
```

20.4.3 JQuery 技术

  JQuery 是一套简洁、快速、灵活的 JavaScript 脚本库，于 2006 年由 John Resig 创建，简化了 JavaScript 代码。JavaScript 脚本库类似于 Java 的类库，一些工具方法或对象方法封装在类库中，方便用户使用。JQuery 因为其简便易用，已被大量的开发人员推崇。

  要在网站中应用 JQuery 库，需要下载并进行配置。要在文件中引入 JQuery 库，需要在<head>标记中应用下面的语句引入：

```
<script type="text/javascript" src="JS/jquery-1.6.1.min.js"></script>
```

  例如，在本程序中为使用 JQuery 技术实现了图片展示区图片的展示效果，编写 JavaScript 代码，实现广告的循环播放，其关键是应用 JQuery 框架技术，完成网页特效的制作。关键代码如下：

```
<script type=text/javascript src="js/jquery.js"></script>
<script type=text/javascript>
(function($){
     $.slider = function(opts, data){
          this.currentSlide = 0;
          this.opts = opts;
          this.ddata = data;
          this.timeout = null;
          var src = this;
          var srcAuto = true;
          this.initialize = function(){
               this.attachListeners();
               this.changeSlide(0);
          }
          this.attachListeners = function(){
               $('#'+this.opts.tabsContainer+' a').each(function(i,n){
                    var el = $(n);
                    el.css('outline', 'none');
// Remove change of tab on click, use as a link instead
                    el.hover(function(){
                         clearTimeout(src.timeout);
                         srcAuto = false;
                         src.currentSlide = i;
                         src.changeSlide();
                    },function(){
                         srcAuto = true;
```

Note

```
                    src.currentSlide = i;
                    src.changeSlide();
                });
            });
        }
        this.changeSlide = function(){
            var slide = src.ddata[src.currentSlide];
            $('#'+src.opts.tabsContainer+'
a').removeClass('active').eq(src.currentSlide).addClass('active');
            $('#'+src.opts.textContainer+' p:eq(0)').html(slide.title);
            var moreLink = " <a href='" + slide.overlaylink + "'>Find out more &gt;</a>";
                        //if(src.currentSlide == 3){
                        //    moreLink = "";
                        //}
            $('#'+src.opts.textContainer+' p:eq(1)').html(slide.desc + moreLink);
            $('#'+src.opts.imageContainer+' img').attr('src', slide.image).attr('alt', slide.title);
            $('#'+src.opts.imageContainer+' a').attr('href', slide.overlaylink);
            if(srcAuto){
                src.timeout = setTimeout(src.changeSlide, src.opts.duration*1000);
            }
            src.currentSlide = parseInt(src.currentSlide) + 1;
            if (src.currentSlide >= 5) src.currentSlide = 0; // only 4 items on the homepage
        }
        this.initialize();
        return this;
    };
})(JQuery);
$(function(){
    $(".favorite").click(function(){
        showFavorite()
        return false;
    })
    $.slider({ imageContainer: 'ImageCyclerImage', textContainer: 'ImageCyclerOverlay', tabsContainer:
'ImageCyclerTabs', duration: 5},[{image: 'img/hero6.jpg', title: '宁波展会', desc: '讲解人员正在细心地为读
者介绍产品', overlaylink : '#'},
//省略部分代码
    ]);
});
</script>
```

20.5　JavaScript 实现导航菜单

在网页的头文件 top.html 中，完成网页导航菜单的设计，通过导航菜单实现在不同页面之间的跳转。导航菜单的运行结果如图 20.5 所示。

图 20.5　导航菜单运行结果

导航菜单主要通过 JavaScript 技术实现，具体实现过程如下所述。

（1）首先，在页面中添加显示导航菜单的<div>，通过 CSS 控制<div>标记的样式，在<div>中插入表格，然后在表格中添加菜单名称和图片。具体的代码如下：

```
//添加主菜单
<div class="i01">
<table cellspacing="0" cellpadding="0" width="100%" border="0">
            <tr>
                <td   width="#"   height="42"   align="center"   id="a0bg"><span   id="a0color"
onmouseover='showadv(&quot;a0&quot;,&quot;a0color&quot;,&quot;a0bg&quot;)'><a        href="../index.
php "><font color="#FA4A05">首页</font></a></span></td>
                <td width="1"><img src="../img/i14.gif" width="1" height="25"/></td>
                <td  id="a1bg"  align="center"  width="157"><span  id="a1color"  onmouseover=
'showadv(&quot;a1&quot;,&quot;a1color&quot;,&quot;a1bg&quot;)'><a href="../gyld.html" target="_ blank">关
于明日</a></span></td>
                <td width="1"><img src="../img/i14.gif" width="1" height="25"/></td>
//省略部分代码
            </tr>
        </table></div>
//添加子菜单
<table width="100%" height="41" cellpadding="0" cellspacing="0" id="a0"   border="0">
        <tr>
           <td align="left" style="padding-left:12px">欢迎来到吉林省明日科技有限公司</td>
        </tr>
      </table>
        <table   id="a1"   style="DISPLAY:none"   height="41"   cellspacing="0"   cellpadding="0"
width="100%" border="0">
          <tr>
            <td style="padding-left:90px" align="left"><ul class="i02">
               <li>明日团队</li>
            <li>明日历史</li>
            <li>明日简介</li>
          </ul></td>
        </tr>
      </table>
        <table   id="a2"   style="DISPLAY:none"   height="41"   cellspacing="0"   cellpadding="0"
width="100%" border="0">
          <tr>
            <td style="padding-left:300px" align="left"><ul class="i02">
               <li><a href="#">精品图书</a></li>
            <li><a href="#">热销图书</a></li>
            </ul></td>
        </tr>
```

Note

```
</table>
```

（2）编写 JavaScript 代码，实现当鼠标指针经过主菜单时显示或隐藏子菜单。具体代码如下：

```
<script language="JavaScript" type="text/javascript">
function showadv(par,par2,par3)
{
document.getElementById("a0").style.display = "none";
document.getElementById("a0color").style.color = "";
document.getElementById("a0bg").style.backgroundImage="";
document.getElementById("a1").style.display = "none";
document.getElementById("a1color").style.color = "";
document.getElementById("a1bg").style.backgroundImage="";
document.getElementById("a2").style.display = "none";
document.getElementById("a2color").style.color = "";
document.getElementById("a2bg").style.backgroundImage="";
document.getElementById("a3").style.display = "none";
document.getElementById("a3color").style.color = "";
document.getElementById("a3bg").style.backgroundImage="";
document.getElementById("a4").style.display = "none";
document.getElementById("a4color").style.color = "";
document.getElementById("a4bg").style.backgroundImage="";
document.getElementById("a5").style.display = "none";
document.getElementById("a5color").style.color = "";
document.getElementById("a5bg").style.backgroundImage="";
document.getElementById(par).style.display = "";
document.getElementById(par2).style.color = "#ffffff";
document.getElementById(par3).style.backgroundImage = "url(../img/i13.gif)";
}
</script>
```

20.6 JQuery 实现图片展示

在 index.html 首页中，应用 JQuery 技术实现广告循环播放的网页特效，以此来展示公司创造的成果和业绩，其运行效果如图 20.6 所示。

图 20.6 图片展示区

图片展示区的实现过程如下所述。

（1）首先，在页面中添加<div>标记，同样通过 CSS 控制样式，同时插入特效默认输出的图片和信息。其具体代码如下：

```
<div class="i02">
<DIV class=banner>
  <DIV id=ImageCyclerImage><A href="#"><IMG alt="IDP Videos" src="img/hero6.jpg"></A></DIV>
  <DIV id=ImageCyclerOverlay class=grey>
    <DIV id=ImageCyclerOverlayBackground></DIV>
    <P class=title>宁波展会</P>
    <P>MR 讲解人员正在细心地为读者介绍产品<A href="#">Find out more &gt;</A></P>
  </DIV>
  <DIV id=ImageCyclerTabs>
  <div id=mg><A href="#"><img src="img/mg.png" width="129" height="50"></A></div>
  <div id=jnd><A href="#"><img src="img/jnd.png" width="136" height="46"></A></div>
  <div id=yg><A href="#"><img src="img/yg.png" width="100" height="48"></A></div>
  <div id=dg><A href="#"><img src="img/dg.png" width="100" height="45"></A></div>
  <div id=fg><A href="#"><img src="img/fg.png" width="95" height="43"></A></div>
    </DIV>
<div id="Layer1">
  <div id=hg><A href="#"><img src="img/hg.png" width="95" height="43"></A></div>
  <div id=rb><A href="#"><img src="img/rb.png" width="95" height="47"></A></div>
  <div id=xjp><A href="#"><img src="img/xjp.png" width="131" height="47"></A></div>
  <div id=odly><A href="#"><img src="img/odly.png" width="164" height="42"></A></div>
  <div id=qt><A href="#"><img src="img/qt.png" width="166" height="43"></A></div>
</div>
</DIV>
</div>
```

（2）编写 JavaScript 代码，实现广告的循环播放。其关键是应用 JQuery 框架技术，完成网页特效的制作。其具体代码如下：

```
<script type=text/javascript src="js/jquery.js"></script>
<script type=text/javascript>(function($){
                $.slider = function(opts, data){
                        this.currentSlide = 0;
                this.opts = opts;
                this.ddata = data;
                this.timeout = null;
                var src = this;
                var srcAuto = true;
                this.initialize = function(){
                    this.attachListeners();
                    this.changeSlide(0);
                }
                this.attachListeners = function(){
                    $('#'+this.opts.tabsContainer+' a').each(function(i,n){
                        var el = $(n);
                        el.css('outline', 'none');
```

```javascript
                                // Remove change of tab on click, use as a link instead
                                el.hover(function(){
                                    clearTimeout(src.timeout);
                                    srcAuto = false;
                                    src.currentSlide = i;
                                    src.changeSlide();
                                },function(){
                                        srcAuto = true;
                                        src.currentSlide = i;
                                    src.changeSlide();
                                     });
                            });
                        }
                    this.changeSlide = function(){
                        var slide = src.ddata[src.currentSlide];
                        $('#'+src.opts.tabsContainer+'
a').removeClass('active').eq(src.currentSlide).addClass('active');
                        $('#'+src.opts.textContainer+' p:eq(0)').html(slide.title);
                        var moreLink = " <a href='" + slide.overlaylink + "'>Find out more
&gt;</a>";
                            //if(src.currentSlide == 3){
                            //    moreLink = "";
                            //}
                        $('#'+src.opts.textContainer+' p:eq(1)').html(slide.desc + moreLink);
                        $('#'+src.opts.imageContainer+'img').attr('src',slide.image).attr('alt',
slide.title);
                        $('#'+src.opts.imageContainer+' a').attr('href', slide. overlaylink);
                        if(srcAuto){
                            src.timeout = setTimeout(src.changeSlide, src.opts.duration *1000);
                        }
                        src.currentSlide = parseInt(src.currentSlide) + 1;
                        if(src.currentSlide >= 5) src.currentSlide = 0; // only 4 items on the
homepage
                    }
                    this.initialize();
                    return this;
                };
            })(jQuery);
            $(function(){
                    $(".favorite").click(function(){
                    showFavorite()
                    return false;
                    })
                $.slider({     imageContainer:     'ImageCyclerImage',     textContainer:
'ImageCyclerOverlay', tabsContainer: 'ImageCyclerTabs', duration: 5},
                    [
                    {image: 'img/hero6.jpg', title: '宁波展会', desc: '讲解人员正在细心地为读者介绍
产品', overlaylink : '#'},
//省略部分代码
                    ]
```

```
                          );
            });
    </script>
```

20.7 AJAX 实现最新消息页面

最新消息页面主要实现以消息滚动的形式显示公司的最新消息信息。最新消息页面运行效果如图 20.7 所示。

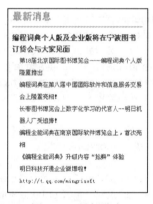

图 20.7　最新消息

最新消息页面主要通过 AJAX 重构技术实现消息的滚动效果，实现过程如下所述。

（1）首先，在页面中添加显示最新消息的<div>，并在该<div>中添加标题和用于滚动显示最新消息的标记。具体代码如下：

```
<div class="i03c">
    <div><img src="img/i06.gif" width="268" height="32"/></div>
    <div class="i04">
      <p><a href="#" class="t14a">编程词典个人版及企业版将在宁波图书订</a><a href="#" class=
"t14a">货会与大家见面</a></p>
    </div>
    <div id="layout">
    <marquee direction="up" scrollamount="3" style="height:307px; ">
        <div id="showInfo"></div>
    </marquee>
    </div>
</div>
```

（2）创建一个单独的 JavaScript 文件，名称为 AJAXRequest.js，并且在该文件中编写重构 AJAX 所需的代码。具体代码如下：

```
var net=new Object();                                        //定义一个全局的变量
//编写构造函数
net.AJAXRequest=function(url,onload,onerror,method,params){
```

```
    this.req=null;
    this.onload=onload;
    this.onerror=(onerror) ? onerror : this.defaultError;
    this.loadDate(url,method,params);
}
//编写用于初始化 XMLHttpRequest 对象并指定处理函数，最后发送 HTTP 请求的方法
net.AJAXRequest.prototype.loadDate=function(url,method,params){
    if (!method){
        method="GET";                                                        //设置默认的请求方式为 GET
    }
    if (window.XMLHttpRequest){                                              //非 IE 浏览器
        this.req=new XMLHttpRequest();                                       //创建 XMLHttpRequest 对象
    } else if (window.ActiveXObject){                                        //IE 浏览器
            try{
                    this.req=new ActiveXObject("Microsoft.XMLHTTP");          //创建 XMLHttpRequest 对象
            }catch (e){
                    try{
                            this.req=new ActiveXObject("Msxml2.XMLHTTP");     //创建 XMLHttpRequest 对象
                    }catch (e){}
            }
    }
    if (this.req){
        try{
            var loader=this;
            this.req.onreadystatechange=function(){
                net.AJAXRequest.onReadyState.call(loader);
            }
            this.req.open(method,url,true);                                   //建立对服务器的调用
            if(method=="POST"){                                              //如果提交方式为 POST
                this.req.setRequestHeader("Content-Type","application/x-www-form-urlencoded");   //设置请
求的内容类型
                this.req.setRequestHeader("x-requested-with", "ajax");       //设置请求的发出者
            }
            this.req.send(params);                                           //发送请求
        }catch (err){
            this.onerror.call(this);                                         //调用错误处理函数
        }
    }
}
//重构回调函数
net.AJAXRequest.onReadyState=function(){
    var req=this.req;
    var ready=req.readyState;                                               //获取请求状态
    if (ready==4){                                                           //请求完成
            if(req.status==200){                                            //请求成功
                this.onload.call(this);
            }else{
                this.onerror.call(this);                                     //调用错误处理函数
            }
    }
}
```

```
}
//重构默认的错误处理函数
net.AJAXRequest.prototype.defaultError=function(){
    alert("错误数据\n\n 回调状态:" + this.req.readyState + "\n 状态: " + this.req.status);
}
```

（3）在需要应用 AJAX 的页面中应用以下的语句包括步骤（2）中创建的 JavaScript 文件：

```
<script language="javascript" src="AJAXRequest.js"></script>
```

（4）在应用 AJAX 的页面中编写错误处理的方法、实例化 AJAX 对象的方法和回调函数。具体的代码如下：

```
<script language="javascript">
/*****************错误处理的方法****************************************/
function onerror(){
    alert("您的操作有误！");
}
/*****************实例化 AJAX 对象的方法****************************/
function getInfo(){
    var  loader=new  net.AJAXRequest("check.php?nocache="+new   Date().getTime(),deal_getInfo,
onerror,"GET");
}
/*********************回调函数******************************************/
function deal_getInfo(){
    document.getElementById("showInfo").innerHTML=this.req.responseText;
}
</script>
```

20.8 JavaScript 实现产品推荐页面

在 index.html 页中，以图片滚动的形式展示公司产品。产品推荐的运行结果如图 20.8 所示。

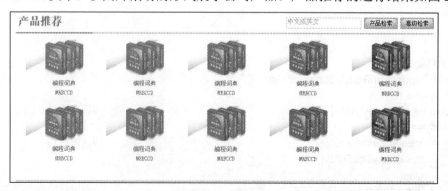

图 20.8 产品推荐

产品推荐主要通过 JavaScript 技术实现图片的滚动效果，具体实现过程如下所述。

（1）首先，在页面中添加显示产品推荐的<div>，同时插入要输出的产品标题和图片等信息，并且通过 CSS 控制输出内容的样式。其具体代码如下：

```html
<div id=demo style="BACKGROUND: #ffffff; OVERFLOW: hidden; WIDTH: 868px; HEIGHT: 264px">
  <table width="100%" cellpadding="0" cellspacing="0">
    <tr>
      <td id=demo1><table width=100% align=center cellpadding="0" cellspacing="0">
        <tr>
          <td width=160 height=132 align=middle valign="top" style="padding-right: 10px"><div class="i07"><a href="http://www.mrbccd.com" target="_blank"><img src="img/biao.gif" width="160" height="70" border="0" /></a></div>
                <div class="i08"><a href="http://www.mrbccd.com" target="_blank">编程词典</a><br />
                <a href="http://www.mrbccd.com" target="_blank">MRBCCD</a></div></td>
//省略部分代码
        </tr>
        <tr>
          <td height="132" align="middle" valign="top" style="padding-right:10px"><div class="i07"><a href="http://www.mrbccd.com" target="_blank"><img src="img/biao.gif" width="160"height="70" border="0" /></a></div>
                <div class="i08"><a href="http://www.mrbccd.com" target="_blank">编程词典</a><br/>
                <a href="http://www.mrbccd.com" target="_blank">MRBCCD</a></div></td>
//省略部分代码
        </tr>
      </table></td>
      <td id=demo2></td>
    </tr>
  </table>
</div>
```

（2）编写 JavaScript 代码，定义 Marquee()方法实现图片的滚动效果。代码如下：

```html
<script>
var speed=30                //定义滚动的速度
demo2.innerHTML=demo1.innerHTML
function Marquee(){          //定义方法
    if(demo2.offsetWidth-demo.scrollLeft<=0)
        demo.scrollLeft-=demo1.offsetWidth
    else{
        demo.scrollLeft++
    }
}
var MyMar=setInterval(Marquee,speed)
demo.onmouseover=function(){
    clearInterval(MyMar)
}
demo.onmouseout=function(){
    MyMar=setInterval(Marquee,speed)
}
</script>
```

20.9　JavaScript 实现浮动窗口

在 index.html 页面中，通过 JavaScript 脚本插入一个浮动的窗口。通过这个浮动窗口，实现在线咨询、在线报名和 QQ 交流的功能。浮动窗口的运行结果如图 20.9 所示。

图 20.9　浮动窗口运行结果

浮动窗口的设计主要使用 JavaScript 技术实现，封装于 floatdiv.js 文件中。其代码如下：

```javascript
var delta=0.15;
var collection;
var html = '<table width="81" border="0" cellspacing="0" cellpadding="0">
  <tr>
    <td><img src="img/ra_01.png" width="81" height="12"/></td>
  </tr>
  <tr>
    <td align="center" background="img/ra_03.gif"><table width="100%" border="0" cellspacing="0"
cellpadding="0">
      <tr>
        <td height="85" align="center" valign="top"><a href="answer_online.html" target="_blank">
<img src="img/ra_04.gif" width="59" height="73" border="0"></a></td>
      </tr>
      <tr>
        <td height="85" align="center" valign="top"><a href="registration.html" target="_blank"><img
src="img/ra_05.gif" width="59" height="73" border="0"></a></td>
      </tr>
      <tr>
        <td height="85" align="center" valign="top"><a target="blank" href="tencent://message
/?uin=200958604&amp;Site=QQ 客服 &amp;Menu=yes"><img src="img/ra_07.gif" width="59" height=
"71" border="0"></a></td>
      </tr>
    </table>\</td>
  </tr>
  <tr>
    <td><img src="img/ra_02.png" width="81" height="11"/></td>
  </tr>
</table>
function floaters(){
```

Note

```
        this.items = [];
        this.addItem= function(id,x,y,content){
                document.write('<DIV id='+id+' style="Z-INDEX: 10; POSITION: absolute;width:80px; right:
30px;right:'+(typeof(x)=='string'?eval(x):x)+';top:'+(typeof(y)=='string'?eval(y):y)+'">'+content+'</DIV>');

                var newItem = {};
                newItem.object = document.getElementById(id);
                newItem.x = x;
                newItem.y = y;
                this.items[this.items.length]= newItem;
        }
        this.play = function(){
                collection = this.items
                setInterval('play()',10);
        }
}
function play(){
        var width = document.documentElement.clientWidth||document.body.clientWidth;
var height = document.documentElement.clientHeight||document.body.clientHeight;
if ( width > 200 )
        theFloaters.items[0].x = width -100;
if ( height > 300 )
        theFloaters.items[0].y = height -400;
        if(screen.width<=800){
                for(var i=0;i<collection.length;i++){
                        collection[i].object.style.display = 'none';
                }
                return;
        }
        for(var i=0;i<collection.length;i++){
                var followObj = collection[i].object;
                var followObj_x = (typeof(collection[i].x)=='string'?eval (collection[i]. x):collection[i].x);
                var followObj_y = (typeof(collection[i].y)=='string'?eval(collection[i].y): collection[i].y);
                if(followObj.offsetLeft!=(document.body.scrollLeft+followObj_x)){
                        var dx=(document.body.scrollLeft+followObj_x-followObj.offsetLeft)*delta;
                        dx=(dx>0?1:-1)*Math.ceil(Math.abs(dx));
                        followObj.style.left=(followObj.offsetLeft+dx)+"px";
                }
                        var         scrollTop=window.pageYOffset||document.documentElement.scrollTop||
document.body.scrollTop || 0;
                if(followObj.offsetTop!=(scrollTop+followObj_y)){
                        var dy=(scrollTop+followObj_y-followObj.offsetTop)*delta;
                        dy=(dy>0?1:-1)*Math.ceil(Math.abs(dy));
                        followObj.style.top=followObj.offsetTop+dy+"px";
                }
                followObj.style.display= '';
        }
}
var theFloaters = new floaters();
theFloaters.addItem('followDiv2',30,80,html);
```

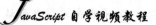

```
theFloaters.play();
```

（2）在需要加载浮动窗口的页面中，使用下面的代码来加载 floatdiv.js 文件：

```
<script type=text/javascript src="js/floatdiv.js"></script>
```

20.10　本章小结

本章使用 JavaScript、AJAX、JQuery 等目前的主流技术制作一个简单的官方网站。通过本章的学习，希望读者可以掌握网页的页面框架设计，以及 JavaScript、AJAX 和 JQuery 技术的应用。